21世纪全国本科院校土木建筑类创新型应用人才培养规划教材

土　力　学

主　编　贾彩虹
副主编　孟云梅　曹　云

内容简介

本书共分为11章，主要内容包括绪论、土的组成、土的物理性质及分类、土中应力、土中水的运动规律、土的压缩性、地基沉降、土的抗剪强度、土压力、地基承载力、土坡稳定分析和土在动荷载作用下的特性。旨在通过工程实例，强调土力学基本原理的应用，培养学生分析与处理具体工程问题的能力。

本书内容简明扼要，重点突出，通俗易懂，理论联系实际。本书可作为高等院校土木工程专业及相近专业土力学课程的教材或教学参考书，也可供土建类研究人员和工程技术人员参考。

图书在版编目(CIP)数据

土力学/贾彩虹主编. —北京：北京大学出版社，2013.7
(21世纪全国本科院校土木建筑类创新型应用人才培养规划教材)
ISBN 978-7-301-22743-5

Ⅰ.①土… Ⅱ.①贾… Ⅲ.①土力学—高等学校—教材 Ⅳ.①TU43

中国版本图书馆CIP数据核字(2013)第143020号

书　　名：土力学
著作责任者：贾彩虹　主编
策 划 编 辑：卢　东　王红樱
责 任 编 辑：王红樱
标 准 书 号：ISBN 978-7-301-22743-5/TU·0337
出 版 发 行：北京大学出版社
地　　址：北京市海淀区成府路205号　100871
网　　址：http://www.pup.cn　新浪官方微博：@北京大学出版社
电 子 信 箱：pup_6@163.com
电　　话：邮购部62752015　发行部62750672　编辑部62750667　出版部62754962
印 刷 者：北京鑫海金澳胶印有限公司
经 销 者：新华书店
787毫米×1092毫米　16开本　19印张　440千字
2013年7月第1版　2014年8月第2次印刷
定　　价：38.00元

前　　言

本书是根据全国高等学校土木工程专业指导委员会对土木工程专业的培养要求和目标，并结合培养创新型应用本科人才的特点和需要编写的。

随着我国经济、社会的快速发展，土木工程的大量实施，社会对高校相关专业学生的应用能力和实践能力越来越看重，并提出了较高的要求。为此，高等教育已逐步由培养研究型人才向培养应用型人才和复合型人才转变，以适应经济和社会发展的需要。

土力学是高等学校土木工程专业必修的一门课程。本书系统地介绍了土力学的基本原理和分析计算方法，采用了国家及有关行业的最新规范和规程，以学生就业所需的专业知识和操作技能为着眼点，着重讲解创新型应用人才培养所需的内容，突出实用性和可操作性。

土力学是一门理论性和实践性都很强的课程。本书充分强调理论联系实际，用较简洁易懂的文字结合图片和实例讲解知识点，并遵循课程教学规律，通过关联知识的系统编排由浅入深、循序渐进引领学生尽快进入专业领域。通过每章节设定的知识目标，并辅以思考题和练习题，让学生能够对本书的基本概念、原理、方法和综合应用有一个更深入的理解，从而使学生对本课程的学习成果得到巩固和加强。书后还给出了必要的参考文献，便于教师备课时参考，也可为希望深入学习的学生提供方便。

本书由南京工程学院教师编写，具体分工如下：绪论、第 7 章、第 8 章、第 9 章由曹云老师编写；第 1 章、第 2 章、第 3 章由孟云梅老师编写；第 4 章、第 5 章、第 6 章、第 10 章、第 11 章由贾彩虹老师编写。全书由贾彩虹老师统稿。

由于编者水平有限，难免有欠妥之处，恳请广大读者批评指正。

编　者

2013 年 5 月

目　录

第 0 章　绪论 ………………………… 1

本章小结 ………………………… 5

习题 ………………………… 5

第 1 章　土的组成 ………………………… 6

1.1　概述 ………………………… 7

1.2　土中固体颗粒 ………………………… 9

1.3　土中水和土中气 ………………………… 14

1.4　黏土颗粒与水的相互作用 ………… 16

1.5　土的结构和构造 ………………………… 21

本章小结 ………………………… 23

习题 ………………………… 23

第 2 章　土的物理性质及分类 ………… 25

2.1　概述 ………………………… 26

2.2　土的三相比例指标 ………………… 26

2.3　黏性土的物理特征 ………………… 32

2.4　无黏性土的密实度 ………………… 36

2.5　土的分类 ………………………… 38

2.6　土的压实机理及工程控制 ………… 44

本章小结 ………………………… 49

习题 ………………………… 50

第 3 章　土中应力 ………………………… 52

3.1　概述 ………………………… 53

3.2　土中自重应力 ………………………… 54

3.3　基底压力 ………………………… 57

3.4　地基附加应力 ………………………… 61

本章小结 ………………………… 80

习题 ………………………… 80

第 4 章　土中水的运动规律 ………… 82

4.1　概述 ………………………… 83

4.2　土的毛细性 ………………………… 85

4.3　土的冻胀性 ………………………… 86

4.4　土的渗透性 ………………………… 88

4.5　流网及其应用 ………………………… 95

4.6　渗流力与渗透破坏 ………………… 98

4.7　有效应力原理 ………………………… 103

本章小结 ………………………… 107

习题 ………………………… 107

第 5 章　土的压缩性 ………………………… 109

5.1　概述 ………………………… 110

5.2　室内压缩试验及相关指标 ………… 110

5.3　载荷试验及相关指标 ………………… 120

本章小结 ………………………… 124

习题 ………………………… 124

第 6 章　地基沉降 ………………………… 127

6.1　概述 ………………………… 128

6.2　弹性理论法和现场试验法 ………… 131

6.3　工程实用法 ………………………… 136

6.4　沉降计算方法的讨论 ………………… 152

6.5　饱和黏性土沉降与时间的关系 … 153

本章小结 ………………………… 165

习题 ………………………… 166

第 7 章　土的抗剪强度 ………………………… 169

7.1　概述 ………………………… 170

7.2　土的抗剪强度理论 ………………… 171

7.3　土的抗剪强度试验 ………………… 175

7.4　饱和黏性土的抗剪强度 ………………… 183

7.5　应力路径在强度问题中的应用 … 189

7.6　无黏性土的抗剪强度 ………………… 191

本章小结 ………………………… 192

习题 ………………………… 193

第8章 土压力 …………………… 195

8.1 概述 …………………… 196
8.2 挡土墙侧的土压力 …………………… 197
8.3 朗肯土压力理论 …………………… 199
8.4 库仑土压力理论 …………………… 206
8.5 土压力计算的进一步讨论 …………………… 217
本章小结 …………………… 219
习题 …………………… 219

第9章 地基承载力 …………………… 222

9.1 概述 …………………… 223
9.2 浅基础的地基破坏模式 …………………… 223
9.3 地基临界荷载 …………………… 225
9.4 地基极限承载力 …………………… 230
9.5 地基容许承载力和地基承载力特征值 …………………… 241
本章小结 …………………… 244
习题 …………………… 244

第10章 土坡稳定分析 …………………… 246

10.1 概述 …………………… 247
10.2 无黏性土坡的稳定性 …………………… 249
10.3 黏性土坡的稳定性 …………………… 249
10.4 条分法土坡稳定分析 …………………… 254
10.5 土坡稳定性问题的讨论 …………………… 264
本章小结 …………………… 268
习题 …………………… 268

第11章 土在动荷载作用下的特性 …………………… 271

11.1 土的动力变形特性 …………………… 272
11.2 土的压实性 …………………… 277
11.3 土的振动液化 …………………… 283
本章小结 …………………… 290
习题 …………………… 290

参考文献 …………………… 292

第0章 绪　论

1. 土力学的研究内容

土是地球上最丰富的资源。土的成因多，用途多。什么是土？土有哪些工程性质？如何研究并应用它们为工程建设服务？这都是土力学要回答的问题。土力学是研究土体的一门力学，它是研究土体的应力、变形、强度、渗流及长期稳定性的一门学科。广义的土力学又包括土的生成、组成、物理化学性质及分类在内的土质学。土力学也是一门实用的学科，它是土木工程的一个分支，主要研究土的工程性质，解决工程问题。

在自然界中，地壳表层分布有岩石圈(广义的岩石包括基岩及其覆盖土)、水圈和大气圈。岩石是一种或多种矿物的集合体，其工程性质在很大程度上取决于它的矿物成分，而土是岩石风化的产物。土是由岩石经历物理、化学、生物风化作用及剥蚀、搬运、沉积作用等交错复杂的自然环境中所生成的各类沉积物。因此，土的类型及其物理、力学性状是千差万别的，但在同一地质年代和相似沉积条件下，又有性状相似的特点。强风化岩石的性状接近土体，也属于土质学与土力学的研究范畴。

土中固体颗粒是岩石风化后的碎屑物质，简称土粒。土粒集合体构成土的骨架，土骨架的孔隙中存在液态水和气体。因此，土是由土粒(固相)、土中水(液相)和土中气(气相)所组成的三相物质；当土中孔隙被水充满时，则是由土粒和土中水组成的二相体。土体具有与一般连续固体材料(如钢、木、混凝土及砌体等建筑材料)不同的孔隙特性，它不是刚性的多孔介质，而是大变形的孔隙性物质。在孔隙中水的流动显示土的渗透性(透水性)；土孔隙体积的变化显示土的压缩性、胀缩性；在孔隙中土粒的错位显示土内摩擦和黏聚的抗剪强度特性。土的密度、孔隙率、含水量是影响土的力学性质的重要因素。土粒大小悬殊甚大，有大于60mm粒径的巨粒粒组，有小于0.075mm粒径的细粒粒组，介于0.075～60mm粒径的为粗粒粒组。

工程用土总的分为一般土和特殊土。广泛分布的一般土又可分为无机土和有机土。原始沉积的无机土大致上可分为碎石类土、砂类土、粉性土和黏性土四大类。当土中巨粒、粗粒粒组的含量超过全重50%时属于碎石类土或砂类土，反之，属于粉性土或黏性土。碎石类土和砂类土总称为无黏性土，其一般特征是透水性大，无黏性；黏性土的透水性小，具有可塑性、湿陷性、胀缩性和冻胀性等；而粉性土兼有砂类土的可液化性和黏性土的可塑性等。特殊土有遇水沉陷的湿陷性土(如常见的湿陷性黄土)、湿胀干缩的胀缩性土(习称膨胀土)、冻胀性土(习称冻土)、红黏土、软土、填土、混合土、盐渍土、污染土、风化岩与残积土等。

综上所述，土的种类繁多，工程性质十分复杂。不同地质年代、不同成因、不同地区乃至不同位置土的性质存在差异，有些甚至差异很大。土还会因环境的变化而发生性质的变化，致使土体的应力变形和稳定因素发生变化。例如，地下水位较大幅度下降，会使土中的应力状态发生变化而使地基产生新的附加变形，发生大面积地面沉降和不均匀沉降，从而影响建筑物的正常使用甚至破坏；再如，基坑开挖，会使土体及邻近建筑物产生应力变形，对稳定产生影响；土中水的渗流会对基坑、边坡稳定产生影响等。

在漫长的历史进程中，人类的生产生活所经历的工程建设史是不停地与岩土体打交道的过程，建造了无以计数的各种工程。涉及土力学学科的行业很多，如水利水电、道路桥梁、矿山、能源、港口与航道、城乡建设与市政工程、国防建设等。人们可能会在各种地点建造工程，针对不同工程和不同地质条件又会选择不同的基础或结构形式。会建造大坝，建设公路铁路，建造厂房、码头、住宅，还会开挖深基坑，开挖隧道，建设地铁和地下工程，治理河岸与边坡，完成尾矿堆积库、垃圾填埋等，可能遇到各种地基类型和土性复杂的地质条件或地质环境。

从土力学的广泛应用范围看，工程上的土体(广义的是岩土体)扮演的角色可分为三类：一是作为房屋、厂房、码头、路桥等各种类型建筑物的地基，即地基承载角色；二是作为土石坝、尾矿坝、路堤等填筑材料或其他应用的工程材料，即材料角色；三是作为各类工程设施的环境和人们生产生活的环境，例如市政工程、房屋地下室、地铁、基坑等以土体为其环境，工业与生活固体废弃物填埋(堆积)场、尾矿库是人们生产生活的环境，公路、铁路、厂房、住宅区等旁侧的山坡、乃至堰塞湖等，即工程环境角色。

各类工程的建设和地质灾害(滑坡、泥石流、堰塞湖等)的防治几乎都涉及土力学课题。正确运用土力学知识和基本原理是保障合理规划、正确设计、施工期安全、竣工后安全和正常使用的重要因素之一。尽管不同的工程和不同的土体各有特点甚至各有“个性”，呈多样性和复杂性，但是总结人类长期的工程实践，就会发现土体的性质和对工程的影响可以归纳出共性课题，即土力学中有关力学性质的三个基本课题：土体稳定、土体变形和土体渗流。围绕解决这三个基本课题，对应有三个基本理论：土体抗剪强度理论，土体压缩和固结理论，土体渗流理论。任何工程都要考虑三类基本课题，只不过针对不同土体和工程，它们的侧重点或主要矛盾方面可能不同，但它们通常是相互关联、相互影响的，应当将它们视作整体系统。围绕三个基本课题和基本理论，土力学教材内容实际还包括：土的生成和组成，土的物理性质，土体的应力计算，地基沉降及沉降与时间关系，土体稳定和极限平衡原理的初步应用等。

2. 土力学的发展沿革

18 世纪 60 年代的欧洲工业革命和 19 世纪中叶的第二次工业革命，推动了社会生产力的发展，出现了水库、铁路和码头等现代工程，提出了许多有待解决的岩土工程问题，如地基承载力、边坡稳定、支挡结构的稳定性等问题；同时施工机械的出现，也为现代岩土工程的发展提供了物质条件；工程中出现的事故和难题促使人们进行土力学理论探索和岩土工程的技术创新，开始出现土力学的许多经典理论，这个过程延续了大约 160 年，为 20 世纪太沙基土力学体系的形成准备了条件。

有关土力学的第一个理论是 1773 年由法国科学家库仑(C. A. Coulomb)建立并后来由摩尔(O. Mohr)发展了的土的 Mohr - Coulomb 强度理论，它为土压力、地基承载力和土坡稳定分析奠定了基础。1776 年库仑发表了建立在滑动土楔平衡条件分析基础上的土压力理论。1846 年，柯林(A. Collin)用曲线的滑裂面对土坡稳定进行了系统研究，发表了斜坡稳定性的理论。1856 年，法国工程师达西(H. Darcly)通过室内渗透实验研究，建立了有空介质中水的渗透理论，即著名的达西定律。1857年英国学者朗肯(W. J. M. Rankine)提出了建立在土体的极限平衡条件分析基础上的土压力理论，它与库仑理论被后人并称为古典土压力理论，至今仍具有重要的理论价值和一定的实用价值。1869年俄国学者卡尔洛维奇(Карлович)出版了世界上第一本《地基与基础》教程。1885年法国学者布辛奈斯克(J. V. Boussinesq)和1892年弗拉曼(W. Flamant)分别提出了均匀的、各向同性的半无限体表面在竖直集中力和线荷载作用下的位移和应力分布理论，迄今仍为计算地基中应力的主要方法。1889年俄国学者库迪尤莫夫(КУдюмов)首次应用模型试验研究地基破坏基础下沉时地基内土粒位移的情况。20世纪初，土力学继续取得进展，1920年普朗特尔(L. Prandtl)根据塑性平衡的原理，导出了著名的极限承载力公式。这些早期的著名理论奠定了土力学的基础。

20世纪初，岩土力学的理论与工程应用取得了较好的发展。当时，瑞典、巴拿马、美国、德国等相继发生重大滑坡坍方事故，表明当时的一些分析方法不能满足处理事故的要求，于是纷纷成立了专门委员会或委托专家进行调查研究。例如，瑞典为处理铁路沿线不断出现的坍方问题，在国家铁路委员会内设立岩土委员会；巴拿马运河为处理可能堵塞运河的一段河道边坡事故，成立了专门委员会；美国土木工程师协会设立了研究滑坡的特别委员会；德国的基尔运河为处理施工中的滑坡事故设立了调查委员会；德国的克莱(K. Krey)开始对挡土墙和堤坝所受的土压力进行广泛的调查研究。此外，瑞典由于Stigbetg码头的破坏，成立了港口特别委员会，对该码头滑动原因进行分析，由此提出了著名的瑞典圆弧滑动法。1920年，瑞典国家铁路委员会的岩土委员会成立了一个岩土实验室，它可能是世界上第一个岩土实验室。

大约在1913年土力学发生转折的时候，也正是太沙基(K. Terzaghi)对土力学进行探索研究并形成飞跃的阶段。1906—1912年间，年轻的太沙基在所从事的结构工程和水电站工程工作中，看到许多地基工程的意外事故，发现当时对于土的力学性质的认识远未能解决实际的工程问题，于是下决心对土的力学性质进行长期的试验研究，在1921—1923年间形成了土力学的有效应力概念和土的固结理论。1925年是土力学发展道路上的里程碑，太沙基出版了他的经典著作《土力学》，此书是用德文发表的，书名为*Erdbaumchanik auf Bodenphysikalischer Grundlage*，之后，又在*Engineering News Record*期刊上以“土力学原理”为标题发表系列文章，扼要地介绍了他所研究和发现的成果。这些成果终于奠定了他作为土力学创始人的地位，并使他被公认为是土力学和基础工程方面的权威。

20世纪中叶，太沙基的《理论土力学》及太沙基和派克(R. B. Peck)合著的《工程实用土力学》是对土力学的全面总结，使岩土工程技术具有了坚实的理论基础，从感性走向理性并对岩土工程的发展产生了深远的影响。

在此期间，费伦纽斯(W. Fellenius)提出了著名的瑞典圆弧法分析土坡的稳定性，而曾是太沙基最重要助手的卡莎格兰德(A. Casagrande)对土力学也做出了很大的贡献。卡莎格兰德在土的分类、土坡的渗流、抗剪强度、砂土液化等方面的研究成果影响至今，如黏性土分类的塑性图中的“A线”即是以他(Arthur)命名的。卡莎格兰德培养了包括简布(N. Janbu)等著名土力学人才，简布在土的压缩性研究、边坡稳定性等方面为土力学的发展做出了杰出的贡献。

此后，太沙基、斯开普敦(A. W. Skempton)、迈耶霍夫(G. G. Meyerhof)、威锡克(A. S. Vesic)和汉森(B. Hansen)等对地基承载力理论分别进行了修补、补充和发展，提出了各种地基承载力公式；泰勒(D. W. Taylor)和简布发展了土坡稳定性理论；比奥(A. M. Biot)建立了土骨架压缩和渗透耦合的三维固结理论等。这些成就为现代土力学的发展提供了重要理论依据。

现代土力学的概念最早出现在20世纪50年代初，当时主要考虑了土体的两个基本特性—压硬性和剪胀性。随着土力学理论的发展和工程实践的不断深入，人们已越来越不满足于将土体视为理想弹性介质或理想刚塑性介质这样简单化的描述。另一方面，现代电子计算技术的蓬勃发展也为采用复杂的计算模型提供了可能，从而为现代土力学的建立创造了客观条件。1963年，罗斯科(K. H. Roscoe)发表了著名的剑桥模型，提出了第一个可以全面考虑土的压硬性和剪胀性的数学模型，创建了临界状态土力学，他的成就标志着现代土力学的诞生。

3. 土力学课程的特点、学习方法和要求

土力学是土木、水利、交通等专业的一门重要的专业基础课，其主要内容包括土的物理性质及分类、土的渗透理论、土中应力计算、地基沉降计算、地基固结理论、地基承载力计算、土压力计算、土坡稳定分析和土的动力性质等。土力学课程每部分内容既相互独立又相互关联，学习时必须理清头绪，形成体系。土力学是许多后续课程、有关专业课和进一步学习研究的基础，并广泛应用于解决工程问题，例如工程勘察、地基基础设计、基坑设计、支护设计、地基处理、现场测试与分析及地质灾害防治等。因此，本课程是一门实践性和理论性都比较强的课程，在整个教学计划中，它起着从基础课过渡到专业课的桥梁作用，是专业教学前的一个重要环节。

由于土这种材料的复杂性，许多土力学的计算理论和公式是在做出某些假定条件下建立的，如计算土中应力时，常假定地基土是各向同性的、均匀的弹性体；当研究土的渗透性和变形时，假设土是连续的多孔介质；研究土的强度时，又假定土体为理想的刚塑性体。学习中要注意针对不同理论或方法的简化假定条件，灵活应用，不可生搬硬套，依据基本理论解决工程问题时也常常要做出某些比较符合实际的简化假定，但不要背离该理论原先的假定前提。

土力学初学者往往有新名词多、头绪多，分块割裂、连贯性差的感觉，其实不然。土力学课程各章虽然有相对独立性，但全课程内容的关联性和综合性很强，有其完整体系。学习中要突出重点、兼顾全面。要做到融会贯通，学会由此及彼、由表及里，建议采取概念—理论—方法—应用—拓展的学习路径。结合理论学习要进行各种物理力学试验，通过试验培养技能并深化理论学习，掌握计算参数的确定方法与原理，着重基本概念的理解和各知识点的贯通。另外，通过一定量的例题和练习，了解相关的工程地质知识、建筑结构和施工知识及其与后续课程的关系。

本课程的具体内容和学习要求如下。

第1、2章土的组成和物理性质及分类主要介绍土的组成、三相比例指标换算和利用土工指标进行土的分类。要求掌握土的地质成因；能够应用三相图熟练掌握土的物理性质指标与指标换算；掌握土的工程分类原则和方法。

第4章土中水的运动规律主要研究土的渗透特性、渗流分析方法和有效应力原理。要求了解渗流课题研究的目的和意义，掌握土的层流渗透定律及渗透性指标；熟悉渗透性指标的测定方法及影响因素，渗流时渗水量的计算，渗透破坏与渗流控制问题；了解土中二维渗流及流网的概念和应用；掌握有效应力原理并熟练运用。

第3章土中应力主要研究在荷载作用下，土体应力状态的变化及其实用计算方法。要求懂得应力计算的目的、用途，了解半无限空间地基的概念和基本假定；熟练掌握土的自

重应力计算方法和地下水对自重应力分布的影响；掌握地基中附加应力计算的基本解答；熟练掌握空间问题和平面问题的地基附加应力计算；了解地基中附加应力的分布特征。

第 5、6 章土的压缩性和地基沉降主要介绍压缩性指标的试验方法和地基沉降计算方法。要求掌握土的变形特性、固结特性；通过压缩试验、固结试验，理解土的应力历史；熟练掌握太沙基一维固结理论、有效应力原理及其应用；掌握地基变形及变形与时间的关系；掌握地基沉降计算、固结计算。

第 7 章土的抗剪强度主要讨论土的极限平衡理论、土的抗剪强度指标的试验方法和工程应用。要求深刻理解极限平衡概念，掌握土的抗剪强度公式与应用；掌握直剪、三轴等获得强度指标的试验方法。理解不同排水条件下砂土和黏性土的剪切性状和强度特征，结合有效应力原理体会参数的合理取值与正确应用。

第 8、9、10 章土压力、地基承载力和土坡稳定分析主要讲解土的抗剪强度理论的应用。要求分别掌握挡土墙侧土压力计算、地基承载力确定和土坡稳定分析的各种方法，结合有效应力原理弄清强度参数如何取用，初步了解土与结构的相互作用原理。通过这三章的学习，熟悉土压力计算、地基稳定分析和承载力定、土坡稳定分析的各种方法，学会正确运用简化假设解决实际问题，能够引申运用土力学理论原理，将知识体系化。

第 11 章土在动荷载作用下的特性主要介绍土的压实和振动液化机理及其影响因素，简要介绍周期荷载下土的变形、强度特性以及土的动力特征参数。要求掌握土的压实性及压实性指标；熟悉土的压实度对工程的评定标准、地基液化判别与防治。

本 章 小 结

土力学是研究土体的一门力学，它是研究土体的应力、变形、强度、渗流及长期稳定性的一门学科。土力学是土木工程的一个分支，主要研究土的工程性质，解决工程问题。

土力学的发展历史可以划分为古典土力学和现代土力学两个阶段。古典土力学可以归结为一个原理和两个理论，即有效应力原理，饱和土的固结理论和土体极限平衡理论；现代土力学则以本构模型为基础，逐渐发展非饱和土固结理论和逐渐破坏理论，形成理论土力学、计算土力学、实验土力学和应用土力学四个分支。

土力学的章节内容主要包括土的物理性质及分类、土的渗透理论、土中应力计算、地基沉降计算、地基固结理论、地基承载力计算、土压力计算、土坡稳定分析和土的动力性质等。学习时必须理清头绪，形成体系。应重视室内土工试验和现场原位测试测定土的物理力学性质指标，加深对土力学的学习目的和兴趣。

习　　题

简答题

(1) 简述土力学的研究内容。

(2) 简述土力学的发展沿革。

(3) 试述土力学课程的特点和学习要求。

第1章 土的组成

教学目标

本章主要讲述土的物质组成、水土相互作用和土的结构和构造。通过本章学习，达到以下目标：

(1) 熟练掌握土粒的颗粒级配，了解土粒的矿物成分；

(2) 掌握土中液态水分类和土中气；

(3) 了解水土相互作用；

(4) 掌握土的结构和构造。

教学要求

知识要点	能力要求	相关知识
概述	(1) 掌握物理风化作用的定义 (2) 掌握化学风化作用的定义 (3) 了解土的成因类型	(1) 物理风化 (2) 化学风化 (3) 生物风化 (4) 土的成因类型
土中固体颗粒	(1) 了解土粒粒组的划分方法 (2) 掌握颗粒级配定义、级配分析试验、级配累计曲线 (3) 了解土粒的矿物成分	(1) 土颗粒大小与级配 (2) 土粒的矿物成分
土中水和土中气	(1) 掌握土中液态水的分类 (2) 掌握土中气对土工程性质的影响	(1) 土中水 (2) 土中气
黏土颗粒与水的相互作用	(1) 了解黏土矿物的结晶结构 (2) 掌握高岭石、伊利石、蒙脱石的亲水性比较 (3) 了解黏土颗粒表面带电性 (4) 掌握双电层概念	(1) 黏土矿物的结晶结构与亲水性 (2) 黏土颗粒和水的相互作用
土结构和构造	(1) 掌握土的三种结构 (2) 了解土的构造特征	(1) 土的结构 (2) 土的构造

基本概念

土的固体颗粒、土中水、土中气、双电层、土的结构。

引例

土的物质成分包括有作为土骨架的固态矿物颗粒，孔隙中的水及气体。因此，土是由颗粒(固相)、水(液相)和气(气相)所组成的三相体系。各种土的颗粒大小和矿物成分差别很大，土的三相间的数量比例也不尽相同，而且土粒与其周围的水又发生了复杂的物理化学作用。所以，要研究土的性质就必须了解土的三相组成，以及在天然状态下土的结构和构造等特征。

1.1 概　　述

在自然界，土的形成过程是十分复杂的，是地壳表层的岩石在阳光、大气、水和生物等因素影响下，经风化、剥蚀、搬运、沉积形成的产物。地壳表层的坚硬岩石，在长期的风化、剥蚀等外力作用下，破碎成大小不等的颗粒，这些颗粒在各种形式的外力作用下，被搬运到适当的环境里沉积下来，就形成了土。因此通常说土是岩石风化的产物。

工程中遇到的大多数土都是在第四纪地质时期内形成的。第四纪地质年代又分为更新世和全新世。更新世距今12000年～1百万年，全新世距今小于12000年。

风化作用包括物理风化、化学风化和生物风化，它们经常是同时进行，而且是相互加剧发展的。

(1) 物理风化是岩石和土的粗颗粒经受各种气候因素的影响，如风、霜、雨、雪的侵蚀，温度、湿度等的变化，导致不均匀膨胀与收缩，使岩石产生裂隙，或者在运动过程中因碰撞和摩擦而破碎，于是岩体逐渐崩解为碎块和细小颗粒。这种风化作用，只改变颗粒的大小与形状，不改变原来的矿物成分。它们的矿物成分仍与原来的母岩相同。

(2) 化学风化是指母岩的表面和碎散的颗粒受环境因素(如水、空气以及溶解在水中的氧气和碳酸气等)的作用而改变其矿物的化学成分，形成新的矿物，也称次生矿物。常见的化学风化作用如下。

① 水解作用。指原生矿物被分解，并与水进行化学成分的交换，形成新的次生矿物，如正长石经水解作用后，形成高岭石。

② 水化作用。土中有些矿物与水接触后发生化学反应，水按一定的比例加入矿物的组成中，改变矿物原有的分子结构，形成新的矿物。例如，土中的$CaSO_4$(硬石膏)水化后成为$CaSO_4\cdot 2H_2O$(含水石膏)。

③ 氧化作用。指土中的矿物与氧结合形成新的矿物，如黄铁矿氧化后第一阶段成为$FeSO_4$(铁钒)，进一步氧化第二阶段变成$Fe_2(SO_4)_3$(硫酸铁)，在氧和水的作用下进一步变成$Fe_2O_3\cdot nH_2O$(褐铁矿)。

其他还有溶解作用、碳酸化作用等。

(3) 生物风化是指由动物、植物和人类活动对岩体的破坏。例如，长在岩石裂隙中的树，因树根伸展而使岩石裂隙扩展开裂；劈山修路、挖掘隧道、开采矿石等活动形成的土，其矿物成分没有变化。

在自然界中，岩石和土在其存在、搬运和沉积的各个过程中都在不断进行风化，由于形成条件、搬运方式和沉积环境的不同，自然界的土有不同的成因类型。

根据土的形成条件，常见的成因类型如下。

(1) 残积土(residual soils)。是指岩石经风化后未被搬运而残留于原地的碎屑堆积物，它的基本特征是颗粒表面粗糙、多棱角、无分选、无层理。

(2) 坡积土(slope debris)是指残积土受重力和暂时性流水(雨水、雪水)的作用，搬运到山坡或坡脚处沉积起来的土，坡积颗粒随斜坡自上而下呈现由粗而细的分选性和局部层理。

(3) 洪积土(diluvial soils)是指残积土和坡积土受洪水冲刷、搬运，在山沟出口处或山前平原沉积下来的土，随离山由近及远有一定的分选性，颗粒有一定的磨圆度。

(4) 冲积土(alluvial soils)是指受河流的流水作用搬运到河谷坡降平缓的地带沉积下来的土，这类土经过长距离的搬运，颗粒是有较好的分选性和磨圆度，常具有层理。

(5) 湖积土(marsh deposits)是指在湖泊及沼泽等极为缓慢水流或静水条件下沉积下来的土，或称淤积土，这类土除了含大量细微颗粒外，常伴有生物化学作用所形成的有机物，成为具有特殊性质的淤泥或淤泥质土。

(6) 海积土(marine deposits)是指由河流流水搬运到海洋环境下沉积下来的土。

(7) 风积土(aeolian deposits)是指由风力搬运形成的土，其颗粒磨圆度好，分选性好。我国西北黄土就是典型的风积土。

(8) 冰积土(glacial deposits)是指由冰川或冰水挟带搬运形成的沉积物，其颗粒粗细变化大，土质不均匀。

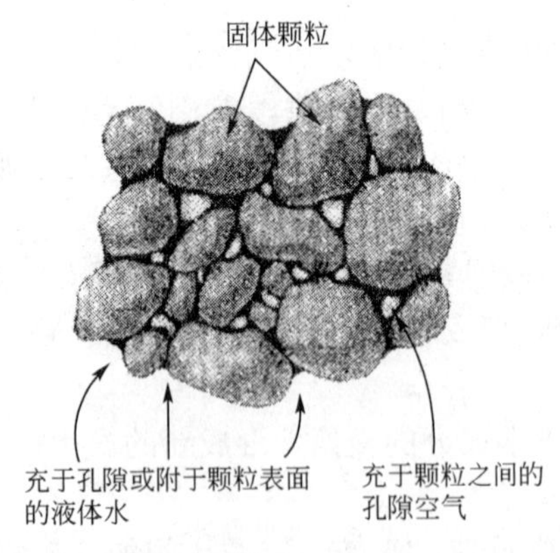

图 1.1　土的组成示意图

(9) 污染土(contaminated soil)是指由于致污物质的侵入，使土的成分、结构和性质发生了显著变异的土，包括工业污染土、尾矿污染土和垃圾填埋场渗滤液污染土等。

土的上述形成过程决定了它具有特殊物理力学性质(图 1.1)。与一般建筑材料相比，它具有以下 3 个基本特性。

(1) 散体性。颗粒之间无黏结或有一定的黏结，存在大量孔隙，可以透水透气。

(2) 多相性。土是由固相(土骨架)、液相(水)和气相(空气)三相体系所组成。相系之间质和量的变化直接影响它的工程性质。

(3) 自然变异性。土是在自然界漫长的地质历史时期演化形成的多矿物组合体，性质复杂，不均匀，且随时间还在不断变化的材料。

由此可见，散体性、多相性和自然变异性决定了土的力学特性非常复杂，其变形特性、强度特性和渗透特性是土力学研究和面对的主要问题。

本章将介绍土中固体颗粒、土中水和土中气、水与土相互影响的原理及土的结构和构造。

1.2 土中固体颗粒

1.2.1 土颗粒大小与级配

1. 土粒大小与粒组

土粒大小称为粒度，通常以粒径(grain diameter)表示。粗大土粒其形状呈块状或粒状，随着搬运或风化程度不同而呈现不同的形状；细小土粒主要呈片状。对于粗粒土，当某土粒刚好通过某直径筛孔时，定义该粗粒土的粒径等于该筛孔孔径。对于细粒土，当土粒在水中沉降的速率与某直径的圆球在相同温度的水中沉降的速率相同时，则视该圆球的直径为土粒的粒径。

在自然界中存在的土，都是由大小不同的土粒组成。土粒的粒径由粗到细逐渐变化时，土的性质也相应地发生变化。通常把工程性质相近的，介于一定尺寸范围的土粒划分为一组，称为粒组(fraction)，并给以常用的名称。广泛采用的粒组有：漂石粒、卵石粒、砾粒、砂砾、粉粒、黏粒和胶粒。划分粒组的分界尺寸称为界限粒径。各个粒组随着分界尺寸的不同，而呈现出一定的质的变化。

目前土的粒组划分办法并不完全一致，各个国家，甚至一个国家中的某个部门的规定也不尽相同。表1-1是一种常用的土粒粒组的划分方法。

表1-1 土粒粒组的划分［《土的工程分类标准》(GB/T 50145—2007)］

<table>
<tr><th>粒组统称</th><th colspan="2">粒组名称</th><th>粒径范围/mm</th><th>一般特征</th></tr>
<tr><td rowspan="2">巨粒</td><td colspan="2">漂石或块石颗粒</td><td>>200</td><td rowspan="2">透水性很大，无黏性，无毛细水</td></tr>
<tr><td colspan="2">卵石或碎石颗粒</td><td>200～60</td></tr>
<tr><td rowspan="6">粗粒</td><td rowspan="3">圆砾或角砾颗粒</td><td>粗</td><td>60～20</td><td rowspan="3">透水性大，无黏性，毛细水上升高度不超过粒径大小</td></tr>
<tr><td>中</td><td>20～5</td></tr>
<tr><td>细</td><td>5～2</td></tr>
<tr><td rowspan="3">砂砾</td><td>粗</td><td>2～0.5</td><td rowspan="3">易透水，当混入云母等杂质时透水性减小，而压缩性增加；无黏性，遇水不膨胀，干燥时松散；毛细水上升高度不大，随粒径变小而增大</td></tr>
<tr><td>中</td><td>0.5～0.25</td></tr>
<tr><td>细</td><td>0.25～0.075</td></tr>
<tr><td rowspan="2">细粒</td><td colspan="2">粉粒</td><td>0.075～0.005</td><td>透水性小，湿时稍有黏性，遇水膨胀小，干时稍有收缩；毛细水上升高度较大，速度较快，极易出现冻胀现象</td></tr>
<tr><td colspan="2">黏粒</td><td>≤0.005</td><td>透水性很小，湿时有黏性、可塑性，遇水膨胀大，干时收缩显著；毛细水上升高度较大，但速度较慢</td></tr>
</table>

注：① 漂石、卵石和圆砾颗粒均呈一定的磨圆形状(圆形或亚圆形)；块石、碎石和角砾颗粒都带有棱角。
② 粉粒或称粉土粒，粉粒的粒径上限0.075mm相当于200号标准筛的孔径。
③ 黏粒或称黏土粒，黏粒的粒径上限也有采用0.002mm为准，例如公路土工试验规程(JTG E40—2007)。

土中某粒组的含量定义为一定质量的干土中，该粒组的土粒质量占干土总质量的百分数。土中各个粒组的相对含量称为土的级配(gradation)。土的级配好坏将直接影响到土的工程性质。级配良好的土，压实时能达到较高的密实度，孔隙率低，因而，压实后的土透水性小，强度高，压缩性低。反之，级配不良的土，压实后的密度小，强度低，透水性差。

2. 颗粒级配分析试验

测定土中各粒组颗粒质量所占该土总质量的百分数，以确定土的粒径分布范围的试验称为土的颗粒级配分析试验(又称为粒度成分分析试验)。该试验的目的是了解土的颗粒级配，为土的工程分类、判别土的工程性质和建材选料等用途提供数据。常用的测定方法有筛分法(sieve analysis method)和沉降分析法(settlement analysis method)。前者适用于粒径大于0.075mm的巨粒组和粗粒组，后者适用于粒径小于0.075mm的细粒组。当土内兼含大于和小于0.075mm的土粒时，两类分析方法可联合使用。

筛分法试验是将风干、分散的代表性土样通过一套自上而下孔径由大到小的标准筛(例如20mm、2mm、0.5mm、0.1mm、0.075mm)，称出留在各个筛子上的干土重，即可求得各个粒组的相对含量。通过计算可得到小于某一筛孔直径土粒的累计质量及累计百分含量。

图1.2 标准筛

【例题1.1】 从干砂样中称取质量1000g的试样，放入如图1.2所示的标准筛，经充分振摇后，称得各级筛上的土粒质量，见表1-2中的第二行，试求土内各粒组的土粒含量。

【解】 留在孔径2mm筛上的土粒质量为100g，则小于2mm的土粒质量为1000g—100g=900g，小于2mm的土粒含量为900/1000=90%。同样可算得小于其他粒径的土粒含量，见表1-2中的第五行。

表1-2 筛分试验结果

筛孔径(mm)	2.0	1.0	0.5	0.25	0.15	0.075	底盘
各级筛上的土粒质量(g)	100	100	250	300	100	50	100
小于各级筛孔径的土粒含量(%)	90	80	55	25	15	10	
粒组(mm)	>2	2～1	1～0.5	0.5～0.25	0.25～0.15	0.15～0.075	<0.075
各粒组的土粒含量(%)	10	10	25	30	10	5	10

由小于2mm和1mm的土粒含量分别为90%和80%，可得到2mm和1mm粒组的土粒含量为10%。同样可算得其他粒组的土粒含量，见表1-2。

沉降分析法的理论基础是土粒在水(或均匀悬液)中的沉降原理如图1.3所示。当土样被分散于水中后，土粒下沉时的速度与土粒形状、粒径、密度(质量)及水的黏滞度(viscosity)有关。当土粒简化为理想球体时，土粒的沉降速度可以用 G.G. 斯托克斯(Stokes，1845)定律来确定，细小的圆球在静水中将均匀下沉，下沉速率与圆球的直径平方成正比。

$$v=\frac{\rho_s-\rho_w}{18\eta}gd^2 \tag{1-1}$$

式中 v——土粒在水中的沉降速度(cm/s)；

g——重力加速度(981cm/s²)；

ρ_s——土粒的密度(g/cm³)；

d——土粒的直径 (cm)；

ρ_w——水的密度(g/cm³)；

η——水的黏滞度(10^{-3}Pa·s)。

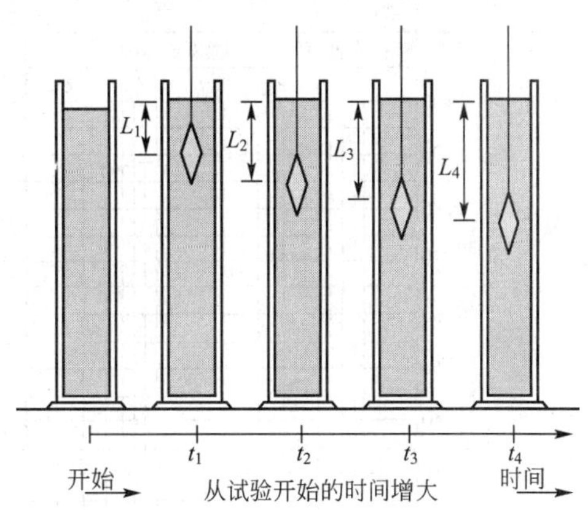

图 1.3 土粒在悬液中的沉降

进一步考虑将速度 v 和土粒密度 ρ_s 分别表示为

$$v=\frac{\text{距离}}{\text{时间}}=\frac{L}{t}\text{和}\rho_s=d_s\rho_{w1}\approx d_s\rho_w \ [\text{见 2.2 节式(2-1)}]$$

代入式(1-1)，可变换为

$$d=\sqrt{\frac{18\eta}{(d_s-1)\rho_w g}}\sqrt{\frac{L}{t}} \tag{1-2}$$

水的 η 值由温度确定，斯托克斯定律假定：①颗粒是球形的；②颗粒周围的水流是线流；③颗粒大小要比分子大得多。理论公式求得的粒径并不是实际的土粒尺寸，而是与实际土粒在液体中具有相同沉降速度的理想球体的直径，称为水力当量直径。此时，土粒沉降距离 L 处的悬液密度，可采用密度计法(即比重计法)或移液管法测得，并可由此计算出小于该粒径 d 的累计百分含量。采用不同的测试时间 t，即可测得细颗粒各粒组的相对含量。

3. 土的颗粒级配累计曲线

根据颗粒大小分析试验结果，常采用颗粒级配累计曲线表示土的颗粒级配。该法是比较全面和通用的一种图解法，其特点是可简单获得定量指标，特别适用于几种土级配好与差的相对比较。土的颗粒级配累计曲线的横坐标为粒径，由于土粒粒径在很大范围分布，因此采用对数坐标表示；纵坐标为小于(或大于)某粒径的土粒累计质量百分比(图 1.4)。从曲线的形态上，可以大致判断土粒均匀程度或级配是否良好。如曲线平缓，则表示粒径大小相差悬殊，土粒不均匀，级配良好；反之，则表示粒径大小相差不多，土粒较均匀，级配不良。

为了定量说明问题，工程中常用不均匀系数 C_u 和曲率系数 C_c 反映土颗粒级配的不均匀程度。两者定义的表达式如下：

$$C_u=\frac{d_{60}}{d_{10}} \tag{1-3}$$

$$C_c=\frac{d_{30}^2}{d_{10}\cdot d_{60}} \tag{1-4}$$

式中 d_{60}、d_{30}、d_{10}——相当于小于某粒径土质量累计百分含量为 60%、30%及 10%对应的粒径，分别称为限制粒径、中值粒径和有效粒径。

对一种土显然有 $d_{60}>d_{30}>d_{10}$ 的关系存在。不均匀系数 C_u 反映大小不同粒组的分布

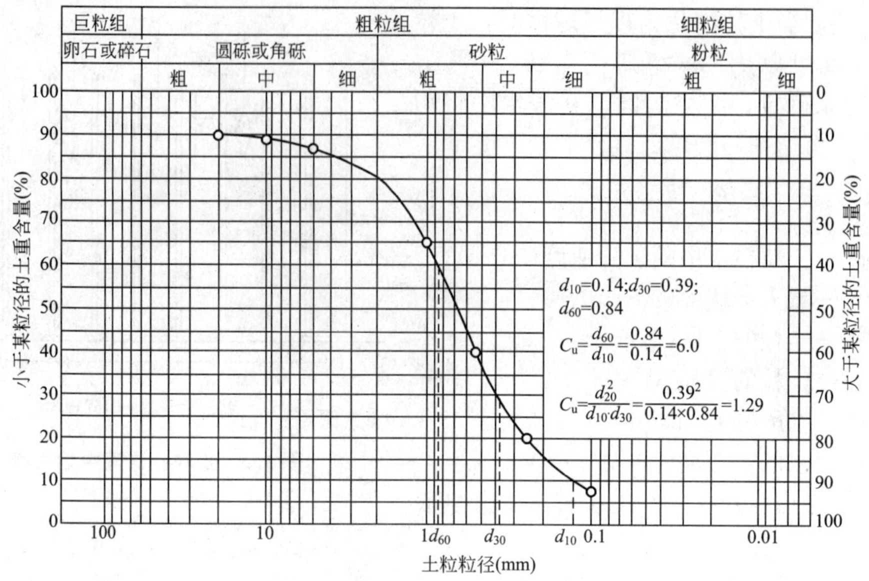

图 1.4　粒径累计曲线

情况，即土粒大小或粒度的均匀程度。C_u越大，表示粒度的分布范围越大，土粒越不均匀，其级配越良好。曲率系数 C_c描写的是累计曲线分布的整体形态，反映了限制粒径 d_{60}与有效粒径 d_{10}之间各粒组含量的分布情况。

在一般情况下，工程上把 $C_u<5$ 的土看做是均粒土，属级配不良的土［图 1.5(b)；$C_u>10$ 的土，属级配良好的土，［图 1.5(a)］。对于级配连续的土，采用单一指标 C_u，即可达到比较满意的判别结果。但缺乏中间粒径(d_{60}与 d_{10}之间的某粒组)的土，即级配不连续，累计曲线上呈现台阶状［图 1.5(c)］。此时，仅采用单一指标 C_u，则难以有效判定土的级配好与差。

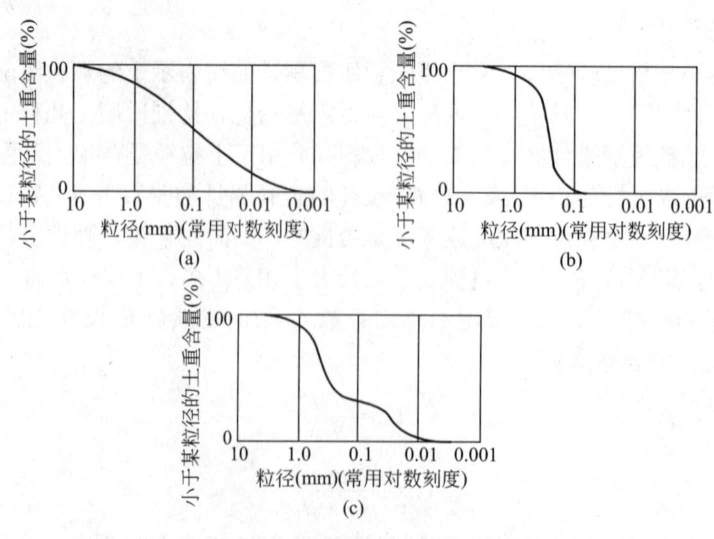

图 1.5　粒径累计曲线对比图

曲率系数 C_c作为第二指标与 C_u共同判定土的级配，则更加合理。一般认为：砾类土

或砂类土同时满足 $C_u \geqslant 5$ 和 $C_c = 1 \sim 3$ 两个条件时，则为级配良好砾或级配良好砂；如不能同时满足，则可以判定为级配不良。很显然，在 C_u 相同的条件下，C_c 过大或过小，均表明土中缺少中间粒组，各粒组间孔隙的连锁充填效应降低，级配变差。

土的颗粒级配累计曲线可以在一定程度上反映土的某些性质。对于级配良好的土，较粗颗粒间的孔隙被较细的颗粒所填充，这一连锁充填效应，使得土的密实度较好。此时，地基土的强度和稳定性较好，透水性和压缩性也较小。而作为填方工程的建筑材料，则比较容易获得较大的密实度，是堤坝或其他土建工程良好的填方用土。此外，对于粗粒土，不均匀系数 C_u 和曲率系数 C_c 也是评价渗透稳定性的重要指标。

1.2.2 土粒的矿物成分

1. 土粒矿物组成

土中固体颗粒的矿物成分绝大部分是矿物质，或多或少含有有机质，如图 1.6 所示。

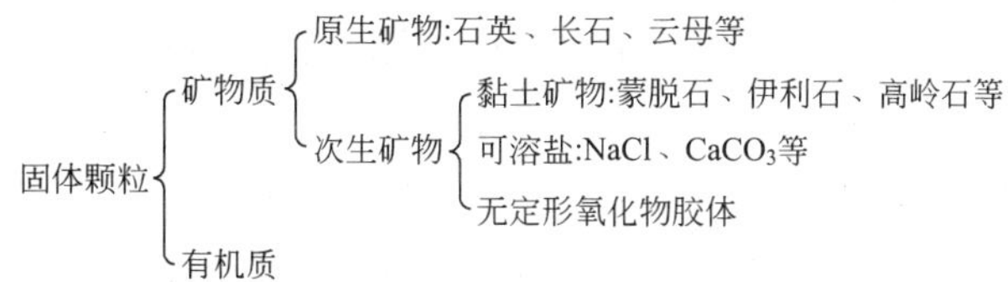

图 1.6 固体颗粒矿物成分

颗粒的矿物质按其成分分为两大类：一类是原生矿物，是岩浆在冷凝过程中形成的矿物，常见的如石英、长石、云母等，原生矿物颗粒是由母岩经物理风化(机械破碎的过程)形成的，矿物成分与母岩基本相同，且颗粒较大，其物理化学性质较稳定；另一类是次生矿物，它是由原生矿物经化学风化后所形成的产物，成分与母岩成分完全不同。土中的次生矿物主要是黏土矿物，黏土矿物的种类、含量对黏性土的工程性质影响很大，对一些特殊土(如膨胀土)往往起决定作用。此外还有些无定形的氧化物胶体(Al_2O_3、Fe_2O_3)和可溶盐类($CaCO_3$、$CaSO_4$、NaCl 等)，后者对土的工程性质影响往往是在浸水后削弱土粒之间的联结及增大孔隙。微生物参与风化过程，在土中产生有机质成分，土中有机质增加，可使土的性质明显变差。土中有机质一般是混合物，与组成土粒的其他成分稳固地结合在一起，按其分解程度可分为未分解的动植物残体，半分解的泥炭和完全分解的腐殖质，一般以腐殖质为主。腐殖质主要成分是腐殖酸，它具有多孔的海绵状结构，具有比黏土矿物更强的亲水性和吸附性。

2. 土粒矿物成分与粒组的关系

土中矿物成分与粒度成分存在着一定的内在联系，如图 1.7 所示。粗颗粒往往是岩石经物理风化作用形成的原岩碎屑，是物理化学性质比较稳定的原生矿物颗粒；细小土粒主要是化学风化作用形成的次生矿物颗粒和生成过程中有机物质的介入，次生矿物的成分、性质及其与水的作用均很复杂，是细粒土具有塑性特征的主要因素之一，对土的工程性质影响很大。有机质同样对土的工程性质有很大的影响。

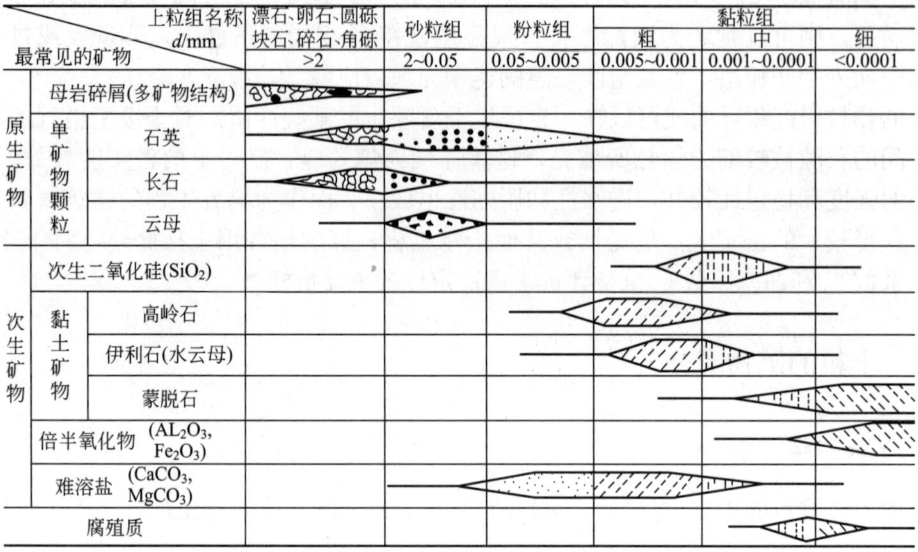

最常见的矿物 \ 上粒组名称 d/mm	漂石、卵石、圆砾 块石、碎石、角砾	砂粒组	粉粒组	黏粒组 粗	黏粒组 中	黏粒组 细
	>2	2~0.05	0.05~0.005	0.005~0.001	0.001~0.0001	<0.0001
原生矿物 母岩碎屑(多矿物结构)						
原生矿物 单矿物颗粒 石英						
原生矿物 单矿物颗粒 长石						
原生矿物 单矿物颗粒 云母						
次生矿物 次生二氧化硅(SiO_2)						
次生矿物 黏土矿物 高岭石						
次生矿物 黏土矿物 伊利石(水云母)						
次生矿物 黏土矿物 蒙脱石						
次生矿物 倍半氧化物 (AL_2O_3, Fe_2O_3)						
次生矿物 难溶盐 ($CaCO_3$, $MgCO_3$)						
腐殖质						

图 1.7　土的矿物成分与粒组关系示意图

1.3 土中水和土中气

1.3.1　土中水

土中水按存在形态有固态水、液态水、或气态水。固态水即冰，当温度降到 0℃以下时，孔隙中的水会结成冰。一般土中水指液态水，可将其视为中性、无色、无味、无臭的液体，其质量密度在 4℃为 1g/cm^3，重力密度为 9.81kN/m^3。存在于土粒晶格内部的极少一部分结晶水，与土体内部其他类型的水交换作用极小(通常认为没有交换)，这部分结晶水只有在比较高的温度下(80～680℃，随土粒的矿物成分不同而异)才能从矿物中析出化为气态水，故可把它视作矿物本身的一部分。存在于土中的液体水可分为结合水和自由水两大类，见表 1－3。实际上，土中水是成分复杂的电解质水溶液，它与土粒有着复杂的相互作用，土中水在不同作用力之下而处于不同的状态。土中细粒越多，即土的分散度越大，土中水对土性的影响越大。

表 1－3　土中水的分类

水的类型		主要作用力
结合水		物理化学力
自由水	毛细水	表面张力及重力
	重力水	重力

1. 结合水(hygroscopic water)

结合水是指受土颗粒表面电荷产生的静电引力吸附于土粒表面的水。通常黏土颗粒的表面都带有静负电荷，其周围产生电场。因水分子是极性分子，且水溶液中的钠、钙、铝等阳离子与水分子组成水化离子团，被土粒表面电场吸引，在土颗粒表面外侧吸附了一层水膜成为结合水，如图1.8所示。与自然界中的液态水相比，结合水有较大的黏滞性，较小的能动性和较高的密度。距土颗粒表面越近静电引力越强；越远，引力则越弱。结合水层按照吸引力大小可分为强结合水和弱结合水。

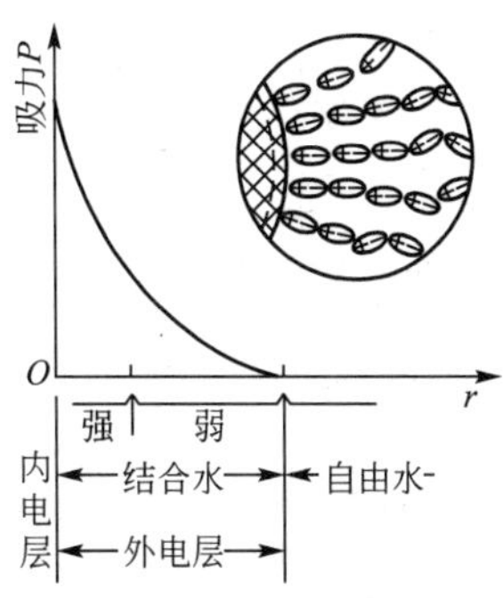

图1.8 结合水示意图

强结合水是紧靠土粒表面的结合水膜，也称吸着水。其受到土颗粒的吸附力可高达几千个大气压，牢固地结合在土颗粒表面，性质接近于固体。强结合水到−78℃时才冻结，在温度达110℃以上时才可被蒸发，能够承受剪力作用，但不传递液体压力，在常温下这些水是矿物的组成部分，只在矿物成分改变后才影响土的性质。

弱结合水是紧靠于强结合水的外围而形成的结合水膜，也称薄膜水(film water)。它仍然不能传递静水压力，也不能在孔隙中自由流动，但它可以因电场引力作用从水膜厚的地方向水膜薄的地方缓慢转移，也会在压力作用下析出变成自由水，这时结合水膜变薄。弱结合水的存在，使土具有可塑性、黏性和流变特性，影响土的压缩性和强度，并使土的透水性变小。

2. 自由水(free water)

自由水是存在于土粒表面电场影响范围以外的水。它的性质和正常水一样，能传递静水压力，冰点为0℃，有溶解能力。自由水按其移动所受作用力的不同，可以分为重力水和毛细水。

重力水(gravitational water)存在于地下水位以下的透水土层中的地下水，仅受重力作用控制，在重力或水位差下能在土中流动的自由水，它与普通水一样，具有溶解能力，能传递静水和动水压力，对土粒有浮力作用。重力水的渗流特征，是地下工程排水和防水工程的主要控制因素之一，对土中的应力状态和开挖基槽、基坑及修筑地下构筑物有重要的影响。

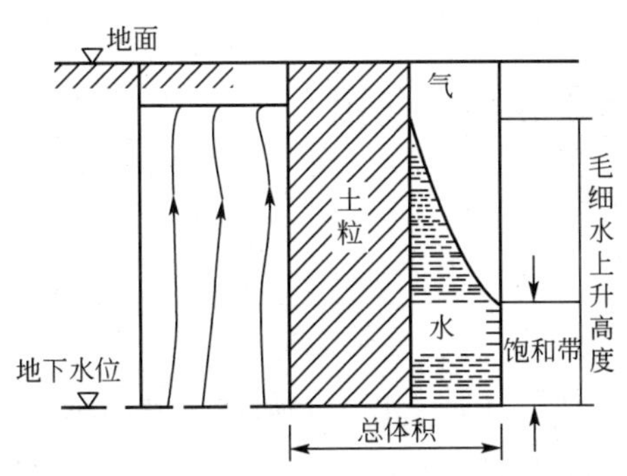

图1.9 土层的毛细水带

毛细水(capillary water)是存在地下水位以上，受到水和空气交界面处表面张力作用的自由水。毛细水按其与地下水面是否联系可分为毛细悬挂水(与地下水无直接联系)和毛细上升水(与地下水相连)。在毛细水带内，只有靠近地下水位的一部分土才被认为是饱和的，这一部分就称为毛细水饱和带(图1.9)。毛细水的上升高度与土中孔隙的大小和形状，土粒矿物组成及水的性质有关。在砂土中，毛细水上升高度取决于土粒粒度，一般不超过2m；在粉土中，由于其粒度较小，毛细水上升高度较大，往往超过2m；黏性土的粒度虽然较粉土更小，但是由于黏土矿物颗粒与水作用，产生了具有黏滞性的结合水，阻碍了毛细通道，因此黏土中的毛细水的上升高度反而较低。

毛细水除存在于毛细水上升带内，也存在于非饱和土的较大孔隙中。在水、气界面上，由于弯液面表面张力(surface tension)的存在，以及水与土粒表面的浸润作用，孔隙水的压力也将小于孔隙内的大气压力。于是，沿着毛细弯液面的切线方向，将产生迫使相邻土粒挤紧的压力，这种压力称为毛细压力，如图1.10所示。毛细压力的存在，使水内的压力小于大气压力，即孔隙水压力为负值，负压力有使相邻土粒相互挤紧的作用，使得湿砂具有一定的可塑性，并称之为“似黏聚力”现象。毛细压力呈倒三角分布，在水气界面处最大，自由水位处于零。因此，在完全浸没或完全干燥条件下，弯液面消失，毛细压力变为零，湿砂也就不具有“似黏聚力”了。

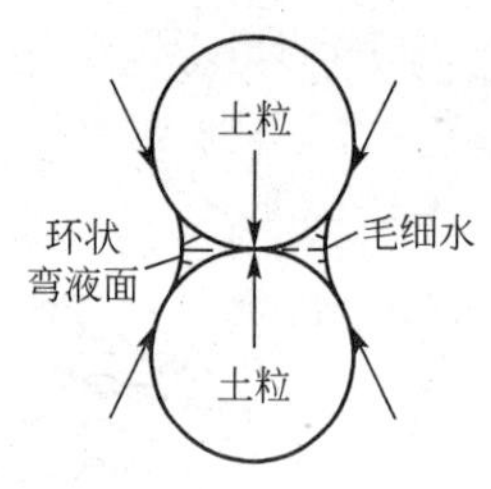

图1.10　毛细压力示意图

在工程中，毛细水的上升高度和速度对于建筑物地下部分的防潮措施和地基土的浸湿、冻胀等有重要影响。此外，在干旱地区，地下水中的可溶盐随毛细水上升后不断蒸发，盐分便积聚于靠近地表处而形成盐渍土。

1.3.2　土中气

土中的气体存在于土孔隙中未被水所占据的部位，也有些气体溶解于孔隙水中。在粗颗粒沉积物中，常见到与大气相连通的气体。在外力作用下，连通气体极易排出，它对土的性质影响不大。在细粒土中，则常存在与大气隔绝的封闭气泡。在外力作用下，土中封闭气体易溶解于水，外力卸除后，溶解的气体又重新释放出来，使得土的弹性增加，透水性减少。

土中气成分与大气成分比较，土中气含有更多的CO_2，较少的O_2，较多的N_2。土中气与大气的交换越困难，两者的差别越大。与大气连通不畅的地下工程施工中，尤其应注意氧气的补给，以保证施工人员的安全。

对于淤泥和泥炭等有机质土，由于微生物的分解作用，在土中蓄积了某种可燃性气体(如硫化氢、甲烷等)，使土层在自重作用下长期得不到压密，而形成高压缩性土层。

1.4　黏土颗粒与水的相互作用

1.4.1　黏土矿物的结晶结构与亲水性

黏土颗粒(黏粒)的矿物成分主要有黏土矿物和其他化学胶结物或有机质，其中黏土矿物的结晶结构特征对黏性土的工程性质影响较大。黏土矿物实际上是一种铝-硅酸盐晶体，是由两种晶片交互成层叠置构成的(图1.11)。一种是Si-O四面体构成的硅氧晶片(简称硅片)，即由一个居中的硅原子和四个在角点的氧原子组成，一个硅片则由 6 个 Si－O 四面体组成，其中硅片底面的氧离子被相邻四面体所共有［图 1.11(a)］；另一种是 Al－OH 八面体构成的铝氢氧晶片(简称铝片)，它的基本单位是由一个居中的铝原子和 6 个在角点的氢氧离子组成，4 个 Al－OH 八面体组成一个铝片［图 1.11(b)］。硅片和铝片构成两种基本类型晶胞(或称晶格)，即由一层硅片和一层铝片构成的二层型晶胞(即 1∶1 型晶胞)和由两层硅片中间夹一层铝片构成的三层型晶胞(即 2∶1 型晶胞)。这两类晶胞的不同叠置形式就形成了不同的黏土矿物，其中主要有蒙脱石、伊利石和高岭石三类(图 1.12)。

高岭石的名称来源于我国江西浮梁高岭山(景德镇附近)，因为那里最早发现高岭石矿物。其结构单元是二层型晶胞，由一层硅氧四面体层和一层铝氢氧八面体层通过公共的氧离子连接成 1 个晶胞，其结构［见图 1.12(c)］，每层晶胞厚度为 7.2Å(1Å＝10^{-10} m)。晶胞内的电荷是平衡的，晶胞之间是氧离子和氢氧根连接，氢氧根中的氢与相邻晶胞中的氧形成氢键，起着连接作用，故其亲水性弱，水分子不易进入晶胞间而发生膨胀，性质较稳定。典型的高岭石晶体由 70～100 层晶胞组成，属三斜及单斜晶系，密度为 2.58～2.61g/cm^3。以高岭石为主的土的水稳性好，可塑性低，压缩性低。高岭石矿物产于酸性环境中，是花岗岩风化后的产物，通常来源于长石的水解，分子式为 $Al_4[Si_4O_{10}](OH)_8$。

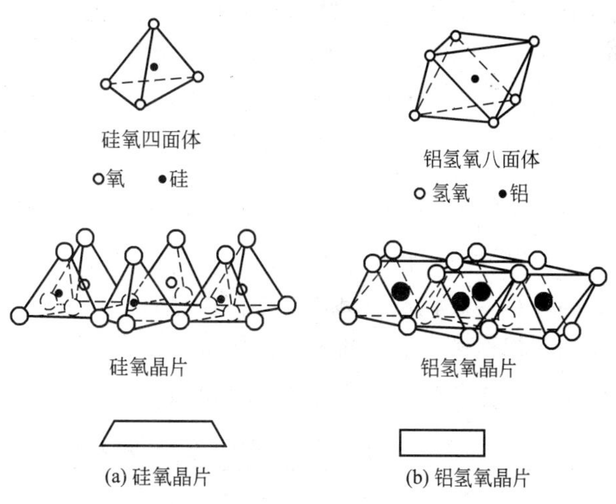

图 1.11　黏土矿物晶片示意图

蒙脱石的晶胞属三层结构，它由两层硅氧四面体层夹一层铝氢氧八面体层构成，其结构见图 1.12(a)，蒙脱石的分子式为 $Al_2[Si_4O_{10}](OH)_2 \cdot nH_2O$，以氧化物表示分子式为 4 $SiO_2 \cdot Al_2O \cdot nH_2O_3$。蒙脱石矿物呈灰白色、青色、桃红色，相对密度一般为 2.2～2.7。作为单个黏土片的蒙脱石晶体一般仅由几层到几十层晶胞叠加而成，两层晶胞间是以氧离子和氧离子以范德华键力联结，故其键力很弱，亲水性强，水分子容易进入晶胞之间，使晶胞之间间距增大。因此，蒙脱石的晶格是活动的，吸水后体积会发生膨胀，甚至可增大数倍。脱水后则可收缩。膨胀土就是组成它的黏土矿物中含有一定数量的蒙脱石矿物的缘故。一般蒙脱石含量在 5%以上的土体就会呈现明显的涨缩性、具有高塑性、高压缩性、低强度、低渗透性的性质，液限可达 150%～170%，塑性指数可达 100～650。

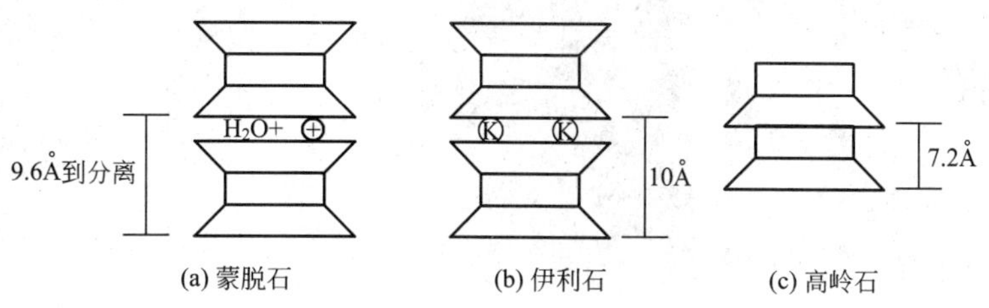

图 1.12　黏土矿物构造单元示意图

蒙脱石常由火山灰、玄武岩在碱性、排水不良的环境里风化而成。蒙脱石的八面体层中同相置换非常活跃，从而形成一系列类质同相矿物，如拜来石、皂石等。在湿润温暖的气候条件下，蒙脱石中的一部分 SiO_2 可能被溶滤析出而转变为伊利石、高岭石或其他黏土矿物。

伊利石是云母类水化物黏土矿物的统称，也是三层结构［见图 1.12(b)］，晶胞厚为10Å。与蒙脱石的不同之处是伊利石的类质同相置换现象主要发生在硅氧四面体中，约有20%的硅被铝、铁置换，由此而产生的不平衡电荷由进入晶胞之间的钾、钠离子(主要是 K^+)来平衡。钾离子与四面体层界面上的氧离子形成的钾键比较强，它起到晶胞与晶胞之间的联结作用。因此，水分子就不易进入，遇水膨胀，脱水收缩的能力低于蒙脱石。伊利石矿物晶体常由十几层到几十层晶胞组成，其力学性质介于高岭石与蒙脱石之间。

伊利石的分子式为 $KAl_2[AlSi_3O_{10}](OH)_2 \cdot nH_2O$，典型的伊利石含 K_2O6.3%，相对密度为 2.6～3.0，伊利石的可塑性较低。伊利石的亲水性介于高岭石与蒙脱石之间，是较不稳定矿物，其形成条件是要有一定的钾离子。我国黄河、长江流域的沉积土及沿海软黏土中，其黏土矿物大部分以伊利石为主，故其塑性指数较低。

高岭石、蒙脱石、伊利石是在自然界中最常见、最重要的黏土矿物，因为晶格结构的差异和同相置换使它们的力学性质也有很大差别。三类黏土矿物基本性质比较见表 1-4，其典型电子显微镜照片如图 1.13 所示。

表 1-4　三类黏土矿物基本性质比较

特性 \ 矿物	蒙脱石	伊利石	高岭石
晶胞组成	2∶1 型晶胞	2∶1 型晶胞	1∶1 型晶胞
晶胞厚度(Å)	9.6～15	10	7.2
颗粒长或宽(Å)	1000～5000	1000～5000	1000～20000
颗粒厚度(Å)	10～50	50～500	100～1000
比表面积(m^2/g)	800	80	15
总体特性	晶胞间连接弱且存在较多电荷，易吸水引起体积膨胀；颗粒呈不规则片状或纤维状	介于两者之间	晶胞间连接强，遇水稳定，颗粒呈片状

(a) 蒙脱石

(b) 伊利石

(c) 高岭石

图 1.13　三类典型黏土矿物典型电镜照片

1.4.2 黏土颗粒和水的相互作用

1. 黏土颗粒的带电性

黏土颗粒的带电现象早在1809年为莫斯科大学列依斯发现。他把黏土块放在一个玻璃器皿内，将两个无底的玻璃筒插入黏土块中。向筒中注入相同深度的清水，并将阴阳电极分别放入两个筒内的清水中，然后将直流电源与电极连接。通电后即可发现，放阳极的筒中水位下降，水逐渐变浑；放阴极的筒中水位逐渐上升，如图1.14(a)所示。这说明黏土颗粒本身带有一定量的负电荷，在电场作用下向阳极移动，这种现象称为电泳；而极性水分子与水中的阳离子(K^+、Na^+等)形成水化离子，在电场作用下这类水化离子向阴极移动，这种现象称为电渗。电泳、电渗是同时发生的，统称为电动现象。

黏土矿物颗粒一般为扁平状(或纤维状)，与水作用后扁平状颗粒的表面带负电荷，但颗粒的(断裂)边缘，局部却带有正电荷[图1.14(b)]。

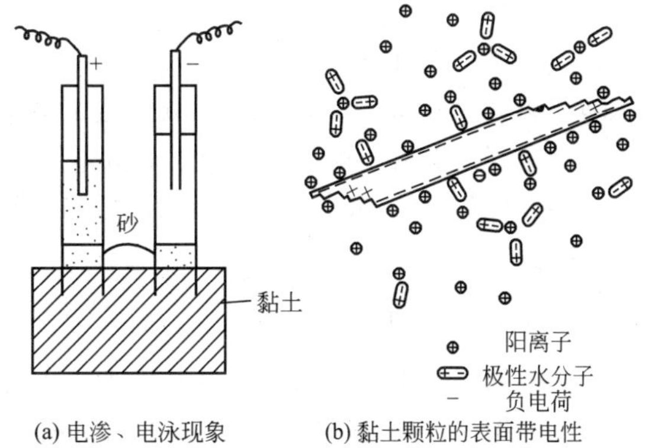

(a) 电渗、电泳现象　(b) 黏土颗粒的表面带电性

图1.14 黏土颗粒表面带电现象

研究表明，片状黏土颗粒的表面，由于下列原因常带有不平衡的负电荷。

(1) 离解作用(dissciation)。指黏土矿物颗粒与水作用后离解成更微小的颗粒，离解后阳离子扩散于水中，阴离子留在颗粒表面。

(2) 吸附作用(adsorbtion)。指溶于水中的微小黏土矿物颗粒把水介质中一些与本身结晶格架中相同或相似的离子选择性地吸附到自己表面。

(3) 同晶置换(isomorphous substitution)。指矿物晶格中高价的阳离子被低价的离子置换，常为硅片中的Si^{4+}被Al^{3+}置换，铝片中的Al^{3+}被Mg^{2+}置换，因而产生过剩的未饱和负电荷，这种现象在蒙脱石中尤为显著，故其表面负电性最强。

(4) 边缘断链(edge broken bonds)。理想晶体内部的电荷是平衡的，但在颗粒的边缘处，产生断裂后，晶体连续性受到破坏，造成电荷不平衡，因此比表面积越大，表面能也越大。

由于黏土矿物的带电性，黏土颗粒四周形成一个电场，将使颗粒四周的水发生定向排列，直接影响土中水的性质，从而使黏性土具有许多无黏性土所没有的性质。

2. 双电层(diffuse double layer)的概念

表面带有一定负电荷的黏粒，由于静电引力作用，在水溶液中将吸引水中的阳离子到土粒表面来。这些阳离子实际是水化阳离子，体积较大，阻碍着阳离子向土粒表面靠近。水溶液中离子的分布是不均匀的，越靠近表面，静电作用力越大、吸引力越强，阳离子浓度也越大，形成固定层；固定层外围随着离土粒表面距离的增加，静电引力也降低，阳离子浓度也逐渐下降，形成扩散层，直至孔隙中水溶液的浓度正常为止。固定层和扩散层中所含的阳离子与土粒表面的负电荷的电位相反，称为反离子层。同样，阴离子的浓度，由于静电斥力的作用，越靠近表面，浓度越低；随着距离的增加，阴离子浓度也逐渐增加，直至达到正常浓度为止。土粒表面的负电荷与受土粒表面影响的阳离子层(反离子层)合起来称为双电层，如图 1.15 所示。

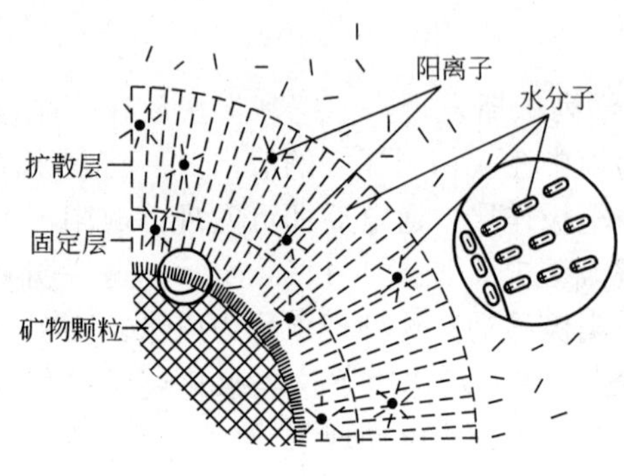

图 1.15　结合水分子定向排列图

双电层的形成是由于黏土颗粒表面带有负电荷，土粒表面电位的高低是双电层厚度的决定因素，除此以外，研究指出还有如下影响因素。

(1) 孔隙水中离子浓度。离子浓度越高，双电层越薄。双电层厚度与离子浓度平方根成反比。

(2) 孔隙水中阳离子价数。阳离子越高，双电层越薄。双电层厚度与孔隙水中阳离子价成反比关系。

(3) 孔隙水的温度和溶液的介电常数。随着温度的升高，双电层将增大。但另一方面，随着温度的升高，水溶液的介电常数 D 将降低，D 的降低意味着双电层的厚度将减小。两者相互抵消后，可以认为温度对双电层的影响不大。

(4) 孔隙水 pH。水中的 pH 不同，影响着黏粒的离解吸附作用，从而进一步影响双电层的厚度。

3. 土颗粒间的相互作用

土体中的每个土颗粒都处于内力和外力共同作用下的平衡状态中。外力作用包括荷载和重力场的作用；内力作用包括土颗粒内部的作用和土粒之间的相互作用，它影响着土的物理化学性质。土粒间的相互作用包括化学键、分子键、静电力等。

土中的黏土颗粒呈片状或针状，有非常大的比表面积，在一定条件下粒间作用力与其重力相比将占优势，从而影响到细粒土的沉积过程和沉积土的性状。当黏粒在溶液中沉淀时，粒间引力主要是范德华力和结合水层中异性电荷引起的静电引力。范德华力发生在极性颗粒之间，此时当两个极性颗粒相互接近时，必同极相斥，异极相吸，而促使它们发生转动。转动的结果是使它们异极相对，两个颗粒相互吸引，如图 1.16 所示。范德华力在极性颗粒之间产生引力，但它是一种短程力，约随粒间间距的 6 次方递减，与溶液的性质无关。

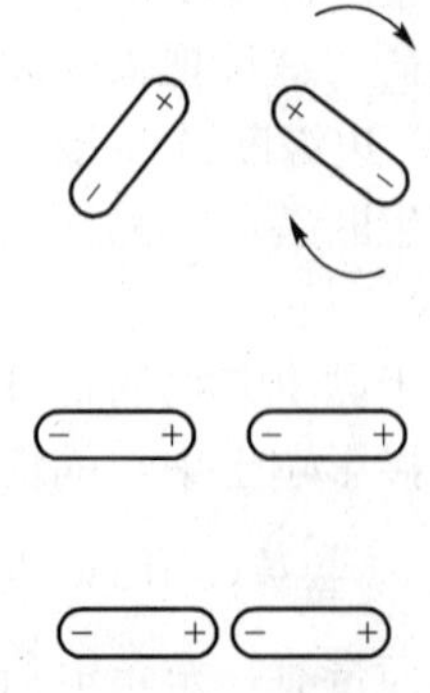
图 1.16　两个极性分子相互作用示意图

另一方面，在两个土粒相互靠近，使颗粒表面结合水层相搭接时，结合水层中的阳离子不足以平衡土粒上的静负电荷，就会发生粒间斥力。其大小取决于溶液的性质(如溶液中阳离子的浓度和离子价)，并随粒间间距的指数函数递减。粒间电作用力随粒间间距和溶液中阳离子浓度的变化如图 1.17所示。由图可见，粒间电作用力是随粒间的距离而变化的，它们之间既有吸引力又有排斥力，当总的吸引力大于排斥力时表现为净吸力，反之为净斥力。

在高含盐量的水中沉积的黏性土，由于离子浓度的增加，反离子层减薄，渗透斥力降

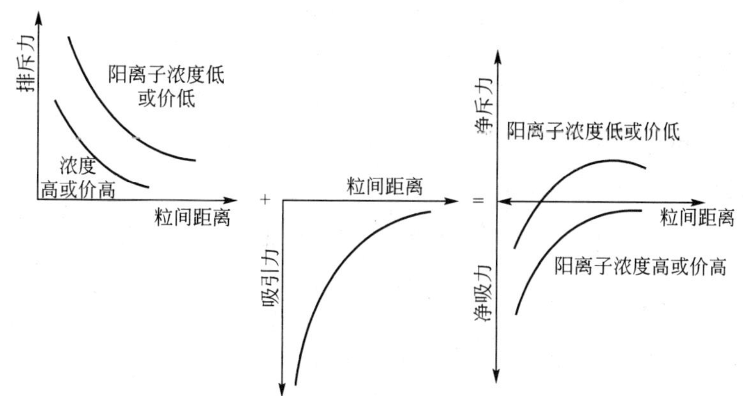

图 1.17 粒间力随粒间间距和阳离子浓度变化的关系曲线

低。因此，在粒间较大的净吸力作用下，黏土颗粒容易絮凝成集合体下沉。混浊的河水流入海中，由于海水的高盐度，很容易絮凝沉积为淤泥。

1.5 土的结构和构造

很多试验资料表明，同 一种土，原状土样和重塑土样的力学性质有很大差别。这就是说，土的组成成分不是决定土性质的全部因素，土的结构和构造对土的性质也有很大影响。

土的结构包含微观结拘和宏观结构两层概念。土的微观结构，常简称为土的结构，或称为土的组构(fabric)，是指土粒的原位集合体特征；是由土粒单元的大小、矿物成分、形状、相互排列及其联结关系，土中水性质及孔隙特征等因素形成的综合特征。土的宏观结构，常称之为土的构造(structure)，是同一土层中的物质成分和颗粒大小等都相近的各部分之间的相互关系的特征，表征了土层的层理、裂隙及大孔隙等宏观特征。

1.5.1 土的结构

1. 单粒结构(single grain fabrics)

单粒结构是由粗大土粒在水或空气中下沉而形成的，土颗粒相互间有稳定的空间位置，为碎石土和砂土的结构特征。在单粒结构中，土粒的粒度和形状、土粒在空间的相对位置决定其密实度。因此，这类土的孔隙比的值域变化较宽。同时，因颗粒较大，土粒间的分子吸引力相对很小，颗粒间几乎没有联结。只是在浸润条件下(潮湿而不饱和)，粒间会有微弱的毛细压力联结。

(a) 疏松的

(b) 紧密的

图 1.18 土的单粒结构

单粒结构可以是疏松的，也可以是紧密的(图 1.18)。呈紧密状态单粒结构的土，由于其土粒排列紧密，在动、静荷载作用下都不会产生较大的沉降，所以强度较大，压缩性较小，一般是良好的天然地基。

呈疏松状态单粒结构的土，其骨架是不稳定的，当受到震动及其他外力作用时，土粒易发生移动，土中孔隙剧烈减少，引起土产生很大变形。因此，这种土层如未经处理一般不宜作为建筑物的地基或路基。

2. 蜂窝结构(honeycomb fabric)

蜂窝结构主要是由粉粒或细砂组成的土的结构形式。据研究，粒径为 0.075～0.005mm(粉粒粒组)的土粒在水中沉积时，基本是以单个土粒下沉，当碰上已沉积的土粒时，由于它们之间的相互引力大于其重力，因此土粒就停留在最初的接触点上不再下沉，逐渐形成土粒链。土粒链组成弓架结构，形成具有很大孔隙的蜂窝状结构(图 1.19)。

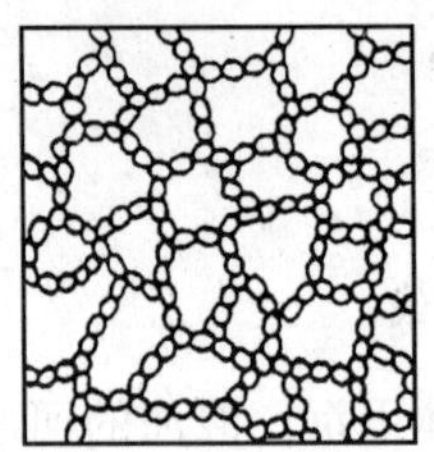

图 1.19　土的蜂窝结构

具有蜂窝结构的土有很大孔隙，但由于弓架作用和一定程度的粒间联结，使得其可以承担一般水平的静力载荷。但是，当其承受高应力水平荷载或动力荷载时，其结构将破坏，并可导致严重的地基变形。

3. 絮状结构(flocculated fabric)

絮状结构又称絮凝结构。细小黏粒(其粒径＜0.005mm)或胶粒(其粒径 0.0001～0.000001mm)，大都呈针状或片状，重力作用很小，能够在水中长期悬浮，不因自重而下沉。当悬液介质发生变化时(如黏粒被带到电解质浓度较大的海水中)，土粒表面的弱结合水厚度减薄，黏粒互相接近，凝聚成絮状物下沉，从而形成孔隙较大的絮状结构，如图 1.20 所示。

絮状结构是黏性土的主要结构形式。研究表明，形成黏性土的片状或针状土粒，表面带负电荷，而在其边(即断口处)局部带正电荷。因此在土粒聚合时，多半以面对边(海水中沉积)或面对面(淡水中沉积)的方式接触，如图 1.21 所示，前者称片架结构［图 1.21(a)］，后者称片堆结构［图 1.21(b)］。

图 1.20　土的絮状结构

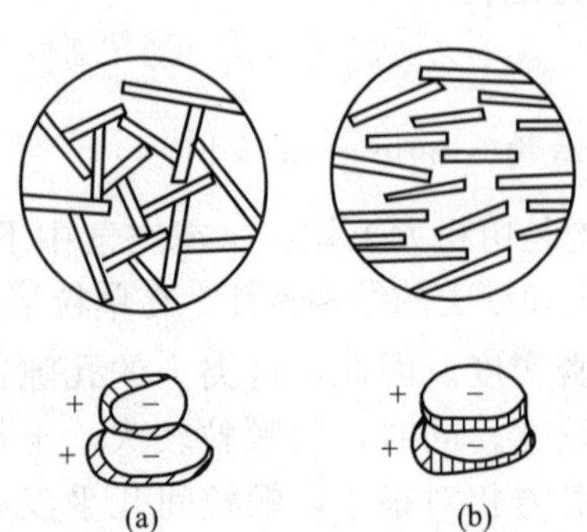

图 1.21　黏粒的接触形式

絮状结构土实际上是不稳定的，例如在很小的施工扰动下，土粒之间的联结脱落，造成结构破坏，强度降低。但土粒之间的联结强度(结构强度)往往由于长期的压密和胶结作用而得到加强。所以，集粒间的联结特征是影响这一类土工程性质的主要因素之一。

天然条件下，任何一种土类的结构并不是单一的，往往呈现以某种结构为主，混杂各种结构的复合形式。还应指出，当土的结构受到破坏或扰动时，在改变了土粒排列的同时，也不同程度地破坏了土粒间的联结，从而影响土的工程性能，对于蜂窝和絮状结构的土，往往会大大降低其结构强度。

1.5.2 土的构造

土的构造实际上是土层空间的赋存状态，表征土层的层理、裂隙及大孔隙等宏观特征。土的构造最主要特征就是成层性，层理构造如图1.22所示。它是在土的形成过程中由于不同阶段沉积的物质成分、颗粒大小或颜色不同，而沿竖向呈现的成层特征，常见的有水平层理构造和交错层理构造。土的构造的另一特征是土的裂隙性，这是在土的自然演化过程中，经受地质构造作用或自然淋滤、蒸发作用形成，如黄土的柱状裂隙，膨胀土的收缩裂隙等。裂隙的存在大大降低了土体的强度和稳定性，增大透水性，对工程不利，往往是工程结构或土体边坡失稳的原因。此外，也应注意到土中有无包裹物(如腐殖物、贝壳、结核体等)及天然或人为的孔洞存在。土的构造特征都会造成土的不均匀性。

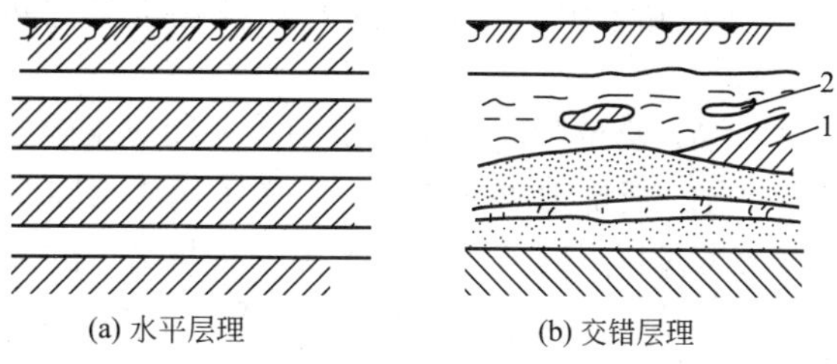

图1.22 层理构造

1—尖灭；2—透镜体

本章小结

土是岩石风化的产物，是由三相组成的。各种土的颗粒大小和矿物成分差别很大，土的三相间的数量比例也不尽相同，而且土粒与其周围的水又发生了复杂的物理化学作用。土的结构和构造对土的性质影响很大。

本章重点是土的物质组成、水土相互作用和土的结构和构造。必须了解土的成因，熟练掌握土的物质组成，了解水土相互作用，以及掌握土的结构和构造。

习　题

1. 简答题

(1) 什么是粒组？什么是粒度成分？土的粒度成分的测定方法有哪两种？它们各适用于何种土类？

(2) 什么是颗粒级配曲线？它有什么用途？

(3) 黏土矿物有哪几种？对土的矿物性质有何影响？

(4) 土中水有几种存在形态？各有何特性？

(5) 土的结构有哪几种类型？各对应哪类土？

2. 选择题

(1) 土颗粒的大小及其级配，通常是用粒径级配曲线来表示的。级配曲线越平缓表示(　　)。

A. 土粒大小较均匀，级配良好　　B. 土粒大小不均匀，级配不良

C. 土粒大小不均匀，级配良好

(2) 对土粒产生浮力的是(　　)。

A. 毛细水　　B. 重力水　　C. 结合水

(3) 当黏土矿物成分已知时，颗粒水膜厚度与水化阳离子的原子价大小的关系是：(　　)。

A. 高价阳离子比低价阳离子构成水膜厚

B. 低价阳离子比高价阳离子构成水膜厚

C. 与阳离子的阶数无关，只与离子的浓度有关

(4) 毛细水的上升，主要是水受到下述(　　)力的作用。

A. 黏土颗粒电场引力作用　　B. 孔隙水压力差的作用

C. 水与空气交界面处的表面张力作用

(5) 三种黏土矿物中，(　　)的结构单元最稳定。

A. 蒙脱石　　B. 伊利石　　C. 高岭石

(6) 三种黏土矿物的亲水性大小，(　　)次序排列是正确的。

A. 高岭石>伊利石>蒙脱石　　B. 伊利石>蒙脱石>高岭石

C. 蒙脱石>伊利石>高岭石

第2章 土的物理性质及分类

教学目标

本章主要讲述土的三相比例指标、黏性土和无黏性土的物理特征、土的工程分类和压实原理。通过本章学习，达到以下目标：

(1) 熟练掌握土的三相比例指标；

(2) 掌握黏性土的物理特征；

(3) 掌握无黏性土的密实度；

(4) 了解土的工程分类的原则和标准，掌握建筑地基土的分类方法；

(5) 了解土的击实原理。

教学要求

知识要点	能力要求	相关知识
土的三相比例指标	(1) 掌握土的三相比例指标的定义 (2) 掌握土基本指标实验室的测定方法 (3) 了解土的三相比例指标的换算公式	(1) 土的三相比例关系图 (2) 指标的定义 (3) 指标的换算
黏性土的物理特征	(1) 掌握黏性土的可塑性及界限含水量定义 (2) 掌握黏性土液限、塑限的测定方法 (3) 掌握黏性土塑性指数、液性指数定义和计算方法 (4) 掌握黏性土的活动度、灵敏度和触变性定义	(1) 黏性土的可塑性及界限含水量 (2) 黏性土的物理状态指标 (3) 黏性土的活动度、灵敏度和触变性
无黏性土的密实度	(1) 掌握砂土的密实度划分方法 (2) 掌握碎石土的密实度划分方法	(1) 砂土的密实度 (2) 碎石土的密实度 (3) 掌握基底附加压力的计算
土的分类	(1) 了解土的分类原则和标准 (2) 掌握建筑地基土的分类方法	(1) 土的分类原则和标准 (2) 建筑地基土的分类
土的压实性和工程控制	(1) 掌握土的压实原理 (2) 掌握影响击实效果的因素 (3) 了解压实标准的确定与控制	(1) 土的压实原理 (2) 影响击实效果的因素 (3) 压实标准的确定与控制

基本概念

土的三相比例指标、黏性土物理特征、无黏性土的密实度、土的分类、土的压实原理。

引例

土是由三相组成的。随着三相物质的质量和体积的比例不同，土的物理性质也将有所不同。土的物理性质又在一定程度上决定了土的力学性质。在处理与土相关的工程问题和进行土力学计算时，不但要知道土的物理性质指标及其物理特征，还必须掌握各指标的测定方法及三相比例指标间的相互换算关系，并熟悉土的分类方法。

2.1 概　述

由第1章土的组成所述，土是连续、坚固的岩石在风化作用下形成的大小悬殊的颗粒，经过不同的搬运方式，在各种自然环境中生成的沉积物。在漫长的地质年代中，由于各种内力和外力地质作用形成了许多类型的岩石和土。岩石经历风化、剥蚀、搬运、沉积形成土，而土历经压密固结、胶结硬化也可再生成岩石。作为建筑物地基的土，是土力学研究的主要对象。

土的物质成分包括有作为土骨架的固态矿物颗粒、孔隙中的水及其溶解物质，以及气体。因此，土是由颗粒(固相)、水(液相)和气(气相)所组成的三相体系。土的三相组成物质的性质、相对含量及土的结构构造等因素，必然在土的轻重、松密、干湿、软硬等一系列物理性质和状态上有不同的反映。土的物理性质又在一定程度上决定了它的力学性质，所以物理性质是土的最基本的工程特性。

在处理地基基础问题和进行土力学计算时，不但要知道土的物理性质特征及其变化规律，从而了解各类土的特性，而且还必须掌握表示土的物理性质的各种指标的测定方法和指标间的相互换算关系，并熟悉按土的有关特征和指标来制订地基土的分类方法。

本章将介绍土的三相比例指标，黏性土、无黏性土的物理特征，土的分类，最后介绍土的压实原理和工程控制。

2.2 土的三相比例指标

2.2.1　土的三相比例关系图

土的三相组成各部分的质量和体积之间的比例关系，随着各种条件的变化而改变。例如，在建筑物或土工建筑物的荷载作用下，地基土中的孔隙体积将缩小；地下水位的升高或降低，都将改变土中水的含量；经过压实的土，其孔隙体积将缩小。这些变化都可以通过三相比例指标的大小反映出来。

表示土的三相比例关系的指标，称为土的三相比例指标，包括土粒相对密度(specific gravity of soil particles)、土的含水量(water content or moisture content)、密度(density)、孔隙比(void)、孔隙率(porosity)和饱和度(degree of saturation)等。

为了便于说明和计算，如图 2.1 所示的土的三相比例关系图来表示各部分之间的数量关系，图中符号的意义如下。

m_s——土粒质量；

m_w——土中水质量；

m——土的总质量，$m=m_s+m_w$；

V_s、V_w、V_a——分别为土粒、土中水、土中气体积；

V_v——土中孔隙体积，$V_v=V_w+V_a$；

V——土的总体积，$V=V_s+V_w+V_a$。

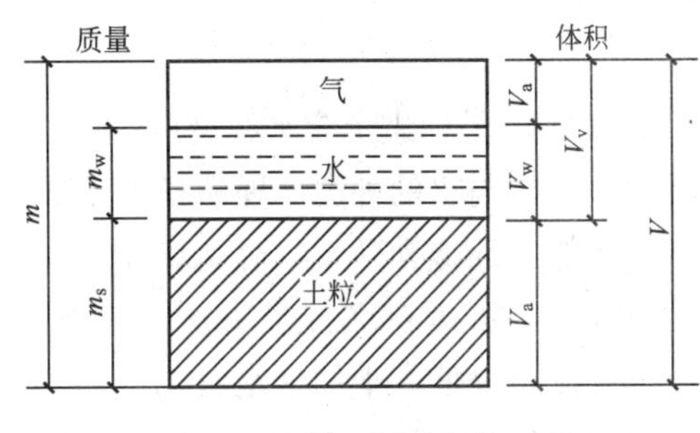

图 2.1　土的三相比例关系图

2.2.2　指标的定义

1. 三个基本的三相比例指标

三个基本的三相比例指标是指土粒相对密度 d_s、土的含水量 w 和密度 ρ，一般由实验室直接测定其数据。

1) 土粒相对密度 d_s

土粒质量与同体积的 4℃时纯水的质量之比，称为土粒相对密度 d_s，无量纲，即

$$d_s=\frac{m_s}{V_s\rho_{w1}}=\frac{\rho_s}{\rho_{w1}} \tag{2-1}$$

式中　m_s——土粒质量(g)；

V_s——土粒体积(cm^3)；

ρ_s——土粒密度，即土粒单位体积的质量(g/cm^3)；

ρ_{w1}——纯水在 4℃时的密度，等于 $1g/cm^3$ 或 $1t/m^3$。

一般情况下，土粒相对密度在数值上就等于土粒密度，但两者的含义不同，前者是两种物质的质量密度之比，无量纲；而后者是一种物质(土粒)的质量密度，有单位。土粒相对密度决定于土的矿物成分，一般无机矿物颗粒的相对密度为 2.6～2.8；有机质为 2.4～2.5；泥炭为 1.5～1.8。土粒(一般无机矿物颗粒)的相对密度变化幅度很小。土粒相对密度可在实验室内用比重瓶法测定。通常也可按经验数值选用，一般土粒相对密度参考值见表 2-1。

表 2-1　土粒相对密度参考值

土的名称	砂类土	粉性土	黏性土	
			粉质黏土	黏土
土粒相对密度	2.65～2.69	2.70～2.71	2.72～2.73	2.74～2.76

2) 土的含水量 w

土中水的质量与土粒质量之比，称为土的含水量(率)，以百分数计，也即

$$w=\frac{m_w}{m_s}\times 100\% \tag{2-2}$$

含水量w是标志土含水程度(或湿度)的一个重要的物理标志。天然土层的含水量变化范围很大，它与土的种类、埋藏条件及其所处的自然地理环境等有关。一般干的粗砂，其值接近于零，而饱和砂土，可达到40%；坚硬黏性土的含水量可小于30%，而饱和软黏土(如淤泥)，可达60%或更大。一般来说，同一类土(尤其是细粒土)，当其含水量增大时，其强度就降低。土的含水量一般用“烘干法”测定。先称小块原状土样的湿土质量，然后置于烘箱内维持105℃烘至恒重，再称干土质量，湿、干土质量之差与干土质量的比值，就是土的含水量。

3) 土的密度ρ

土单位体积的质量称为土的(湿)密度ρ(单位为g/cm^3)，即

$$\rho=\frac{m}{V} \tag{2-3}$$

天然状态下的土密度变化范围比较大，一般黏性土$\rho=1.8\sim2.0g/cm^3$；砂土$\rho=1.6\sim2.0\ g/cm^3$；腐殖土$\rho=1.5\sim1.7g/cm^3$。土的密度一般用“环刀法”测定，用一个圆环刀(刀刃向下)放在削平的原状土样面上，徐徐削去环刀外围的土，边削边压，使保持天然态度的土样压满环刀内，称得环刀内土样质量，求得它与环刀容积的比值即为密度值。

2. 特殊条件下土的密度

1) 土的干密度ρ_d

土单位体积中固体颗粒部分的质量，称为土的干密度(dry density)ρ_d(单位为g/cm^3)，即

$$\rho_d=\frac{m_s}{V} \tag{2-4}$$

在工程上常把干密度ρ_d作为评定土体紧密程度的标准，尤以控制填土工程的施工质量为常见。

2) 饱和密度ρ_{sat}

土孔隙中充满水时的单位体积质量，称为土的饱和密度(saturated density)ρ_{sat}(单位为g/cm^3)，即

$$\rho_{sat}=\frac{m_s+V_v\rho_w}{V} \tag{2-5}$$

式中　ρ_w——水的密度，近似等于$\rho_{w1}=1g/cm^3$。

土的三相比例指标中的质量密度指标共有4个，即土的(湿)密度ρ、干密度ρ_d、饱和密度ρ_{sat}。与之对应，土单位体积的重力(即土的密度与重力加速度的乘积)称为土的重力密度(gravity density)，简称重度γ，单位为kN/m^3。有关重度的指标也有4个，即土的(湿)重度γ、干重度γ_d、饱和重度γ_{sat}。其定义不言自明均以重力替换质量，可分别按下列对应公式计算：$\gamma=\rho g$，$\gamma_d=\rho_d g$，$\gamma_{sat}=\rho_{sat} g$，式中$g$为重力加速度，$g=9.80665m/s^2\approx9.81m/s^2$，实用时可近似取为$10.0m/s^2$。在国际单位体系(system international)中，质量

密度的单位是 kg/m^3；重力密度的单位是 N/m^3。但在国内的工程实践中，两者分别取 g/m^3 和 kN/m^3。

各密度或重度指标，在数值上有如下关系：

$$\rho_{sat} \geqslant \rho \geqslant \rho_d \text{或} \gamma_{sat} \geqslant \gamma \geqslant \gamma_d \geqslant \gamma'$$

$$\text{浮重度 } \gamma' = \gamma_{sat} - \gamma_w \tag{2-6}$$

3. 描述土的孔隙体积相对含量的指标

1）土的孔隙比 e

土的孔隙比是土中孔隙体积与土粒体积之比，即

$$e = \frac{V_v}{V_s} \tag{2-7}$$

孔隙比用小数表示。它是一个重要的物理性指标，可以用来评价天然土层的密实程度。一般 $e<0.6$ 的土是密实的低压缩性土，$e>1.0$ 的土是疏松的高压缩性土。

2）土的孔隙率 n

土的孔隙率是土中孔隙所占体积与土总体积之比，以百分数计，即

$$n = \frac{V_v}{V} \times 100\% \tag{2-8}$$

3）土的饱和度 S_r

土中水体积与土中孔隙体积之比，称为土的饱和度，以百分数计，即

$$S_r = \frac{V_w}{V_v} \times 100\% \tag{2-9}$$

土的饱和度 S_r 与含水量 w 均为描述土中含水程度的三相比例指标。通常根据饱和度 $S_r(\%)$，砂土的湿度可分为 3 种状态：稍湿，$S_r \leqslant 50\%$；很湿，$50\% < S_r \leqslant 80\%$；饱和，$S_r > 80\%$。

2.2.3 指标的换算

通过土工试验直接测定土粒相对密度 d_s、含水量 w 和密度 ρ 这三个基本指标后，可计算出其余三相比例指标。

采用三相比例指标换算图（图 2.2）进行各指标间相互关系的推导，设 $\rho_{w1} = \rho_w$，并令 $V_s = 1$，则 $V_v = e$，$V = 1+e$，$m_s = V_s d_s \rho_w = d_s \rho_w$，$m_w = w m_s = w d_s \rho_w$，$m = d_s(1+w)\rho_w$。

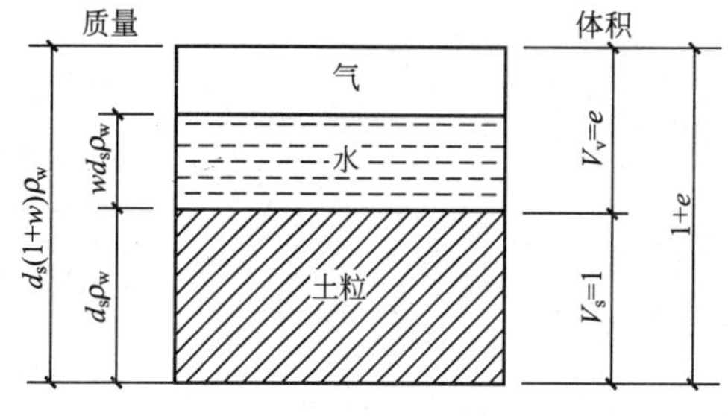

图 2.2　土的三相比例关系图

推导如下：

$$\rho = \frac{m}{V} = \frac{d_s(1+w)\rho_w}{1+e}$$

$$\rho_d = \frac{m_s}{V} = \frac{d_s \rho_w}{1+e} = \frac{\rho}{1+w}$$

由上式得

$$e=\frac{d_s\rho_w}{\rho_d}-1=\frac{d_s(1+w)\rho_w}{\rho}-1$$

$$\rho_{sat}=\frac{m_s+V_v\rho_w}{V}=\frac{(d_s+e)\rho_w}{1+e}$$

$$\rho'=\frac{m_s-V_s\rho_w}{V}=\frac{m_s+V_v\rho_w-V\rho_w}{V}$$

$$=\rho_{sat}-\rho_w=\frac{(d_s-1)\rho_w}{1+e}$$

$$n=\frac{V_v}{V}=\frac{e}{1+e}$$

$$S_r=\frac{V_w}{V_v}=\frac{m_w}{V_v\rho_w}=\frac{wd_s}{e}$$

常见土的三相比例指标换算公式见表 2-2。

表 2-2　常见土的三相比例指标换算公式

名称	符号	三相比例表达式	常用换算公式	常见的数值范围
土粒相对密度	d_s	$d_s=\frac{m_s}{V_s\rho_{w1}}$	$d_s=\frac{S_r e}{w}$	黏性土：2.72～2.75 粉土：2.70～2.71 砂土：2.65～2.69
含水量	w	$w=\frac{m_w}{m_s}\times 100\%$	$w=\frac{S_r e}{d_s}$ $w=\frac{\rho}{\rho_d}-1$	20%～60%
密度	ρ	$\rho=\frac{m}{V}$	$\rho=\rho_d(1+w)$ $\rho=\frac{d_s(1+w)}{1+e}\rho_w$	1.6～2.0g/cm³
干密度	ρ_d	$\rho_d=\frac{m_s}{V}$	$\rho_d=\frac{\rho}{1+w}$ $\rho_d=\frac{d_s}{1+e}\rho_w$	1.3～1.8g/cm³
饱和密度	ρ_{sat}	$\rho_{sat}=\frac{m_s+V_v\rho_w}{V}$	$\rho_{sat}=\frac{d_s+e}{1+e}\rho_w$	1.8～2.3g/cm³
重度	γ	$\gamma=\rho\cdot g$	$\gamma=\gamma_d(1+w)$ $\gamma=\frac{d_s(1+w)}{1+e}\gamma_w$	16～20kN/m³
干重度	γ_d	$\gamma_d=\rho_d\cdot g$	$\gamma_d=\frac{\gamma}{1+w}$ $\gamma_d=\frac{d_s}{1+e}\gamma_w$	13～18kN/m³
饱和重度	γ_{sat}	$\gamma_{sat}=\frac{m_s+V_v\rho_w}{V}g$	$\gamma_{sat}=\frac{d_s+e}{1+e}\gamma_w$	18～23kN/m³

（续）

名称	符号	三相比例表达式	常用换算公式	常见的数值范围
浮重度	γ'		$\gamma'=\gamma_{sat}-\gamma_w$ $\gamma'=\frac{d_s-1}{1+e}\gamma_w$	8～13kN/m^3
孔隙比	e	$e=\frac{V_v}{V_s}$	$e=\frac{wd_s}{S_r}$ $e=\frac{d_s(1+w)\rho_w}{\rho}-1$	黏性土和粉土：0.40～1.20 砂土：0.30～0.90
孔隙率	n	$n=\frac{V_v}{V}\times 100\%$	$n=\frac{e}{1+e}$ $n=1-\frac{\rho_d}{d_s\rho_w}$	黏性土和粉土：30%～60% 砂土：25%～45%
饱和度	S_r	$S_r=\frac{V_w}{V_v}\times 100\%$	$S_r=\frac{wd_s}{e}$ $S_r=\frac{w\rho_d}{n\rho_w}$	$0\leqslant S_r\leqslant 50\%$稍湿 $50\%\leqslant S_r\leqslant 80\%$很湿 $80\%\leqslant S_r\leqslant 100\%$饱和

注：水的重度 $\gamma_w=\rho_w g=1t/m^3\times 9.81m/s^2=9.81\times 10^3(kg\cdot m/s^2)/m^3=9.81\times 10^3 N/m^3\approx 10kN/m^3$。

【例题 2.1】 某试样在天然状态下的体积为 60.0cm^3，称得其质量为 108.00g，将其烘干后称得质量为 96.43g，根据试验得到的土粒相对密度 d_s 为 2.70，试求试样的密度、含水率、孔隙比、孔隙率和饱和度。

【解】 (1) 已知 $V=60.0\text{cm}^3$，$m=108.00\text{g}$，则由式(2-3)得密度

$$\rho=\frac{m}{V}=\frac{108}{60}\text{g/cm}^3=1.80\text{g/cm}^3$$

(2) 已知 $m_s=96.43\text{g}$，则

$$m_w=m-m_s=108\text{g}-96.43\text{g}=11.57\text{g}$$

按式(2-2)，含水率

$$w=\frac{m_w}{m_s}\times 100\%=\frac{11.57}{96.43}\times 100\%=12.0\%$$

(3) 已知 $d_s=2.70$，则

$$V_s=\frac{m_s}{\rho_s}=\frac{96.43}{2.7}=35.7(\text{cm}^3)$$

$$V_v=V-V_s=60-35.7=24.3(\text{cm}^3)$$

按式(2-7)，孔隙比

$$e=\frac{V_v}{V_s}=\frac{24.3}{35.7}=0.681$$

(4) 按式(2-8)，孔隙率

$$n=\frac{V_v}{V}\times 100\%=\frac{24.3}{60}\times 100\%=40.5\%$$

(5) 根据 ρ_w 的定义

$$V_w=\frac{m_w}{\rho_w}=\frac{11.57}{1}=11.57(\text{cm}^3)$$

于是按式(2-9)，饱和度

$$S_r=\frac{V_w}{V_v}\times 100\%=\frac{11.57}{24.3}\times 100\%=47.6\%$$

【例题 2.2】 某完全饱和黏性土的含水量 $w=40\%$，土粒相对密度 $d_s=2.7$，试按定义求土的孔隙比 e 和干密度 ρ_d。

【解】 设土粒体积 $V_s=1.0\text{cm}^3$，则由图 2.2 所示三相比例指标换算图可得：

(1) 已知 $d_s=2.70$，则土粒的质量

$$m_s=d_s\rho_w=2.7\times 1.0=2.7(\text{g})$$

(2) 已知含水量 $w=40\%$，则水的质量

$$m_w=wm_s=0.4\times 2.7=1.08(\text{g})$$

(3) 完全饱和土，土的孔隙体积与水的体积相等

$$V_v=V_w=\frac{m_w}{\rho_w}=\frac{1.08}{1.0}=1.08(\text{cm}^3)$$

(4) 由定义得

$$e=\frac{V_v}{V_s}=\frac{1.08}{1.0}=1.08$$

$$\rho_d=\frac{m_s}{V}=\frac{2.7}{1+1.08}=1.30(\text{g/cm}^3)$$

2.3 黏性土的物理特征

2.3.1 黏性土的可塑性及界限含水量

同一种黏性土随其含水量的不同，而分别处于固态、半固态、可塑状态及流动状态，其界限含水量分别为缩限、塑限和液限。所谓可塑状态，就是当黏性土在某含水量范围内，可用外力塑成任何形状而不发生裂纹，并当外力移去后仍能保持既得的形状，土的这种性能叫做可塑性(plasticity)。黏性土由一种状态转到另一种状态的界限含水量，总称为阿太堡界限(Atterberg limits)。它对黏性土的分类及工程性质的评价有重要意义。

土由可塑状态转变为流动状态的界限含水量称为液限(liquid limit，LL)，或称塑性上限或流限，用符号 w_L 表示；相反，土由可塑状态转为半固态的界限含水量称为塑限(plastic limit，PL)，用符号 w_p 表示；土由半固态不断蒸发水分，则体积继续逐渐缩小，直到体积不再收缩时，对应土的界限含水量叫缩限(shrinkage limit，SL)，用符号 w_s 表示。界限含水量都以百分数表示。

我国采用锥式液限仪(图 2.3)来测定黏性土的液限 w_L。将调成均匀的浓糊状试样装满盛土杯内(盛土杯置于底座上)刮平杯口表面，将 76g 重的圆锥体轻放在试样表面，使其在自重作用下沉入试样，若圆锥体经 5s 时恰好沉入 17mm 深度，这时杯内土样的含水量就是液限 w_L值。为了避免放锥时的人为晃动，可采用电磁放锥的方法，可以提高测试精度，实践证明其效果较好。

美国、日本等国家使用碟式液限仪(图 2.4)来测定黏性土的液限。它是将调成浓糊状的试样装在碟内，刮平表面，做成约 8mm 深的土饼，用开槽器在土中成槽，槽底宽度为 2mm，然后将碟子抬高 10mm，使碟自由下落，连续下落 25 次后，如土槽合拢长度为 13mm，这时试样的含水量就是液限。

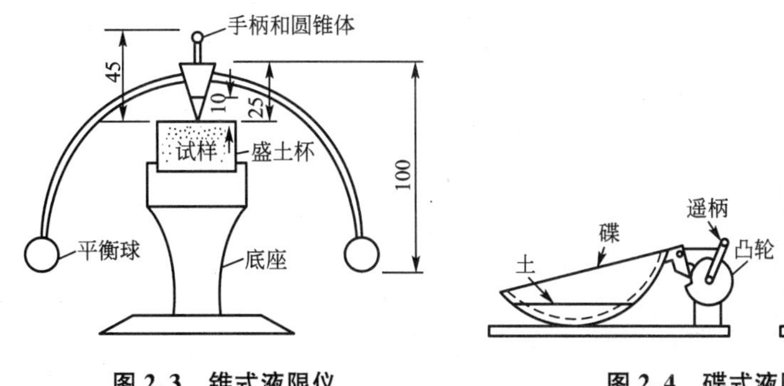

图 2.3 锥式液限仪　　图 2.4 碟式液限仪

黏性土的塑限 w_p采用“搓条法”测定。即用双手将天然湿度的土样搓成小圆球(球径小于 10mm)，放在毛玻璃上再用手掌慢慢搓滚成小土条，若土条搓到直径为 3mm 时恰好开始断裂，这时断裂土条的含水量就是塑限 w_p值。搓条法受人为因素影响较大，因而成果不稳定。利用锥式液限仪联合测定液限和塑限，实践证明可以取代搓条法。

联合测定法求液限、塑限是采用锥式液限仪以电磁放锥法对黏性土试样以不同的含水量进行若干次试验(一般为 3 组)，并按测定结果在双对数坐标纸上作出 76g 圆锥体的入土深度与含水量的关系曲线(图 2.5)。大量试验资料表明，它接近于一根直线。如同时采用圆锥仪法及搓条法分别做液限、塑限试验进行比较，则对应于圆锥体入土深度为 17mm 和 2mm 时土样的含水量分别为该土的液限和塑限。

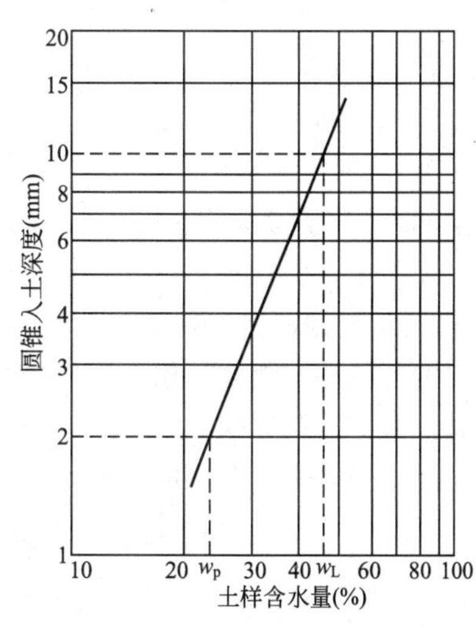

图 2.5 圆锥体入土深度与含水量的关系

《公路土工试验规程》(JTG E40—2007)规定采用 100g 圆锥仪下沉深度 20mm 与碟式仪测定的液限值相当。《土的工程分类标准》(GB/T 50145—2007)细粒土分类的塑性图中取消了采用 76g 圆锥仪下沉深度 10mm 对应的含水量为液限，而仅保留 76g 圆锥仪下沉深度 17mm 对应的含水量为液限。《公路土工试验规程》(JTG E40—2007)规定的采用76g圆锥仪下沉深度17mm或100g圆锥仪下沉深度20mm与碟式仪测定的液限值相当。

2.3.2 黏性土的物理状态指标

黏性土的可塑性指标除了上述塑限、液限及缩限外，还有塑性指数、液性指数等状态指标。

1. 塑性指数

土的塑性指数(plasticity index，PI)是指液限和塑限的差值(省去%符号)，即土处在可塑状态的含水量变化范围，用符号 I_p 表示，即

$$I_p = w_L - w_p \tag{2-10}$$

显然塑性指数越大，土处于可塑状态的含水量范围也越大。换句话说，塑性指数的大小与土中结合水的含量有关。从土的颗粒来说，土粒越细，则其表面积越大，结合水含量越高，因而 I_p 也随之增大。从矿物成分来说，黏土矿物(尤以蒙脱石类)含量越多，水化作用剧烈，结合水含量越高，因而 I_p 也越大。从土中水的离子成分和浓度来说，当水中高价阳离子的浓度增加时，土粒表面吸附的反离子层中的阳离子减少，层厚变薄，结合水含量相应减少，I_p 也变小；反之随着反离子层中的低价阳离子的增加，I_p 变大。在一定程度上，塑性指数综合反映了黏性土及其三相组成的基本特性。因此，在工程上常按塑性指数对黏性土进行分类。

2. 液性指数

土的液性指数(liquidity index，LI)是指黏性土的天然含水量和塑限的差值与塑性指数之比，用符号 I_L 表示，即

$$I_L = \frac{\omega - \omega_p}{\omega_L - \omega_p} = \frac{\omega - \omega_p}{I_p} \tag{2-11}$$

从式(2-11)中可见，当土的天然含水量 w 小于 w_p 时，I_L 小于0，天然土处于坚硬状态；当 w 大于 w_L 时，I_L 大于1，天然土处于“流动状态”；当 w 在 w_p 与 w_L 之间时，即 I_L 在0～1之间时，则天然土处于可塑状态。因此，可以利用液性指数 I_L 作为黏性土状态的划分指标。I_L 值越大，土质越软，反之，土质越硬。

必须指出，黏性土界限含水量指标 w_p 与 w_L 都是采用重塑土测定的，它们仅反映黏土颗粒与水的相互作用，并不能完全反映具有结构性的黏性土体与水的关系，以及作用后表现出的物理状态。因此，保持天然结构的原状土，在其含水量达到液限以后，并不处于流动状态，而称为流塑状态。

黏性土根据液性指数值划分软硬状态，其划分标准见表2-3。

表2-3 黏性土的状态按液性指数的划分(GB 50021—2009)

状态	坚硬	硬塑	可塑	软塑	流塑
塑性指数	$I_L \leqslant 0$	$0 < I_L \leqslant 0.25$	$0.25 < I_L \leqslant 0.75$	$0.75 < I_L \leqslant 1.0$	$I_L > 1.0$

2.3.3 黏性土的活动度、灵敏度和触变性

1. 黏性土的活动度

黏性土的活动度反映了黏性土中所含矿物的活动性。在实验室里，有两种土样的塑性指数可能很接近，但性质却有很大差异。例如，高岭土(以高岭石类矿物为主的土)和皂土(以蒙脱石类矿物为主的土)是两种完全不同的土，只根据塑性指数可能无法区别。为了把黏性土中所含矿物的活动性显示出来，可用塑性指数与黏粒(粒径<0.002mm的颗粒)含量百分数之比值，即称为活动度，来衡量所含矿物的活动性，其计算式如下：

$$A=\frac{I_p}{m} \tag{2-12}$$

式中 A——黏性土的活动度；

I_p——黏性土的塑性指数；

m——粒径<0.002mm的颗粒含量百分比。

根据式(2-12)即可计算皂土的活动度为1.11，而高岭土的活动度为0.29，所以用活动度A这个指标就可以把两者区别开来。黏性土按活动度的大小分为三类如下：

不活动黏性土	$A<0.75$
正常黏性土	$0.75<A<1.25$
活动黏性土	$A>1.25$

2. 黏性土的灵敏度

天然状态下的黏性土通常都具有一定的结构性(structure character)，它是天然土的结构受到扰动影响而改变的特性。当受到外来因素的扰动时，土粒间的胶结物质及土粒、离子、水分子所组成的平衡体系受到破坏，土的强度降低，压缩性增大。土的结构性对强度的这种影响，一般用灵敏度(sensitivity)来衡量。土的灵敏度是以原状土的强度与该土经过重塑(土的结构性彻底破坏)后的强度之比来表示，重塑试样具有与原状试样相同的尺寸、密度和含水量。土的强度测定通常采用无侧限抗压强度试验。对于饱和黏性土的灵敏度s_t按式(2-13)计算：

$$s_t=\frac{q_u}{q_u'} \tag{2-13}$$

式中 q_u——原状试样的无侧限抗压强度(kPa)；

q_u'——重塑试样的无侧限抗压强度(kPa)。

根据灵敏度可将饱和黏性土分为低灵敏($1<s_t\leqslant2$)、中灵敏($2<s_t\leqslant4$)和高灵敏度($s_t>4$)三类。土的灵敏度越高，其结构性越强，受扰动后土的强度降低就越多。所以在基础施工中应注意保护基坑或基槽，尽量减少对坑底土的结构扰动。

3. 黏性土的触变性

饱和黏性土的结构受到扰动，导致强度降低，但当扰动停止后，土的强度又随时间而逐渐部分恢复。黏性土的这种抗剪强度随时间恢复的胶体化学性质称为土的触变性(thixotropy)。例如，在黏性土中打桩时，往往利用振扰的方法破坏桩侧土和桩尖土的结构，

以降低打桩的阻力，但在打桩完成后，土的强度可随时间部分恢复，使桩的承载力逐渐增加，这就是利用了土的触变性机理。

饱和软黏土易于触变的实质是这类土的微观结构为不稳定的片架结构，含有大量结合水。黏性土的强度主要来源于土粒间的联结特征，即粒间电分子力产生的“原始黏聚力”和粒间胶结物产生的“固化黏聚力”。当土体被扰动时，这两类黏聚力被破坏或部分破坏，土体强度降低。但扰动破坏的外力停止后，被破坏的原始黏聚力可随时间部分恢复，因而强度有所恢复。然而，固化黏聚力的破坏是无法在短时间内恢复的。因此，易于触变的土体，被扰动而降低的强度仅能部分恢复。

2.4 无黏性土的密实度

无黏性土一般是指碎石土和砂土，粉土属于砂土和黏性土的过渡类型，但是其物质组成、结构及物理力学性质主要接近砂土，特别是砂质粉土。无黏性土的密实度是判定其工程性质的重要指标，它综合地反映了无黏性土颗粒的矿物组成、颗粒级配、颗粒形状和排列等对其工程性质的影响，无黏性土的密实状态对其工程性质具有重要的影响。密实的无黏性土具有较高的强度，且结构稳定，压缩性小；而松散的无黏性土则强度较低，稳定性差，压缩性大。因此在进行岩土工程勘察与评价时，必须对无黏性土的密实程度做出判断。

2.4.1 砂土的密实度

1. 孔隙比确定法

土的基本物理性质指标中，孔隙比 e 反映了土中孔隙的大小。e 大，表示土中孔隙大，则土疏松；反之，土为密实。因此，可以用孔隙比的大小来衡量土的密实性，见表 2-4。

表 2-4 砂土的密实度

砂土类型	密实	中密	稍密	松散
砾砂、粗砂、中砂	$e<0.6$	$0.60\leqslant e\leqslant 0.75$	$0.75<e\leqslant 0.85$	$e>0.85$
细砂、粉砂	$e<0.7$	$0.70\leqslant e\leqslant 0.85$	$0.85<e\leqslant 0.95$	$e>0.95$

方法评价：

(1) 优点。用一个指标 e 即可判别砂土的密实度，应用方便简捷。

(2) 缺点。由于颗粒的形状和级配对孔隙比有极大的影响，而只用一个指标 e 无法反映土的粒径级配的因素。例如，颗粒级配不同的砂土即使具有相同的孔隙比，但由于颗粒大小不同，颗粒排列不同，所处的密实状态也会不同。为了同时考虑孔隙比和颗粒级配的影响，引入砂土相对密实度的概念。

2. 相对密实度法

为了考虑颗粒级配对判别密实度的影响，引入相对密实度的概念，即用天然孔隙比 e

与该土的最松散状态孔隙比 e_{max} 和最密实状态孔隙比 e_{min} 进行对比，比较 e 靠近 e_{max} 或靠近 e_{min} 来判别它的密实度。

相对密实度表示如下：

$$D_r=\frac{e_{max}-e}{e_{max}-e_{min}} \tag{2-14}$$

式中　D_r——土的相对密实度；

e_{max}——砂土在最松散状态时的孔隙比，即最大孔隙比；

e_{min}——砂土在最密实状态时的孔隙比，土的最小孔隙比；

e——砂土在天然状态时的孔隙比。

当 $D_r=0$，表示砂土处在最松散状态；当 $D_r=1$，表示砂土处在最密实状态。砂土密实度按相对密实度 D_r 的划分标准，见表 2-5。

表 2-5　按相对密实度 D_r 划分砂土密实度

密实度	密实	中密	松散
D_r	$D_r>2/3$	$1/3\leqslant D_r<2/3$	$D_r\leqslant 1/3$

根据三相比例指标间的换算，e、e_{max} 和 e_{min} 分别对应有 ρ_d、ρ_{dmin} 和 ρ_{dmax}，由此得

$$D_r=\frac{\rho_{dmax}(\rho_d-\rho_{dmin})}{\rho_d(\rho_{dmax}-\rho_{dmin})} \tag{2-15}$$

方法评价：

(1) 优点。把土的级配因素考虑在内，理论上较为完善。

(2) 缺点。e、e_{max} 和 e_{min} 都难以准确测定。目前，D_r 主要应用于填方质量的控制，对于天然土尚难应用。

3. 根据现场标准贯入试验判定

标准贯入试验是一种原位测试方法。试验方法是：将质量为 63.5kg 的锤头，提升到 76cm 的高度，让锤头自由下落，打击标准贯入器，使贯入器入土深度为 30cm 所需的锤击数，记为 $N_{63.5}$，这是一种简便的测试方法。$N_{63.5}$ 的大小，综合反映了土的贯入阻力的大小，也即密实度的大小。我国《建筑地基基础设计规范》(GB 50007—2011)规定砂土的密实度按表 2-6 标准贯入锤击数进行划分。

表 2-6　砂土的密实度

密实度	密实	中密	稍密	松散
标贯击数 N	$N>30$	$15<N\leqslant 30$	$10<N\leqslant 15$	$N\leqslant 10$

注：当用静力触探探头阻力判定砂土的密实度时，可根据当地经验确定。

2.4.2　碎石土的密实度

1. 重型圆锥动力触探锤击数

现行国标《建筑地基基础设计规范》(GB 50007—2011)中，碎石土的密实度可根据重型(圆锥)动力触探锤击数 $N_{63.5}$ 划分按表 2-7 确定。

表 2-7 碎石土的密实度

重型(圆锥)动力触探锤击数 $N_{63.5}$	密实度
$N_{63.5} \leqslant 5$	松散
$5 < N_{63.5} \leqslant 10$	稍密
$10 < N_{63.5} \leqslant 20$	中密
$N_{63.5} > 20$	密实

注：本表适用于平均粒径小于或等于 50mm，且最大粒径不超过 100mm 的卵石、碎石、圆砾、角砾，对于平均粒径大于 50mm，或最大粒径大于 100mm 的碎石土，可按表 2-8 确定。

2. *碎石土密实度野外鉴别方法*

对于大颗粒含量较多的碎石土，其密实度很难做室内试验或原位触探试验，可按表 2-8 的野外鉴别方法来划分。

表 2-8 碎石土密实度野外鉴别方法

密实度	骨架颗粒含量和排列	可挖性	可钻性
密实	骨架颗粒含量大于总重的 70%，呈交错排列，连续接触	锹镐挖掘困难，用撬棍方能松动，井壁一般较稳定	钻进极困难，冲击钻探时，钻杆、吊锤跳动剧烈，孔壁较稳定
中密	骨架颗粒含量等于总重的 60%～70%，呈交错排列，大部分接触	锹镐可挖掘，井壁有掉块现象，从井壁取出大颗粒处，能保持颗粒凹面形状	钻进较困难，冲击钻探时，钻杆、吊锤跳动不剧烈，孔壁有坍塌现象
稍密	骨架颗粒含量等于总重的 55%～60%，排列混乱，大部分不接触	锹可以挖掘，井壁易坍塌，从井壁取出大颗粒后，砂土立即坍落	钻进较容易，冲击钻探时，钻杆稍有跳动，孔壁易坍落
松散	骨架颗粒含量小于总重的 55%，排列十分混乱，绝大部分不接触	锹易挖掘，井壁极易坍塌	钻进很容易，冲击钻探时，钻杆无跳动，孔壁极易坍塌

注：① 骨架颗粒系指表 2-13 相对应粒径的颗粒。
② 碎石土的密实度应按表列各项要求综合确定。

2.5 土的分类

2.5.1 土的分类原则和标准

自然界的土类众多，工程性质各异。土的分类体系就是根据土的工程性质差异将土划分成一定的类别，其目的在于通过一种通用鉴别标准，以便于在不同土类间作出有价值的比较、评价、积累及学术与经验的交流。目前国内各部门也都根据各自的工程特点和实践经验，制定出各自的分类方法，但一般遵循下列基本原则。

一是简明的原则：土的分类体系采用的指标，既要能综合反映土的主要工程性质；又要其测定方法简单，且使用方便。二是工程特性差异的原则：土的分类体系采用的指标要在一定程度上反映不同类工程用土的不同特性。例如当采用重塑土的测试指标，划分土的工程性质差异时，对于粗粒土，其工程性质取决于土粒的个体颗粒特征，所以常用粒度成分或颗粒级配粒组含量进行土的分类；对于细粒土，其工程性质则采用反映土粒与水相互作用的可塑性指标。又如当考虑土的结构性对于土工程性质差异的影响时，根据土粒的集合体特征，采用以成因、地质年代为基础的分类方法，因为土作为整体的存在，是自然历史的产物，土的工程性质随其成因与形成年代不同，而有显著差异。土的总分类体系如图 2.6 所示。

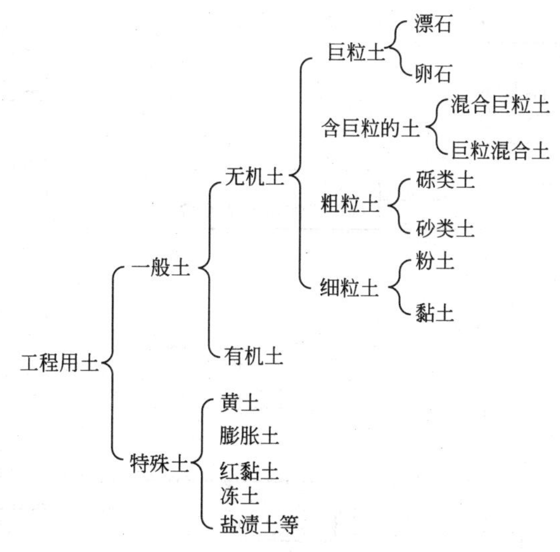

图 2.6 土的总分类体系

在我国，为了统一工程用土的鉴别、定名和描述，同时也便于对土性状作出一般定性的评价。1990 年制定了国标《土的分类标准》(GBJ 145—1990)，2007 年修订为《土的工程分类标准》(GB/T 50145—2007)。它的分类体系基本上采用与卡氏相似的分类原则。所采用的简便易测的定量分类指标，最能反映土的基本属性和工作性质，也便于电子计算机的资料检索。土的粒组根据土粒粒径范围划分为巨粒(large grain)、粗粒(coarse grain)和细粒(fine grain)三大统称粒组，进一步划分为漂石或块石颗粒(boulder or rubble grain)、卵石或碎石颗粒(cobble or breakstone grain)、砾粒(gravel grain)、砂粒(sand)、粉粒(silt or mo)和黏粒(clay)6 大粒组。一般土的工程分类体系如图 2.7 所示。

1. 巨粒土和粗粒土的分类标准

巨粒土(large grain soils)和含巨粒的土(soils with large grain)和粗粒土(coarse

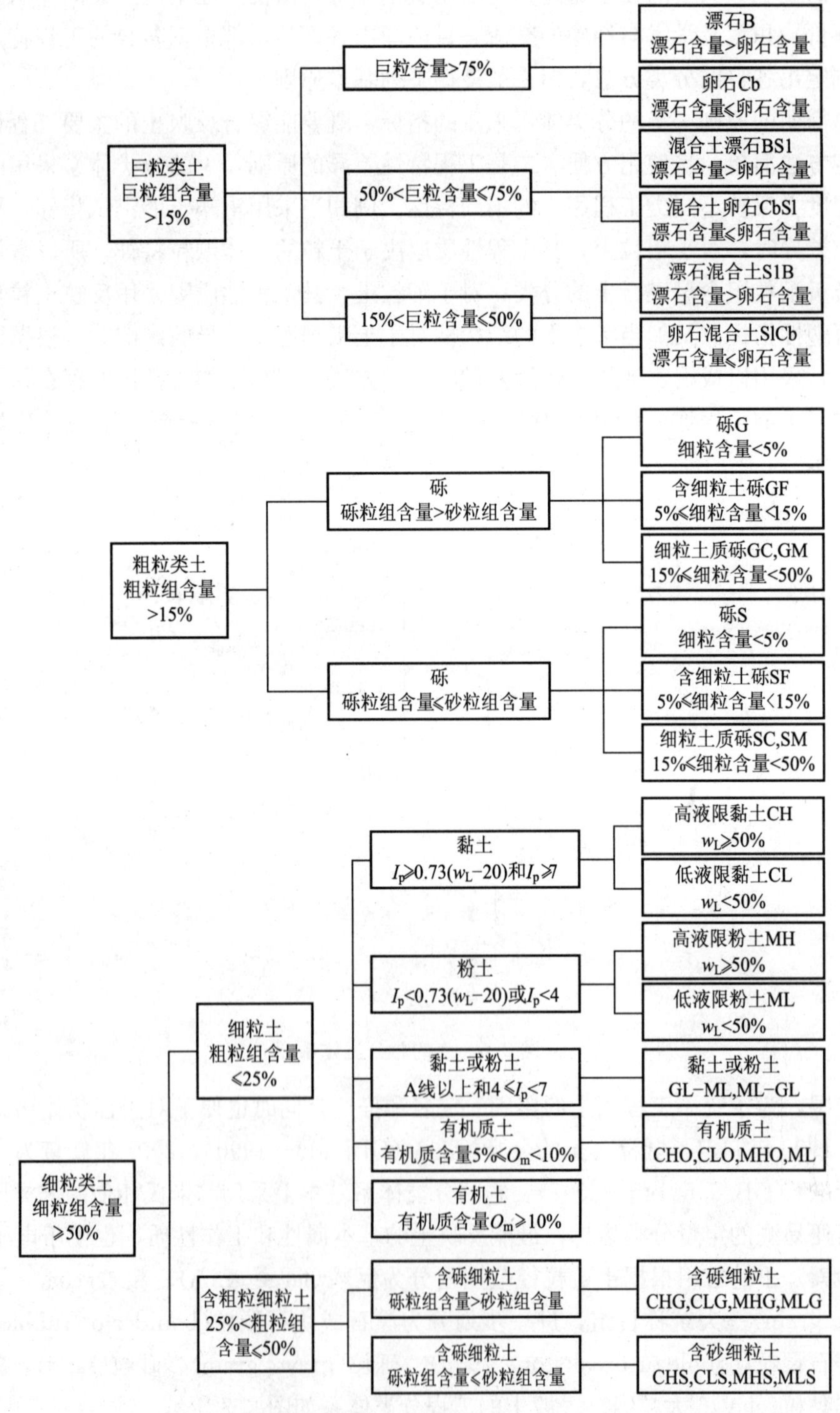

图 2.7　一般土的工程分类体系框图(GB/T 50145—2007)

grained)，按粒组含量、级配指标(不均匀系数 C_u 和曲率系数 C_c)和所含细粒的塑性高低，划分为 16 种土类，见表 2-9～表 2-11。

表 2-9　巨粒土和含巨粒的土的分类(GB/T 50145—2007)

土类	粒组含量		土代号	土名称
巨粒土	巨粒(d>60mm)含量 100%～75%	漂石含量大于卵石含量	B	漂石(块石)
		漂石含量不大于卵石含量	Cb	卵石(碎石)
混合巨粒土	50%<巨粒含量≤75%	漂石含量大于卵石含量	BS1	混合土漂石(石块)
		漂石含量不大于卵石含量	CbS1	混合土卵石(块石)
巨粒混合土	15%<巨粒含量≤50%	漂石含量大于卵石含量	S1B	漂石(块石)混合土
		漂石含量不大于卵石含量	S1Cb	卵石(碎石)混合土

注：巨粒混合土可根据所含粗粒或细粒的含量进行细分。

表 2-10　砾类土的分类(2mm<d≤60mm 砾粒组含量>50%)(GB/T 50145—2007)

土类	粒组含量		土代号	土名称
砾	细粒含量<5%	级配：C_u≥5，C_c=1～3	GW	级配良好砾
		级配：不同时满足上述要求	GP	级配不良砾
含细粒土砾	细粒含量 5%～15%		GF	含细粒土砾
细粒土质砾	15%≤细粒含量<50%	细粒组中粉粒含量不大于 50%	GC	黏土质砾
		细粒组中粉粒含量大于 50%	GM	粉土质砾

表 2-11　砂类土的分类(砾粒组含量≤50%)(GB/T 50145—2007)

土类	粒组含量		土代号	土名称
砂	细粒含量<5%	级配：C_u≥5，C_u=1～3	SW	级配良好砂
		级配：不同时满足上述要求	SP	级配不良砂
含细粒土砂	5%≤细粒含量<15%		SF	含细粒土砂
细粒土质砂	15%≤细粒含量<50%	细粒组中粉粒含量不大于 50%	SC	黏土质砂
		细粒组中粉粒含量大于 50%	SM	粉土质砂

2. 细粒土的分类标准

细粒土是指粗粒组(0.075mm<d≤60mm)含量不大于 25%的土，参照塑性图可进一步细分。综合我国的情况，当采用 76g、锥角 30°液限仪，以锥尖入土 17mm 对应的含水量为液限(即相当于碟式液限仪测定值)时，可用(图 2.8)塑性图分类，见表 2-12。

若细粒土内粗粒含量为 25%～50%，则该土属于含粗粒的细粒土。这类土的分类仍按上述塑性图进行划分，并根据所含粗粒类型进行如下分类。

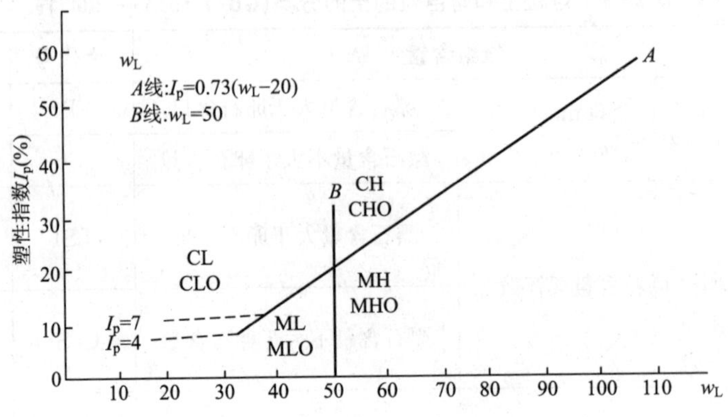

图 2.8 塑性图(GB/T 50145—2007)

表 2-12 细粒土的分类(GB/T 50145—2007)

土的塑性性指标在塑性图中的位置		土代号	土名称
塑性指数 I_p	液限 w_L(%)		
$I_p \geqslant 0.73(w_L-20)$和 $I_p \geqslant 7$	≥50	CH	高液限黏土
	<50	CL	低液限黏土
$I_p < 0.73(w_L-20)$和 $I_p < 4$	≥50	MH	高液限粉土
	<50	ML	低液限粉土

注:黏土至粉土过渡区(CL~ML)的图可按相邻土层的类别细分。

(1) 当粗粒中砾粒占优势,称为含砾细粒土,在细粒土代号后缀以代号 G,例如含砾低液限黏土,代号为 CLG。

(2) 当粗粒中砂粒占优势,称为含砂细粒土,在细粒土代号后缀以代号 S,例如含砂高液限黏土,代号为 CHS。

若细粒土内含部分有机质,则土名前加"有机质",对有机质细粒土的代号后缀以代号 O。例如低液限有机质粉土,代号为 MLO。

2.5.2 建筑地基土的分类

《建筑地基基础设计规范》(GB 50007—2011)和《岩土工程勘察规范》(GB 50021—2009)分类体系的主要特点是,在考虑划分标准时,注重土的天然结构特性和强度,并始终与土的主要工程特性——变形和强度特征紧密联系。因此,首先考虑了按沉积年代和地质成因的划分,同时将某些特殊形成条件和特殊工程性质的区域性特殊土与普通土区别开来。

1. 按沉积年代和地质成因划分

地基土按沉积年代可进行如下划分。

(1) 老沉积土:第四纪晚更新世 Q_3 及其以前沉积的土,一般呈超固结状态,具有较高的结构强度。

(2) 新近沉积土：第四纪全新世近期沉积的土，一般呈欠固结状态，结构强度较低。

根据地质成因，土可分为残积土、坡积土、洪积土、冲积土、湖积土、海积土、风积土和冰积土，见1.1节中介绍。

2. 按颗粒级配(粒度成分)和塑性指数划分

土按颗粒级配和塑性指数分为碎石土、砂土、粉土和黏性土4大类。

1) 碎石土

粒径大于2mm的颗粒含量超过全重50%的土称为碎石土。根据颗粒级配和颗粒形状按表2-13分为漂石、块石、卵石、碎石、圆砾和角砾。

表2-13 碎石土分类(GB 50007—2011)

土的名称	颗粒形状	颗粒级配
漂石	圆形及亚圆形为主	粒径大于200mm的颗粒含量超过全重的50%
块石	棱角形为主	
卵石	圆形及亚圆形为主	粒径大于20mm的颗粒含量超过全重的50%
碎石	棱角形为主	
圆砾	圆形及亚圆形为主	粒径大于2mm的颗粒含量超过全重的50%
角砾	棱角形为主	

注：分类时应根据粒组含量栏从上到下以最先符合者确定。

2) 砂土

粒径大于2mm的颗粒含量不超过全重的50%，且粒径大于0.075mm的颗粒含量超过全重50%的土称为砂土。根据颗粒级配按表2-14分为砾砂、粗砂、中砂、细砂和粉砂。

表2-14 砂土分类(GB 50007—2011)

土的名称	颗粒级配
砾砂	粒径大于2mm的颗粒含量占全重的25%~50%
粗砂	粒径大于0.5mm的颗粒含量超过全重的50%
中砂	粒径大于0.25mm的颗粒含量超过全重的50%
细砂	粒径大于0.075mm的颗粒含量超过全重的85%
粉砂	粒径大于0.075mm的颗粒含量超过全重的50%

注：分类时应根据粒组含量栏从上到下以最先符合者确定。

3) 粉土

粉土介于砂土与黏性土之间，塑性指数$I_p \leq 10$且粒径大于0.075mm的颗粒含量不超过全重50%的土。一般根据地区规范(如上海、天津、深圳等)，由黏粒含量的多少，可按表2-15划分为黏质粉土和砂质粉土。

4) 黏性土

塑性指数大于10的土称为黏性土。根据塑性指数I_p按表2-16分为粉质黏土和黏土。

表 2-15 粉土分类

土的名称	颗 粒 级 配
砂质粉土	粒径小于 0.005mm 的颗粒含量不超过全重的 10%
黏质粉土	粒径小于 0.005mm 的颗粒含量超过全重的 10%

表 2-16 黏性土分类(GB 50007—2011)

土的名称	塑性指数	土的名称	塑性指数
粉质黏土	$10<I_p\leqslant 17$	黏 土	$I_p>17$

注：塑性指数由相应于 76g 圆锥体沉入土样中深度为 10mm 时测定的液限计算而得。

3. 其他

具有一定分布区域或工程意义，具有特殊成分、状态和结构特征的土称为特殊土，它分为湿陷性土、红黏土、软土(包括淤泥、淤泥质土、泥炭质土、泥炭等)、混合土、填土、多年冻土、膨胀岩土、盐渍岩土、风化岩与残积土、污染土，详见《岩土工程勘察规范》(GB 50021—2009)。土根据有机质含量可按表 2-17 分为无机土、有机质土、泥炭质土和泥炭。

表 2-17 土根据有机质含量分类(GB 50021—2009)

分类名称	有机质含量 w_u	现场鉴别特征	说明
无机土	$w_u<5\%$		
有机质土	$5\%\leqslant w_u\leqslant 10\%$	深灰色，有光泽，味臭，除腐殖质外尚含少量未完全分解的动植物体，浸水后水面出现气泡，干燥后体积收缩	1. 如现场能鉴别或有地区经验时，可不做有机质含量测定 2. 当 $w>w_L$，$1.0\leqslant e<1.5$ 时称淤泥质土 3. 当 $w>w_L$，$e\geqslant 1.5$ 时称淤泥
泥炭质土	$10\%<w_u\leqslant 60\%$	深灰或黑色，有腥臭味，能看到未完全分解的植物结构，浸水体胀，易崩解，有植物残渣浮于水中，干缩现象明显	可根据地区特点和需要按 w_u 细分为： 弱泥炭质土($10\%\leqslant w_u\leqslant 25\%$) 中泥炭质土($25\%\leqslant w_u\leqslant 40\%$) 强泥炭质土($40\%\leqslant w_u\leqslant 60\%$)
泥炭	$60\%<w_u$	除有泥炭质土特征外，结构松散，土质很轻，暗无光泽，干缩现象极为明显	

注：有机质含量 w_u 按灼失量试验确定。

2.6 土的压实机理及工程控制

在工程建设中，经常遇到填土压实的问题，例如修筑道路、水库、堤坝、飞机场、运动场、挡土墙，埋设管道，建筑物地基的回填等。为了提高填土的强度，增加土的密实度，降低其透水性和压缩性，通常用分层压实的办法来处理地基。

2.6.1 土的压实原理

土的击实性是指土在反复冲击荷载作用下能被压密的特性。土压实的实质是将水包裹的土料挤压填充到土粒间的空隙里，排走空气占有的空间，使土料的孔隙率减少，密实度提高。土料压实过程就是在外力作用下土料的三相重新组合的过程。显然，同一种土，干密度越大，孔隙比越小，土越密实。

研究土的压实性是通过在实验室或现场进行击实试验，以获得土的最大干密度与对应的最优含水量的关系。

击实试验方法如下：将某一土样分成6～7份，每份加以不同的水量，得到不同含水量的土样。将每份土样装入击实仪(图2.9)，用完全相同的方法加以击实。击实后，测出压实土的含水量和干密度。以含水量为横坐标，干密度为纵坐标，绘制一条含水量与干密度曲线(w—ρ_d)，即击实曲线(图2.10)。

图2.9 电动击实仪

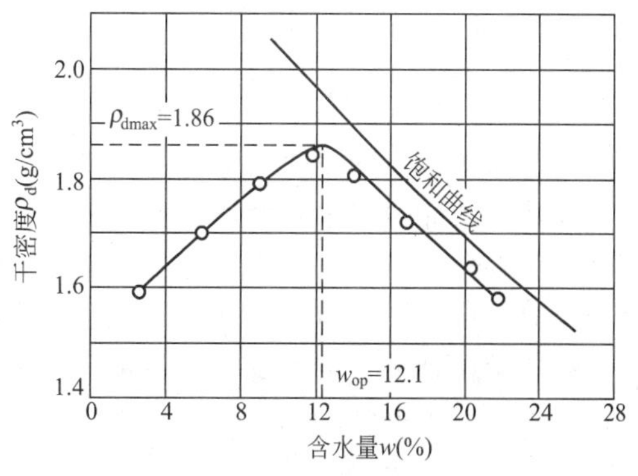

图2.10 含水量与干密度关系曲线

另一方面，从理论上说，在某一含水量下将土压到最密，就是将土中所有的气体都从孔隙中赶走，使土达到饱和。将不同含水量所对应的土体达到饱和状态时的干密度关系，也绘制于击实曲线(图2.10)中，得到理论上所达到的最大压实曲线，即饱和度S_r=100%的压实曲线，也称为饱和曲线。显然，击实曲线具有如下一些特点：

(1) 峰值。土的干密度与含水量的关系(击实曲线)出现干密度峰值ρ_{dmax}，对应该峰值的含水量为最优含水量。

(2) 饱和曲线是一条随含水量增大干密度下降的曲线。实际的击实曲线在饱和曲线的左侧，两条曲线不会相交。

(3) 击实曲线位于理论饱和曲线左侧。因为理论饱和曲线假定土中空气全部被排除，空隙完全被水占据，而实际上不可能做到。

(4) 击实曲线在峰值以右逐渐接近于饱和曲线，且大致与饱和曲线平行；在峰值以左，击实曲线和饱和曲线差别很大，随着含水量的减小，干密度迅速减小。

2.6.2 影响击实效果的因素

影响击实的因素很多，但最重要的是土的性质、含水量和压实功。

1. 土的性质

土是固相、液相和气相的三相体。当采用压实机械对土进行碾压时，土颗粒彼此挤紧，孔隙减小，顺序重新排列，形成新的密实体，粗粒土之间摩擦和咬合增强，细粒土之间的分子引力增大，从而使土的强度和稳定性都得以提高。在同一压实功作用下，含粗粒越多的土，其最大干重度越大，而最佳含水量越小，即随着粗粒土的增多，击实曲线的峰点越向左上方移动。

土的颗粒级配对压实效果也有影响。颗粒级配越均匀，压实曲线的峰值范围就越宽广而平缓；对于黏性土，压实效果与其中的黏土矿物成分含量有关；添加木质素和铁基材料可改善土的压实效果。

砂性土也可用类似黏性土的方法进行试验。干砂在压力与振动作用下，容易密实；稍湿的砂土，因有毛细压力作用使砂土互相靠紧，阻止颗粒移动，击实效果不好；饱和砂土，毛细压力消失，击实效果良好。

2. 含水量

含水量的大小对击实效果的影响显著。可以这样来说明：当含水量较小时，水处于强结合水状态，土粒之间摩擦力、黏结力都很大，土粒的相对移动有困难，因而不易被击实。当含水量增加时，水膜变厚，土块变软，摩擦力和黏结力也减弱，土粒之间彼此容易移动。故随着含水量增大，土的击实干密度增大，至最优含水量时，干密度达到最大值。当含水量超过最优含水量后，水所占据的体积增大，限制了颗粒的进一步接近，含水量越大水占据的体积越大，颗粒能够占据的体积越小，因而干密度逐渐变小。由此可见，含水量不同改变了土中颗粒间的作用力，并改变了土的结构与状态，从而在一定的击实功下，改变了击实效果。试验统计证明：最优含水量 w_{op} 与土的塑限 w_p 有关，大致为 $w_{op}=w_p+2\%$。土中黏土矿物含量越大，则最优含水量越大。

3. 压实功的影响

夯击的击实功与夯锤的重量、落高、夯击次数及被夯击土的厚度等有关；碾压的压实功则与碾压机具的重量、接触面积、碾压遍数以及土层的厚度等有关。

击实试验中的击实功用下式表示：

$$E=\frac{WdNn}{V} \tag{2-16}$$

式中 W——击锤质量(kg)，在标准击实试验中击锤质量为 2.5kg；

d——落距(m)，击实试验中定为 0.30m；

N——每层土的击实次数，标准试验为 27 击；

n——铺土层数，试验中分 3 层；

V——$1\times10^{-3}\mathrm{m}^3$。

对于同一种土，用不同的功击实，得到的击实曲线如图 2.11 所示。曲线表明，在不同的击实功下，曲线的形状不变，但最大干密度的位置却随着击实功的增大而增大，并向左上方移动。这就是说，当击实功增大时，最优含水量减小，相应最大干密度增大。所以，在工程实践中土的含水量较小时，应选用击实功较大的机具，才能把土压实至最大干密度；在碾压过程中，如未能将土压实至最密实的程度，则须增大压实功(选用功率较大的机具或增加碾压遍数)；若土的含水量较大，则应选用压实功较小的机具，否则会出现“橡皮土”现象。因此，若要把土压实到工程要求的干密度，必须合理控制土的含水量，选用适合的压实功。

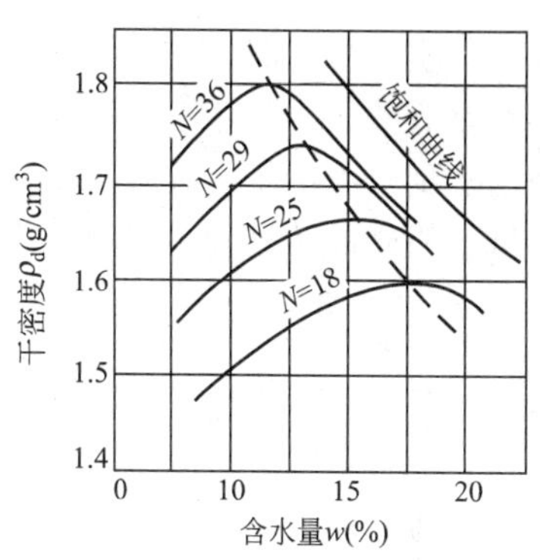

图 2.11　压实功对击实曲线的影响

2.6.3　压实标准的确定与控制

当含水量控制在最优含水量的左侧时(即小于最优含水量)，击实土的结构常具有凝聚结构的特征。这种土比较均匀，强度较高，较脆硬，不易压密，浸水时容易产生附加沉降。当含水量控制在最优含水量的右侧时(即大于最优含水量)，土具有分散结构的特征。这种土的可塑性较大，适应变形的能力强，但强度较低，且具有不等向性。所以，含水量比最优含水量偏高或偏低，填土的性质各有优缺点，在设计土料时要根据对填土提出的要求和当地土料的天然含水量，选定合适的含水量。

工程上常采用压实度(D_c)作为衡量填土达到的压密标准：

$$D_c=\frac{\text{填土实际干密度}}{\text{室内标准功击实的最大干密度}}\times100\% \tag{2-17}$$

压实度 D_c一般在 0～1 之间，D_c值越大压实质量越高，反之则差，但 $D_c>1$ 时实际压实功超过标准击实功。工程等级越高要求压实度越大，反之可以略小，大型或重点工程要求压实度都在 95%以上，小型堤防工程通常要求 80%以上。在填方碾压过程中，如果压实度 D_c要求很高，当碾压机具多遍碾压后，压实度 D_c的增长十分缓慢或达不到要求的压实度时，切不可盲目增加碾压遍数，使得碾压成本增大、施工时间延长，而且很可能造成土体的剪切破坏，降低干密度。这时应该认真检查土的含水量是否符合设计要求，否则就应检查是否是由于使用的碾压机单遍压实功过小而达不到设计要求，如果是，则只能更换压实功更大的碾压机械才能达到目的。

我国土坝设计规范中规定，Ⅰ、Ⅱ级土石坝，填土的压实度应达到 95%～98%以上，Ⅲ、Ⅴ级土石坝，压实度应大于 92%～95%。填土地基的压实标准也可参照这一规定。式(2-16) 中的标准击实功规定为 $607.5\mathrm{kN}\cdot\mathrm{m/m}^3$，相当于击实试验中每层土夯实 27 次。

1. 细粒土压实标准的确定

细粒土和粗粒土具有不同的压密性质，其压实的方法也不同。压实细粒土宜用夯实机具或大型的碾压机具，同时必须控制土的含水量。含水量太高或者太低都得不到好的压密效果。实践经验表明，细粒土可以采用击实试验得到的最优含水量 w_{op} 进行控制。

2. 粗粒土压实标准的确定

压实粗粒土时，则宜采用振动机具，同时充分洒水。砂和砂砾等粗粒土的压实性也与含水量有关，不过不存在一个最优含水量。一般在完全干燥或者充分洒水饱和的情况下容易压实到较大的干密度。在潮湿状态下，由于毛细压力增加了粒间阻力，压实干密度显著降低。粗砂的含水量为 4%～5%、中砂的含水量为 7%左右时，压实干密度最小，如图 2.12 所示。所以，在压实砂砾时要充分洒水使土料饱和。

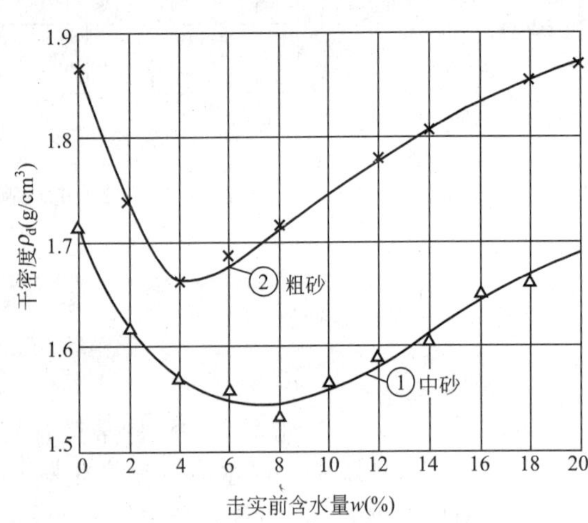

图 2.12　粗粒土击实曲线

粗粒土的压实标准，一般用相对密实度 D_r 来控制。以前要求相对密实度达到 0.70 以上，近年来根据地震震害资料的分析，认为高烈度区相对密实度还应提高。室内试验的结果也表明，对于饱和的粗粒土，在静力或动力的作用下，相对密实度大于 0.70～0.75 时，土的强度明显增加，变形显著减小，可以认为相对密实度 0.70～0.75，是力学性质的一个转折点。同时，由于大功率的振动碾压机具的发展，使提高碾压密实度成为可能。所以，我国现行的水工建筑物抗震规范规定，位于浸润线以上的粗粒土要求相对密实度达到 0.70 以上，而浸润线以下的饱和土，相对密实度则应达到 0.75～0.85。这些标准对于抗震要求的其他类型的填土，也可参照采用。

【例题 2.3】 某料场土料为中液限黏质土，天然含水量 $w=21\%$，土粒相对密度 $d_s=2.70$。室内标准功击实试验得到最大干密度 $\rho_{dmax}=1.85\text{g/cm}^3$。设计中取压实度 $D_c=95\%$，并要求压实后土的饱和度 $S_r\leqslant 0.9$。问土料的天然含水量是否适用于填筑？碾压时土料应控制多大的含水量？

【解】 (1) 求压实后土的孔隙比，按式(2-17)求填土的干密度，即

$$\rho_d=\rho_{dmax}D_c=1.85\text{g/cm}^3\times 0.95=1.76\text{g/cm}^3$$

设 $V_s=1.0$，根据干密度 ρ_d 由三相草图求孔隙比 e：

$$\rho_d=\frac{m_s}{v}=\frac{d_s v_s}{v_s+v_v}=\frac{d_s v_s}{v_s+ev_s}=\frac{d_s}{1+e}=1.76$$

$$e=0.534 \qquad v_v=ev_s=0.534\text{cm}^3 \qquad m_s=d_s v_s \rho_{w1}=2.70\text{g}$$

(2) 求碾压含水量，即

根据题意按饱和度 $S_r=0.9$ 控制含水量。由式 $S_r=\dfrac{V_w}{V_v}$ 计算水的体积：

$$V_w=S_r V_v=0.90\times 0.534=0.48(\text{cm}^3)$$

因此，水的质量 $m_w=\rho_w V_w=0.48\text{g}$。由 $w=\dfrac{m_w}{m_s}$ 得

$$w=\frac{m_w}{m_s}=\frac{0.48}{2.70}\times100\%=17.8\%<21\%$$

碾压时土料的含水量应控制在18%左右。料场含水量高3%以上，不适于直接填筑，应进行翻晒处理。

【例题2.4】 某一施工现场需要填土，基坑的体积为2000m³，土方来源是从附近土丘开挖，经勘察土粒相对密度 $d_s=2.70$，含水量为15%，孔隙比为0.60，要求填土的含水量为17%，重度为17.6kN/m³，问：

(1) 取土场土的重度、干重度和饱和度是多少？

(2) 应从取土场开采多少方土？

(3) 碾压时应洒多少水？

【解】 (1) $\gamma_d=\frac{\gamma_w d_s}{1+e_1}=\frac{10\times2.70}{1+0.6}=16.875(\mathrm{kN/m^3})$

$$\gamma=\gamma_d(1+w_1)=16.875\times(1+0.15)=19.406(\mathrm{kN/m^3})$$

$$S_r=\frac{w_1 d_s}{e_1}=\frac{0.15\times2.70}{0.60}=67.5\%$$

(2) 填土的孔隙比，即

$$e_2=\frac{d_s\gamma_w}{\gamma_d}-1=\frac{2.70\times10}{17.6}-1=0.534$$

由$\frac{1+e_1}{V_1}=\frac{1+e_2}{V_2}$得

$$V_1=\frac{1+e_1}{1+e_2}V_2=\frac{1+0.60}{1+0.534}\times2000=2086.05(\mathrm{m^2})$$

(3) 由 $m_w+m_s=V_1\gamma/g$ 和$\frac{m_w}{m_s}=0.15$

得

$$m_w=528\mathrm{kg},\ m_s=3520(\mathrm{kg})$$

设加水 x，则

$$\frac{m_w+x}{m_s}=0.17$$

即

$$\frac{528+x}{3520}=0.17$$

所以

$$x=70.4(\mathrm{kg})$$

本章小结

土是由三相组成的。土的三相组成物质的性质、相对含量及土的结构构造等因素，必然在土的物理性质和状态上有不同的反映。土的物理性质又在一定程度上决定了它的力学性质，所以物理性质是土的最基本的工程特性。

本章重点是土的三相比例指标和黏性土、无黏性土的物理特征。必须熟练掌握反映土三相组成比例和状态各指标的定义，土的物理状态指标试验和计算公式，以及按土的有关特征和指标进行土的工程分类，了解土的击实原理和工程控制。

习　题

1. 简答题

(1) 土的物理性质指标有哪些？其中哪几个可以直接测定？

(2) 试比较下列各对土的三相比例指标在诸方面的异同点：①ρ 与 ρ_s；②w 与 S_r；③e 与 n；④ρ 与 ρ_{sat}。

(3) 无黏性土最主要的物理状态指标是什么？

(4) 塑性指数的定义和物理意义是什么？I_p 大小与土颗粒粗细有何关系？

2. 选择题

(1) 土的三相比例指标包括：土粒相对密度、含水量、密度、孔隙比、孔隙率和饱和度，其中(　　)为实测指标。

A. 含水量、孔隙比、饱和度　　B. 密度、含水量、孔隙比

C. 土粒相对密度、含水量、密度

(2) 砂性土的分类依据主要是(　　)。

A. 颗粒粒径及其级配　　B. 孔隙比及其液性指数

C. 土的液限及塑限

(3) 有下列三个土样，试判断哪一个是黏土(　　)。

A. 含水量 $w=35\%$，塑限 $w_p=22\%$，液性指数 $I_L=0.9$

B. 含水量 $w=35\%$，塑限 $w_p=22\%$，液性指数 $I_L=0.85$

C. 含水量 $w=35\%$，塑限 $w_p=22\%$，液性指数 $I_L=0.75$

(4) 有三个土样，它们的重度相同，含水量相同。则下述三种情况(　　)是正确的。

A. 三个土样的孔隙比也必相同　　B. 三个土样的饱和度也必相同

C. 三个土样的干重度也必相同

(5) 联合测定法测定土液限的标准是把具有 30°角、重量为 76g 的平衡锥自由沉入土体(　　)深度时的含水量为液限。

A. 10mm　　B. 12mm　　C. 17mm

(6) 为了防止冻胀的危害，常采用置换毛细带土的方法来解决，应选(　　)土换填最好。

A. 粗砂　　B. 黏土　　C. 粉土

3. 计算题

(1) 有一饱和的原状土样切满于容积为 21.7cm^3 的环刀内，称得总质量为 72.49g，经 105℃烘干至恒重为 61.28g，已知环刀质量为 32.54g，土粒相对密度为 2.74，试求该土样的湿密度、含水量、干密度及孔隙比(要求绘出土的三相比例示意图，按三相比例指标的定义求解)。

(2) 某原状土样的密度为 1.85g/cm^3，含水量为 34%，土粒相对密度为 2.71，试求该土样的饱和密度、有效密度和有效重度(先推导公式然后求解)。

(3) 某砂土土样的密度为1.77g/cm^3，含水量为9.8%，土粒相对密度为2.67，烘干后测定最小孔隙比为0.461，最大孔隙比为0.943，试求孔隙比e和相对密实度D_r，并评定该砂土的密实度。

(4) 某一完全饱和黏性土试样的含水量为30%，土粒相对密度为2.73，液限为33%，塑限为17%，试求孔隙比、干密度和饱和密度，并按塑性指数和液性指数分别定出该黏性土的分类名称和软硬状态。

第3章 土中应力

教学目标

本章主要讲述土中自重应力计算、基底压力计算、土中附加应力计算。通过本章学习，达到以下目标：

(1) 掌握均质土和成层土中自重应力计算及分布规律；

(2) 掌握基底压力的简化计算；

(3) 掌握基底附加压力的计算；

(4) 各种荷载条件下的土中附加应力计算及分布规律。

教学要求

知识要点	能力要求	相关知识
概述	(1) 掌握自重应力和附加应力的概念 (2) 掌握有效应力和孔隙压力的概念	(1) 自重应力 (2) 附加应力 (3) 有效应力 (4) 孔隙压力
土中自重应力	(1) 掌握均质土中自重应力的计算及分布规律 (2) 掌握成层土中自重应力的计算及分布规律 (3) 掌握地下水位升降时土中自重应力变化规律	(1) 均质土中自重应力 (2) 成层土中自重应力 (3) 地下水位升降时土中自重应力
基底压力	(1) 掌握基底压力的概念，了解其分布规律 (2) 掌握中心荷载和单向偏心荷载下基底压力的简化计算 (3) 掌握基底附加压力的计算	(1) 基底压力的分布规律 (2) 基底压力的简化计算 (3) 基底附加压力
地基附加应力	(1) 掌握布辛奈斯克解中竖向附加应力的计算方法 (2) 掌握均布矩形荷载角点下和非角点下竖向附加应力的计算方法 (3) 掌握三角形分布矩形荷载角点下竖向附加应力的计算方法 (4) 了解均布圆形荷载中心点下竖向附加应力的计算方法 (5) 掌握均布的条形荷载下竖向附加应力的计算方法 (6) 了解三角形分布的条形荷载下竖向附加应力的计算方法	(1) 竖向集中力作用时的地基附加应力 (2) 矩形荷载和圆形荷载作用时的地基附加应力 (3) 线荷载和条形荷载作用时的地基附加应力 (4) 非均质和各向异性地基中的附加应力

基本概念

自重应力、基底压力、基底附加压力、附加应力。

引例

土中应力指土体在自身重力、建筑物和构筑物荷载，以及其他因素(如土中水的渗流、地震等)作用下，土中产生的应力。土中应力过大时，会使土体因强度不够发生破坏，甚至使土体发生滑动失去稳定。此外，土中应力的增加会引起土体变形，使建筑物发生沉降、倾斜及水平位移。土中应力计算是地基沉降计算和地基稳定性分析的基础，也是分析地基固结过程的重要依据。

3.1 概述

土力学解决的基本问题是：地基的变形及土体的稳定性。要计算地基的沉降量，分析土体的稳定性(包括承载力、挡土墙上的土压力及边坡稳定性)，首先必须知道在原始场地的自重应力及在各种外荷载作用后土中的附加应力。

土中应力按其起因可分为自重应力(geostatic stress)和附加应力(additional stress)两种。土中某点的自重应力与附加应力之和为土体受外荷载作用后的总应力(total stress)。土中自重应力是指土体受到自身重力作用而存在的应力，又可分为两种情况：一种是成土年代长久，土体在自重作用下已经完成压缩变形，这种自重应力不再产生土体或地基的变形；另一种是成土年代不久，例如新近沉积土(第四纪全新世近期沉积的土)、近期人工填土(包括路堤、土坝、地基换土垫层等)，土体在自身重力作用下尚未完成压缩变形，因而仍将产生土或地基的变形。此外，地下水的升降，会引起土中自重应力大小的变化，而产生土体压缩、膨胀或湿陷等变形。土中附加应力是指土体受外荷载(包括建筑物荷载、交通荷载、堤坝荷载等)及地下水渗流、地震等作用下产生的附加应力增量，是产生地基变形的主要原因，也是导致地基土强度破坏和失稳的重要原因。土中自重应力和附加应力的产生原因不同，因而两者的计算方法不同，分布规律及对工程的影响也不同。土中竖向自重应力和竖向附加应力也可称为土中自重压力和附加压力，在计算由建筑物产生的地基土中附加应力时，基底压力的大小与分布是不可缺少的条件。

土体中附加应力的分布具有鲜明的尺寸效应，例如，在相同的基础底部压力作用下，大尺寸基础的附加应力的影响深度比小尺寸基础附加应力的影响深度要深，由此而产生的对地基变形和承载力的影响是非常大的。这可在地基的沉降计算及稳定性分析的章节中体会到。如图3.1所示给出了不同大小基础下地基中附加应力影响范围的比较，从图3.1可看出，基础的面积越大，附加应力分布的影响范围也就越大。

土中应力按土骨架和土中孔隙的分担作用可分为有效应力和孔隙应力(惯称孔隙压力)两种。土中某点的有效应力(effective stress)与孔隙压力(pore pressure)之和，称为总应力。土中有效应力是指土粒所传递的粒间应力，它是控制土的体积(变形)和强度两者变化的土中应力。土中孔隙应力是指土中水和土中气所传递的应力，土中水传递的孔隙水应

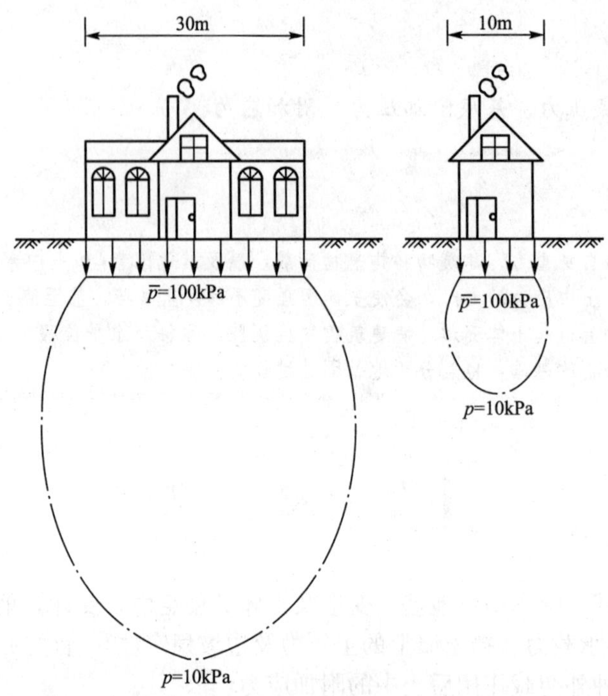

图 3.1　不同大小基础下地基中附加应力影响范围的比较

力，即孔隙水压力；土中气传递的孔隙气应力即孔隙气压力。在计算土体或地基的变形及土的抗剪强度时，都必须应用土中某点的有效应力原理。

用于地基基础常规设计计算，主要是采用弹性理论公式。计算公式的基本假定是：地基为半无限大的(semi - infinite)、均质的(homogeneous)、各向同性(isotropic)的弹性体(elastic mass)。应该指出，实际土体的性质与以上假定存在一定差异，因此按公式计算自重应力和附加应力存在一定的近似性。工程实践表明，用于常规设计计算时，弹性理论公式计算结果一般能够满足工程所要求的精度。

本章先介绍土中自重应力、基底压力，最后介绍地基附加应力。

3.2 土中自重应力

3.2.1 均质土中自重应力

在计算土中自重应力时，假设天然地面是半空间(半无限体)表面一个无限大的水平面，因而在任意竖直面和水平面上均无剪应力存在。如果天然地面下土质均匀，土的天然重度为 γ(kN/m^3)，则在天然地面下任意深度 z(m)处 a—a 水平面上任意的竖向自重应力 σ_{cz}(kPa)，可取作用于该水平面任一单位面积上的土柱体自重 $\gamma z\times 1$，计算(图 3.2)如下：

$$\sigma_{cz}=\gamma z \tag{3-1}$$

即 σ_{cz} 沿水平面均匀分布，且随深度 z 按直线规律分布。

地基土中除有作用于水平面的竖向自重应力 σ_{cz} 外，还有作用于竖直面的侧向(水平面)自重应力 σ_{cx} 和 σ_{cy}。土中任意点的侧向自重应力与竖向自重应力成正比关系，而剪力均为零，即

$$\sigma_{cx}=\sigma_{cy}=K_0\sigma_{cz} \tag{3-2a}$$

$$\tau_{xy}=\tau_{yx}=\tau_{yz}=\tau_{zy}=\tau_{zx}=\tau_{xz}=0 \tag{3-2b}$$

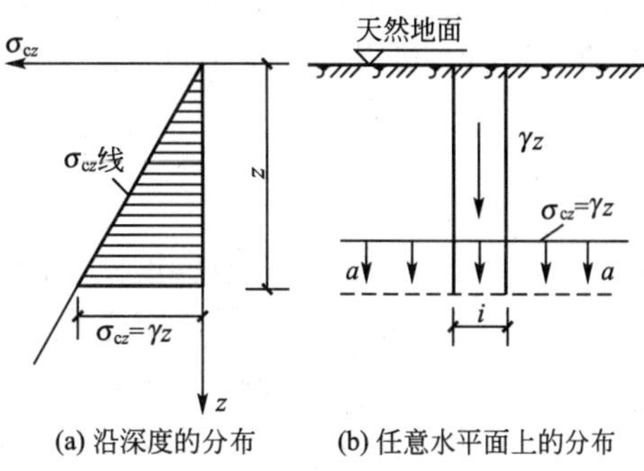

图 3.2 均质土中竖向自重应力

式中 K_0——土的侧压力系数，可由试验测定。

若计算点在地下水位以下，由于水对土体有浮力作用，水下部分土柱体自重必须扣去浮力，应采用土的浮重度 γ' 替代(湿)重度 γ 计算。

必须指出，只有通过土粒接触点传递的粒间应力，才能使土粒彼此挤紧，产生土体的体积变形，而且粒间应力又是影响土体强度的一个重要因素，所以粒间应力又称为有效应力。对于成土年代长久的土体，在自重应力作用下已经完成压缩变形，所以土中竖向和侧向的自重应力一般均指有效应力。为了简化方便，将常用的竖向有效自重应力 σ_{cz} 简称为自重应力或自重压力，并改用符号 σ_c 表示。

3.2.2 成层土中自重应力

地基往往是成层的，因而各层土具有不同的重度。如地下水位位于同一土层中，计算自重应力时，地下水位面也应作为分层的界面。如图 3.3 所示天然地面下任意深度 z 范围内各层土的厚度自上而下分别为 h_1、h_2、…h_i、…、h_n，计算出高度为 z 的土柱体中各层

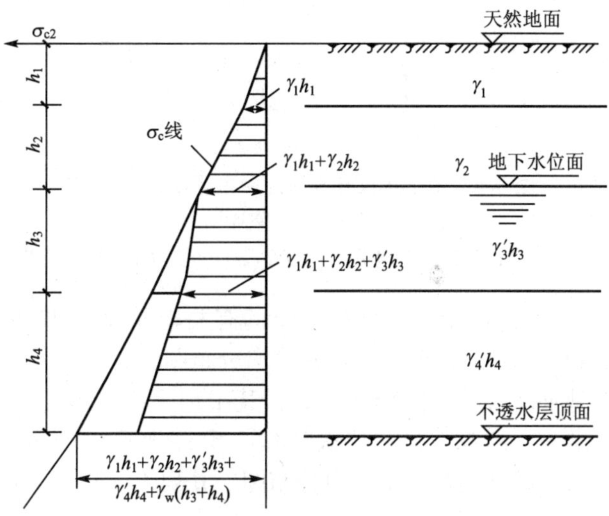

图 3.3 成层土中竖向自重应力沿深度的分布

内各层土的厚度自上而下分别为h_1、h_2、…h_i、…、h_n，计算出高度为z的土柱体中各层土重的总和后，可得到成层土自重应力的计算公式：

$$\sigma_c = \sum_{i=1}^{n} \gamma_i h_i \tag{3-3}$$

式中 σ_c——天然地面下任意深度z处的竖向有效自重应力(kPa)；

n——深度z范围内的土层总数；

h_i——第i层土的厚度(m)；

γ_i——第i层土的天然重度，对地下水位以下的土层取浮重度γ_i'(kN/m^3)。

在地下水位以下，如埋藏有不透水层(例如岩层或只含结合水的坚硬黏土层)，由于不透水层中不存在水的浮力，所以不透水层顶面的自重应力值及层面以下的自重应力应按上覆土层的水土总重计算，如图3.3所示中下端所示。

3.2.3 地下水位升降时的土中自重应力

地下水位升降，使地基土中自重应力也相应发生变化。如图3.4(a)所示为地下水位下降的情况，如在软土地区，因大量抽取地下水，以致地下水位长期大幅度下降，使地基中有效自重应力增加，从而引起地面大面积沉降的严重后果。如图3.4(b)所示为地下水位长期上升的情况，如在人工抬高蓄水水位地区(如筑坝蓄水)或工业废水大量渗入地下的地区。水位上升会引起地基承载力的减少，湿陷性土的塌陷现象，必须引起注意。

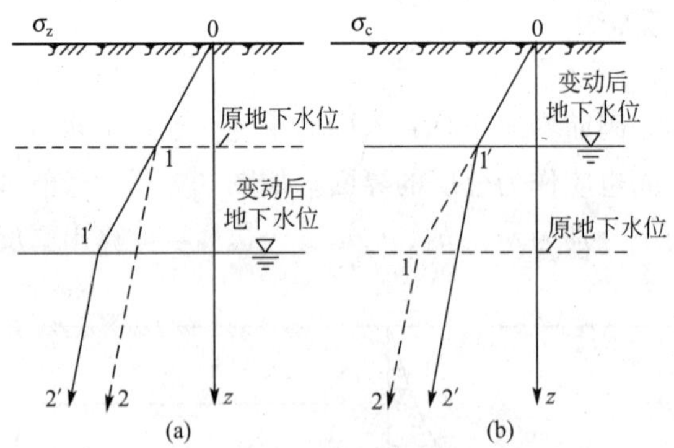

图3.4 地下水位升降对土中自重应力的影响

0—1—2线为原来自重应力的分布；

0—1′—2′线为地下水位变动后自重应力的分布

【例题3.1】 某建筑场地的地质柱状图和土的有关指标列于(图3.5)中。试计算地面下深度为2.5m、5m和9m处的自重应力，并绘出分布图。

【解】 本例天然地面下第一层粉土厚6m，其中地下水位以上和以下的厚度分别为3.6m和2.4m；第二层为粉质黏土层。依次计算2.5m、3.6m、5m，6m和9m各深度处的土中竖向自重应力，计算过程及自重应力分布图一并列于(图3.5)中。

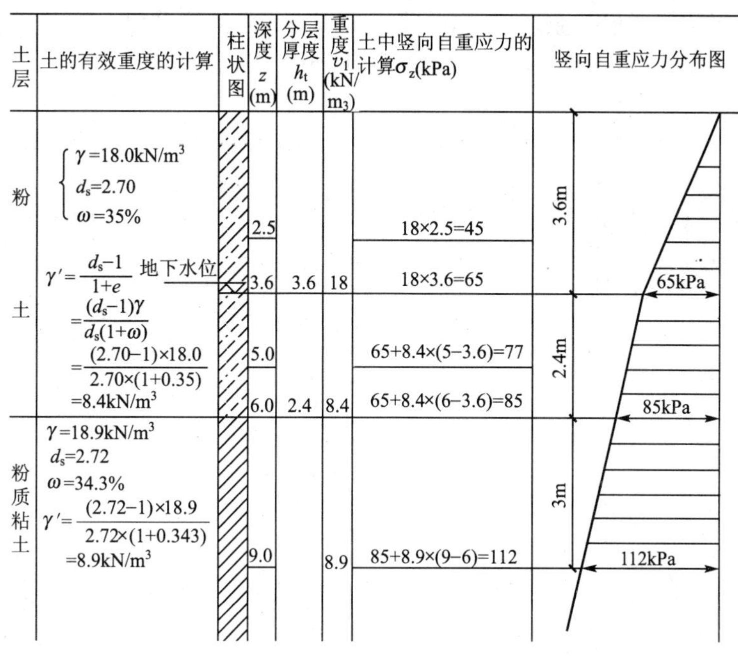

土层	土的有效重度的计算	柱状图	深度 z (m)	分层厚度 h_t (m)	重度 υ_1 (kN/m3)	土中竖向自重应力的计算 σ_z (kPa)	竖向自重应力分布图
粉土	$\begin{cases}\gamma=18.0\text{kN/m}^3\\ d_s=2.70\\ \omega=35\%\end{cases}$		2.5			18×2.5=45	3.6m
	$\gamma'=\frac{d_s-1}{1+e}$ 地下水位		3.6	3.6	18	18×3.6=65	65kPa
	$=\frac{(d_s-1)\gamma}{d_s(1+\omega)}=\frac{(2.70-1)\times18.0}{2.70\times(1+0.35)}=8.4\text{kN/m}^3$		5.0			65+8.4×(5−3.6)=77	2.4m
			6.0	2.4	8.4	65+8.4×(6−3.6)=85	85kPa
粉质粘土	$\gamma=18.9\text{kN/m}^3$, $d_s=2.72$, $\omega=34.3\%$, $\gamma'=\frac{(2.72-1)\times18.9}{2.72\times(1+0.343)}=8.9\text{kN/m}^3$		9.0		8.9	85+8.9×(9−6)=112	3m, 112kPa

图 3.5 例题 3.1 图

3.3 基底压力

3.3.1 基底压力的分布规律

建筑物的荷载通过自身基础传给地基，在基础底面与地基之间便产生了荷载效应(接触应力)。它既是基础作用于地基的基底压力(contact pressure of foundation base)，同时又是地基反作用于基础的基底反力(reaction of foundation base)。在计算地基中的附加应力和变形及设计基础结构时，都必须研究基底压力的分布规律。

基底压力的大小和分布状况，与荷载的大小和分布、基础的刚度、基础的埋置深度及地基土的性质等多种因素有关。为了实测基底压力的分布规律，在基底不同部位处预埋压力传感器“土压力计(盒)”。压力传感器是一种感受压力并将其转换为与压力成一定关系的频率信号输出的装置，它是量测元件，其相应的二次仪表是频率测定仪。“土压力计”一般有应变片式和钢弦式两类，钢弦式传感器测试具有灵敏度高精确度高和长期稳定性好的特点。如图 3.6 所示为一种钢弦式土压力计，金属薄膜(1)内面

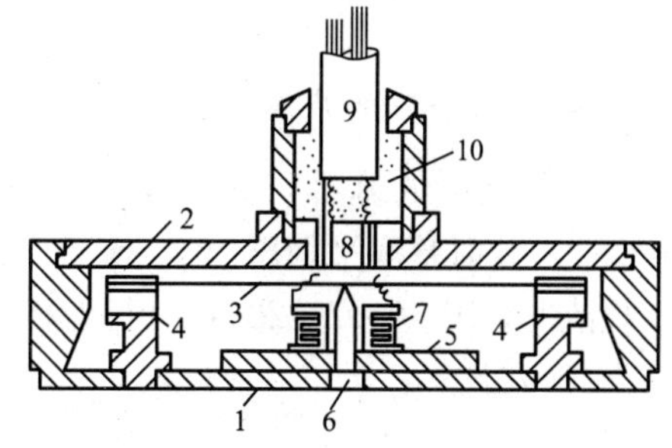

图 3.6 一种钢弦式土压力计(卧式结构)

1—金属薄膜；2—外壳；3—钢弦；4—支架；5—底座；6—铁芯；7—线圈；8—接线栓；9—屏蔽线；10—环氧树脂封口

的两个支架(4)张拉着一根钢弦(3)，当薄膜承受压力而发生挠曲时，钢弦发生变形，而使其自振频率相应变化。根据预先标定的钢弦频率与金属薄膜外表面所受压力之间的关系，便可求得压力值。

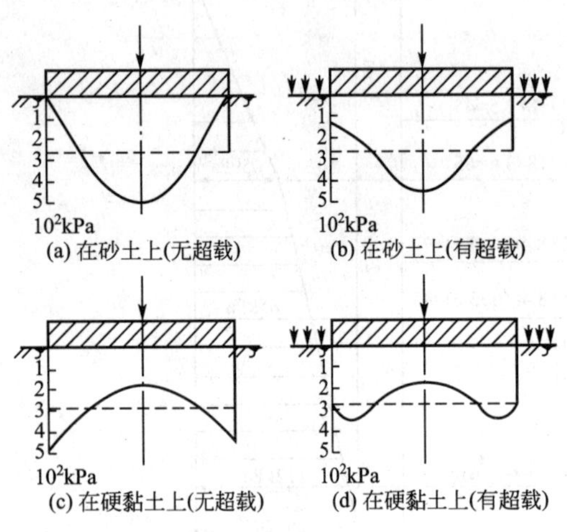

图 3.7 圆形刚性基础模型底面反力分布图

如图 3.7 所示是将一个圆形刚性基础模型分别置于砂土和硬黏土上所测得的基底压力分布图形。图 3.7(a)中基础放在砂土表面上，四周无超载，基底压力呈抛物线形分布。这是由于基础边缘的砂粒很容易朝侧向挤出，而将其应该承担的压力转嫁给基底的中间部位而形成的。图 3.7(b)中基础也放在砂土表面上，但在四周作用着较大的超载(相当于基础有埋深的情况)，因而基础边缘的砂粒较难挤出，所以基底中心部件和边缘部位的反力大小的差别就比前者要小得多。如果把刚性基础模型放在硬黏土上，测得的基底反力分布图与放在砂土上时相反，面是呈现中间小，边缘大的马鞍形。由于硬黏土有较大的内聚力，不大容易发生土粒的侧向挤出，因此在基础四周无超载［图 3.7(c)］和有超载［图 3.7(d)］两种情况下的基底反力分布的差别不如砂土那样显著。

对于桥梁墩台基础及工业与民用建筑中的柱下单独基础、墙下条形基础等扩展基础，均可视为刚性基础。这些基础，因为受地基容许承载力的限制，加上基础还有一定的埋置深度，其基底压力呈马鞍形分布，而且基底中心部位反力转边缘部位不显著，故可近似为反力均匀分布；另外，根据弹性理论中的圣维南原理，在基础底面下一定深度处所引起的地基附加应力与基底荷载的分布形态无关，只与其合力的大小及其作用点位置有关。因此，对于具有一定刚度及尺寸较小的扩展基础，其基底压力当做近似直线分布，可按材料力学公式进行简化计算。

3.3.2 基底压力的简化计算

1. 中心荷载下的基底压力

中心荷载下的基础，其所受荷载的合力通过基底形心。基底压力假定为均匀分布(图 3.8)，此时基底平均压力 p(kPa)［此荷载效应组合值按现行国家标准《建筑地基基础设计规范》(GB 50007—2011)、行业标准《公路桥涵设计通用规范》(JTG D60—2004)规定］，按下式计算：

$$p=\frac{F+G}{A} \tag{3-4}$$

式中 F——作用在基础上的竖向力(kN)；

G——基础及其上回填土的总重力(kN)，其中 γ_G为基础及回填土的平均重度，一般取 20kN/m^3，但在地下水位以下部分应扣除浮力为 10kN/m^3，d 为基础埋深(m)，必须从设计地面或室内外平均设计地面算起［图 3.8(b)］；

A——基底面积(m^2)，对矩形基础 $A=lb$，l 和 b 分别为矩形基底的长边宽度(m)和短边宽度(m)。

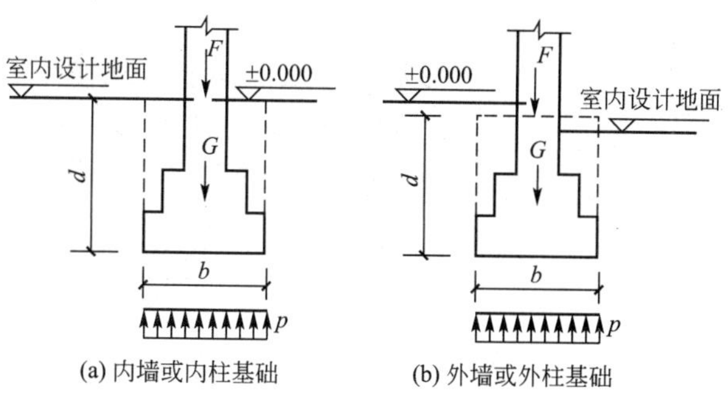

图 3.8 中心荷载下的基底压力分布

对于荷载均匀分布的条形基础，则沿长度方向截取一单位长度的截条进行基底平均压力 p 的计算，此时式(3-4)中的 A 改为 b(m)，而 F 及 G 则为基础截条内的相应值(kN/m)。

2. 偏心荷载下的基底压力

对于单向偏心荷载下的矩形基础(图 3.9)，设计时，通常基底长边方向与偏心方向取得一致，基底两边缘的最大、最小压力 p_{max}、p_{min}(此荷载效应组合值同上)按材料力学短柱偏心受压公式计算：

$$\left.\begin{matrix} p_{max} \\ p_{min} \end{matrix}\right\}=\frac{F+G}{lb}\pm\frac{M}{W} \tag{3-5}$$

式中 F、G、l、b 符号意义同式(3-4)；

M——作用于矩形基底的力矩(kN·m)；

W——基础底面的抵抗矩，$W=\frac{bl^2}{6}$(m^3)。

将偏心荷载的偏心距 $e=\frac{M}{F+G}$引入式(3-5)得

$$\left.\begin{matrix} p_{max} \\ p_{min} \end{matrix}\right\}=\frac{F+G}{lb}\left(1\pm\frac{6e}{l}\right) \tag{3-6}$$

由式(3-6)可见，当 $e<\frac{l}{6}$时，基底压力分布图呈梯形［图 3.9(a)］；当 $e=\frac{l}{6}$，则呈三角形［图 3.9(b)］；当 $e>\frac{l}{6}$时，按式(3-6)计算结果，距偏心荷载较远的基底边缘反力为负值，即 $p_{min}<0$，如图 3.9 (c)中虚线所示。由于基底与地基之间不能承受拉力，此时基底与地基局部脱开，而使基底压力重新分布。因此，根据偏心荷载应与基底反力相平衡的条件，荷载合力 $F+G$ 应通过三角形反力分布图的形心，如图 3.9(c)中实线所示分布图形，由此可得基底边缘最大压力 p_{max}为

$$p_{max}=\frac{2(F+G)}{3bk} \tag{3-7}$$

式中　k——单向偏心作用点至具有最大压力的基底边缘的距离(m)。

矩形基础在双向偏心荷载作用下，如基底最小压力 $p_{min}\geqslant 0$，则矩形基底边缘四个角处的压力 p_{max}、p_{min}、p_1、p_2(kPa)，可按下列公式计算(图 3.10)：

$$\left.\begin{matrix}p_{max}\\ p_{min}\end{matrix}\right\}=\frac{F+G}{lb}\pm\frac{M_x}{W_x}\pm\frac{M_y}{W_y} \tag{3-8a}$$

$$\left.\begin{matrix}p_1\\ p_2\end{matrix}\right\}=\frac{F+G}{lb}\pm\frac{M_x}{W_x}\mp\frac{M_y}{W_y} \tag{3-8b}$$

式中　M_x、M_y——荷载合力分别对矩形基底 x、y 对称轴的力矩(kN·m)；

W_x、W_y——基础底面分别对 x、y 轴的抵抗矩(m^3)。

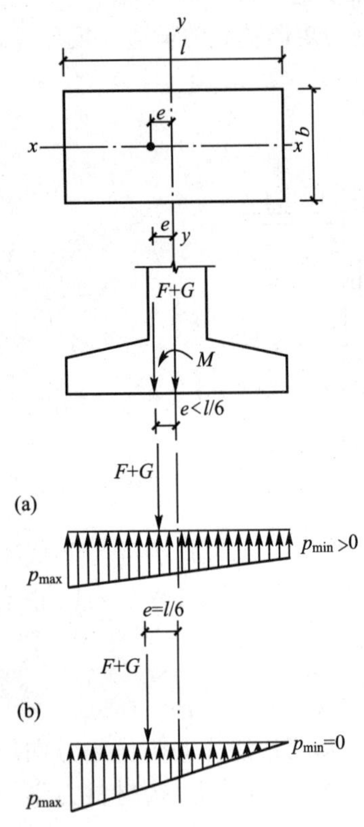

图 3.9　单向偏心荷载下的矩形基底压力分布图

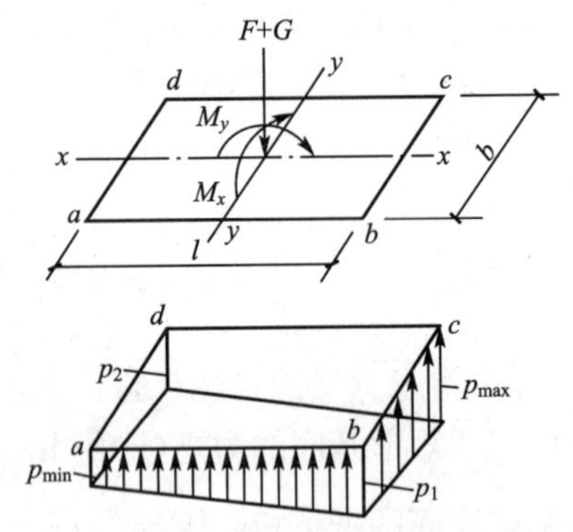

图 3.10　矩形基础在双向偏心荷载下的基底压力分布图

3.3.3　基底附加压力

建筑物建造前，土中早已存在自重应力，基底附加压力是基底压力与基底处建造前土中自重应力之差，是引起地基附加应力和变形的主要原因。

一般浅基础总是埋置在天然地面下一定深度处，该处原有土中竖向有效自重应力 σ_{ch} [图 3.11(a)]。开挖基坑后，卸除了原有的自重应力，即基底处建造前曾有过自重应力的作用 [图 3.11(b)]。建筑物建造后的基底平均压力扣除建造前基底处土中自重应力后，才是新增加于地基上的基底平均附加压力 [图 3.11(c)]。

基底平均附加压力 p_0 应按下式计算：

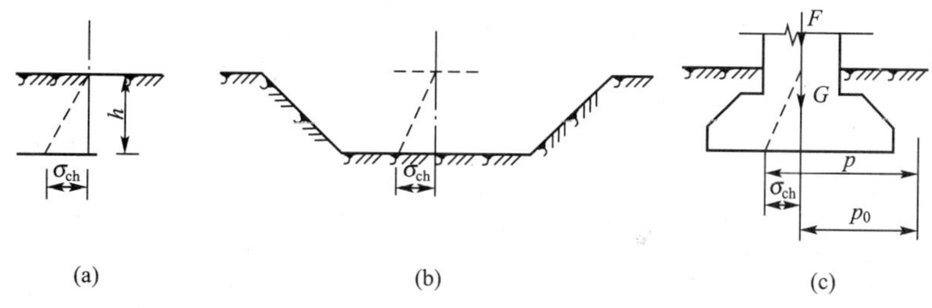

图 3.11 基底附加压力的计算

$$p_0 = p - \sigma_{ch} = p - \gamma_m d \tag{3-9}$$

式中 p——基底平均压力(kPa)；

σ_{ch}——基底处土的自重应力(kPa)；

γ_m——基底标高以上天然土层的加权平均重度，$\gamma_m = (\gamma_1 h_1 + \gamma_2 h_2 + \cdots)/(h_1 + h_2 + \cdots)$，其中地下水位下的重度取浮重度(kN/m^3)；

d——从天然底面算起的基础埋深(m)，$d = h_1 + h_2 + \cdots$。

按式(3-9)计算基底附加压力时，并未考虑坑底土体的回弹变形。实际上，必须指出，当基坑的平面尺寸和深度较大且土又较软时，坑底回弹是明显的，是不可忽略的。因此，在计算地基变形时，为了适当考虑这种坑底回弹和再压缩而增加的沉降，通常的做法是对基底附加压力进行调整，即取 $p_0 = p - \alpha\sigma_{ch}$，其中 α 为 0～1 的系数，对小基坑取 $\alpha = 1$，对宽度超过 10m 的大基坑，一般取 $\alpha = 0$。

3.4 地基附加应力

计算地基附应力时，一般假定地基土是各向同性的、均质的线性变形体，而且在深度和水平方向上都是无限延伸的，即把地基看成是均质的线性变形半空间(half space)，这样就可以直接采用弹性力学中关于弹性半空间的理论解答。当弹性半空间表面作用一个竖向集中力时，地基中任意点处所引起的应力和位移，可用布辛奈斯克(Boussinesq，1885)公式求解；在弹性半空间表面作用一个水平集中力时，地基中任意点的应力和位移可用西娄提(Cerutti，1882)公式求解；当弹性半空间内某一深度处作用一个竖向集中力时，地基中任意点的应力和位移可用明德林(Mindlin，1936)公式求解，本教材只介绍竖向集中力作用于弹性半空间表面时的地基附加应力。

地基附加应力主要由建筑物基础(或堤坝)底面的附加压力来计算，还有桥台前后填土引起的基底附加压力，此外，考虑相邻基础影响及成土年代不久土体的自重应力，在地基变形的计算中，应归入地基附加应力范畴。计算地基附加应力时，通常将基底压力看成是地基表面作用的柔性荷载，即不考虑基础刚度的影响。按照弹性力学、地基附加应力计算分为空间问题和平面问题两类。本节先介绍属于空间问题的竖向集中力、矩形荷载和圆形荷载作用下的解答，然后介绍属于平面应变问题的线荷载和条形荷载作用下的解答，最后，概要介绍非均质和各向异性地基附加应力的弹性力学解答。

3.4.1 竖向集中力作用时的地基附加应力

1. 布辛奈斯克解

在弹性半空间表面上作用一个竖向集中力时，半空间内任意点处所引起的应力和位移的弹性力学解答是由法国布辛奈斯克(1885)提出的。如图3.12所示，在半空间(相当于地基)中任意点$M(x、y、z)$处的6个应力分量和3个位移分量的解答如下：

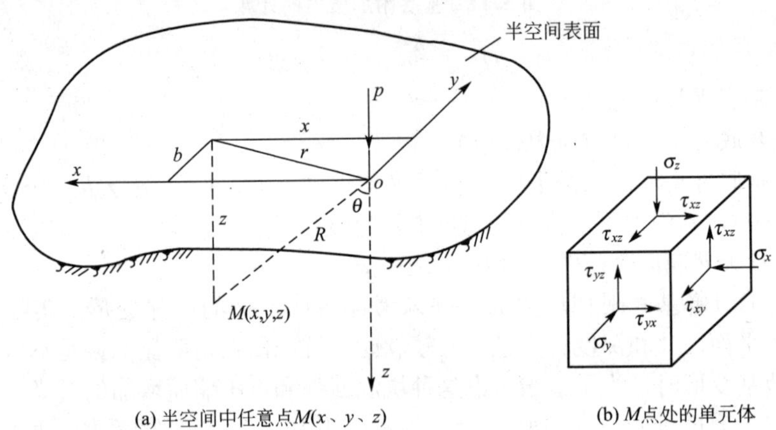

(a) 半空间中任意点$M(x、y、z)$　　(b) M点处的单元体

图3.12　一个竖向集中力作用下所引起的应力

$$\sigma_x=\frac{3p}{2\pi}\left[\frac{x^2z}{R^5}+\frac{1-2\mu}{3}\left(\frac{R^2-Rz-z^2}{R^3(R+z)}-\frac{x^2(2R+z)}{R^3(R+z)^2}\right)\right] \tag{3-10a}$$

$$\sigma_y=\frac{3p}{2\pi}\left[\frac{y^2z}{R^5}+\frac{1-2\mu}{3}\left(\frac{R^2-Rz-z^2}{R^3(R+z)}-\frac{y^2(2R+z)}{R^3(R+z)^2}\right)\right] \tag{3-10b}$$

$$\sigma_z=\frac{3p}{2\pi}\cdot\frac{z^3}{R^5}=\frac{3p}{2\pi R^2}\cos^3\theta \tag{3-10c}$$

$$\tau_{xy}=\tau_{yx}=-\frac{3p}{2\pi}\left[\frac{xyz}{R^5}-\frac{1-2\mu}{3}\cdot\frac{xy(2R+z)}{R^3(R+z)^2}\right] \tag{3-11a}$$

$$\tau_{yz}=T_{zy}=-\frac{3p}{2\pi}\cdot\frac{yz^2}{R^5}=-\frac{3py}{2\pi R^3}\cos^2\theta \tag{3-11b}$$

$$\tau_{zx}=\tau_{xz}=-\frac{3p}{2\pi}\cdot\frac{xz^2}{R^5}=-\frac{3px}{2\pi R^3}\cos^2\theta \tag{3-11c}$$

$$u=\frac{p(1+\mu)}{2\pi E}\left[\frac{xz}{R^3}-(1-2\mu)\cdot\frac{x}{R(R+z)}\right] \tag{3-12a}$$

$$v=\frac{p(1+\mu)}{2\pi E}\left[\frac{yz}{R^3}-(1-2\mu)\cdot\frac{y}{R(R+z)}\right] \tag{3-12b}$$

$$w=\frac{p(1+\mu)}{2\pi E}\left[\frac{z^2}{R^3}+2(1-\mu)\frac{1}{R}\right] \tag{3-12c}$$

式中　σ_x、σ_y、σ_z——平行于x、y、z坐标轴的正应力；

τ_{xy}、τ_{yz}、τ_{zx}——剪应力，其中前一角标表示与它作用微面的法线方向平行的坐标轴，后一角标表示与它作用方向平行的坐标轴；

u、v、w——M 点沿坐标轴 x、y、z 方向的位移；

p——作用于坐标原点 o 的竖向集中力；

R——M 点至坐标原点 o 的距离，$R=\sqrt{x^2+y^2+z^2}=\sqrt{r^2+z^2}=z/\cos\theta$；

θ——R 线与 z 坐标轴的夹角；

r——M 点与集中力作用点的水平距离；

E——弹性模量(或土力学中专用的土的变形模量，以 E_0 代之)；

μ——泊松比。

若用 $R=0$ 代入以上各式所得出的结果均为无限大，因此，所选择的计算点不应过于接近集中力的作用点。

建筑物作用于地基的荷载，总是分布在一定面积上的局部荷载，因此理论上的集中力实际是没有的。但是，根据弹性力学的叠加原理利用布辛奈斯克解答，可以通过等代荷载法求得任意分布的、不规则荷载面形状的地基中的附加应力，或进行积分直接求解各种局部荷载下的地基中的附加应力。

以上六个应力分量和三个位移分量的公式中，竖向正应力 σ_z 和竖向位移 w 最为常用，以后有关地基附加应力的计算主要是针对 σ_z 而言的。

2. 等代荷载法

如果地基中某点 M 与局部荷载的距离比荷载面尺寸大很多时，就可以用一个集中力 p 代替局部荷载，然后直接应用式(3-10c)计算该点的 σ_z，为了计算上方便，以 $R=\sqrt{r^2+z^2}$ 代入式(3-10c)，则

$$\sigma_z=\frac{3p}{2\pi}\frac{z^3}{(r^2+z^2)^{5/2}}=\frac{3}{2\pi}\frac{1}{[(r/z)^2+1]^{5/2}}\frac{p}{z^2} \tag{3-13a}$$

令 $\alpha=\frac{3}{2\pi}\frac{1}{[(r/z)^2+1]^{5/2}}$，则上式改写为

$$\sigma_z=\alpha(P/z^2) \tag{3-13b}$$

式中 α——集中力作用下的地基竖向附加应力系数，简称集中应力系数(concentration stress factor)。

若干个竖向集中力 $p_i(i=1、2、\cdots、n)$ 作用在地基表面上可按等代荷载法(equivalent load replacement method)，即按叠加原理，则地面下 z 深度处某点 M 的附加应力 σ_z 应为各集中力单独作用时在 M 点所引起的附加应力之总和，即

$$\sigma_z=\sum_{i=1}^{n}\alpha_i\frac{p_i}{z^2}=\frac{1}{z^2}\sum_{i=1}^{n}\alpha_i p_i \tag{3-14}$$

式中 α_i——第 i 个集中应力系数，在计算中 r_i 是第 i 个集中荷载作用点到 M 点的水平距离。

当局部荷载的平面形状或分布情况不规则时，可将荷载面(或基础底面)分成若干个形状规则(如矩形)的单元面积(图 3.13)，每个单元面积上的分布荷载近似地以作用在单元面积形心上的集中力来代替，这样就可以利用式(3-14)求算地基中某点 M 的附加应力。由于集中力作用点附近的 σ_z 为无限大，所以这种方法不适用于过于靠近荷载面的计算点；它的计算精确度取决于单元面积的大小。一般当矩形单元面积的长边小于面积形心到计算点的距离的 1/2、1/3 或 1/4 时，所算得的附加应力的误差分别不大于 6%、3%或 2%。

【例题 3.2】 在地基上作用一个集中力 $p=100$kN，要求确定：(1)在地基中 $z=2$m 的

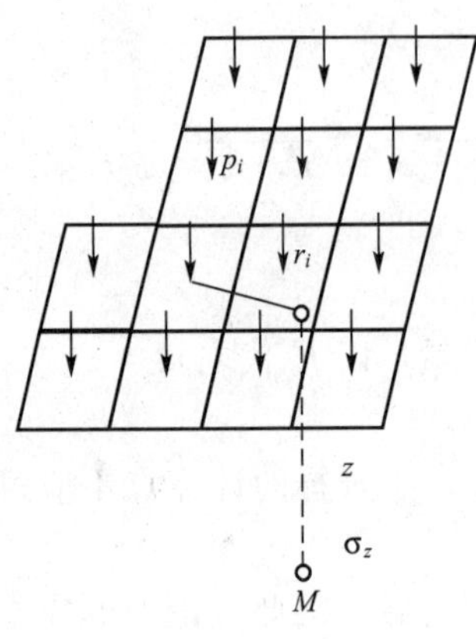

图 3.13　以等代荷载法计算 σ_z

水平面上，水平距离 r=0m、1m、2m、3m、4m 处各点的附加应力 σ_z 值，并绘出分布图；(2)在地基中 r=0m 的竖直线上距地基表面 z=0m、1m、2m、3m、4m 处各点的 σ_z 值，并绘出分布图；(3)取 σ_z=10kPa、5kPa、2kPa、1kPa，反算在地基中 z=2m 的水平面上的 r 值和在 r=0 的竖直线上的 z 值，并绘出四个 σ_z 等值线图。

【解】 (1) σ_z 的计算资料列于表 3－1；σ_z 分布图绘于(图 3.14)。

(2) σ_z 的计算资料列于表 3－2；σ_z 分布图绘于(图 3.15)。

(3) 反算资料列于表 3－3；σ_z 等值线图绘于(图 3.16)。

表 3－1　例题 3.2(1)题

z(m)	r(m)	$\frac{r}{z}$	α	$\sigma_z=\alpha\frac{P}{z^2}$(kPa)
2	0	0	0.4775	$0.4775\frac{100}{2^2}=11.9$
2	1	0.5	0.2733	6.8
2	2	1.0	0.0844	2.1
2	3	1.5	0.0251	0.6
2	4	2.0	0.0085	0.2

表 3－2　例题 3.2(2)题

z(m)	r(m)	$\frac{r}{z}$	α	$\sigma_z=\alpha\frac{P}{z^2}$(kPa)
0	0	0	0.4775	∞
1	0	0	0.4775	47.8
2	0	0	0.4775	11.9
3	0	0	0.4775	5.3
4	0	0	0.4775	3.0

表 3－3　例题 3.2(3)题

z(m)	r(m)	r/z	α	σ_z(kPa)
2	0.54	0.27	0.4000	10
2	1.30	0.65	0.2000	5
2	2.00	1.00	0.0800	2
2	2.60	1.30	0.0400	1
2.19	0	0	0.4775	10
3.09	0	0	0.4775	5
5.37	0	0	0.4775	2
6.91	0	0	0.4775	1

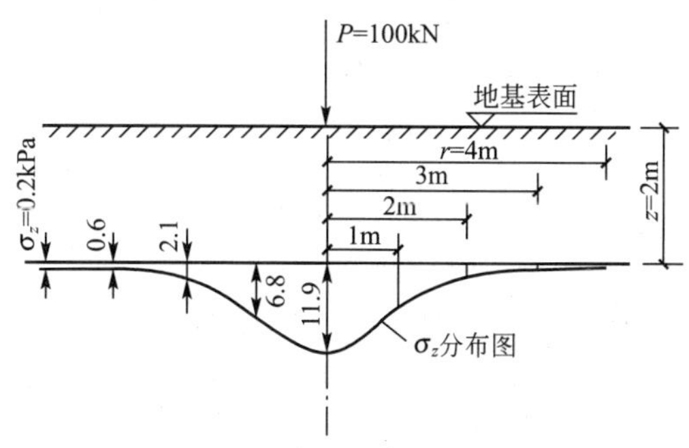

图 3.14 例题 3.2(1)题

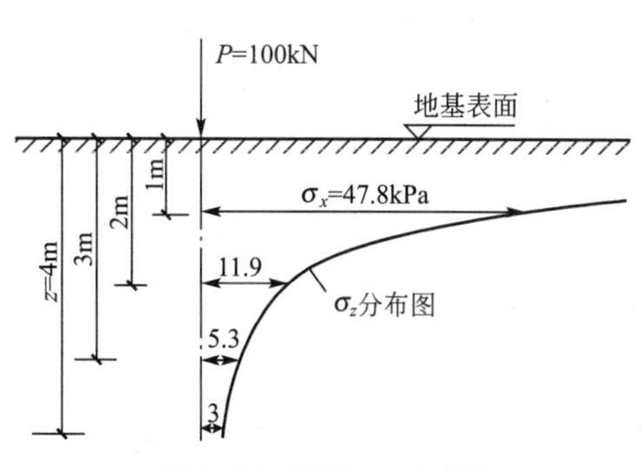

图 3.15 例题 3.2(2)题

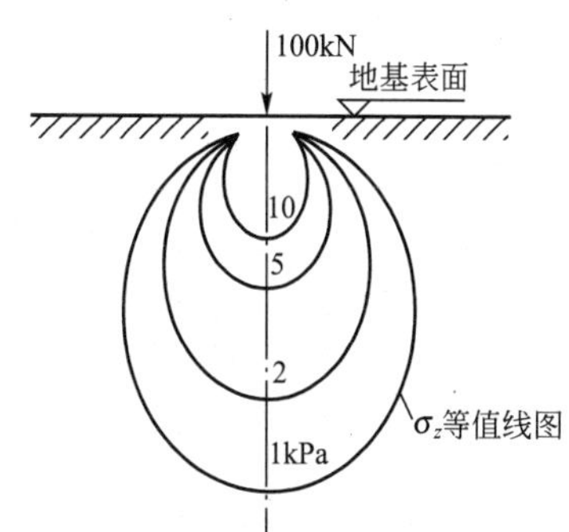

图 3.16 例题 3.2(3)题

3.4.2 矩形荷载和圆形荷载作用时的地基附加应力

1. 均布的矩形荷载

设矩形荷载面的长边宽度和短边宽度分别为 l 和 b，作用于弹性半空间表面的竖向均布荷载为 p(或基底平均附加压力 p_0)。先以积分法求得矩形荷载面角点下任意深度 z 处该点的地基附加应力，然后运用角点法求得矩形荷载下任意点的地基附加应力。以矩形荷载面角点为坐标原点 o(图 3.17)，在荷载面内坐标为(x, y)处取一微单元面积 $\mathrm{d}x\mathrm{d}y$，并将其上的均布荷载以集中力 $p\mathrm{d}x\mathrm{d}y$ 来代替，则在角点 o 下任意深度 z 的 M 点处由该集中力引起的竖向附加应力 $\mathrm{d}\sigma_z$，按式(3－10c)为

$$\mathrm{d}\sigma_z=\frac{3}{2\pi}\frac{pz^3}{(x^2+y^2+z^2)^{5/2}}\mathrm{d}x\mathrm{d}y \qquad (3-15)$$

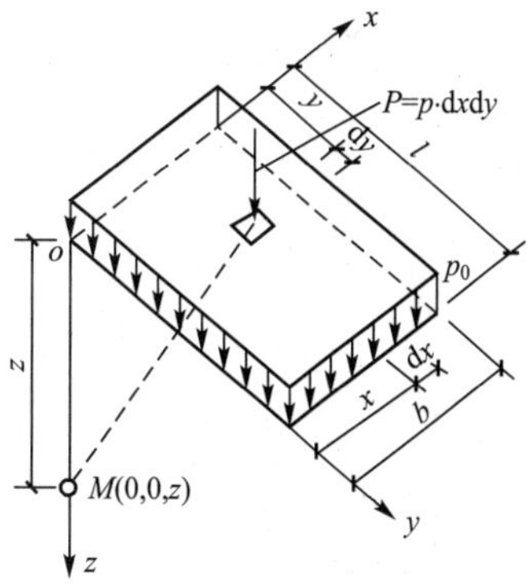

图 3.17 均布矩形荷载面角点下的附加应力 σ_z

将它对整个矩形荷载面 A 进行积分：

$$\sigma_z=\iint_A \mathrm{d}z=\frac{3pz^3}{2\pi}\int_0^l\int_0^b\frac{1}{(x^2+y^2+z^2)^{5/2}}\mathrm{d}x\mathrm{d}y$$

$$=\frac{p}{2\pi}\left[\frac{lbz(l^2+b^2+2z^2)}{(l^2+z^2)(b^2+z^2)\sqrt{l^2+b^2+z^2}}+\arcsin\frac{lb}{\sqrt{(l^2+z^2)(b^2+z^2)}}\right] \qquad (3-16)$$

令 $\alpha_c=\dfrac{1}{2\pi}\left[\dfrac{lbz(l^2+b^2+2z^2)}{(l^2+z^2)(b^2+z^2)\sqrt{l^2+b^2+z^2}}+\arcsin\dfrac{lb}{\sqrt{(l^2+z^2)(b^2+z^2)}}\right]$

得

$$\sigma_z=\alpha_c p \tag{3-17}$$

又令 $m=l/b$，$n=z/b$(注意其中 b 为荷载面的短边宽度)，则

$$\alpha_c=\frac{1}{2\pi}\frac{mn(m^2+2n^2+1)}{(m^2+n^2)(1+n^2)\sqrt{m^2+n^2+1}}+\arcsin\frac{m}{\sqrt{(m^2+n^2)(1+n^2)}}$$

α_c 为均布矩形荷载角点下的竖向附加应力系数，简称角点应力系数，也可按 m 及 n 值由表 3-4 查得。

表 3-4　均布的矩形荷载角点下的竖向附加应力系数 α_c

z/b	l/b											
	1.0	**1.2**	**1.4**	**1.6**	**1.8**	**2.0**	**3.0**	**4.0**	**5.0**	**6.0**	**10.0**	**条形**
0.0	0.250	0.250	0.250	0.250	0.250	0.250	0.250	0.250	0.250	0.250	0.250	0.250
0.2	0.249	0.249	0.249	0.249	0.249	0.249	0.249	0.249	0.249	0.249	0.249	0.249
0.4	0.240	0.242	0.243	0.243	0.244	0.244	0.244	0.244	0.244	0.244	0.244	0.244
0.6	0.223	0.228	0.230	0.232	0.232	0.233	0.234	0.234	0.234	0.234	0.234	0.234
0.8	0.200	0.207	0.212	0.215	0.216	0.218	0.220	0.220	0.220	0.220	0.220	0.220
1.0	0.175	0.185	0.191	0.195	0.198	0.200	0.203	0.204	0.204	0.204	0.205	0.205
1.2	0.152	0.163	0.171	0.176	0.179	0.182	0.187	0.188	0.189	0.189	0.189	0.189
1.4	0.131	0.142	0.151	0.157	0.161	0.164	0.171	0.173	0.174	0.174	0.174	0.174
1.6	0.112	0.124	0.133	0.140	0.145	0.148	0.157	0.159	0.160	0.160	0.160	0.160
1.8	0.097	0.108	0.117	0.124	0.129	0.133	0.143	0.146	0.147	0.148	0.148	0.148
2.0	0.084	0.095	0.103	0.110	0.116	0.120	0.131	0.135	0.136	0.137	0.137	0.137
2.2	0.073	0.083	0.092	0.098	0.104	0.108	0.121	0.125	0.126	0.127	0.128	0.128
2.4	0.064	0.073	0.081	0.088	0.093	0.098	0.111	0.116	0.118	0.118	0.119	0.119

z/b	l/b											
	1.0	**1.2**	**1.4**	**1.6**	**1.8**	**2.0**	**3.0**	**4.0**	**5.0**	**6.0**	**10.0**	**条形**
2.6	0.057	0.065	0.072	0.079	0.084	0.089	0.102	0.107	0.110	0.111	0.112	0.112
2.8	0.050	0.058	0.065	0.071	0.076	0.080	0.094	0.100	0.102	0.104	0.105	0.105
3.0	0.045	0.052	0.058	0.064	0.069	0.073	0.087	0.093	0.096	0.097	0.099	0.09
3.2	0.040	0.047	0.053	0.058	0.063	0.067	0.081	0.087	0.090	0.092	0.093	0.094
3.4	0.036	0.042	0.048	0.053	0.057	0.061	0.075	0.081	0.085	0.086	0.088	0.089
3.6	0.033	0.038	0.043	0.048	0.052	0.056	0.069	0.076	0.080	0.082	0.084	0.084
3.8	0.030	0.035	0.040	0.044	0.048	0.052	0.065	0.072	0.075	0.077	0.080	0.080
4.0	0.027	0.032	0.036	0.040	0.044	0.048	0.060	0.067	0.071	0.073	0.076	0.076
4.2	0.025	0.029	0.033	0.037	0.041	0.044	0.056	0.063	0.067	0.070	0.072	0.073
4.4	0.023	0.027	0.031	0.034	0.038	0.041	0.053	0.060	0.064	0.066	0.069	0.070
4.6	0.021	0.025	0.028	0.032	0.035	0.038	0.049	0.056	0.061	0.063	0.066	0.067
4.8	0.019	0.023	0.026	0.029	0.032	0.035	0.046	0.053	0.058	0.060	0.064	0.064
5.0	0.018	0.021	0.024	0.027	0.030	0.033	0.043	0.050	0.055	0.057	0.061	0.062
6.0	0.013	0.015	0.017	0.020	0.022	0.024	0.033	0.039	0.043	0.046	0.051	0.052

（续）

z/b	l/b											
	1.0	**1.2**	**1.4**	**1.6**	**1.8**	**2.0**	**3.0**	**4.0**	**5.0**	**6.0**	**10.0**	**条形**
7.0	0.009	0.011	0.013	0.015	0.016	0.018	0.025	0.031	0.035	0.038	0.043	0.045
8.0	0.007	0.009	0.010	0.011	0.013	0.014	0.020	0.025	0.028	0.031	0.037	0.039
9.0	0.006	0.007	0.008	0.009	0.010	0.011	0.016	0.020	0.024	0.026	0.032	0.035
10.0	0.005	0.006	0.007	0.007	0.008	0.009	0.013	0.017	0.020	0.022	0.028	0.032
12.0	0.003	0.004	0.005	0.005	0.006	0.006	0.009	0.012	0.014	0.017	0.022	0.026
14.0	0.002	0.003	0.004	0.004	0.004	0.005	0.007	0.009	0.011	0.013	0.018	0.023
16.0	0.002	0.002	0.003	0.003	0.003	0.004	0.005	0.007	0.009	0.010	0.014	0.020
18.0	0.001	0.002	0.002	0.002	0.003	0.003	0.004	0.006	0.007	0.008	0.012	0.018
20.0	0.001	0.001	0.002	0.002	0.002	0.002	0.004	0.005	0.006	0.007	0.010	0.016
25.0	0.001	0.001	0.001	0.001	0.001	0.002	0.002	0.003	0.004	0.004	0.007	0.013
30.0	0.001	0.001	0.001	0.001	0.001	0.001	0.002	0.002	0.003	0.003	0.005	0.011
35.0	0.000	0.000	0.001	0.001	0.001	0.001	0.001	0.002	0.002	0.002	0.004	0.009
40.0	0.000	0.000	0.000	0.000	0.001	0.001	0.001	0.001	0.001	0.002	0.003	0.008

对于均布矩形荷载附加应力计算点不在角点下的情况，就可利用式(3－17)以角点法求得。图3.18中列出计算点不在矩形荷载面角点下的4种情况(在图中o点以下任意深度z处)。计算时，通过o点把荷载面分成若干个矩形面积，这样，o点就必然是划分出的各个矩形的公共角点，然后再按式(3－17)计算每个矩形角点下同一深度z处的附加应力σ_z，并求其代数和。4种情况的算式分别如下。

(1) o点在荷载面边缘［图3.18(a)］得

$$\sigma_z=(\alpha_{c\text{I}}+\alpha_{c\text{II}})p$$

式中 $\alpha_{c\text{I}}$、$\alpha_{c\text{II}}$——分别表示相应于面积Ⅰ和Ⅱ的角点应力系数。

必须指出，查表3－4时所取用的l应为一个矩形荷载面的长边宽度，而b则为短边宽度，以下各种情况相同，不再赘述。

(2) o点在荷载面内［图3.18(b)］得

$$\sigma_z=(\alpha_{c\text{I}}+\alpha_{c\text{II}}+\alpha_{c\text{III}}+\alpha_{c\text{IV}})p$$

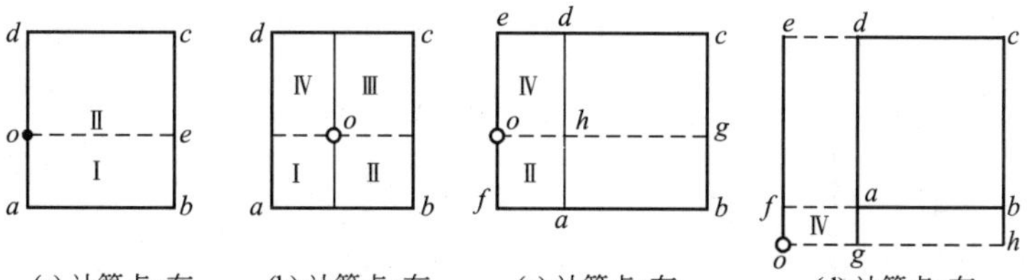

(a) 计算点o在荷载面边缘　(b) 计算点o在荷载面内　(c) 计算点o在荷载面边缘外侧　(d) 计算点o在荷载面角点外侧

图3.18 以角点法计算均布矩形荷载下的地基附加应力

如果o点位于荷载面中心，则$\alpha_{c\text{I}}=\alpha_{c\text{II}}=\alpha_{c\text{III}}=\alpha_{c\text{IV}}$，得$\sigma_z=4\alpha_{c\text{I}}p$，即利用角点法求均布的矩形荷载面中心点下$\sigma_z$的解。

(3) o点在荷载面边缘外侧［图3.18(c)］，此时荷载面$abcd$可看成是由Ⅰ($ofbg$)与Ⅱ

$(ofah)$之差和Ⅲ$(oecg)$与Ⅳ$(oedh)$之差合成的，所以

$$\sigma_z=(\alpha_{c\text{Ⅰ}}-\alpha_{c\text{Ⅱ}}+\alpha_{c\text{Ⅲ}}-\alpha_{c\text{Ⅳ}})p$$

(4) o点在荷载面角点外侧［图3.18(d)］，此时荷载面看成是由Ⅰ$(ohce)$、Ⅳ$(ogaf)$两个面积中扣除Ⅱ$(ohbf)$和Ⅲ$(ogde)$而成的，所以

$$\sigma_z=(\alpha_{c\text{Ⅰ}}-\alpha_{c\text{Ⅱ}}-\alpha_{c\text{Ⅲ}}+\alpha_{c\text{Ⅳ}})p$$

利用式(3-17)也可用角点法求算均布条形荷载面地基中任意点的竖向附加应力σ_z值，式中角点应力系数α_c，以$l/b=10$取值，误差不大于0.005(表3-4)。则有3种情况(图3.18)：①o点在荷载面边缘，可得$\sigma_z=2\alpha_{c\text{Ⅰ}}p$；②$o$点在荷载面内，$\sigma_z=2(\alpha_{c\text{Ⅰ}}+\alpha_{c\text{Ⅱ}})p$；③$o$点在荷载面边缘外侧，$\sigma_z=2(\alpha_{c\text{Ⅰ}}-\alpha_{c\text{Ⅱ}})p$。

【例题3.3】 以角点法计算如图3.19所示矩形基础甲的基底中心点垂线下不同深度处的地基附加应力σ_z的分布，并考虑两相邻基础乙的影响(两相邻柱距为6m，荷载同基础甲)。

【解】 (1) 计算基础甲的基底平均附加压力如下：

$$\text{基础及其上回填土的总重 } G=\gamma_G Ad=20\times5\times4\times1.5=600(\text{kN})$$

$$\text{基底平均压力 } p=\frac{F+G}{A}=\frac{1940+600}{5\times4}=127(\text{kPa})$$

$$\text{基底处的土中自重应力 } \sigma_c=r_m h=r_m d=18\times1.5=27(\text{kPa})$$

$$\text{基底平均附加压力 } p_0=p-\sigma_c=127-27=100(\text{kPa})$$

(2) 计算基础甲的中心点o下由本基础荷载引起的σ_z，基底中心点o可看成是四个相等小矩形荷载面Ⅰ$(oabc)$的公共角点，其长宽比$l/b=2.5/2=1.25$，取深度z=0、1、2、3、4、5、6、7、8、10(单位：m)各计算点，相应的z/b=0、0.5、1、1.5、2、2.5、3、3.5、4、5，利用表3-4即可查得地基附加应力系数$\alpha_{c\text{Ⅰ}}$；σ_z的计算见表3-5，根据计算资料绘出σ_z分布图(图3.19)。

(3) 计算基础甲的中心点o下由两相邻基础乙的荷载引起的σ_z，此时中心点o可看成是四个相等矩形面Ⅰ$(oafg)$和另四个相等矩形面Ⅱ$(oaed)$的公共角点，其长宽比l/b分别为8/2.5=3.2和4/2.5=1.6，同样利用表3-4即可分别查得$\alpha_{c\text{Ⅰ}}$和$\alpha_{c\text{Ⅱ}}$；σ_z的计算结果和分布图(表3-6和图3.19)。

表3-5 例题3.3表

点	l/b	z(m)	z/b	$\alpha_{c\text{Ⅰ}}$	$\sigma_z=4\alpha_1 p_0$ (kPa)
0	1.25	0	0	0.250	4×0.250×100=100
1	1.25	1	0.5	0.235	4×0.235×100=94
2	1.25	2	1	0.187	4×0.187×100=75
3	1.25	3	1.5	0.135	54
4	1.25	4	2	0.097	39
5	1.25	5	2.5	0.071	28
6	1.25	6	3	0.054	22
7	1.25	7	3.5	0.042	17
8	1.25	8	4	0.032	13
9	1.25	10	5	0.022	9

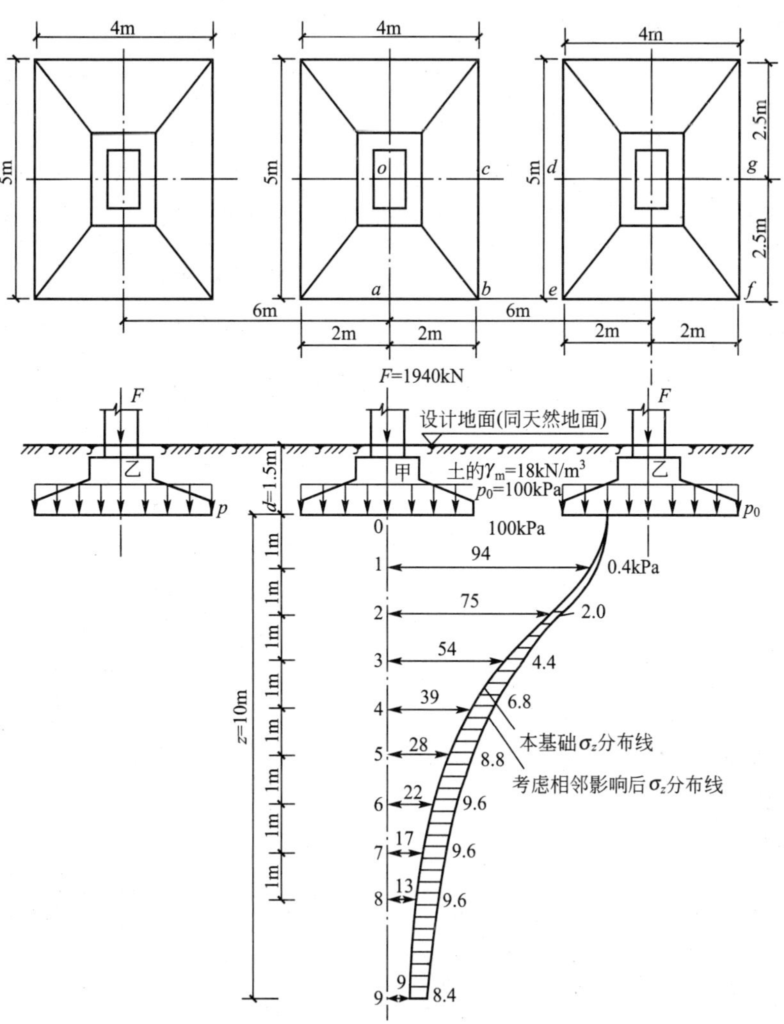

图 3.19 例题 3.3 图

表 3-6 例题 3.3 表

点	l/b		z (m)	z/b	α_c		$\sigma_z=4(\alpha_{\text{I}}-\alpha_{c\text{II}})p_0$
	Ⅰ($oafg$)	Ⅱ($oaed$)			$\alpha_{c\text{I}}$	$\alpha_{c\text{II}}$	
0			0	0	0.250	0.250	4×(0.250−0.250)×100=0
1			1	0.4	0.244	0.243	4×(0.244−0.243)×100=0.4
2			2	0.8	0.220	0.215	4×(0.220−0.215)×100=2.0
3			3	1.2	0.187	0.176	4.4
4			4	1.6	0.157	0.140	6.8
5			5	2.0	0.132	0.110	8.8
6	$\frac{8}{2.5}=3.2$	$\frac{4}{2.5}=1.6$	6	2.4	0.112	0.088	9.6
7			7	2.8	0.095	0.071	9.6
8			8	3.2	0.082	0.058	9.6
9			10	4.0	0.061	0.040	8.4

2. 三角形分布的矩形荷载

设弹性半空间表面作用的竖向荷载沿矩形面积一边 b 方向上呈三角形分布(沿另一边 l 的荷载分布不变)，荷载的最大值为 p_0，取荷载零值边的角点 1 为坐标原点(图 3.20)，则可将荷载面内某点(x、y)处所取微单元面积 $dxdy$ 上的分布荷载以集中力 $\frac{x}{b}p\,dxdy$ 代替。角点 0 下深度 z 处的 M 点由该集中力引起的附加应力 $d\sigma_z$，按式(3-10c)为：

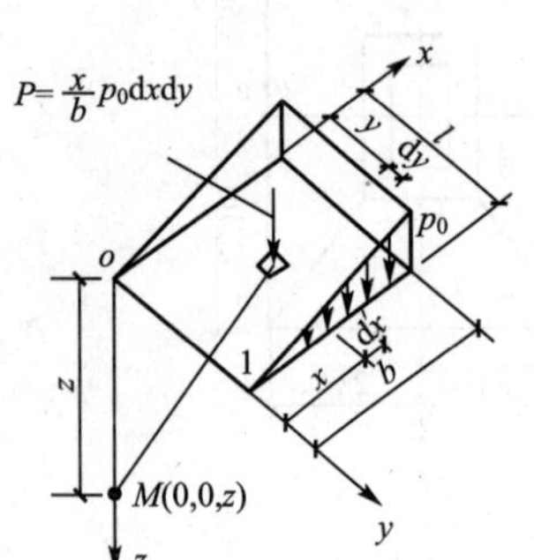

图 3.20　三角形分布矩形荷载面角点下的 σ_z

$$d\sigma_z=\frac{3}{2\pi}\frac{pxz^3}{b(x^2+y^2+z^2)^{5/2}}dxdy \tag{3-18}$$

在整个矩形荷载面积进行积分后得角点 0 下任意深度 z 处竖向附加应力 σ_z，即

$$\sigma_z=\alpha_{t1}p \tag{3-19}$$

式中 $\alpha_{t1}=\frac{mn}{2\pi}\left[\frac{1}{\sqrt{m^2+n^2}}-\frac{n^2}{(1+n^2)\sqrt{(m^2+n^2+1)}}\right]$

同理，还可求得荷载最大值边的角点 2 下任意深度 z 处的竖向附加应力 σ_z 为

$$\sigma_z=\alpha_{t2}p=(\alpha_c-\alpha_{t1})p \tag{3-20}$$

α_{t1} 和 α_{t2} 均为 $m=l/b$ 和 $n=z/b$ 的函数，可由表 3-7 查用。必须注意 b 是沿三角形分布荷载方向的边长。

运用上述均布和三角形分布的矩形荷载面角点下的附加应力系数 α_c、α_{t1}、α_{t2}，即可用角点法求算梯形分布时地基中任意点的竖向附加应力 σ_z 值；也可求算均布、三角形或梯形分布的条形荷载面时(取 $l/b=10$)的地基附加应力 σ_z 值。

表 3-7　三角形分布的矩形荷载面角点下的竖向附加应力系数 α_{t1} 和 α_{t2}

l/b	0.2		0.4		0.6		0.8		1.0	
z/b	1	2	1	2	1	2	1	2	1	2
0.0	0.0000	0.2500	0.0000	0.2500	0.0000	0.2500	0.0000	0.2500	0.0000	0.2500
0.2	0.0223	0.1821	0.0280	0.2115	0.0296	0.2165	0.0301	0.2178	0.0304	0.2182
0.4	0.0269	0.1049	0.0420	0.1604	0.0487	0.1781	0.0517	0.1844	0.0531	0.1870
0.6	0.0259	0.0700	0.0448	0.1165	0.0560	0.1405	0.0621	0.1520	0.0654	0.1575
0.8	0.0232	0.0480	0.0421	0.0853	0.0553	0.1093	0.0637	0.1232	0.0688	0.1311
1.0	0.0201	0.0346	0.0375	0.0638	0.0508	0.0852	0.0602	0.0996	0.0666	0.1086
1.2	0.0171	0.0260	0.0324	0.0491	0.0450	0.0673	0.0546	0.0807	0.0615	0.0901
1.4	0.0145	0.0202	0.0278	0.0386	0.0392	0.0540	0.0483	0.0661	0.0554	0.0751
1.6	0.0123	0.0160	0.0238	0.0310	0.0339	0.0440	0.0424	0.0547	0.0492	0.0628
1.8	0.0105	0.0130	0.0204	0.0254	0.0294	0.0363	0.0371	0.0457	0.0435	0.0534
2.0	0.0090	0.0108	0.0176	0.0211	0.0255	0.0304	0.0324	0.0387	0.0384	0.0456
2.5	0.0063	0.0072	0.0125	0.0140	0.0183	0.0205	0.0236	0.0265	0.0284	0.0318
3.0	0.0046	0.0051	0.0092	0.0100	0.0135	0.0148	0.0176	0.0192	0.0214	0.0233
5.0	0.0018	0.0019	0.0036	0.0038	0.0054	0.0056	0.0071	0.0074	0.0088	0.0091
7.0	0.0009	0.0010	0.0019	0.0019	0.0028	0.0029	0.0038	0.0038	0.0047	0.0047
10.0	0.0005	0.0004	0.0009	0.0010	0.0014	0.0014	0.0019	0.0019	0.0023	0.0024

(续)

l/b z/b	1.2		1.4		1.6		1.8		2.0	
	1	2	1	2	1	2	1	2	1	2
0.0	0.0000	0.2500	0.0000	0.2500	0.0000	0.2500	0.0000	0.2500	0.0000	0.2500
0.2	0.0305	0.2184	0.0305	0.2185	0.0306	0.2185	0.0306	0.2185	0.0306	0.2185
0.4	0.0539	0.1881	0.0543	0.1886	0.0545	0.1889	0.0546	0.1891	0.0547	0.1892
0.6	0.0673	0.1602	0.0684	0.1616	0.0690	0.1625	0.0694	0.1630	0.0696	0.1633
0.8	0.0720	0.1355	0.0739	0.1381	0.0751	0.1396	0.0759	0.1405	0.0764	0.1412
1.0	0.0708	0.1143	0.0735	0.1176	0.0753	0.1202	0.0766	0.1215	0.0774	0.1225
1.2	0.0664	0.0962	0.0698	0.1007	0.0721	0.1037	0.0738	0.1055	0.0749	0.1069
1.4	0.0606	0.0187	0.0644	0.0086	0.0672	0.0897	0.0692	0.0921	0.0707	0.0937
1.6	0.0545	0.0696	0.0586	0.0743	0.0616	0.0780	0.0639	0.0806	0.0656	0.0826
1.8	0.0487	0.0596	0.0528	0.0644	0.0560	0.0681	0.0585	0.0709	0.0604	0.0730
2.0	0.0434	0.0513	0.0474	0.0560	0.0507	0.0596	0.0533	0.0625	0.0553	0.0649
2.5	0.0326	0.0365	0.0362	0.0405	0.0393	0.0440	0.0419	0.0469	0.0440	0.0491
3.0	0.0249	0.0270	0.0280	0.0303	0.0307	0.0333	0.0331	0.0359	0.0352	0.0380
5.0	0.0104	0.0108	0.0120	0.0123	0.0135	0.0139	0.0148	0.0154	0.0161	0.0167
7.0	0.0056	0.0056	0.0064	0.0066	0.0073	0.0074	0.0081	0.0083	0.0089	0.0091
10.0	0.0028	0.0028	0.0033	0.0032	0.0037	0.0037	0.0041	0.0042	0.0046	0.0046

l/b z/b	3.0		4.0		6.0		8.0		10.0	
	1	2	1	2	1	2	1	2	1	2
0.0	0.0000	0.2500	0.0000	0.2500	0.0000	0.2500	0.0000	0.2500	0.0000	0.2500
0.2	0.0306	0.2186	0.0306	0.2186	0.0306	0.2186	0.0306	0.0186	0.0306	0.2186
0.4	0.0548	0.1894	0.0549	0.1894	0.0549	0.1894	0.0549	0.1894	0.0549	0.1894
0.6	0.0701	0.1638	0.0702	0.1639	0.0702	0.1640	0.0702	0.1640	0.0702	0.1640
0.8	0.0773	0.1423	0.0776	0.1424	0.0776	0.1426	0.0776	0.1426	0.0776	0.1426
1.0	0.0790	0.1244	0.0794	0.1248	0.0795	0.1250	0.0796	0.1250	0.0796	0.1250
1.2	0.0774	0.1096	0.0779	0.1103	0.0782	0.1105	0.0752	0.0987	0.0753	0.0987
1.4	0.0739	0.0973	0.0748	0.0982	0.0752	0.0986	0.0752	0.0987	0.0753	0.0987
1.6	0.0697	0.0870	0.0708	0.0882	0.0714	0.0887	0.0715	0.0888	0.0715	0.0889
1.8	0.0652	0.0782	0.0666	0.0797	0.0673	0.0805	0.0675	0.0806	0.0675	0.0808
2.0	0.0607	0.0707	0.0624	0.0726	0.0634	0.0734	0.0636	0.0736	0.0636	0.0738
2.5	0.0504	0.0559	0.0529	0.0585	0.0543	0.0601	0.0547	0.0604	0.0548	0.0605
3.0	0.0419	0.0451	0.0449	0.0482	0.0469	0.0504	0.0474	0.0509	0.0476	0.0511
5.0	0.0214	0.0221	0.0248	0.0256	0.0283	0.0290	0.0296	0.0303	0.0301	0.0309
7.0	0.0124	0.0126	0.0152	0.0154	0.0186	0.0190	0.0204	0.0207	0.0212	0.0216
10.0	0.0066	0.0066	0.0084	0.0083	0.0111	0.0111	0.0128	0.0130	0.0139	0.0141

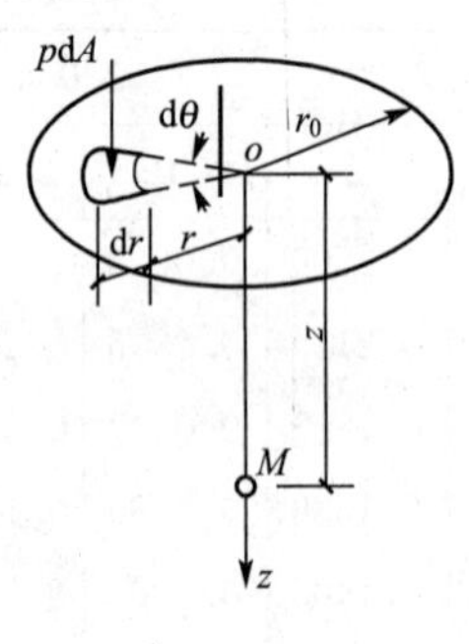

图 3.21　均布圆形荷载面角点下的 σ_z

3. 均布的圆形荷载

设圆形荷载面积的半径为 r_0，作用于弹性半空间表面的竖向均布荷载为 p，如以圆形荷载面的中心点为坐标原点 o（图 3.21），并在荷载面积上取微面积 $dA=rd\theta dr$，以集中力 pdA 代替微面积上的分布荷载，则可运用式(3-10c)以积分法求得均布圆形荷载中点下任意深度 z 处 M 点的 σ_z 如下：

$$\sigma_z=\iint_A dz=\frac{3pz^3}{2\pi}\int_0^{2\pi}\int_0^{r_0}\frac{rd\theta dr}{(r^2+z^2)^{5/2}}=p\left[1-\frac{z^3}{(r_0^2+z^2)^{3/2}}\right]$$

$$=p\left[1-\frac{1}{\left(\frac{1}{z^2/r_0^2}+1\right)^{3/2}}\right]=\alpha_r p \qquad (3-21)$$

式中　α_r——均布的圆形荷载面中心点下的附加应力系数，它是(z/r_0)的函数，由表 3-8 查得。

表 3-8　均布的圆形荷载面中心点下的附加应力系数 α_r

z/r_0	α_r	z/r_0	α_r	z/r_0	α_r	z/r_0	α_r	z/r_0	α_r	z/r_0	α_r
0.0	1.000	0.8	0.756	1.6	0.390	2.4	0.213	3.2	0.130	4.0	0.087
0.1	0.999	0.9	0.701	1.7	0.360	2.5	0.200	3.3	0.124	4.2	0.079
0.2	0.992	1.0	0.647	1.8	0.332	2.6	0.187	3.4	0.117	4.4	0.073
0.3	0.976	1.1	0.595	1.9	0.307	2.7	0.175	3.5	0.111	4.6	0.067
0.4	0.949	1.2	0.547	2.0	0.285	2.8	0.165	3.6	0.106	4.8	0.062
0.5	0.911	1.3	0.502	2.1	0.264	2.9	0.155	3.7	0.101	5.0	0.057
0.6	0.864	1.4	0.461	2.2	0.245	3.0	0.146	3.8	0.096	6.0	0.040
0.7	0.811	1.5	0.424	2.3	0.229	3.1	0.138	3.9	0.091	10.0	0.015

3.4.3　线荷载和条形荷载作用时的地基附加应力

设在弹性半空间表面上作用有无限长的条形荷载(strip load)，且荷载沿宽度可按任何形式分布，但沿长度方向则不变，此时地基中产生的应力状态属于平面应变问题。因此，对于条形基础，如墙基、挡土墙基础、路基坝基等，为了求解条形荷载下的地基附加应力，下面先介绍线荷载作用下的解答。

1. 线荷载

线荷载是在弹性半空间表面上一条无限长直线上的均布荷载。如图 3.22(a)所示设一个竖向线荷载$\bar{p}$(kN/m)作用在 y 坐标轴上，则沿 y 轴某微分段 dy 上的分布荷载以集中力 $p=\bar{p}dy$代替，从而利用式(3-10c)求得地基中任意点 M 由 p 引起的附加应力 $d\sigma_z$。此时，设 M 点位于与 y 轴垂直的 xoz 平面内，直线 $OM=R_1=\sqrt{x^2+z^2}$与 z 轴的夹角为β，则 $\sin\beta=x/R_1$ 和 $\cos\beta=z/R_1$。于是可以用下列积分求得 M 点的 σ_z：

$$\sigma_z=\int_{-\infty}^{+\infty}\mathrm{d}\sigma_z=\int_{-\infty}^{+\infty}\frac{3z^3\ \bar{p}\mathrm{d}y}{2\pi R^5}=\frac{2\bar{p}z^3}{\pi R_1^4}=\frac{2p}{\pi R_1}\cos^3\beta \tag{3-22a}$$

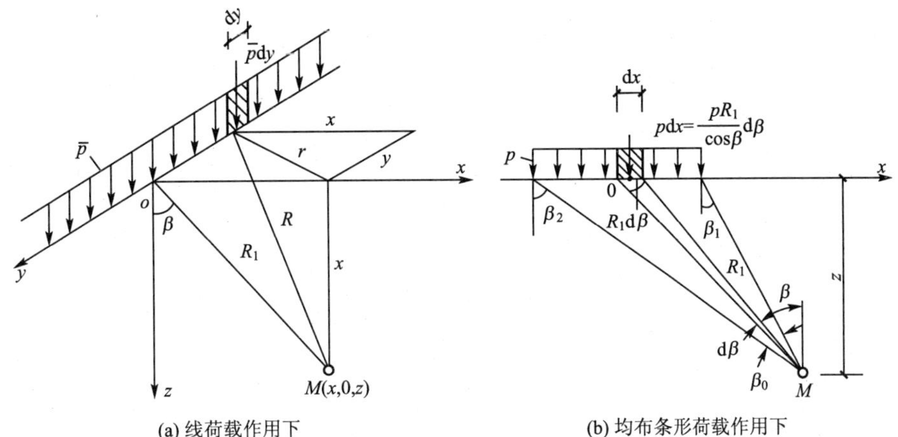

(a) 线荷载作用下　　(b) 均布条形荷载作用下

图 3.22　地基附加应力的平面问题

同理得

$$\sigma_x=\frac{2\ \bar{p}x^2z}{\pi R_1^4}=\frac{2\ \bar{p}}{\pi R_1}\cos\beta\sin^2\beta \tag{3-22b}$$

$$\tau_{xz}=\tau_{zx}=\frac{2\ \bar{p}xz^2}{\pi R_1^4}=\frac{2\ \bar{p}}{\pi R_1}\cos^2\beta\sin\beta \tag{3-22c}$$

由于线荷载沿 y 坐标轴均匀分布而且无限延伸，因此与 y 轴垂直的任何平面上的应力状态都完全相同。这种情况就属于弹性力学中的平面应变问题，此时

$$\tau_{xy}=\tau_{yx}=\tau_{yz}=\tau_{zy}=0 \tag{3-23}$$

$$\sigma_y=\mu(\sigma_x+\sigma_z) \tag{3-24}$$

因此，在平面问题中需要计算的应力分量只有 σ_z、σ_x 和 τ_{xz} 3 个。

2. 均布的条形荷载

设一个竖向条形荷载沿宽度方向［图 3.22(b)］中 x 轴方向均匀分布，则均布的条形荷载 $p(\mathrm{kN/m^2})$ 沿 x 轴上某微积分段 $\mathrm{d}x$ 上的荷载可以用线荷载 $\bar{p}$ 代替，并引进 OM 线与 z 轴线的夹角 β，得

$$\bar{p}=p\mathrm{d}x=\frac{pR_1}{\cos\beta}\mathrm{d}\beta$$

因此可以利用式(3-22)求得地基中任意点 M 处的附加应力用极坐标表示如下：

$$\sigma_z=\int_{\beta_1}^{\beta_2}\mathrm{d}\sigma_z=\int_{\beta_1}^{\beta_2}\frac{2p}{\pi}\cos^2\beta\mathrm{d}\beta=\frac{p}{\pi}[\sin\beta_2\cos\beta_2-\sin\beta_1\cos\beta_1+(\beta_2-\beta_1)] \tag{3-25a}$$

同理得

$$\sigma_x=\frac{p}{\pi}[-\sin(\beta_2-\beta_1)\cos(\beta_2+\beta_1)+(\beta_2-\beta_1)] \tag{3-25b}$$

$$\tau_{xz}=\tau_{zx}=\frac{p}{\pi}[\sin^2\beta_2-\sin^2\beta_1] \tag{3-25c}$$

各式中当 M 点位于荷载分布宽度两端点竖直线之间时，β_1 取负值。

将式(3-25a)、式(3-25b)和式(3-25c)代入下列材料力学公式，可以求得M点大主应力σ_1与小主应力σ_3：

$$\left.\begin{matrix}\sigma_1\\ \sigma_3\end{matrix}\right\}=\frac{\sigma_z+\sigma_x}{2}\pm\sqrt{\left(\frac{\sigma_z-\sigma_x}{2}\right)^2+\tau_{xz}^2}=\frac{p}{\pi}[(\beta_2-\beta_1)\pm\sin(\beta_2-\beta_1)] \tag{3-26}$$

设β_0为M点与条形荷载两端连线的夹角，则$\beta_0=\beta_2-\beta_1$(M点在荷载宽度范围内时为$\beta_2+\beta_1$)，于是上式变为

$$\left.\begin{matrix}\sigma_1\\ \sigma_3\end{matrix}\right\}=\frac{p}{\pi}(\beta_0\pm\sin\beta_0) \tag{3-27}$$

大主应力σ_1的作用方向与β_0角的平分线一致。

为了计算方便，将上述σ_z、σ_x和τ_{xz}三个公式，改用直角坐标表示。此时，取条形荷载的中点为坐标原点，则$M(x、z)$点的三个附加应力分量如下：

$$\sigma_z=\frac{p}{\pi}\left[\arctan\frac{1-2n}{2m}+\arctan\frac{1+2n}{2m}-\frac{4m(4n^2-4m^2-1)}{(4n^2+4m^2-1)^2+16m^2}\right]=\alpha_{sz}p \tag{3-28a}$$

$$\sigma_x=\frac{p}{\pi}\left[\arctan\frac{1-2n}{2m}+\arctan\frac{1+2n}{2m}+\frac{4m(4n^2-4m^2-1)}{(4n^2+4m^2-1)^2+16m^2}\right]=\alpha_{sx}p \tag{3-28b}$$

$$\tau_{xz}=\tau_{zx}=\frac{p}{\pi}\frac{32m^2n}{(4n^2+4m^2-1)^2+16m^2}=\alpha_{sxz}p \tag{3-28c}$$

式中　α_{sz}、α_{sx}、α_{sxz}——分别为均布条形荷载下相应的三个附加应力系数，都是$m=z/b$和$n=x/b$的函数，可由表3-9查得。

表3-9　均布条形荷载下的附加应力系数

z/b	x/b								
	0.00			0.25			0.50		
	α_{sz}	α_{sx}	α_{sxz}	α_{sz}	α_{sx}	α_{sxz}	α_{sz}	α_{sx}	α_{sxz}
0.0	1.000	1.000	0	1.000	1.000	0	0.500	0.500	0.320
0.25	0.959	0.450	0	0.902	0.393	0.127	0.497	0.347	0.300
0.50	0.818	0.182	0	0.735	0.186	0.157	0.480	0.225	0.255
0.75	0.668	0.081	0	0.607	0.098	0.127	0.448	0.142	0.204
1.00	0.550	0.041	0	0.510	0.055	0.096	0.409	0.091	0.159
1.25	0.462	0.023	0	0.436	0.033	0.072	0.370	0.060	0.124
1.50	0.396	0.014	0	0.379	0.021	0.055	0.334	0.040	0.098
1.75	0.345	0.009	0	0.334	0.014	0.043	0.302	0.028	0.078
2.00	0.306	0.006	0	0.298	0.010	0.034	0.275	0.020	0.064
3.00	0.208	0.002	0	0.206	0.003	0.017	0.198	0.007	0.032
4.00	0.158	0.001	0	0.156	0.001	0.010	0.153	0.003	0.019
5.00	0.126	0.000	0	0.126	0.001	0.006	0.124	0.002	0.012
6.00	0.106	0.000	0	0.105	0.000	0.004	0.104	0.001	0.009

(续)

z/b	x/b 1.00			1.50			2.00		
	α_{sz}	α_{sx}	α_{sxz}	α_{sz}	α_{sx}	α_{sxz}	α_{sz}	α_{sx}	α_{sxz}
0.00	0	0	0	0	0	0	0	0	0
0.25	0.019	0.171	0.055	0.003	0.074	0.014	0.001	0.041	0.005
0.50	0.084	0.211	0.127	0.017	0.122	0.045	0.005	0.074	0.020
0.75	0.146	0.185	0.157	0.042	0.139	0.075	0.015	0.095	0.037
1.00	0.185	0.146	0.157	0.071	0.134	0.095	0.029	0.103	0.054
1.25	0.205	0.111	0.144	0.095	0.120	0.105	0.044	0.103	0.067
1.55	0.211	0.084	0.127	0.114	0.102	0.106	0.059	0.097	0.075
1.75	0.210	0.064	0.111	0.127	0.085	0.102	0.072	0.088	0.079
2.00	0.205	0.049	0.096	0.134	0.071	0.095	0.083	0.078	0.079
3.00	0.171	0.019	0.055	0.136	0.033	0.066	0.103	0.044	0.067
4.00	0.140	0.009	0.034	0.122	0.017	0.045	0.102	0.025	0.050
5.00	0.117	0.005	0.023	0.107	0.010	0.032	0.095	0.015	0.037
6.00	0.100	0.003	0.017	0.094	0.006	0.023	0.086	0.010	0.028

在工程建筑中，当然没有无限的受荷面积，不过，当矩形荷载面积的长宽比 $l/b \geqslant 10$ 时，计算的地基附加应力值与按 $l/b=\infty$时的解相比误差甚少。

3. 三角形分布的条形荷载

三角形分布的条形荷载作用(图 3.23)，其最大值为 p，计算土中 M 点(x, y)的竖向应力 σ_z 时，可按式(3-22a)在宽度范围 b 内积分，得

$$\mathrm{d}p=\frac{\xi}{b}p\,\mathrm{d}\xi \tag{3-29a}$$

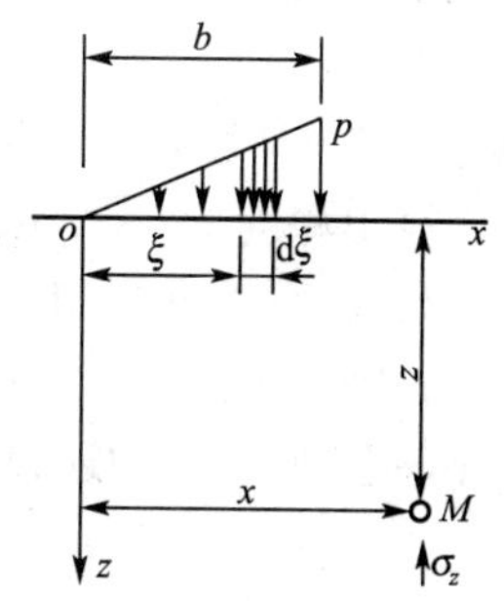

图 3.23 三角形分布条形荷载作用下土中附加应力计算

$$\begin{aligned}\sigma_z &= \frac{2z^3 p}{\pi b}\int_0^b \frac{\xi\mathrm{d}\xi}{[(x-\xi)^2+z^2]^2} \\ &= \frac{p}{\pi}\left[n\left(\arctan\frac{n}{m}-\arctan\frac{n-1}{m}\right)-\frac{m(n-1)}{(n-1)^2+m^2}\right] \\ &=\alpha_s p\end{aligned} \tag{3-29b}$$

式中 α_s——应力系数，它是 $m=\frac{x}{b}$ 及 $n=\frac{z}{b}$ 的函数，可由表 3-10 查得。

坐标原点在三角形荷载的零点处。

表 3-10 三角形分布的条形荷载下竖向附加应力系数 α_s

$n=z/b$ \ $m=x/b$	−1.5	−1.0	−0.5	0.0	0.25	0.50	0.75	1.0	1.5	2.0	2.5
0.00	0.000	0.000	0.000	0.000	0.250	0.500	0.750	0.500	0.000	0.000	0.000
0.25	0.000	0.000	0.001	0.075	0.256	0.480	0.643	0.424	0.017	0.003	0.000
0.50	0.002	0.003	0.023	0.127	0.263	0.410	0.447	0.353	0.056	0.017	0.003
0.75	0.006	0.016	0.042	0.153	0.248	0.335	0.361	0.293	0.108	0.024	0.009
1.00	0.014	0.025	0.061	0.159	0.223	0.275	0.279	0.241	0.129	0.045	0.013
1.50	0.020	0.048	0.096	0.145	0.178	0.200	0.202	0.185	0.124	0.062	0.041
2.00	0.033	0.061	0.092	0.127	0.146	0.155	0.163	0.153	0.108	0.069	0.050
3.00	0.050	0.064	0.080	0.096	0.103	0.104	0.108	0.104	0.090	0.071	0.050
4.00	0.051	0.060	0.067	0.075	0.078	0.085	0.082	0.075	0.073	0.060	0.049
5.00	0.047	0.052	0.067	0.059	0.062	0.063	0.063	0.065	0.061	0.051	0.047
6.00	0.041	0.041	0.050	0.051	0.052	0.053	0.053	0.053	0.050	0.050	0.045

【例题 3.4】 某条形基础底面宽度 $b=1.4$m，作用于基底的平均附加压力 $p_0=200$kPa，要求确定：(1)均布条形荷载中点 o 下的地基附加应力 σ_z 分布；(2)深度 $z=1.4$m 和 2.8m 处水平面上的 σ_z 分布；(3)在均布条形荷载边缘以外 1.4m 处 o_1 点下的 σ_z 分布。

【解】 (1) 计算 σ_z 时选用表 3-9 列出的 $z/b=0.5$m、1m、1.5m、2m、3m、4m 各项 α_{sz} 值，反算出深度 $z=0.7$m、1.4m、2.1m、2.8m、4.2m、5.6(单位：m)处的 σ_z 值，参见式(3-28)，列于表 3-11 中，并绘出分布图列于(图 3.24)中。(2)及(3)的 σ_z 计算结果及分布图分别列于表 3-12 和表 3-13 及(图 3.24)中。

此外，在图 3.24 中还以虚线绘出 $\sigma_z=0.2p_0=40$kPa 的等值线图。

表 3-11 例题 3.4(1)表

x/b	z/b	z(m)	α_{sz}	$\sigma_z=\alpha_{sz}p$(kPa)
0	0	0	1.00	1.00×200=200
0	0.5	0.7	0.82	164
0	1	1.4	0.55	110
0	1.5	2.1	0.40	80
0	2	2.8	0.31	62
0	3	4.2	0.21	42
0	4	5.6	0.16	32

表 3-12 例题 3.4(2)表

z(m)	z/b	x/b	α_{sz}	σ_z (kPa)
1.4	1	0	0.55	110
1.4	1	0.5	0.41	82
1.4	1	1	0.19	38
1.4	1	1.5	0.07	14
1.4	1	2	0.03	6
2.8	2	0	0.31	62
2.8	2	0.5	0.28	56
2.8	2	1	0.20	40
2.8	2	1.5	0.13	26
2.8	2	2	0.08	16

表 3-13 例题 3.4(3)表

z(m)	z/b	x/b	α_{sz}	σ_z (kPa)
0	0	1.5	0	0
0.7	0.5	1.5	0.22	4
1.4	1	1.5	0.07	14
2.1	1.5	1.5	0.11	22
2.8	2	1.5	0.13	26
4.2	3	1.5	0.14	28
5.6	4	1.5	0.12	24

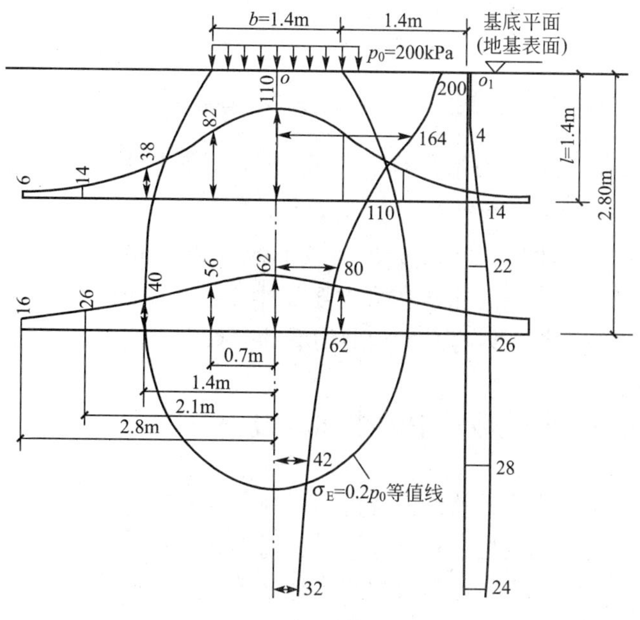

图 3.24 例题 3.4 图

从上例计算成果中，可见均布条形荷载下地基中附加应力 σ_z 的分布规律如下。

(1) σ_z 不仅发生在荷载面积之下，而且分布在荷载面积以外相当大的范围之下，这就是所谓地基附加应力的扩散分布。

(2) 在距离基础底面(地基表面)不同深度 z 处的各个水平上，以基底中心点下轴线处的 σ_z 最大，随着距离中轴线越远越小。

(3) 在荷载分布范围内任意点沿垂线的 σ_z 值，随深度越向下越小，在荷载边缘以外任意点沿垂线的 σ_z 值，随深度从零开始向下先加大后减小。

地基附加应力的分布规律还可以用上面已经使用过的“等值线”的方式完整地表示出来。如图 3.25 所示附加应力等值线的绘制方法是在地基剖面中划分许多方形网络，使网络结点的坐标恰好是均布条形荷载半宽(0.5b)的整倍数，查表 3－9 可得各结点的附加应力 σ_z、σ_x 和 τ_{xz}，然后以插入法绘成均布条形荷载下三种附加应力的等值线图［图 3.25(a)、(c)、(d)］。此外，还附有在均布的方形荷载下 σ_z 等值线图［图 3.25(b)］，以资比较。

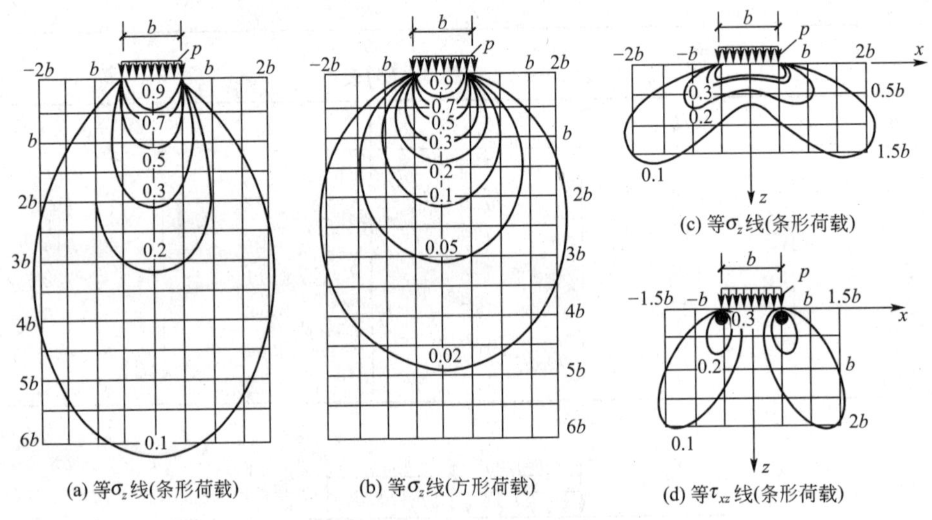

图 3.25 地基附加应力等值线

由图 3.25(a)及(b)可见，方形荷载所引起的 σ_z，其影响深度要比条形荷载小得多，例如方形荷载中心下 $z=2b$ 处 $\sigma_z\approx0.1p$，而在条形荷载下 $\sigma_z=0.1p$ 等值线则约在中心下 $z\approx6b$ 处通过。由图 3.25(c)及(d)可见，条形荷载下的 σ_x 和 τ_{xz} 的等值线如图所示，σ_x 的影响范围较浅，所以基础下地基土的侧向变形主要发生于浅层；而 τ_{xz} 的最大值出现于荷载边缘，所以位于基础边缘下的土体容易发生剪切滑动而首先出现塑性变形区。

3.4.4 非均质和各向异性地基中的附加应力

以上介绍的地基附加应力计算都是考虑柔性荷载和均质各向同性土体的情况，而实际上并非如此，如地基中土的变形模量常随深度而增大，有的地基具有较明显的薄交互层状构造，有的则是由不同压缩性土层组成的成层地基等。对于这样一些问题的考虑是比较复杂的，但从一些简单情况的解答中可以知道：把非均质或各向异性地基与均质各向同性地基相比较，其对地基竖向正应力 σ_z 的影响，不外乎两种情况：一种是发生应力集中现象［图 3.26(a)］；另一种则是发生应力扩散现象［图 3.26(b)］。

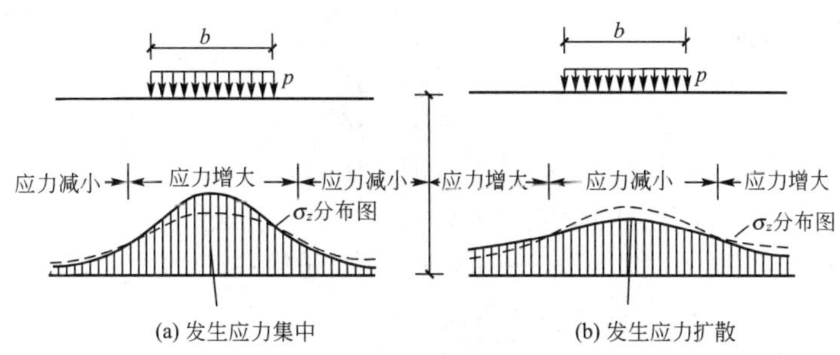

图 3.26　非均质和各向异性地基对附加应力的影响
（虚线表示均质地基中水平面上的附加应力分布）

1. 变形模量随深度增大的地基(非均质地基)

在地基中，土的变形模量 E_0 值常随地基深度增大而增大。这种现象在砂土中尤其显著。与通常假定的均质地基(E_0值不随深度变化)相比较，沿荷载中心线下，前者的地基附加应力 σ_z将发生应力集中现象［图 3.26(a)］。这种现象从试验和理论上都得到了证实。对于一个集中力 p 作用下地基附加应力 σ_z 的计算，可采用 O.K. 费洛列希(Fröhlich，1926)等建议的半经验公式：

$$\sigma_z=\frac{vp}{2\pi R^2}\cos^v\theta \tag{3-30}$$

式中　v——大于 3 的集中因数，当 $v=3$ 时式(3-30)与式(3-10c)一致，即代表布辛奈斯克解答，v 值是随 E_0 与地基深度的关系及泊松比而异的。

2. 薄交互层地基(各向异性地基)

天然沉积形成的水平薄交互层地基，其水平向变形模量 E_{0h} 常大于竖向变形模量 E_{0v}。

考虑到由于土的这种层状构造特征与通常假定的均质各向同性地基作比较，沿荷载中心线下地基附加应力 σ_z分布将发生应力扩散现象［图 3.26(b)］。

3. 双层地基(非均质地基)

天然形成的双层地基有两种可能的情况：一种是岩层上覆盖着不厚的可压缩土层；另一种则是上层坚硬、下层软弱的双层地基。前者在荷载作用下将发生应力集中现象［图 3.26(a)］，而后者则将发生应力扩散现象［图 3.26(b)］。

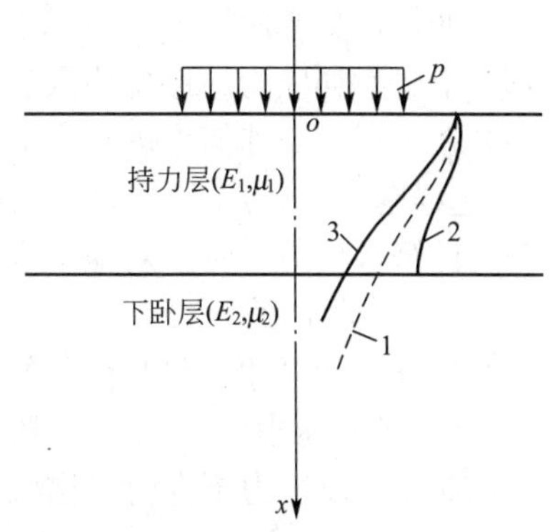

图 3.27　双层地基竖向应力分布的比较

如图 3.27 所示均布荷载中心线下竖向应力分布的比较，图中曲线 1(虚线)为均质地基中的附加应力分布图，曲线 2 为岩层上可压缩土层中的附加应力分布图，而曲线 3 则表示上层坚硬下层软弱的双层地基中的附加应力分布图。

由于下卧刚性岩层的存在而引起的应力集中的影响与岩层的埋藏深度有关，岩层埋藏越浅，应力集中的影响越显著。

在坚硬持力层(stiff bearing stratum)与软弱下卧层(soft substrata)中引起的应力扩散随持力层厚度的增大而更加显著；它还与双层地基的变形模量 E_0、泊松比 μ 有关，即随

下列参数 f 的增加更加显著：

$$f=\frac{E_{01}}{E_{02}}\frac{1-\mu_2^2}{1-\mu_1^2} \tag{3-31}$$

式中　E_{01}、μ_1——坚硬持力层的变形模量和泊松比；

E_{02}、μ_2——软弱持力层的变形模量和泊松比。

由于土的泊松比变化不大(一般 $\mu=0.3\sim0.4$)，故参数 f 值的大小主要取决于变形模量的比值 E_{01}/E_{02}。

本章小结

土中应力按其起因可分为自重应力和附加应力两种。本章的学习内容包括土的自重应力计算、各种荷载条件下的土中附加应力计算及其分布规律等。

本章的重点是土中自重应力的计算、基底压力和基底附加压力的分布与计算方法、各种荷载条件下的土中竖向附加应力的计算方法。

习　题

1. 简答题

(1) 何谓土中应力？它有哪些分类和用途？

(2) 怎样简化土中应力计算模型？在工程应用中应注意哪些问题？

(3) 地下水位的升降对土中自重应力有何影响？在工程实践中，有哪些问题应充分考虑其影响？

(4) 基底压力分布的影响因素有哪些？简化直线分布的假设条件是什么？

(5) 如何计算基底压力 p 和基底附加压力 p_0？两者概念有何不同？

(6) 土中附加应力的产生原因有哪些？在工程实用中应如何考虑？

(7) 在工程中，如何考虑土中应力分布规律？

2. 选择题

(1) 计算自重应力时，对地下水位以下的土层一般采用(　　)。

A. 天然重度　　B. 饱和重度　　C. 有效重度

(2) 只有(　　)才能引起地基的附加应力和变形。

A. 基底压力　　B. 基底附加压力　　C. 有效自重应力

(3) 在基底总压力不变时，增大基础埋深对基底以下土中应力分布的影响是(　　)。

A. 使土中应力增大　　B. 使土中应力减小

C. 使土中应力不变　　D. 两者没有联系

(4) 有一基础埋置深度 $d=1.5\text{m}$，建筑物荷载及基础和台阶土重传至基底的总应力为 100kN/m^2，若基底以上土的重度为 18kN/m^2，基底以下土的重度为 17kN/m^2，地下水位在基底处，则基底竖向附加压力是(　　)。

A. 73kN/m^2　　B. 74.5kN/m^2　　C. 88.75kN/m^2

（5）地下水位突然从基础底面处下降 3m，试问对土中的应力有何影响？（　　）

A. 没有影响　　B. 应力减小　　C. 应力增加

（6）甲乙两个基础的 l/b 相同，且基底平均附加压力相同，但它们的宽度不同，$b_{甲}>b_{乙}$，基底下 3m 深处的应力关系为（　　）。

A. σ_z（甲）$=\sigma_z$（乙）　　B. σ_z（甲）$>\sigma_z$（乙）　　C. σ_z（甲）$<\sigma_z$（乙）

（7）当地基中附加应力曲线为矩形时，则地面荷载的形式为（　　）。

A. 条形均布荷载　　B. 矩形均布荷载　　C. 无穷均布荷载

（8）在基底平均附加压力计算公式 $p_0=p-\gamma_0 d$ 中，d 为（　　）。

A. 基础平均埋深　　B. 从室内地面算起的埋深

C. 从室外地面算起的埋深

D. 从天然地面算起的埋深，对于新填土场地应从天然地面算起

3. 计算题

（1）某建筑场地的地层分布均匀，第一层杂填土厚 1.5m，$\gamma=17\text{kN/m}^3$；第二层粉质黏土厚 4m，$\gamma=19\text{kN/m}^3$，$d_s=2.73$，$w=31\%$，地下水位在地面下 2m 深处；第三层淤泥质黏土厚 8m，$\gamma=18.2\text{kN/m}^3$，$d_s=2.74$，$w=41\%$；第四层粉土厚 3m，$\gamma=19.5\text{kN/m}^3$，$d_s=2.72$，$w=27\%$；第五层砂岩未钻穿。试计算各层交界处的竖向自重应力 σ_c，并绘出 σ_c 沿深度分布图。

（2）某构筑物基础如图 3.28 所示，在设计地面标高处作用有偏心荷载 680kN，偏心距 1.31m，基础埋深为 2m，底面尺寸为 4m×2m。试求基底平均压力 p 和边缘最大压力 p_{max}，并绘出沿偏心方向的基底压力分布图。

（3）某矩形基础的底面尺寸为 4m×2.4m，设计地面下埋深为 1.2m（高于天然地面 0.2m），设计地面以上的荷载为 1200kN，基底标高处原有土的加权平均重度为 18kN/m^3。试求基底水平面 1 点及 2 点下各 3.6m 深度 M_1 点及 M_2 点处的地基附加应力 σ_z 值（图 3.29）。

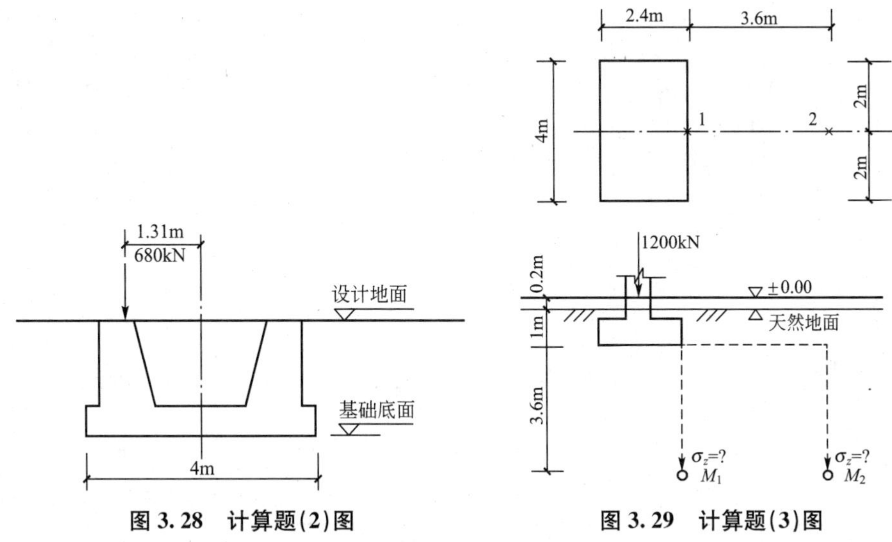

图 3.28　计算题（2）图　　图 3.29　计算题（3）图

（4）某条形基础的宽度为 2m，在梯形分布的条形荷载（基底附加压力）下，边缘 $(p_0)_{max}=200\text{kPa}$，$(p_0)_{min}=100\text{kPa}$。试求基底宽度中点下和边缘两点下各 3m 及 6m 深度处的 σ_z 值。

第4章 土中水的运动规律

教学目标

本章主要讲述土的毛细性、冻胀性、渗透性和有效应力原理等内容。通过本章的学习，达到以下目标：

(1) 了解土的毛细性和冻胀性；

(2) 掌握达西定律、流网的绘制方法和工程应用；

(3) 掌握有效应力原理及应用；

(4) 掌握渗流力的性质、渗透破坏的性质与判别；

(5) 熟悉影响渗透系数的主要因素。

教学要求

知识要点	能力要求	相关知识
土的毛细性和冻胀性	(1) 了解毛细水上升高度 (2) 了解毛细压力 (3) 了解土的冻胀机理和危害 (4) 熟悉土的冻胀条件	(1) 毛细水上升高度的计算 (2) 毛细压力 (3) 冻胀机理和危害 (4) 冻胀条件
土的渗透性	(1) 了解伯努利定理 (2) 掌握达西定律 (3) 掌握渗透系数的测定方法 (4) 熟悉影响渗透系数的主要因素	(1) 达西定律的适用条件 (2) 常水头法、变水头法、抽水试验 (3) 成层土的等效渗透系数 (4) 影响渗透系数的因素
流网及其应用	(1) 熟悉流网的特征 (2) 掌握流网的绘制 (3) 掌握流网的工程应用	(1) 流线 (2) 等势线 (3) 渗流量
渗流力与渗透破坏	(1) 掌握渗流力的计算 (2) 熟悉渗透破坏的特征及发生条件 (3) 掌握防止渗透破坏的措施	(1) 渗流力 (2) 临界水力梯度 (3) 流土、管涌
有效应力原理	(1) 掌握有效应力原理的内容 (2) 掌握有效应力原理的应用	(1) 总应力 (2) 孔隙水压力、有效应力

基本概念

达西定律、渗流力、流土、管涌、有效应力原理。

引例

中国水资源总量的1/3是地下水，中国地质调查局的专家在国际地下水论坛的发言中提到，全国90%的地下水遭受了不同程度的污染，其中60%污染严重。据新华网报道，有关部门对118个城市连续监测数据显示，约有64%的城市地下水遭受严重污染，33%的地下水受到轻度污染，基本清洁的城市地下水只有3%。地下水污染是由于人为因素造成地下水质恶化的现象，如图4.1所示。地下水污染的原因主要有：工业废水向地下直接排放，受污染的地表水侵入到地下含水层中，人畜粪便或因过量使用农药而受污染的水渗入地下等。污染的结果是使地下水中的有害成分如酚、铬、汞、砷、放射性物质、细菌、有机物等的含量增高。污染的地下水对人体健康和工农业生产都有危害。

此外，用井孔灌注的办法人工补给地下水时，如果回灌水含有细菌或毒物，将造成严重后果；利用污水灌溉农田而又处理不当时，也会使大范围的潜水受到影响。

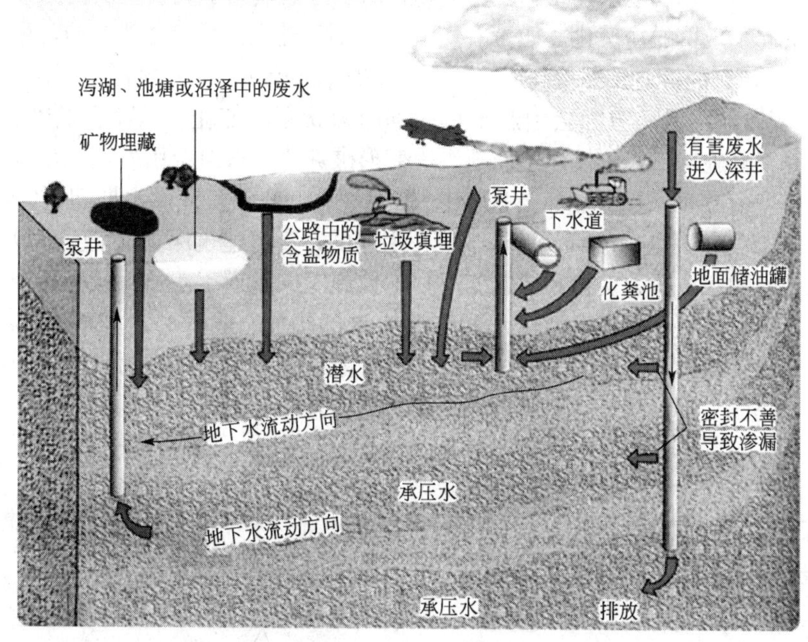

图4.1 地下水污染

4.1 概 述

浅层岩土中的水主要来自大气降水。土中水分为两部分，即地下水位以上的水和地下水位以下的水，如图4.2所示。地下水位以下的水称为地下水，以上层滞水、潜水和承压水的形式存在，可在重力作用下运动。地下水位以上的水可以向下运动补给地下水，也可以在毛细作用或植物根系作用下向上运动。

土是一种三相物质组成的多孔介质，其大部分孔隙在空间互相连通。土中水在孔隙中的运动形式有多种，如在重力作用下，地下水的流动(土的渗透性问题)；在土中附加应力

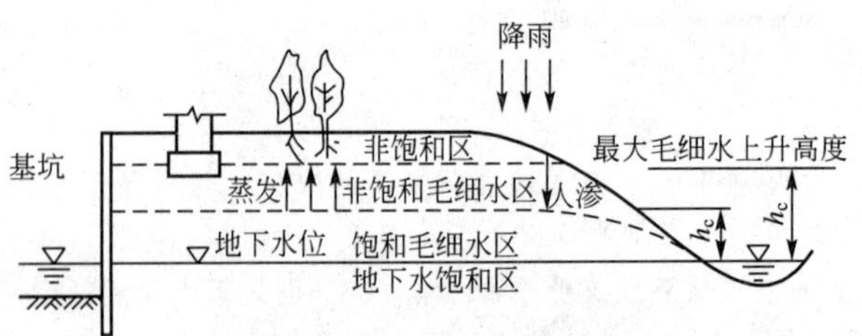

图 4.2　土中的水

作用下，孔隙水的挤出(土的固结问题)；由于表面现象产生的水分移动(土的毛细现象)；在土颗粒分子引力作用下结合水的移动(土的冻胀问题)；由于孔隙水溶液中离子浓度的差别产生的渗附现象等。

土中水对于土的工程性质有重要影响，土中水的运动对于人类生活及环境也具有很大的影响。我国大量的挡水和输水建筑物及构造物，由于渗漏损失了大量宝贵的水资源，影响工程效益，也引起了土壤的盐碱化。如目前我国80%的已建渠道没有防渗措施，渠系中水的利用系数不足0.5，有的渠道渗漏量高达80%。水在土体中渗透：一方面会造成水量损失(如水库)，影响工程效益；另一方面会引起土体内部应力状态的变化，从而影响到土体的固结、强度、稳定和工程施工，使土体产生局部渗透变形破坏，严重时会引发工程事故。如美国破坏的206座土坝中有39%就是由于渗透引起的，我国1998年长江洪水期间，堤防出险5000余处，其中60%～70%是由于管涌等渗透变形引起的；高层建筑深基坑发生事故的主要原因在于土中水引起的水土压力变化和渗透变形；地铁施工、隧道工程、采矿与石油工程中，渗流也是一个重要的课题；有毒生活废水和工业废水的排放、固体垃圾堆放引起的地下水污染、放射性核废料通过地下水的污染与扩散，滨海地带的海水入侵及污水渗透引起的地下水污染等问题，都成为重要的环境课题。如图4.3所示为岩土工程渗流问题示意图。

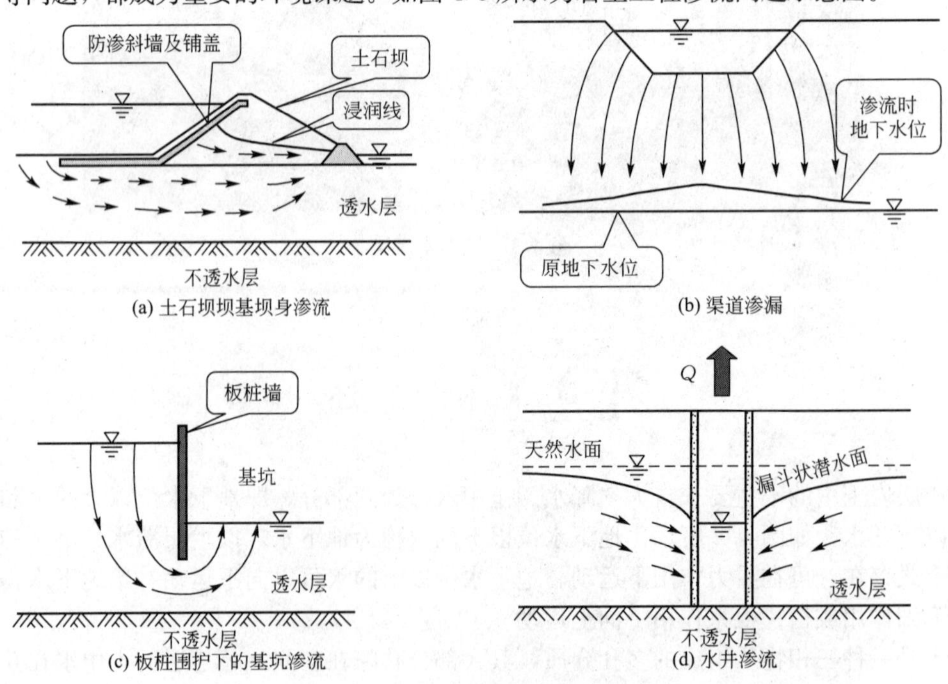

图 4.3　岩土工程渗流问题示意图

4.2 土的毛细性

土的毛细性是指土中的细小孔隙能使水产生毛细现象的性质。细小孔隙中的水称为毛细水。土的毛细现象是指土中水在表面张力的作用下，沿着细小孔隙向上及向其他方向移动的现象。

土的毛细现象对工程的影响主要表现在以下几个方面。

(1) 毛细水的上升是引起路基冻害的因素之一。

(2) 对于房屋建筑，毛细水的上升会引起地下室过分潮湿。

(3) 毛细水的上升可能引起土壤的沼泽化和盐渍化。

4.2.1 土层中的毛细水带

土层中由于毛细现象所湿润的范围称为毛细水带。根据毛细水带的形成条件和分布状况，如图 4.4 所示，可划分为下列 3 种。

(1) 正常毛细水带，又称毛细饱和带，位于毛细水带的下部，与地下潜水相通。会随地下水位的升降而移动。

(2) 毛细网状水带，位于毛细水带的中部，是由于地下水位急剧下降时，残留在孔隙中的部分毛细水和气泡，毛细水可在表面张力和重力作用下移动。

(3) 毛细悬挂水带，又称上层毛细水带，位于毛细水带的上部，毛细水是由地表水入渗形成的，受地面温度和湿度影响大，温度较高时可蒸发，有降水时可在重力作用下向下移动。

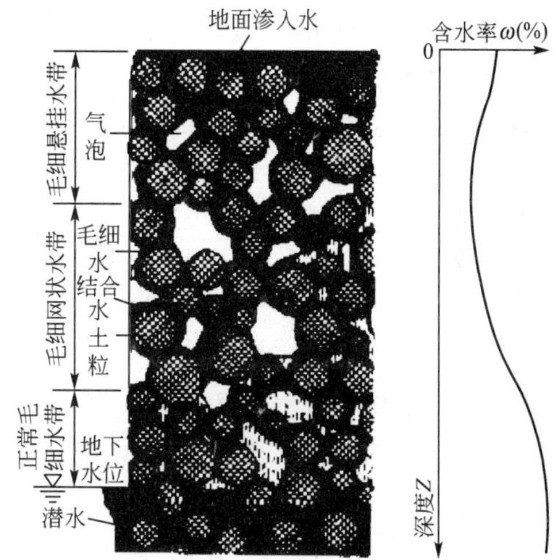

图 4.4 毛细水带

4.2.2 毛细水上升高度

可借助于水在细玻璃管内上升的现象来说明土中毛细水的上升。将一根细玻璃管插入水中，水会沿细玻璃管上升，使管内的液面高于其外部水面。这主要是由于水气分界面上存在着表面张力 T，形成了表面的收缩膜；在固体、水、气体的表面上，由于固体的密度大，吸引水分子上升，收缩膜有被拉伸的趋势，从而带动水面上升。内径很小的细玻璃管中，由于收缩膜的作用，形成内凹的弯液面，如图 4.5 所示。在一定直径 d 的细玻璃管中，水的表面张力和水与玻璃管壁间的夹角 α 决定了水的上升高度。如果液体密度比固体大，如水银，则 $\alpha>90°$，收缩膜外凸，管内的液面下降。纯净水和洁净玻璃间的夹角 $\alpha\approx0°$。当毛细水上升到最大高度 h_{max}时，毛细水柱所受到的上举力和水柱重力相等，即

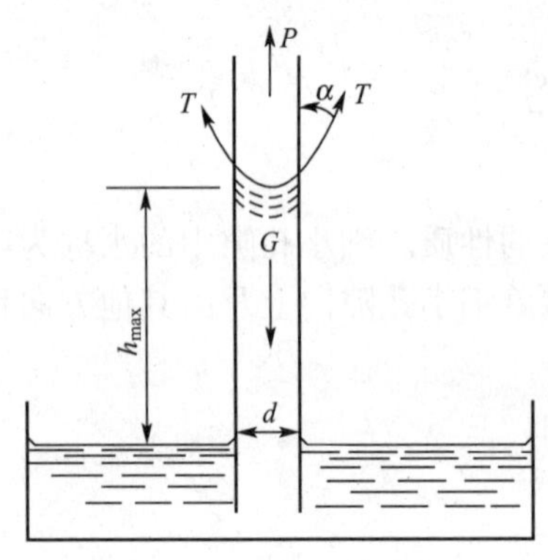

图 4.5　毛细水上升高度

$$P=\pi dT\cos\alpha=\frac{1}{4}\pi d^2 h_{max}\gamma_w=G$$

$$h_{max}=\frac{4T\cos\alpha}{d\gamma_w} \tag{4-1}$$

由式(4-1)可知，毛细水上升高度与细玻璃管直径成反比，管径越小，毛细水上升高度越大。

由于天然土层中土的孔隙是不规则的，土粒与孔隙水之间存在的物理化学作用，使得天然土层中的毛细现象比细玻璃管的情况要复杂得多，不能直接应用式(4-1)进行计算。在实践中可采用一些经验公式。

如果取大气压为零，在毛细管中水位上部的压力为 $u_w=-\gamma_w h_{max}$，即只要是 $\alpha<90°$，则毛细管中的水压力定为负值。

4.2.3　毛细压力

干燥的砂土是松散的，颗粒间没有黏结力，水下的饱和砂土也是这样。而有一定含水量的湿砂，可捏成砂团，可挖成直立的坑壁，短期内不会坍塌，说明湿砂的土粒间因为水的毛细压力形成了一定的黏结力。土粒的接触面间存在毛细水，由于土粒的吸引，形成了弯液面，水气分界面上的表面张力 T 沿着弯液面的切线方向作用，它促使土粒相互靠拢，在土粒的接触面上就产生了压力，即毛细压力 p_k，如图 4.6 所示。把毛细压力所产生的土粒间的黏结力称为假内聚力。当砂土完全干燥时，颗粒间没有孔隙水，当砂土完全浸没在水中和孔隙中完全充满水时，孔隙水不存在弯液面，这两种情况下毛细压力也就消失了。

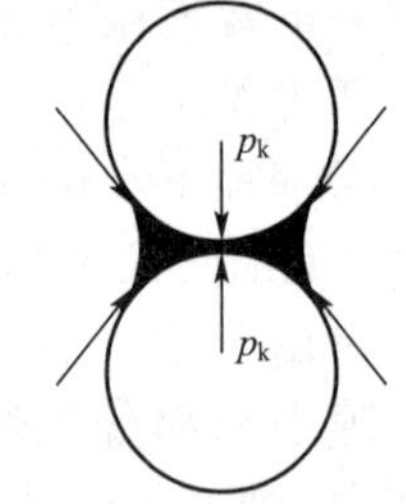

图 4.6　毛细压力示意图

4.3　土的冻胀性

4.3.1　冻胀机理

在大气压力下，天然水在低于 0℃时就会结晶成冰，体积发生膨胀，大约体胀 9%。这对于孔隙率高达 0.5、冻结厚度为 1m 的饱和土地基，可引起 4.5cm 的冻胀量。土冻胀的物理化学机理很复杂，其细节有待于进一步研究，目前较普遍接受的是“结合水迁移学说”。当大气负温传入土中时，土中的自由水首先冻结成冰晶体，弱结合水的最外层也开始冻结，使冰晶体逐渐扩大，于是冰晶体周围土粒的结合水膜变薄，土粒产生剩余的分子引力；另外，由于结合水膜的变薄，使得水膜中的离子浓度增加，产生吸附压力，在这两种引力的作用下，未冻结区水膜较厚处的弱结合水便被吸到水膜较薄的冻结区，并参与冻结，使冻结区的冰晶体增大，而不平衡引力却继续存在。如果下面未冻结区存在着水源(如地下水位距冻结深度很近)及适当的水源补给通道(即毛细通道)，能连续不断地补充到冻结区来，那么，未冻结区的水分(包括弱结合水和自由水)就会继续向冻结区迁移和积聚，使冰晶体不断扩大，在土层中形成冰夹层，土体随之发生隆起，出现冻胀现象，有些地区还会出现冻胀丘和冰锥。冻胀丘如图 4.7 所示。

(a) 冻胀丘的形成

(b) 冻胀丘融沉

图 4.7 冻胀丘

4.3.2 冻胀条件

地基土的强烈冻胀需要以下条件。

(1) 温度：气温缓慢下降，但负温持续时间长，促使未冻结的水分不断向冻结区迁移积聚。

(2) 水：冻结区附近地下水位较高，毛细水上升高度能达到或接近冻结线，使冻结区能得到水源补给。

(3) 土：粉土、粉质黏土具有较显著的毛细现象，较畅通的水源补给通道，较多的结合水，能使大量结合水迁移和积聚，冻胀现象严重；黏土虽有较厚的结合水膜，但孔隙较小，没有通畅的水源补给通道，冻胀性较粉质土小；粗粒土中没有或有很少量的结合水，自由水冻结后，不会发生水分的迁移积聚，一般不会发生冻胀。

4.3.3 冻胀危害

冻土分为季节性冻土、隔年冻土和多年冻土。我国的多年冻土分布，基本上集中在纬度较高和海拔较高的严寒地区，如东北的大兴安岭北部和小兴安岭北部，青藏高原及西部天山、阿尔泰山等地区，总面积约占我国领土的 20%左右。

对工程危害更大的是季节性冻土，其分布范围更广。位于冻胀区内的基础受到的冻胀力大于基底以上的竖向荷载，基础就有被抬起的可能，造成门窗不能开启，严重的甚至引起墙体的开裂。到春暖花开时，土层中积聚的冰晶体融化，使土中含水量增加，细粒土排水能力差，土层处于饱和状态，土层软化，强度降低，土体随之下陷，即出现融沉现象，严重的不均匀融沉可能引起建筑物开裂、倾斜，甚至倒塌。

土体的冻胀会使路基隆起，使柔性路面鼓包、开裂，使刚性路面错缝或折断。路基土融沉后，在车辆反复碾压下，轻者路变得松软，限制行车速度，重者路面开裂、冒泥，即翻浆现象，使路面完全破坏。因此，冻土的冻胀及融沉都会对工程带来危害，必须采取一定措施。

4.4 土的渗透性

在饱和土中，水充满整个孔隙，通常讲的“水往低处流”就是指水从位置势能高的点向位置势能低的点流动。如果水具有动能或压力势能，则可使“水往高处流”。总而言之，水是从能量高的点向能量低的点流动。当土中两点存在能量差(压力差)时，土中水就会从能量较高(即压力较高)的位置向能量较低(即压力较低)的位置流动。水在压力差作用下流过土体孔隙的现象，称为渗流。土体具有的被水渗透通过(透水)的能力称为土的渗透性或透水性。土的渗透性强弱对土体的固结变形、强度都有重要影响。因此，研究水在土中的渗流规律及土体的渗透稳定等问题具有重要的意义。

4.4.1 伯努利定理

如图 4.8 所示中水头示意图，假定 0—0 面为基准面，A 点的位置势能为 mgz，压力势能为 $mg\dfrac{u}{\gamma_w}$，动能为 $\dfrac{1}{2}mv^2$，总能量(机械能)等于总势能与总动能之和，即总能量 $E=mgz+mg\dfrac{u}{\gamma_w}+\dfrac{1}{2}mv^2$。

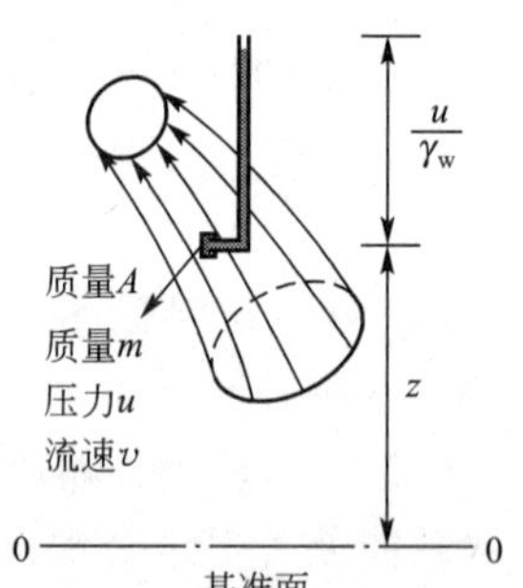

图 4.8　水头示意图

总水头是指单位重量的水流具有的能量，用 h 表示，它是水流动的驱动力。则：

$$h=\frac{E}{mg}=z+\frac{u}{\gamma_w}+\frac{v^2}{2g} \tag{4-2}$$

式中　h——总水头(或称水头)(m)；

v——流速(m/s)；

g——重力加速度(m/s^2)；

u——孔隙水压力(kPa)；

γ_w——水的重度(kN/m^3)；

z——位置水头，即某点 A 到基准面的垂直距离，代表单位重量的水体从基准面算起所具有的位置势能(m)；

$\dfrac{u}{\gamma_w}$——压力水头，水压力所引起的自由水面的升高，即测(压)管中水柱的高度，表示单位重量水体所具有的压力势能，$\dfrac{u}{\gamma_w}=h_w$(m)；

$z+\dfrac{u}{\gamma_w}$——测压管水头，测压管水面到基准面的垂直距离，表示单位重量水体的总势能；

$\dfrac{v^2}{2g}$——流速水头，表示单位重量水体所具有的动能(m)。

当水在土中渗流时，其速度一般较小，所形成的流速水头很小，可以忽略不计，则：

$$h=z+\frac{u}{\gamma_w} \tag{4-3}$$

静止水体中各点的总势能(测管水头)是相等的，如不相等就会产生流动。

在(图 4.9)中，A、B 两点的水头差为：

$$\Delta h=h_A-h_B=\left(z_A+\frac{u_A}{\gamma_w}\right)-\left(z_B+\frac{u_B}{\gamma_w}\right) \tag{4-4}$$

水头差又称为水头损失，即单位重量的水体自 A 点流到 B 点所消耗的能量，是由于水在流动过程中，需要克服与土颗粒之间的黏滞阻力所产生的能量损失。

若 A 点到 B 点的渗流路径长为 L，设单位渗流路径长度上的水头损失为 i，则有 $i=\frac{\Delta h}{L}$。i 是 AB 段的平均水力梯度，也称水力坡降，是衡量土渗透性和研究土渗透稳定的重要指标。

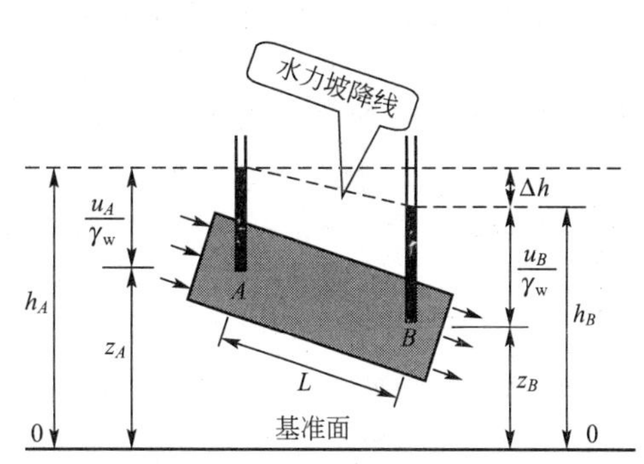

图 4.9 土中渗流水头变化示意图

4.4.2 达西定律

地下水在土体孔隙中渗流时，由于土颗粒对渗流的阻力作用，沿途将伴随着能量的损失，为了揭示水在土体中的渗透规律，法国工程师达西(H. Darcy)利用如图 4.10 所示的试验装置，对均匀砂土的渗透性进行了大量试验研究，得出了层流条件下，土中水渗流速度与能量(水头)损失之间的关系，即达西定律。

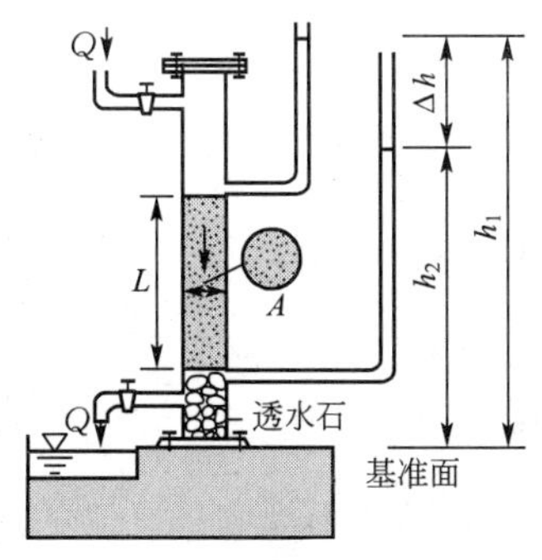

图 4.10 达西渗透示意图

达西试验装置的主要部分是一个上端开口的直立圆筒，下部放碎石，碎石上放一块多孔滤板，滤板上面放置颗粒均匀的土样，土样截面积为 A，长度为 L。筒的侧壁装有两只测压管，分别设置在土样上下两端的过水断面处。水从上端进水管注入圆筒，自上而下流经土样，从装有控制阀门的弯管流入容器中。

保持测压管中的水面恒定不变，以台座顶面为基准面，h_1 为土样顶面处的测压管水头，h_2 为土样底面处的测压管水头，$\Delta h=h_1-h_2$ 为经过渗流长度 L 的土样后的水头损失。

达西对不同截面尺寸的圆筒、不同类型和长度的土样进行试验，发现单位时间内的渗出水量 q 与圆筒截面积 A 和水力梯度 i 成正比，且与土的透水性质有关，即

$$q=kAi \tag{4-5}$$

或

$$v=\frac{q}{A}=ki \tag{4-6}$$

式中 q——单位渗水量(cm^3/s)；

v——断面平均渗流速度(cm/s)；

i——水力梯度；

A——过水断面积(cm^2)；

k——反映土的透水性的比例系数，称为土的渗透系数。它相当于水力梯度 $i=1$ 时的渗流速度，故其量纲与渗流速度相同(cm/s)。

式(4-5)或式(4-6)即为达西定律表达式。达西定律是由均质砂土试验得到的，后来推广应用于其他土体如黏土和具有细裂缝的岩石等。大量试验表明，对于砂性土及密实度较低的黏土，孔隙中主要为自由水，渗流速度较小，水质点的运动轨迹为平滑直线，相邻质点的轨迹相互平行而不混杂，处于层流状态，此时，渗流速度与水力梯度呈线性关系，符合达西定律，如图 4.11(a)所示。

对于密实黏土(颗粒极细的高压缩性土，可自由膨胀的黏性土等)，颗粒比表面积较大，孔隙大部分或全部充满吸着水，吸着水具有较大的黏滞阻力，因此，当水力梯度较小时，密实黏土的渗透速度极小，与水力梯度不成线性关系，甚至不发生渗流，只有当水力梯度增大到某一数值，克服了吸着水的黏滞阻力以后，才能发生渗流。将开始发生渗流时的水力梯度称为起始水力梯度 i_0。一些试验资料表明，当水力梯度超过起始水力梯度后，渗流速度与水力梯度呈非线性关系，如图 4.11(b)中的实线所示，为了使用方便，常用图中的虚直线来描述渗流速度与水力梯度的关系，即 $v=k(i-i_0)$。

对于粗粒土(砾石、卵石地基或填石坝体)，存在大孔隙通道，只有在较小的水力梯度下，流速不大时，属层流状态，渗流速度与水力梯度呈线性关系，当流速超过临界流速 v_{cr}($v_{cr}\approx 0.3\sim 0.5$cm/s)时，当流速增大到一定数值后，水质点的运动轨迹极为紊乱，水质点间相互混杂和碰撞，渗流已非层流而呈紊流状态，此时，渗流速度与水力梯度呈非线性关系，达西定律已不适用，如图 4.11(c)所示，用 $v=ki^m$ 来表达。

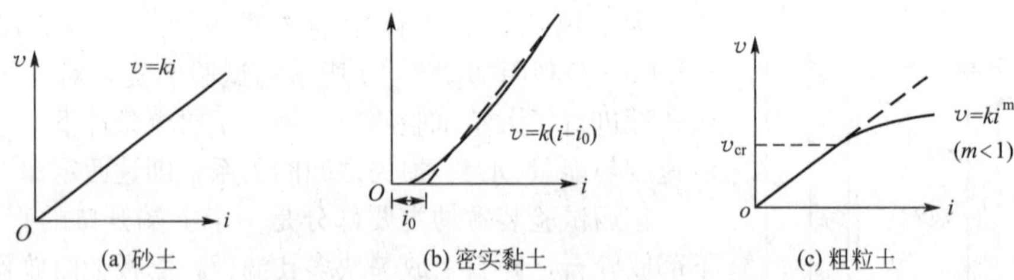

图 4.11 土的渗透速度与水力梯度的关系

由于土粒本身不能透水，水是通过土粒间的孔隙渗透，孔隙的形状不规则，真实的过水断面积 A_r 很难测得，因此公式(4-5)中采用的是土样的假想断面积 A。式(4-6)中的渗流速度 v 是土样断面上的平均流速，并不是通过孔隙的实际流速 v_r，在渗流计算中采用假想平均流速 v。若均质砂土的孔隙率为 n，则 $A_r=nA$，根据水流连续原理 $q=vA=v_rA_r$，可得 $v_r=\frac{vA}{nA}=\frac{v}{n}$。

4.4.3 渗透系数的测定及影响因素

土的渗透系数是工程中常用的一个力学性质指标，它的大小可以综合反映土体渗透性的强弱，常作为判别土层透水性强弱的标准和选择坝体填筑料的依据，确定渗透系数的准确性直接影响渗流计算结果的正确性和渗流控制方案的合理性。

确定渗透系数的方法主要有试验法、经验估算法和反演法，试验法测得的值相对直接且更准确可靠，经验估算法和反演法偏于理论，依赖于对试验的总结和数值模拟处理。本节主要介绍试验法，试验法分为室内试验法和现场试验法。

1. 室内试验法

室内渗透试验从取土坑中取土样或钻孔取样，在室内对试样进行渗透系数的测定。从试验原理上大体可分为常水头法和变水头法两种。

1）常水头法

常水头法是在整个试验过程中，水头保持不变，其试验装置如图 4.12 所示。

设试样的高度即渗径长度为 L，截面积为 A，试验时的水头差为 Δh，这 3 者在试验前可以直接量测或控制。试验中只要用量筒和秒表测得在 t 时段内经过试样的渗水量 Q，即可求出该时段内通过土体的单位渗水量：

$$q=\frac{Q}{t} \tag{4-7}$$

将式(4-7)代入式(4-5)中，得到土的渗透系数

$$k=\frac{QL}{A\Delta ht} \tag{4-8}$$

常水头法适用于透水性较大($k>10^{-3}$cm/s)的无黏性土。

2）变水头法

黏性土由于渗透系数很小，流经试样的水量很少，加上水的蒸发，用常水头法难以直接准确量测，因此，采用变水头法。

变水头法的试验装置如图 4.13 所示，在整个试验过程中，水头随着时间而变化，试样的一端与细玻璃管相连，在压力差作用下，水自下向上经试样渗流，细玻璃管中的水位慢慢下降，即水柱高度随时间 t 增加而逐渐减小，在试验过程中通过量测某一时段内细玻璃管中水位的变化，根据达西定律，可求得土的渗透系数。

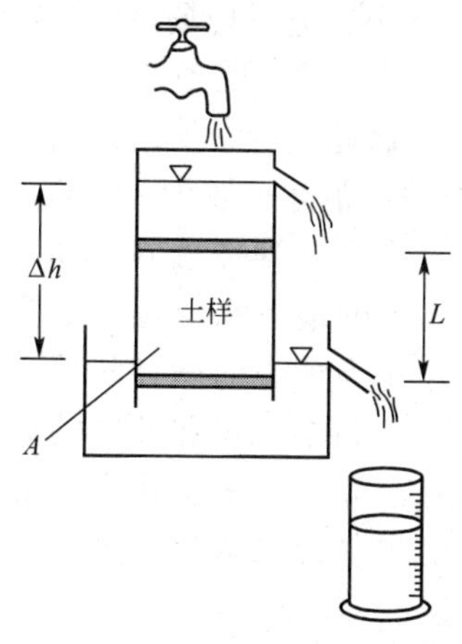

图 4.12　常水头试验装置示意图

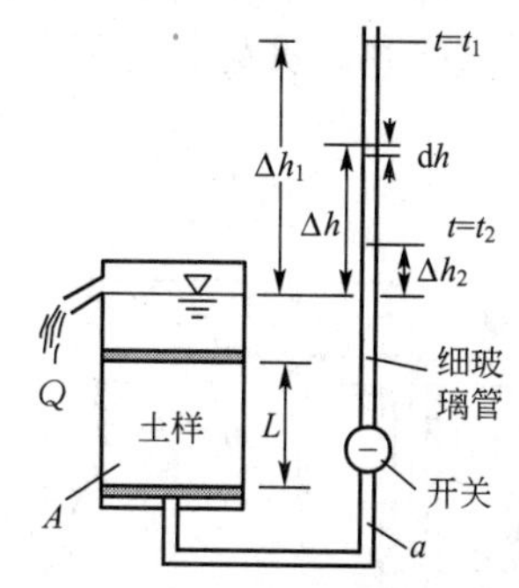

图 4.13　变水头试验装置示意图

设细玻璃管的内截面积为 a，试验开始以后任一时刻 t 的水位差为 Δh，经过时间段 $\mathrm{d}t$，细玻璃管中水位下落 $\mathrm{d}h$，则在时段 $\mathrm{d}t$ 内细玻璃管的流水量为：

$$\mathrm{d}Q=-a\mathrm{d}h \tag{4-9}$$

式中负号表示渗水量随 h 的减小而增加。

根据达西定律，在时段 dt 内流经试样的水量为：

$$dQ = kA\frac{\Delta h}{L}dt \tag{4-10}$$

根据水流连续性原理，同一时间内经过土样的渗水量应与细玻璃管流水量相等：

$$kA\frac{\Delta h}{L}dt = -a dh$$

$$dt = -\frac{aL}{kA}\frac{dh}{\Delta h}$$

对上式两边积分，得：

$$\int_{t_1}^{t_2} dt = -\int_{\Delta h_1}^{\Delta h_2}\frac{aL}{kA}\frac{dh}{\Delta h}$$

即可得到土的渗透系数：

$$k = \frac{aL}{A(t_2 - t_1)}\ln\frac{\Delta h_1}{\Delta h_2} \tag{4-11}$$

如用常用对数表示，则式(4-11)可写成：

$$k = 2.3\frac{aL}{A(t_2 - t_1)}\lg\frac{\Delta h_1}{\Delta h_2} \tag{4-12}$$

式(4-12)中的 a、L、A 为已知，试验时只要量测与时刻 t_1、t_2 对应的水位 Δh_1、Δh_2，就可求出渗透系数。

2. 现场试验法

室内试验法具有设备简单、费用较低的优点，但由于取土样时产生的扰动，以及对所取土样尺寸的限制，使得其难以完全代表原状土体的真实情况，考虑到土的渗透性与结构性之间有很大的关系，因此，对于比较重要的工程，有必要进行现场试验。对于均质的粗粒土层，用现场试验测出的 k 值往往要比室内试验更为可靠。现场试验大多在钻孔中进行，试验方法多种多样，本节介绍基于井流理论的抽水试验确定 k 值的方法。

在现场打一口试验井，贯穿需要测定 k 值的土层，在距井轴线为 r_1、r_2 处设置两个观察井，以不变的速率在试验井中连续抽水，引起井周围的地下水位逐渐下降，形成一个以试验井孔为轴心的漏斗状地下水面，如图 4.14 所示。待抽水量和井中的动水位稳定一段时间后，可根据试验井和观察井的稳定水位，画出测压管水位变化图，利用达西定律求出土层的 k 值。

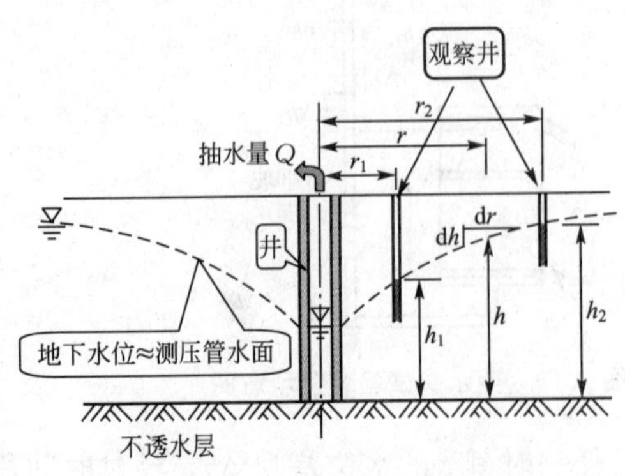

图 4.14 抽水试验示意图

假定地下水是水平流向试验井，则渗流的过水断面为一系列的同心圆柱面。距井轴线为 r 的过水断面处，水面高度为 h，则过水断面积为 $A = 2\pi rh$；假设该过水断面上水力

梯度 i 为常数，且等于地下水位线在该处的坡度，即 $i=\frac{dh}{dr}$。若单位时间自井内抽出的水量(单位渗水量)为 q，观察井内的水位高度分别为 h_1、h_2，根据达西定律，有：

$$q=\frac{Q}{t}=kAi=k2\pi rh\frac{dh}{dr} \tag{4-13}$$

$$q\frac{dr}{r}=2\pi khdh$$

对等式两边进行积分：

$$q\int_{r_1}^{r_2}\frac{dr}{r}=2\pi k\int_{h_1}^{h_2}hdh$$

$$q\ln\frac{r_2}{r_1}=\pi k(h_2^2-h_1^2)$$

则土的渗透系数：

$$k=\frac{q\ln(r_2/r_1)}{\pi(h_2^2-h_1^2)} \tag{4-14}$$

用常用对数表示，则为：

$$k=2.3\frac{q\lg(r_2/r_1)}{\pi(h_2^2-h_1^2)} \tag{4-15}$$

现场渗透系数还可以用孔压静力触探试验、地球物理勘探方法等测定。

在无实测资料时，还可以参照有关规范或已建成工程的资料来选定 k 值，常见土的渗透系数 k 参考值见表 4-1。

表 4-1 土的渗透系数参考值

土的类别	渗透系数 k(cm/s)	土的类别	渗透系数 k(cm/s)
黏土	$<10^{-7}$	中砂	10^{-2}
粉质黏土	$10^{-5}\sim10^{-6}$	粗砂	10^{-2}
粉土	$10^{-4}\sim10^{-5}$	砾砂	10^{-1}
粉砂	$10^{-3}\sim10^{-4}$	砾石	$>10^{-1}$
细砂	10^{-3}		

3. 成层土的等效渗透系数

天然沉积土往往由厚薄不一且渗透性不同的土层所组成，宏观上具有非均匀性。成层土的渗透性质除了与各土层的渗透性有关，也与渗流的方向有关。对于平面问题中平行于土层层面和垂直于土层层面的简单渗流情况，当各土层的渗透系数和厚度为已知时，可求出整个土层与层面平行和垂直的等效渗透系数，作为进行渗流计算的依据。

1）水平渗流

如图 4.15 所示为水流方向与层面平行的渗流情况。在渗流场中截取的渗流长度为 L 的一段渗流区域，各土层的水平向渗透系数分别为 k_{1x}、k_{2x}、…、k_{nx}，厚度分别为 H_1、H_2、…、H_n，各土层的过水断面积为 $A_i=H_i\cdot1$，土体总过水断面积为 $A=H\cdot1=\sum_{i=1}^{n}A_i=\sum_{i=1}^{n}H_i\cdot1$。水平渗流时，$\Delta h_i=\Delta h$，由于渗流路径相等，故 $i_i=i$。若通过各土层的单

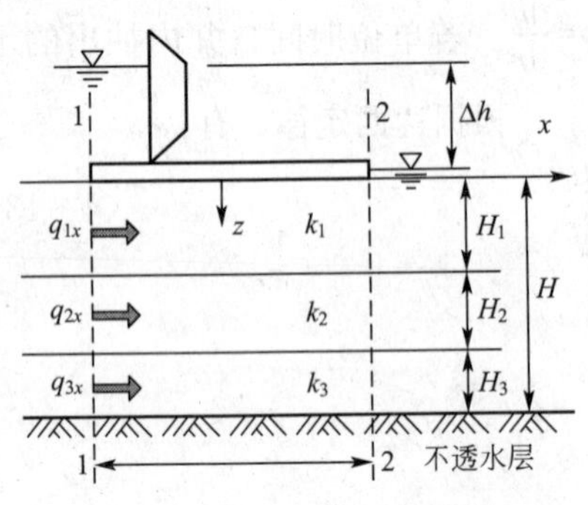

图 4.15 与层面平行的渗流

位渗水量为 q_{1x}、q_{2x}、…、q_{nx}，则通过整个土层的总单位渗水量 q_x应为各土层单位渗水量之总和，即：

$$q_x = q_{1x} + q_{2x} + \cdots + q_{nx} = \sum_{i=1}^{n} q_{ix} \quad (4-16)$$

根据达西定律，土体总单位渗水量表示为：

$$q_x = k_x i A \quad (4-17)$$

任一土层的单位渗水量为：

$$q_{ix} = k_{ix} i A_i \quad (4-18)$$

将式(4-17)和式(4-18)代入式(4-16)，得到整个土层与层面平行的平均渗透系数为：

$$k_x = \frac{1}{H}\sum k_{ix} H_i \quad (4-19)$$

2）垂直渗流

如图 4.16 所示为水流方向与层面垂直情况。设通过各土层的单位渗水量为 q_{1z}、q_{2z}、…、q_{nz}，通过整个土层的单位渗水量为 q_z，根据水流连续原理，有 $q_z = q_{iz}$，土体总过水断面积 A 与各土层的过水断面积 A_i相等，根据达西定律 $v = q/A = ki$，可知土体总流速 v_z与各土层的流速 v_{iz}相等，即有：

$$v_z = k_z i = v_{iz} = k_{iz} i_i \quad (4-20)$$

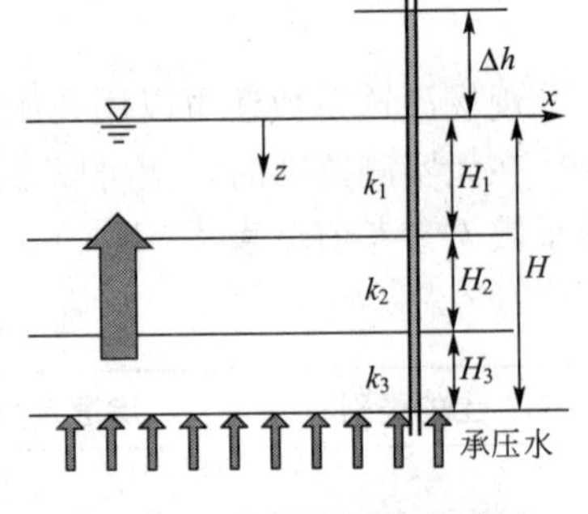

图 4.16 与层面垂直的渗流

每一土层的水力梯度 $i_i = \Delta h_i / H_i$，整个土层的水力梯度 $i = \Delta h / H$，根据总的水头损失 Δh 等于每一土层水头损失 Δh_i之和，则有：

$$\Delta h = iH = \frac{v_z}{k_z}H = \sum_{i=1}^{n} \Delta h_i = \sum_{i=1}^{n} \frac{v_{iz}}{k_{iz}} H_i \quad (4-21)$$

将 $v_z = v_{iz}$ 代入式(4-21)得：

$$\frac{H}{k_z} = \sum_{i=1}^{n} \frac{H_i}{k_{iz}}$$

可推出：

$$k_z = \frac{H}{\sum_{i=1}^{n} \frac{H_i}{k_{iz}}} = \frac{H}{\frac{H_1}{k_{1z}} + \frac{H_2}{k_{2z}} + \cdots + \frac{H_n}{k_{nz}}} \quad (4-22)$$

由式(4-19)和式(4-22)可知，对于成层土，如果各土层的厚度大致相近，而渗透系数却相差悬殊时，与层面平行的渗透系数 k_x取决于最透水土层的厚度和渗透性，并可近似地表示为 $k'H'/H$，k' 和 H'分别为最透水土层的渗透系数和厚度；而与层面垂直的渗透系数 k_z取决于最不透水层的厚度和渗透性，并可近似地表示为 $k''H/H''$，k''和 H''分别为最不透水层的渗透系数和厚度。因此成层土与层面平行的渗透系数总大于与层面垂直的渗透系数。在实际工程中，在选用等效渗透系数时，一定要注意渗透水流的方向。

4. 影响渗透系数的主要因素

土体的渗透特性与土体孔隙率、含水率、颗粒组成等参数有关，也与其颗粒之间的相互作用方式有关。对于无粘性土来说，影响渗透性的主要因素是土体颗粒的级配与土体的孔隙率。而对于粘性土来说，其渗透性除受土体的颗粒组成、孔隙率影响外，还与土颗粒的矿物成分、粘粒表面存在的吸着水膜、水溶液的化学性质有关。此外，土体的渗透特性还与通过的流体性质(比如水、油)有关，其密度、黏滞性等直接影响土体的渗透能力。

影响渗透系数的主要因素如下。

(1) 土的结构。细粒土在天然状态下具有复杂结构，结构一旦扰动，原有的过水通道的形状、大小及其分布就会全部改变，因而 k 值也就不同。扰动土样与击实土样的 k 值通常均比同一密度原状土样的 k 值小。

(2) 土的构造。土的构造因素对 k 值的影响也很大。例如，在黏性土层中有很薄的砂土夹层的层理构造，会使土在水平方向的 k_h 值比垂直方向的 k_v 值大许多倍，甚至几十倍。因此，在室内做渗透试验时，土样的代表性很重要。

(3) 土的粒度成分。一般土粒越粗、大小越均匀、形状越圆滑，k 值也就越大。粗粒土中含有细粒土时，随细粒含量的增加，k 值急剧下降。不同黏土矿物之间的渗透系数相差极大，其渗透性大小的次序为：高岭石＞伊利石＞蒙脱石。

(4) 土的密实度。土越密实，孔隙比 e 越小，k 值越小。

(5) 土的饱和度。一般情况下饱和度越低，k 值越小。这是因为低饱和度的土孔隙中存在较多的气泡会减小过水断面积，甚至堵塞细小孔道。同时由于气体因孔隙水压力的变化而胀缩。为此，要求试样必须充分饱和，以保持试验的精度。

(6) 水的温度。实验表明，渗透系数 k 与渗流液体(水)的重度 γ_w 以及黏滞度 η 有关。水温不同时，γ_w 相差不多，但 η 变化较大。水温越高，η 越低；k 与 η 基本上呈线性关系。

4.5 流网及其应用

上述渗流问题属于简单边界条件下的一维渗流，可直接用达西定律进行计算。然而实际工程如堤坝、围堰、边坡工程中遇到的渗流问题，边界条件较复杂，介质内的流动特性逐点不同，水流形态往往是二维或三维的，不能再视为一维渗流。

对于坝基、闸基及带挡墙(或板桩)的基坑等工程，如果构筑物的轴线长度远远大于其横向尺寸，可以认为渗流仅发生在横断面内，只要研究任一横断面的渗流特性，也就掌握了整个渗流场的渗流情况。把这种渗流称为二维渗流或平面渗流。

4.5.1 二维渗流方程

当渗流场中水头及流速等渗流要素不随时间改变时，这种渗流称为稳定渗流。

在二维直角坐标系下，从稳定渗流场中任意一点处取一微单元体 $\mathrm{d}x\mathrm{d}z$，$\mathrm{d}y=1$，h 为总水头，设单位时间流量为 q，流量 q 在 x、z 方向的分量分别为 q_x、q_z，流速为 v，流速 v 在 x、z 方向的分量分别为 v_x、v_z，如图 4.17 所示。

单位时间内流入微单元体的水量为：

$$\mathrm{d}q_e=v_x\mathrm{d}z\cdot 1+v_z\mathrm{d}x\cdot 1 \tag{4-23}$$

单位时间内流出微单元体的水量为：

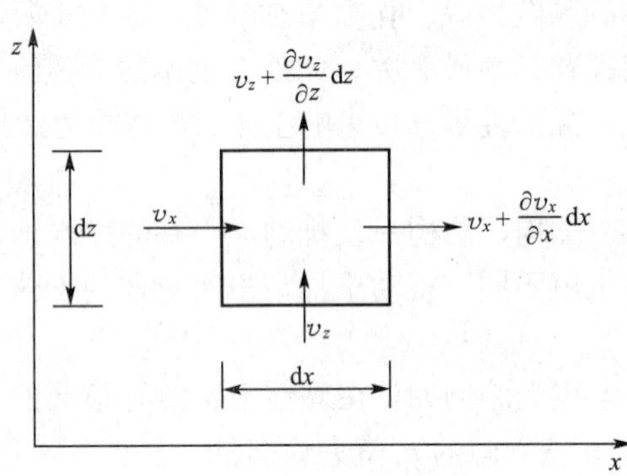

图 4.17 二维渗流的连续条件

$$dq_o=\left(v_x+\frac{\partial v_x}{\partial x}\right)dz\cdot 1+\left(v_z+\frac{\partial v_z}{\partial z}\right)dx\cdot 1 \tag{4-24}$$

假定土颗粒和水不可压缩，根据水流连续原理，单位时间内流入微单元体的水量与单位时间内流出微单元体的水量应相等，即 $dq_e=dq_o$：

从而得出：

$$\frac{\partial v_x}{\partial x}+\frac{\partial v_z}{\partial z}=0 \tag{4-25}$$

式(4-25)即为二维渗流连续方程的一般式。

根据达西定律，对于各向异性土：

$$v_x=k_x i_x=k_x\frac{\partial h}{\partial x},\quad v_z=k_z i_z=k_z\frac{\partial h}{\partial z} \tag{4-26}$$

将式(4-26)代入式(4-25)，可得：

$$\frac{\partial}{\partial x}\left(k_x\frac{\partial h}{\partial x}\right)+\frac{\partial}{\partial z}\left(k_z\frac{\partial h}{\partial z}\right)=0 \tag{4-27}$$

整理后得到：

$$k_x\frac{\partial^2 h}{\partial x^2}+k_z\frac{\partial^2 h}{\partial z^2}=0 \tag{4-28}$$

对于各向同性的均质土，$k_x=k_z=k=$常数，则式(4-28)可表达为：

$$\frac{\partial^2 h}{\partial x^2}+\frac{\partial^2 h}{\partial z^2}=0 \tag{4-29}$$

式(4-29)为稳定渗流的基本方程式，称为拉普拉斯方程，也是平面稳定渗流的基本方程式。

4.5.2 流网

由渗流基本方程，再结合一定的边界条件和初始条件，通过数学手段可求得渗流场中任一点水头的分布。求解方法有数学解析法、数值分析法、点模拟法、图解法和模型试验法，其中图解法简便、快捷，在工程中实用性强。用绘制流网的方法求解渗流问题称为图解法。

1. 流网的特征

由流线和等势线所组成的曲线正交网络称为流网。在稳定渗流场中，水质点的流动路线称为流线，渗流场中水头相等的点的连线称为等势线。

对于各向同性土体，流网具有下列特征。

(1) 流线与等势线互相正交。

(2) 流线与等势线构成的各个网格的长宽比为常数，当长宽比为 1 时，网格为曲线正方形，这也是最常见的一种流网。

(3) 相邻等势线之间的水头损失相等。

(4) 各个流槽的单位渗流量相等。

流槽是指两相邻流线之间的渗流区域，每一流槽的单位渗流量与总水头、渗透系数及等势线间隔数有关，与流槽的位置无关。

2. 流网的绘制

流网绘制步骤如下。

(1) 按一定比例绘出结构物和土层的剖面图。

(2) 根据渗流场的边界条件，确定边界流线和首尾等势线：如图 4.18 所示基坑支护桩的地下轮廓线 $bcde$ 为一条边界流线，不透水面 gh 为另一条边界流线；上游透水边界 ab 是一条等势线，其上各点水头高度均为 H_1，下游透水边界 ef 也是一条等势线，其上各点水头高度均为 H_2。

(3) 绘制若干条流线：按上下边界流线形态描绘几条流线，注意中间流线的形状由结构物基础(如坝基、基坑支护桩等)的轮廓线形状逐步变为与不透水层面相接近，中间流线数量越多，流网越准确，但绘制与修改的工作量也越大，中间流线的数量应视工程的重要性而定，一般中间流线可绘 3～4 条。流线应是缓和的光滑曲线，流线应与进水面、出水面正交，并与不透水面接近平行，不交叉。

(4) 绘制等势线，须与流线正交，且每个渗流区的形状接近曲边正方形，是缓和的光滑曲线。

(5) 逐步检查和修改流网，不仅要判断网格的疏密分布是否正确，而且要检查网格的形状，如果每个网格的对角线都正交，且成正方形，则流网是正确的，否则应做进一步修改。但是，由于边界通常是不规则的，在形状突变处，很难保证网格为正方形，有时甚至为三角形或五角形。对此应从整个流网来分析，只要绝大多数网格流网特征符合要求，个别网格不符合要求，对计算结果影响不大时可忽略。一个高精度的流网图，需经过多次的反复修改调整后才能完成。

3. 流网的工程应用

一方面可以定性地判别土体渗流概况，等势线越密的部位，水力梯度越大，流线越密集的地方，渗流速度也越大；另一方面，可以定量地计算出渗流场中各点的水头、水力梯度、渗流量、孔隙水压力和渗流力等物理量。

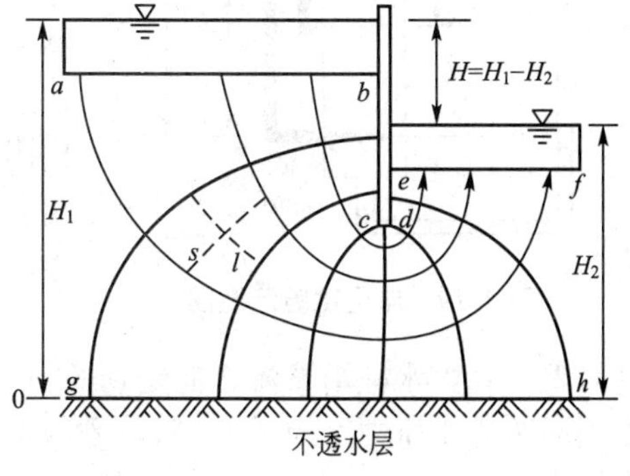

图 4.18 基坑典型流网图

如图 4.18 所示，设整个流网中的等势线数量为 n，图中 $n=8$，设整个流网中的流线数量(包括边界流线)为 m，图中 $m=5$，流槽的个数为 $m-1$，总水头差为 ΔH，

则相邻等势线之间的水头损失为：

$$\Delta h=\frac{\Delta H}{n-1} \tag{4-30}$$

渗流区中某一网格的长度为 l，网格的过水断面宽度(即相邻两条流线间的距离)为 s，则该网格内的渗流速度为：

$$v=ki=k\frac{\Delta h}{l}=k\frac{\Delta H}{(n-1)l} \tag{4-31}$$

每个流槽的单位渗流量为：

$$\Delta q=Aki=(s\times1)\times k\frac{\Delta h}{l}=k\frac{\Delta hs}{l}=k\frac{\Delta H}{n-1}\frac{s}{l} \tag{4-32}$$

总单位渗流量为：

$$q=(m-1)\Delta q=\frac{(m-1)k\Delta H}{n-1}\frac{s}{l} \tag{4-33}$$

任一点的孔隙水压力为：

$$u=\gamma_w h_w \tag{4-34}$$

式中 h_w——测压管中的水柱高度(或压力水头)。

4.6 渗流力与渗透破坏

4.6.1 渗流力

水在土体中流动时，由于受到土粒的阻力，而引起水头损失，从作用力与反作用力的原理可知，水的渗流将对土骨架产生拖曳力，导致土体中的应力与变形发生变化。称单位体积土粒所受到的拖曳力为渗流力。

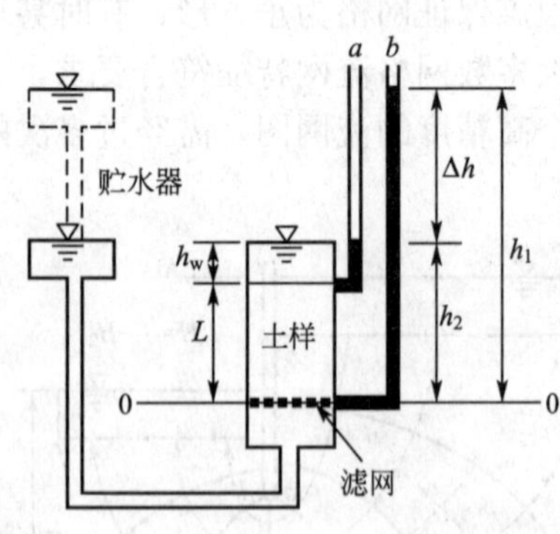

图 4.19 流土试验示意图

如图 4.19 所示中试验装置，厚度为 L 的均匀砂样装在容器内，试样的截面积为 A，贮水器的水面与容器的水面等高时，$\Delta h=0$ 则不发生渗流现象；若将贮水器逐渐上提，则 Δh 逐渐增大，贮水器内的水则透过砂样自下向上渗流，在溢水口流出，贮水器提得越高，则 Δh 越大，渗流速度越大，渗流量越大，作用在土体中的渗流力也越大。当 Δh 增大到某一数值时，作用在土粒上的向上的渗流力大于向下的重力时，可明显地看到渗水翻腾并挟带砂子向上涌出，从而发生渗透破坏。

水透过砂样自下向上渗流时，以土中孔隙水为研究对象，孔隙水柱沿渗流方向受到的力为：孔隙水柱重力(向下)$G=\gamma_w A_w\cdot L$，孔隙水柱上端面边界水压力 $\gamma_w\cdot A_w\cdot h_w$，砂粒对孔隙水柱的阻力 F(向下)，孔隙水柱下端面边界水压力(向上)，$\gamma_w\cdot A_w\cdot h_1$，根据力的平衡条件，可知 $F=\gamma_w\Delta hA_w$，单位体积土体中孔隙水受到的阻力为 $f=\frac{F}{AL}=\frac{\gamma_w\Delta hA_w}{A_wL}=\frac{\gamma_w\Delta h}{L}=\gamma_w i$，其方向与渗流方向相反。土颗粒对水的阻力 f 与水对土粒的渗流力 j 是作用力与反作用力，作用于单位体积土体的渗流力为：

$$j=f=\gamma_w i \tag{4-35}$$

从式(4-35)可知，渗流力是一种体积力，量纲与 γ_w 相同。渗流力的大小和水力梯度成正比，其方向与渗流方向一致。

在工程中，若渗流方向是自上而下的，即与土重力方向一致时，渗流力将起到压密土体的作用；若渗流方向是自下而上的，即与土重力方向相反时，一旦向上的渗流力大于土的浮重度时，土粒就会被渗流水挟带向上涌出，这是渗透变形现象的本质。因此，在进行稳定分析时，必须考虑渗流力的影响，分析发生渗透变形的机理。

4.6.2 渗透破坏

渗透破坏是土体在渗流作用下发生破坏的现象，根据土的颗粒组成、密度和结构状态等因素综合分析，将破坏形式分为流土、管涌、接触流失和接触冲刷四种形式，前两种形式发生在单一土层中，后两种形式发生在成层土中。

1. 流土

流土是指在自下而上的渗流过程中，表层局部范围内的土体或颗粒群同时发生悬浮、移动而流失的现象。流土时的渗流方向是向上的；一般发生在地表，也可能发生在两层土之间；无论是黏性土还是粗粒土，只要水力坡降达到一定的大小，都可发生流土破坏(图4.20)；流土的发生一般是突发性的，对工程危害极大。

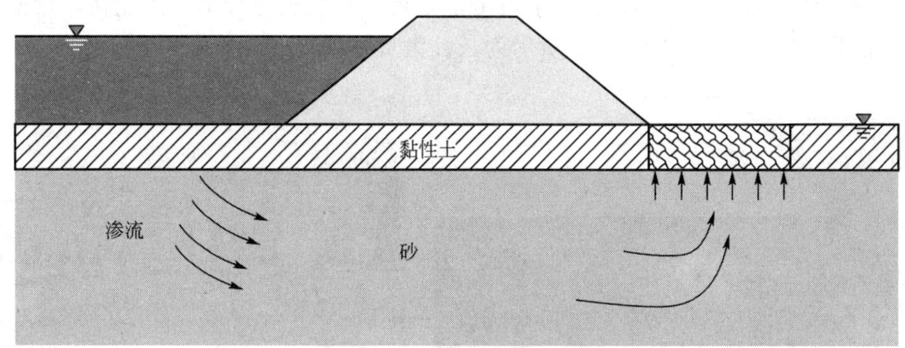

图 4.20 流土破坏示意图

如图 4.21 所示为开挖基坑时，饱和土单元体的受力情况，开挖面以下，渗流自下而上，土单元体 A 受到竖直向下的有效重力(即土的浮重度 γ')和向上的渗流力 j。当渗流力 j 等于土的浮重度 γ' 时，土单元体的有效应力为零，土单元体处于悬浮状态而失去稳定，即产生流土现象。把土开始发生流土现象时的水力梯度称为临界水力梯度 i_{cr}，可知：

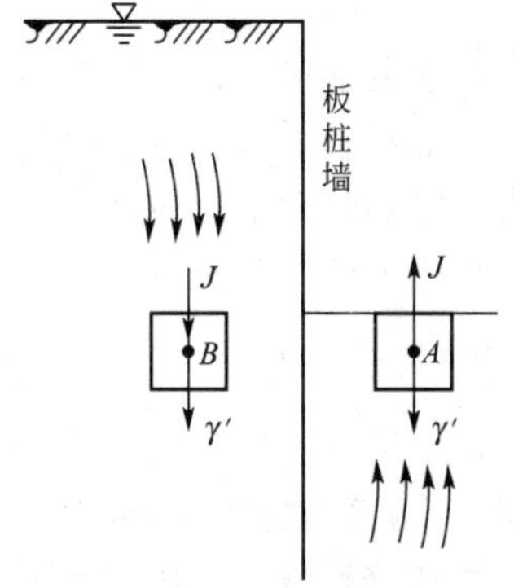

图 4.21 基坑开挖单元体 AB

$$j=\gamma_w i=\gamma'=\frac{(d_s-1)\gamma_w}{1+e}$$

$$i_{cr}=\frac{\gamma'}{\gamma_w}=\frac{d_s-1}{1+e}=(d_s-1)(1-n) \qquad (4-36)$$

式(4-36)表明，临界水力梯度与土性密切相关，只要土的孔隙比 e 和土粒相对密度 d_s 或 γ' 为已知，则土的 i_{cr} 为定值，一般为 0.8～1.2。在工程设计中，为了保证安全，应使渗流区域内的实际水力梯度小于临界水力梯度，由于流土从开始至破坏历时较短，且破坏时某一范围内的土体会突然地被抬起或冲毁，故允许水力梯度$[i]=\frac{i_{cr}}{K}$，K为安全系数，一般取2.0～2.5。

流土一般发生在渗流溢出处，渗流溢出处的水力梯度为i_e称为溢出梯度，若$i_e<[i]$，则土体处于稳定状态；若$i_e=[i]$，则土体处于临界状态；若$i_e>[i]$，则土体处于流土状态。

对于自上而下的渗流情况，如图4.21中的土单元体B，由于其上的有效重力和渗流力都是竖直向下的，故不会出现流土现象。

2. 管涌

管涌是指在渗透水流作用下，土中的细颗粒在粗颗粒形成的孔隙通道中移动，在渗流溢出处流失的现象。管涌是沿着渗流方向发生的(不一定向上)；是粗细颗粒间的相对运动；管涌破坏可发生于土体内部和渗流溢出处，从管涌开始到破坏有一定的时间发展过程，是一种渐进性质的破坏(图4.22)。管涌发生后有两种后果：一种是随着细粒土流失，孔隙不断扩大，渗流速度不断增加，较粗的颗粒也渐渐流失，导致土体内形成贯通的渗流管道，造成土体塌陷；另一种是细粒土被带走，粗粒土形成的骨架尚能支持，渗漏量加大但不一定随即发生破坏。如图4.23所示为长江大堤管涌现场。

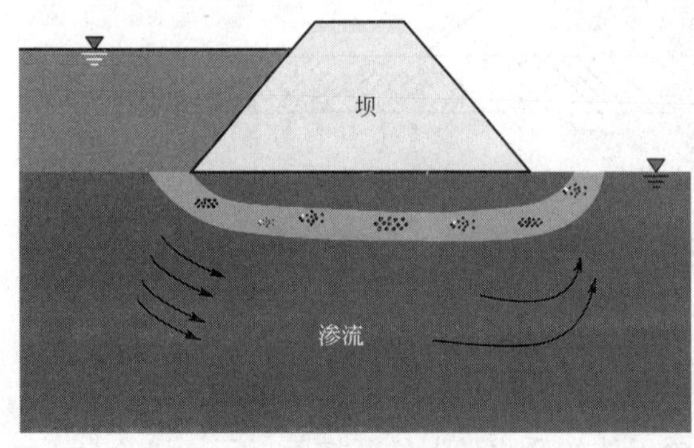

图4.22　管涌破坏示意图

图4.23　长江大堤管涌现场

产生管涌必须具备两个条件：一是几何条件(内因)，土中粗颗粒所构成的孔隙直径必须大于细颗粒的直径且相互连通，不均匀系数$C_u>10$；二是水力条件(外因)，渗流力足够大，能够带动细颗粒在孔隙间滚动或移动，可用管涌的临界水力梯度来表示，但管涌临界水力梯度的计算至今尚未成熟。对于重大工程，应尽量由试验确定。

3. 接触流失

在土层分层较分明且渗透系数差别很大的两土层中，当渗流垂直于层面运动时，将细粒层(渗透系数较小)的细颗粒带入到粗粒层(渗透系数较大层)的现象称为接触流失。接触流失包括接触流土和接触管涌两种类型。

4. 接触冲刷

两种不同粒径组成的土层，渗流沿着层面发生且带走细颗粒的现象，称为接触冲刷。在自然界中，沿两种介质界面诸如建筑物与地基、土坝与涵管等接触面流动促成的冲刷，均属此破坏类型。

当两层土的各自的不均匀系数 $C_u \leqslant 10$，且 $D_{10}/d_{10} \leqslant 10$ 时，不会发生接触冲刷。其中，D_{10}、d_{10} 分别代表较粗和较细一层土的颗粒粒径(mm)，小于该粒径的土重占总质量的 10%。

5. 防治流土和管涌现象的措施

土的渗透破坏是堤坝、基坑和边坡失稳的主要原因之一，防治的基本措施是：“上游挡、下游排。”

(1) 减小水力梯度的措施。

① 减小或消除水头差，如采取基坑外的井点降水法降低地下水位或采取水下挖掘。

② 增长渗流路径，如打板桩。

(2) 设反滤层。使渗透水流有畅通的出路。如图 4.24 所示的反滤倒渗，是在大片管涌面上分层铺填粗砂、石屑、碎石，下细上粗，每层厚 20cm，最好压块石或土袋；如图 4.25 所示的反滤围井，是在冒水孔周围垒土袋，筑成围井，井内按反滤要求分铺粗砂、碎石、块石等。

(3) 在渗流溢出处用透水材料覆盖压重以平衡渗流力，使水可以流出而不带走土粒，如图 4.26 所示的蓄水反压，通过提高蓄水池内水位减小水位差。

(4) 土层加固处理。如冻结法、注浆法等。

图 4.24 反滤倒渗

图 4.25 反滤围井

图 4.26 蓄水反压

【例题 4.1】 如图 4.27 所示，若地基上的土粒比重 d_s 为 2.68，孔隙率 n 为 38.0%，土层的渗透系数为 $k=3\times10^{-5}$cm/s，试求：

(1) 地面下 8m 处 a 点的孔隙水压力。

(2) 网络 1、2、3、4 的平均渗径长为 8m，渗流溢出处 1—2 是否会发生流土？

(3) 网络 9、10、11、12 的平均渗径长为 5.0m，图中网格 9、10、11、12 上的渗流力是多少？

(4) 总渗流量为多少？

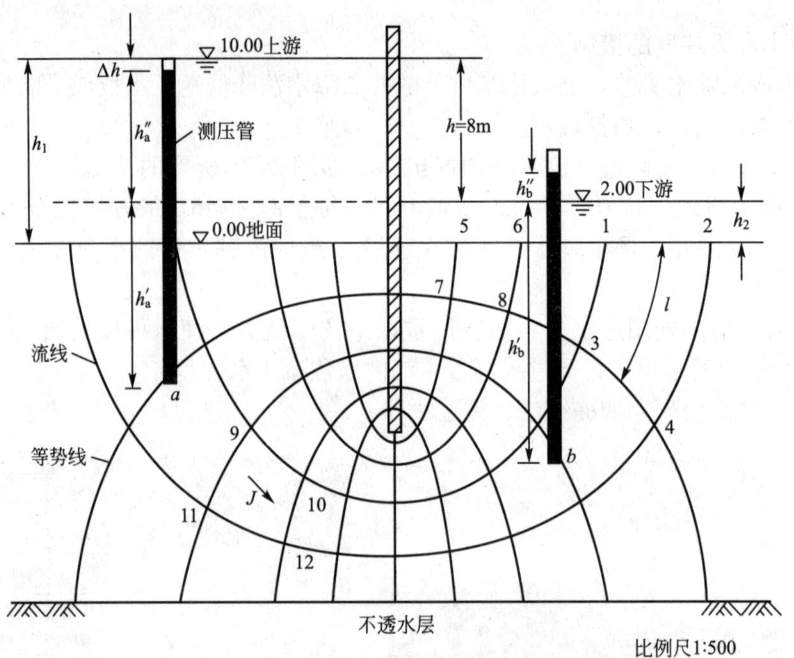

图 4.27 闸基下的渗流

【解】 (1) 由图 4.27 可知，流线的数量 $m=6$ 条，上下游的水位差 $\Delta H=8$m，等势线的数量 $n=11$ 条，其间隔数为 11−1=10，则相邻两等势线间的水头损失 $\Delta h=\frac{\Delta H}{10}=\frac{8}{10}=0.8$(m)。

a 点在第二根等势线上，因此，该点的测压管水位应比上游水位低 $\Delta h=0.8$m，该点的测压管水位至下游静水位的高度为 $h_a''=\Delta H-\Delta h=8-0.8=7.2$(m)，下游静水位至 a 点的高差 $h_a'=8+2=10$m，则 a 点的压力水头即测压管中的水位高度为 $h_w=h_a'+h_a''=10+7.2=17.2$(m)。

所以

$$a\text{ 点的孔隙水压力为：}u=\gamma_w h_w=9.8\times17.2=168.56(\text{kPa})$$

(2) 网格 1、2、3、4 的平均渗径长度 $l=8$m，而任一网格上的水头损失均为 $\Delta h=0.8$m，则该网格的平均水力梯度为：

$$i=\frac{\Delta h}{l}=\frac{0.8}{8}=0.1$$

该梯度可近似代表地面 1—2 处的溢出梯度 i_e。

流土的临界水力梯度为：

$$i_{cr}=(d_s-1)(1-n)=(2.68-1)(1-0.38)=1.04>i_e$$

所以，渗流溢出处 1—2 不会发生流土现象。

(3) 网格 9、10、11、12 的平均渗径长度 $l=5.0\text{m}$，两流线间的平均距离 $s=4.4\text{m}$，网格的水头损失 $\Delta h=0.8\text{m}$，所以作用在该网格上的渗流力为：

$$J=\gamma_w\frac{\Delta h}{l}sl=\gamma_w\Delta hs=9.8\times0.8\times4.4=34.5(\text{kN/m})$$

(4) 总渗流量为：

$$q=(m-1)\Delta q=\frac{(m-1)k\Delta H}{n-1}\frac{s}{l}=\frac{(6-1)\times3\times10^{-7}\times8}{11-1}\times\frac{4.4}{8}=6.6\times10^{-7}(\text{m}^3/\text{s})$$

4.7 有效应力原理

4.7.1 有效应力原理的内容

有效应力原理是 K. Terzaghi 1936 年首先提出的，是土力学中的一个重要原理，是土力学有别于其他力学(如固体力学)的重要原理之一。利用它可以对实际工程中的许多问题进行科学的解释。要研究饱和土的压缩性、抗剪强度、稳定性和沉降等，就必须了解土体中有效应力的变化。

饱和土体受外力作用后，总应力由土粒骨架和孔隙水两部分承担。由土骨架承担，并通过颗粒间接触面传递的粒间应力，称为有效应力；由孔隙水来承担，并传递的应力，称孔隙水应力(习惯称孔隙水压力)。孔隙水不能承担剪应力，但能承受法向应力。

如图 4.28 所示，由竖向力平衡可得：

$$P=P'+(A-A_c)u$$

式中 A——土单元的断面积；

A_c——颗粒间的接触面积；

A_w——孔隙水的断面积，$A_w=A-A_c$。

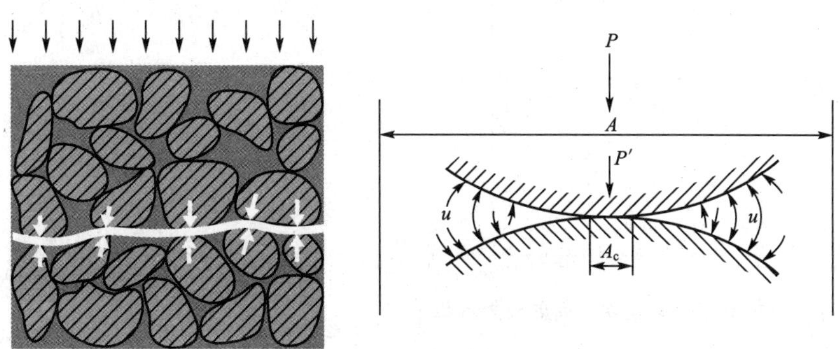

图 4.28 有效应力计算简图

$$\frac{P}{A}=\frac{P'}{A}+\left(\frac{A-A_c}{A}\right)u$$

$$\sigma=\sigma'+\left(1-\frac{A_c}{A}\right)u \tag{4-37}$$

由于颗粒间的接触面积 A_c 很小，可忽略不计，$A_c \approx 0$。

式(4－37)可简化为：

$$\sigma=\sigma'+u \tag{4-38}$$

式(4－38)即为饱和土的有效应力原理，它表示饱和土体的总应力 σ 等于有效应力 σ' 和孔隙水压力 u 之和。

$$\sigma'=\sigma-u \tag{4-39}$$

由于颗粒间各接触点的接触应力方向和大小各不相同，所以有效应力实际上是一个虚拟的物理量，并不是颗粒间的接触应力，而是土体单位面积上所有颗粒间接触力的垂直分量之和。有效应力很难直接测定，通常都是在已知总应力和测定孔隙水压力之后，利用式(4－39)求得有效应力。

孔隙水压力有静水压力和超静孔隙水压力两种，静水压力是由水的超自重引起的，不会导致土体变形，其大小取决于水位的高低；超静孔隙水压力通常简称为孔隙水压力，一般是由附加应力引起的，在饱和土的固结过程中，附加应力开始全部由超静孔隙水压力承担，随着孔隙水的排出，超静孔隙水压力消散，有效应力增长，从而导致土的体积变形。

如果 σ 为水与土颗粒的总自重应力，则 u 为静水压力，σ' 为土的有效自重应力；如果 σ 为附加应力，则 u 为超静孔隙水压力，σ' 为有效应力。

4.7.2 有效应力原理的应用

1. 水位在地面以上时土中的有效应力

如图 4.29 所示，地面以上水深 h_1，A 点位于地面以下 h_2 处，求 A 点的有效应力。

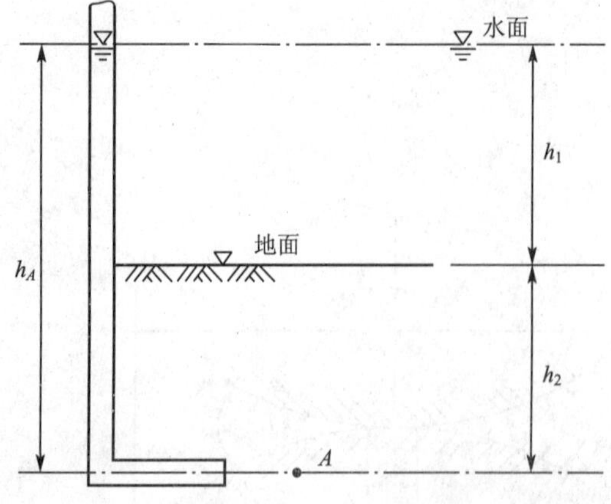

图 4.29 水位在地面以上时土中的有效应力计算

作用在 A 点的竖向总应力为：

$$\sigma=\gamma_w h_1+\gamma_{sat} h_2$$

A 点孔隙水压力即静水压力为：

$$u=\gamma_w h_A=\gamma_w(h_1+h_2)$$

则 A 点的有效应力为：

$$\begin{aligned}\sigma'=\sigma-u&=\gamma_w h_1+\gamma_{sat} h_2-\gamma_w(h_1+h_2)\\&=(\gamma_{sat}-\gamma_w)h_2=\gamma' h_2\end{aligned}$$

由此可知，当地面以上水深 h_1 发生变化时，土体中的总应力 σ 和孔隙水压力 u 会随之变化，但有效应力 σ' 不会发生变化，即 h_1 的变化不会引起土体的压缩和膨胀。

2. 土中水渗流时土中的有效应力

当土中有水渗流时，土中水将对土颗粒作用有渗流力，必然影响土中有效应力的分布。现通过(图 4.30)的 3 种情况，说明土中水渗流时对有效应力分布的影响。

图 4.30(a)中 a、b 两点的水头相等，水静止不动；图 4.30(b)中 a、b 两点存在水头差，水自上而下渗流；图 4.30(c)中 a、b 两点存在水头差，水自下而上渗流。现将上述 3 种情况的总应力 σ、孔隙水压力 u、有效应力 σ'的值列于表 4-2，分布图如图 4.30 所示。

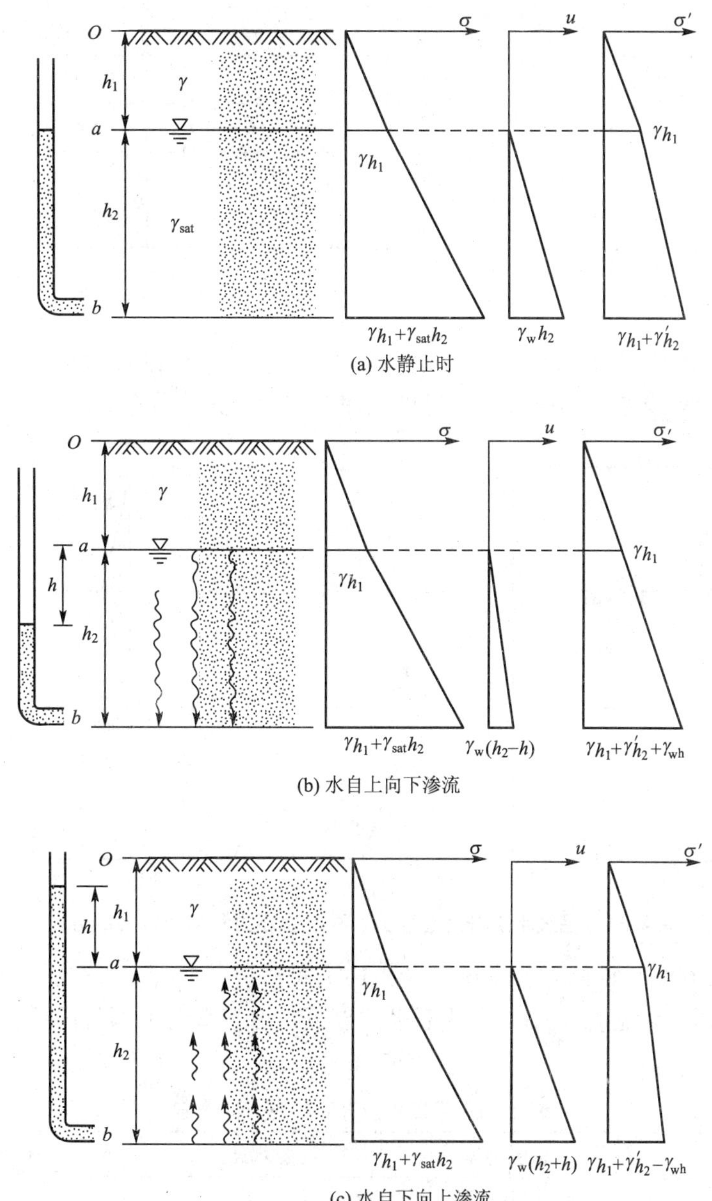

图 4.30　土中水渗流时总应力、孔隙水压力及有效应力分布图

由表 4-2 和图 4.30 可知，三种情况下土中总应力 σ 的分布是相同的，即土中水的渗流不影响总应力值。土中水自上而下渗流时，渗流力的方向与重力的方向一致，因此有效应力增加，孔隙水压力相应减小；土中水自下而上渗流时，渗流力的方向与重力的方向相反，因此有效应力减小，孔隙水压力相应增加。

表 4-2　土中水渗流时的应力计算值

渗流情况	计算点	总应力 σ	孔隙水压力 u	有效应力 σ'
(a) 水静止时	a	γh_1	0	γh_1
	b	$\gamma h_1+\gamma_{sat}h_2$	$\gamma_w h_2$	$\gamma h_1+(\gamma_{sat}-\gamma_w)h_2$
(b) 水自上而下渗流	a	γh_1	0	γh_1
	b	$\gamma h_1+\gamma_{sat}h_2$	$\gamma_w(h_2-h)$	$\gamma h_1+(\gamma_{sat}-\gamma_w)h_2+\gamma_w h$
(c) 水自下而上渗流	a	γh_1	0	γh_1
	b	$\gamma h_1+\gamma_{sat}h_2$	$\gamma_w(h_2+h)$	$\gamma h_1+(\gamma_{sat}-\gamma_w)h_2-\gamma_w h$

3. 毛细水上升时土中的有效应力

设地基土层如图 4.31 所示，地下水的自由表面(潜水面)在 C 线处，毛细水上升高度为 h_c，即上升到 B 线处，故在 B 线以下的土完全饱和。应力分布如图 4.31 所示。

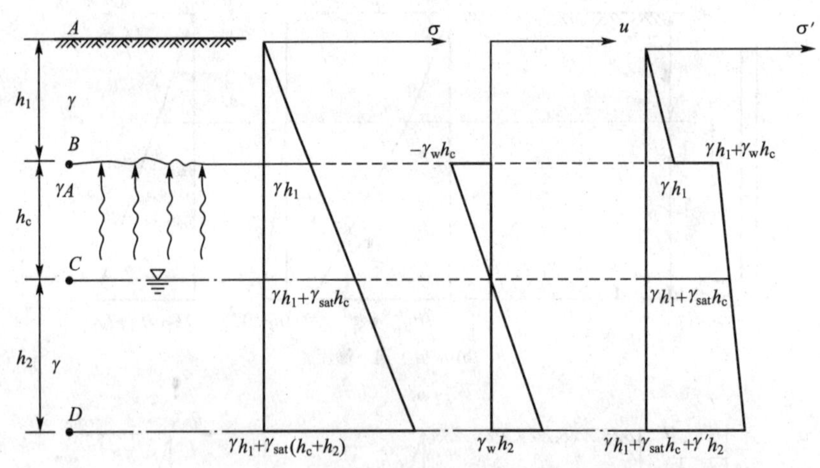

图 4.31　毛细水上升时总应力、孔隙水压力和有效应力的分布

在毛细水上升区，紧靠 B 线下的孔隙水压力为负值，即 $u=-\gamma_w h_c$(假定大气压力为零)，有效应力增加，见表 4-3；在地下水位以下，由于水对土颗粒的浮力作用，土的有效应力减小。

表 4-3　毛细水上升时的应力计算值

计算点	总应力 σ	孔隙水压力 u	有效应力 σ'
A	0	0	0
B 点上	γh_1	0	γh_1
B 点下	γh_1	$-\gamma_w h_c$	$\gamma h_1+\gamma_w h_c$
C	$\gamma h_1+\gamma_{sat}h_c$	0	$\gamma h_1+\gamma_{sat}h_c$
D	$\gamma h_1+\gamma_{sat}(h_c+h_2)$	$\gamma_w h_2$	$\gamma h_1+\gamma_{sat}h_c+\gamma' h_2$

本章小结

研究土的渗透性，是土力学中极其重要的课题，土木工程各个领域内许多课题都与土的渗透性有密切关系。土的三个主要力学性质即强度、变形和渗透性之间，有着密切的相互关系，在土力学理论中，用有效应力原理将三者有机地联系在一起，形成一个理论体系。

在层流状态下水的渗流采用达西定律计算，渗透系数可通过室内试验和现场试验得到；对于实际工程的渗流问题，可通过绘制流网进行解决；对于渗流作用引起的渗流破坏，要掌握其联系与区别，熟悉防治措施。

习　　题

1. 简答题

(1) 什么是达西定律？达西定律的适用条件有哪些？

(2) 为什么室内渗透试验与现场测试得出的渗透系数有较大差别？

(3) 如何确定成层土的渗透系数？

(4) 地下水渗流时为什么会产生水头损失？

(5) 流网有哪些特征？

(6) 流砂与管涌现象有什么区别和联系？

(7) 如何确定土体的临界水力梯度？

2. 选择题

(1) 不透水岩基上有水平分布的三层土，厚度均为 2m，渗透系数分别为 k_1=1m/d，k_2=2m/d，k_3=10m/d，则等效土水平渗透系数 k_x 为(　　)。

A. 4.33m/d　　B. 1.87m/d　　C. 12m/d

(2) 下列说法正确的是(　　)。

① 土的渗透系数越大，土的透水性也越大，土中的水力梯度越大

② 任何一种土只要渗透坡降足够大就可能发生流土和管涌

③ 土中一点渗流力大小取决于该点孔隙水总水头的大小

④ 地基中产生渗透破坏的主要原因是土粒受渗流力作用。因此，地基中孔隙水压力越高，土粒受到的渗流力越大，越容易产生渗透破坏

A. ②对　　B. ②④对　　C. ④对　　D. 都不对

(3) 已知土体 d_s=2.7，e=1，则该土的临界水力梯度为(　　)。

A. 1.8　　B. 1.35　　C. 0.85

(4) 在 9m 厚的黏性土层上进行开挖，黏性土 γ=20.4kN/m^3 下面为砂层，砂层顶面具有 7.5m 高的水头。问：开挖深度为 6m 时，为防止发生流土现象，基坑中水深 h 至少为(　　)。

A. 3.12m　　B. 4.38m　　C. 1.38m

(5) 下列描述正确的是(　　)。

A. 流网中网格越密处，其水力坡降越小
B. 位于同一根等势线上的两点，其孔隙水压力总是相同的
C. 同一流网中，任意两相邻等势线间的势能差相等
D. 渗流流速的方向为流线的法线方向

(6) 下列关于渗流力的描述，错误的是(　　)。
A. 渗流力是一种体积力，其量纲与重度的量纲相同
B. 渗流力的大小与水力坡降成正比，其方向与渗流方向一致
C. 流网中等势线越密区域，其渗流力越大
D. 渗流力的存在对土体稳定是不利的

(7) 下列描述正确的是(　　)。
A. 管涌破坏一般有个时间发展过程，是一种渐进性质的破坏
B. 管涌发生在一定级配的无黏性土中，只发生在渗流溢出处，不发生在土体内部
C. 管涌破坏通常是一种突变性质的破坏
D. 流土的临界水力坡降与土的物理性质无关

(8) 对于一般正常黏性土，渗透破坏的形式只有流土而无管涌，原因有(　　)。
A. 由于在自然状态下，其孔隙直径通常小于团粒或颗粒的直径
B. 粒间有黏聚力，限制了团粒或颗粒移动的缘故
C. 土的浮重度小　　　　D. 水力坡降小

3. 计算题

(1) 常水头渗透试验中，已知渗透仪直径 D=75mm，在 L=200mm 渗流路径上的水头损失 Δh=83mm，在 60s 时间内的渗水量 Q=71.6cm^3，求土的渗透系数。

(2) 设做变水头渗透试验的黏土试样的截面积为 30cm^2，厚度为 4cm，渗透仪细玻璃管的内径为 0.4cm，试验开始时的水位差为 145cm，经时段 7min 25s 观察得水位差为 100cm，试验时的水温为 20℃，试求土样的渗透系数。

(3) 资料同例题 4.1，试计算：(1)图 4.27 中 b 点在地面下 10m 处，则 b 点的孔隙水压力为多少？(2)网格 5、6、7、8 的平均渗径长度为 4m 地面 5—6 处是否会发生流土破坏？

第5章 土的压缩性

教学目标

本章主要讲述土的压缩性试验及相关指标。通过本章的学习，达到以下目标：

(1) 掌握室内压缩试验及相关压缩指标；

(2) 熟悉现场原始压缩曲线的推求；

(3) 了解回弹曲线和再压缩曲线；

(4) 熟悉载荷试验；

(5) 熟悉变形模量、弹性模量、压缩模量三者的关系。

教学要求

知识要点	能力要求	相关知识
室内压缩试验	(1) 掌握室内压缩试验 (2) 掌握压缩指标的概念及计算 (3) 了解回弹曲线与再压缩曲线 (4) 熟悉现场原始压缩曲线的推求	(1) 室内压缩试验的特点 (2) 压缩曲线的绘制 (3) 压缩指标 (4) 先期固结压力，超固结比
现场载荷试验	(1) 熟悉载荷试验 (2) 熟悉压缩模量、变形模量、弹性模量的区别与联系	(1) 载荷试验的特点 (2) 变形模量、弹性模量、压缩模量三者的关系

基本概念

压缩系数、压缩指数、压缩模量、变形模量、超固结比。

引言

地面沉降又称为地面下沉或地陷。它是在人类工程经济活动影响下，由于地下松散地层固结压缩，导致地壳表面标高降低的一种局部的下降运动(或工程地质现象)。

地面沉降有自然的和人为的两大类。自然的地面沉降一种是在地表松散或半松散的沉积层在重力的作用下，由松散到细密的成岩过程；另一种是由于地质构造运动、地震等引起的地面沉降。人为的地表沉降主要是大量抽取地下水所致。地面沉降会对地表或地下构筑物造成危害；在沿海地区还能引起海水入侵、港湾设施失效等不良后果。

截至2011年12月，中国有50余个城市出现地面沉降，长三角地区、华北平原和汾渭盆地已成重灾区。2012年2月，中国首部地面沉降防治规划获得国务院批复，此举意味着全国范围内的地面沉降防治已经提上议程。

北京市自从 20 世纪 70 年代以来，地下水位平均每年下降 1～2m，最严重的地区水位下降可达 3～5m。地下水位的持续下降导致了地面沉降。有的地区(如东北部)沉降量 590mm。沉降总面积超过 $600km^2$。而北京城区面积仅 $440km^2$，所以，沉降范围已波及郊区。北京市平原区地面沉降危害分区评价如图 5.1 所示。

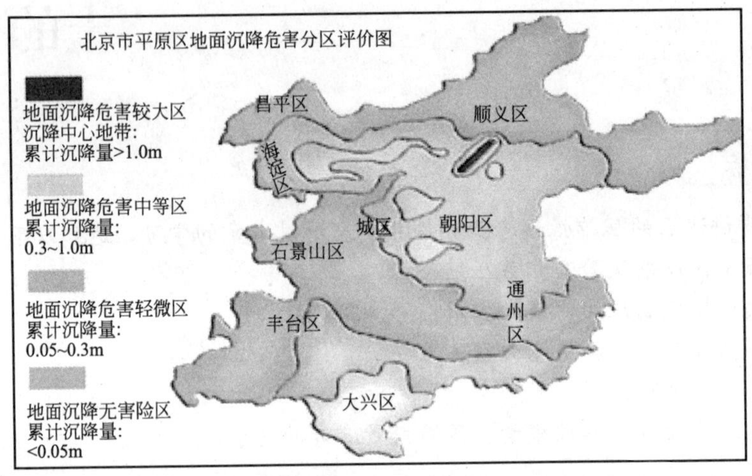

图 5.1　北京市平原区地面沉降危害分区评价图

5.1 概　　述

土的压缩性是指土体在压力作用下体积缩小的特性。土的压缩通常由三部分组成：①固体土颗粒被压缩；②土中水及封闭气体被压缩；③水和气体从孔隙中被挤出。试验研究表明，在一般压力(100～600kPa)作用下，固体颗粒和水的压缩性与土体的总压缩量之比非常小，完全可以忽略不计，因此土的压缩性可只看做是土中水和气体从孔隙中被挤出，与此同时，土颗粒相应发生移动，重新排列，靠拢挤紧，从而使土孔隙体积减小，所以土的压缩是指土中孔隙体积的缩小。

土压缩变形的快慢与土的渗透性有关。在荷载作用下，透水性大的饱和无黏性土，其压缩过程短，建筑物施工完毕时，可认为其压缩变形已基本完成；而透水性小的饱和黏性土，其压缩过程所需时间长，十几年甚至几十年压缩变形才稳定。土体在外力作用下，压缩随时间增长的过程，称为土的固结，对于饱和黏性土来说，是在压力作用下，孔隙水不断排出的过程。

计算地基变形时，必须取得土的压缩性指标，压缩性指标需要通过室内试验或原位测试来测定，为了计算值能接近于实测值，应力求试验条件与土的天然应力状态及其在外荷作用下的实际应力条件相适应。

5.2 室内压缩试验及相关指标

室内压缩试验的主要仪器为侧限压缩仪(固结仪)，如图 5.2 所示。试验时，用金属环刀切取保持天然结构的原状土样或人工饱和后的土样，置于刚性护环内，土样上下各放一块透水石，在竖向荷载作用下，土样受压孔隙水双向排出。由于金属环刀和刚性护环的限制，土样只可能发生竖向压缩，而无侧向变形。

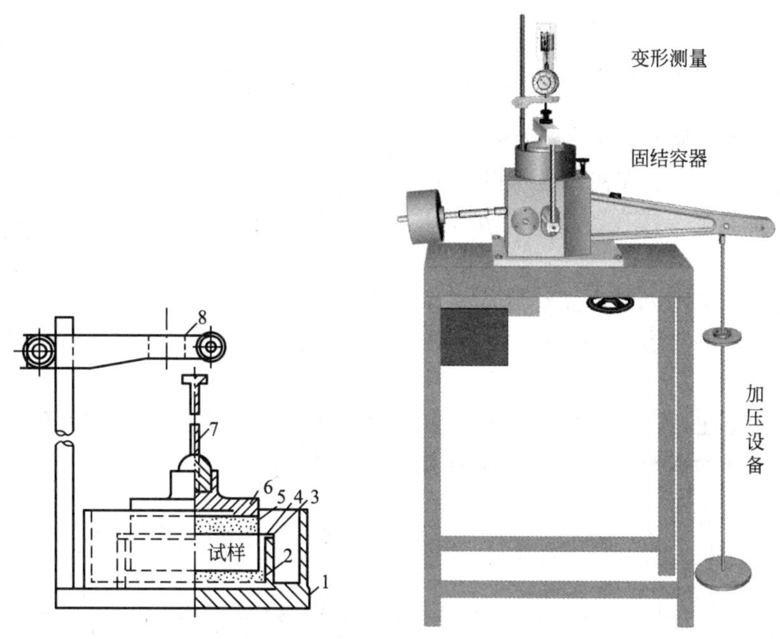

图 5.2 侧限压缩试验示意图

1—水槽；2—护环；3—坚固圈；4—环刀；5—透水石；
6—加压上盖；7—量表导杆；8—量表架

假定试样中土粒本身体积不变，土的压缩仅指孔隙体积的减小，土的压缩变形常用孔隙比 e 的变化来表示。

土样在天然状态下或经过人工饱和后(地下水位以下的土样)，进行逐级加压，测定各级压力 p_i作用下竖向变形稳定后的孔隙比 e_i，从而绘制 $e-p$ 或 $e-\lg p$ 曲线。

设土样的初始高度为 H_0，受压后土样的高度为 H_i，则 $H_i=H_0-\Delta H_i$，ΔH_i为压力 p_i作用下土样的稳定压缩量，如图 5.3 所示。

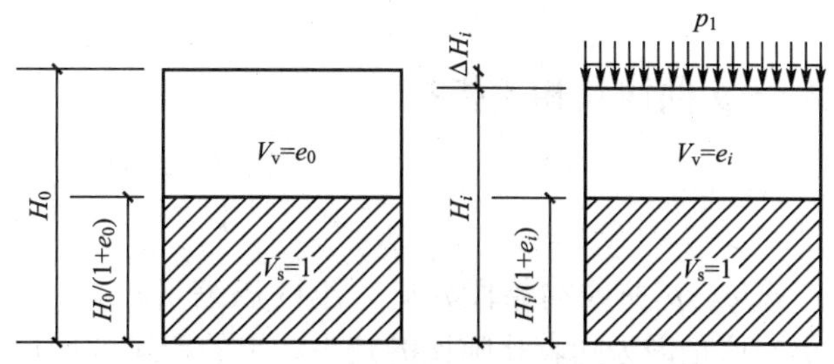

图 5.3 侧限条件下土样原始孔隙比的变化

由于压力作用下土粒体积不变，故令 $V_s=1$，则 $e=V_v/V_s=V_v$，即受压前 $V_v=e_0$，受压后 $V_v=e_i$。又根据侧限条件(土样受压前后的横截面面积不变)，故受压前土粒的初始高

度 $H_0/(1+e_0)$ 等于受压后土粒的高度 $H_i/(1+e_i)$，得出

$$\frac{H_0}{1+e_0}=\frac{H_i}{1+e_i} \tag{5-1a}$$

或

$$\frac{\Delta H_i}{H_0}=\frac{e_0-e_i}{1+e_0} \tag{5-1b}$$

则

$$e_i=e_0-\frac{\Delta H}{H_0}(1+e_0) \tag{5-2}$$

式中　e_0——初始孔隙比，$e_0=d_s(1+w_0)(\rho_w/\rho_0)-1$，其中 d_s、w_0、ρ_0、ρ_w 分别为土粒相对密度、土样初始含水量、土样初始密度和水的密度。

因此，只要测定土样在各级压力 p_i 作用下的稳定压缩量 ΔH_i，就可按式(5-2)计算出相应的孔隙比 e_i。

压缩曲线可按如下两种方式绘制。

(1) 采用直角坐标系，以孔隙比 e 为纵坐标，以有效应力 p 为横坐标绘制 $e-p$ 曲线［图 5.4(a)］。

(2) 若研究土在高压下的变形特性，p 的取值较大，可采用半对数直角坐标系，以 e 为纵坐标，以 $\lg p$ 为横坐标绘制 $e-\lg p$ 曲线［图 5.4(b)］。

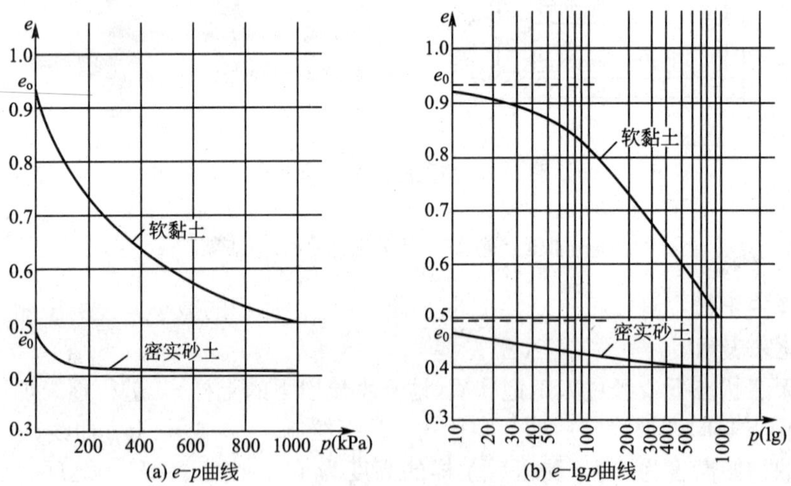

图 5.4　土的压缩曲线

5.2.1　室内试验的 $e-p$ 曲线及相关指标

1. 土的压缩系数 a

由图 5.4(a)可知：①$e-p$ 曲线初始段较陡，土的压缩量较大，而后曲线逐渐平缓，土的压缩量也随之减小，这是因为随着孔隙比的减小，土的密实度增加到一定程度后，土粒移动越来越趋于困难，压缩量也就减小的缘故；②不同的土类，压缩曲线的形态有别，密实砂土的 $e-p$ 曲线比较平稳，而软黏土的 $e-p$ 曲线较陡，因而其压缩性越高。

可以用曲线上任一点的切线斜率 a 表示相应于压力 p 作用下土的压缩性，即

$$a=-\mathrm{d}e/\mathrm{d}p \tag{5-3}$$

式中负号表示随着压力 p 的增加，孔隙比 e 逐渐减小。

由于 $e-p$ 曲线呈非线性，其上各点的斜率随着 p 的增加而逐渐变小，即曲线上每一点的切线斜率 a 值都不相同，在工程应用上很不方便。因此，在实际应用中，一般选取 p_1-p_2 荷载段的割线来表示压缩性，p_1 表示土中某点的初始压力(如自重应力)，p_2 表示外荷载作用下的土中总压力(如自重应力与附加应力之和)。

如图 5.5 所示设应力由 p_1 增加到 p_2，相应的孔隙比由 e_1 减小到 e_2，则与压力增量 $\Delta p=p_2-p_1$ 相对应的孔隙比变化为 $\Delta e=e_1-e_2$。此时，土的压缩性可用图中割线 M_1M_2 的斜率表示。即：

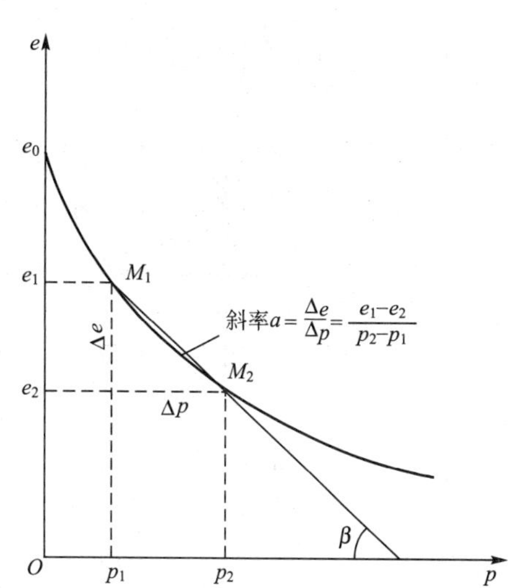

图 5.5　压缩系数 a 的确定

$$a=\frac{\Delta e}{\Delta p}=\frac{e_1-e_2}{p_2-p_1} \tag{5-4}$$

式中　a——土的压缩系数(MPa^{-1})；

p_1——地基某深度处土中(竖向)自重应力(MPa)；

p_2——地基某深度处土中(竖向)自重应力与(竖向)附加应力之和(MPa)；

e_1、e_2——相应于 p_1、p_2 作用下压缩稳定后的孔隙比。

压缩系数 a 的定义是土体在侧限条件下，孔隙比减小量与有效压力增量的比值。a 的物理意义是单位有效压力变化时孔隙比的变化，是评价地基土压缩性高低的重要指标之一。$e-p$ 曲线越陡，说明同一压力段内，土孔隙比的减小越显著，a 值就越大，土的压缩性越高。但即使是同一个试样，由 $e-p$ 曲线看出，不同压力段的割线斜率也有所不同，即压缩系数 a 不是常量，它不仅与所取的起始压力 p_1 有关，而且与压力变化范围 $\Delta p=p_2-p_1$ 有关。

为统一标准方便比较，我国《建筑地基基础设计规范》规定：采用压力间隔段 $p_1=0.1\mathrm{MPa}(100\mathrm{kPa})\sim p_2=0.2\mathrm{MPa}(200\mathrm{kPa})$ 范围的压缩系数 a_{1-2} 来衡量土的压缩性高低。

当 $a_{1-2}<0.1\ \mathrm{MPa}^{-1}$ 时，为低压缩性土；当 $0.1\leqslant a_{1-2}<0.5\ \mathrm{MPa}^{-1}$ 时，为中压缩性土；当 $a_{1-2}\geqslant 0.5\ \mathrm{MPa}^{-1}$ 时，为高压缩性土。

2. 压缩模量 E_s

在侧限条件下土体的竖向应力增量与应变增量之比值称为土的压缩模量 E_s，单位为 kPa 或 MPa，其大小反映了土体在单向压缩条件下对压缩变形的抵抗能力。

如图 5.6(a)所示为实际土体在自重应力 p_1 作用下的情况(即压缩前)；图 5.6(b)为自重应力与附加应力之和 p_2 作用下的情况(即压缩后)；e_1、e_2 为相应于 p_1、p_2 作用下压缩稳定后的孔隙比。

$$E_s=\frac{\Delta p}{\Delta \varepsilon} \tag{5-5}$$

由于

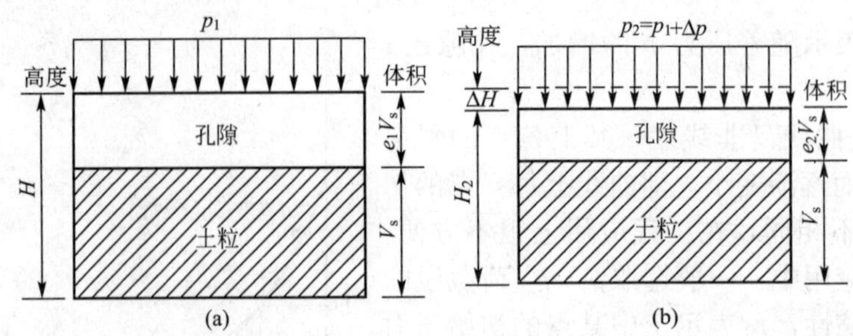

图 5.6 侧限条件下压力增量所引起的土样高度变化

$$\Delta\varepsilon=\frac{\Delta H}{H_1}=\frac{e_2-e_1}{1+e_1}=\frac{\Delta e}{1+e_1} \quad 和 \quad a=\frac{\Delta e}{\Delta p}$$

所以

$$E_s=\frac{\Delta p}{\Delta\varepsilon}=\frac{\Delta p}{\Delta H/H_1}=\frac{\Delta p}{\Delta e/(1+e_1)}=\frac{1+e_1}{a} \tag{5-6}$$

由式(5-6)可知，土的压缩模量 E_s 与压缩系数 a 成反比，压缩系数 a 越大，土的压缩模量 E_s 越小，土的压缩性越高。同压缩系数 a 一样，压缩模量 E_s 也不是常数，是随着压力大小而变化的，因此在运用到沉降计算中时，比较合理的做法是根据实际竖向应力的大小利用 $e-p$ 曲线计算压缩模量。一般认为，$E_s<4\text{MPa}$ 时为高压缩性土；$4\text{MPa}\leqslant E_s\leqslant 15\text{MPa}$ 时为中压缩性土；$E_s>15\text{MPa}$ 时为低压缩性土。

3. 体积压缩系数 m_v

在侧限条件下土体的竖向应力增量与应变增量的比值称为土的体积压缩系数 m_v，单位为 kPa^{-1} 或 MPa^{-1}，它与土的压缩模量互为倒数。

$$m_v=a/(1+e_1)=1/E_s \tag{5-7}$$

由式(5-7)可知，体积压缩系数 m_v 值越大，土的压缩性越高。

【例题 5.1】 某土样进行室内压缩试验，土样 $d_s=2.7$，$\gamma=19\text{kN/m}^3$，$w=22\%$，环刀高为 2cm。当 $p_1=100\text{kPa}$ 时，稳定压缩量 $s_1=0.8\text{mm}$，$p_2=200\text{kPa}$ 时，$s_2=1\text{mm}$。试求：

(1) 土样的初始孔隙比 e_0 和 p_1、p_2 对应的孔隙比 e_1、e_2；

(2) 压缩系数 a_{1-2} 和压缩模量 $E_{s_{1-2}}$；

(3) 评价土的压缩性。

【解】 (1) $e_0=\dfrac{(1+w)\gamma_w d_s}{\gamma}-1=\dfrac{(1+22\%)\times10\times2.7}{19}-1=0.73$

由 $\dfrac{H_0}{1+e_0}=\dfrac{H_0-s}{1+e}$ 得 $e=e_0-\dfrac{s}{H_0}(1+e_0)$ 或 $\dfrac{s}{H_0}=\dfrac{e_0-e}{1+e_0}$

$$e_1=0.73-\frac{0.8}{20}\times(1+0.73)=0.66 \quad e_2=0.73-\frac{1.0}{20}\times(1+0.73)=0.64$$

(2) $a_{1-2}=\dfrac{e_1-e_2}{p_2-p_1}=\dfrac{0.66-0.64}{200-100}=0.2(\text{MPa}^{-1})$

$$E_{s_{1-2}}=\frac{1+e_1}{a_{1-2}}=\frac{1+0.66}{0.2}=8.3(\text{MPa})$$

(3) 由 $a_{1-2}=0.2\text{MPa}^{-1}$可知，此土样为中压缩性土。

5.2.2 土的回弹曲线与再压缩曲线

在室内压缩试验过程中，当压力加到某一数值 p_i [图 5.7(a)中 $e-p$ 曲线的b 点] 后，逐级卸压至零，土样将发生回弹，土体膨胀，孔隙比增大，若测得在各卸载等级下土样回弹稳定后的高度，换算得到相应的孔隙比，则可绘制卸载阶段的孔隙比与压力的关系曲线如图 5.7(a)所示中的虚线 bc，称为回弹曲线(或膨胀曲线)。

由图可见，试样回弹不是沿着初始压缩曲线，这说明土体受压缩后产生了变形，卸压回弹，但变形不能全部恢复，其中可恢复的部分称为弹性变形，不能恢复的部分称为残余变形，而土的压缩变形以残余变形为主。

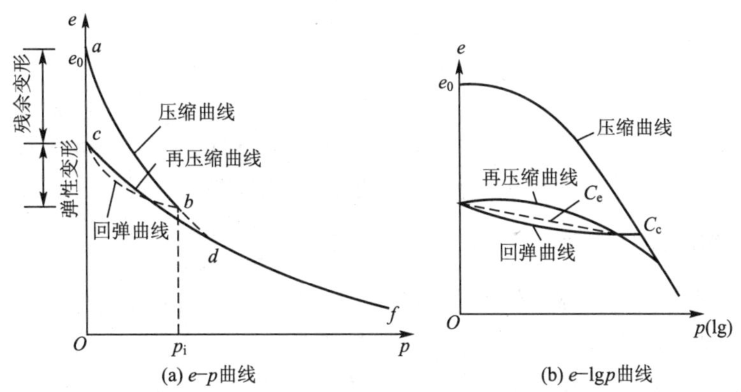

图 5.7 土的回弹和再压缩曲线

当荷载全部卸除为零后，若再重新逐级加压，则可测得土的再压缩曲线如图中 cdf 段所示，其中 df 段就像是ab 段的延续，犹如其间没有经过卸压和再加压过程一样。在半对数曲线上，如图 5.7(b)所示，也同样可以看到这种现象。

以此类推，土在重复加荷、卸荷与再加荷的每一重复的循环中，都将行走新的路径，形成新的回滞环。其中的残余变形与弹性变形的数值均逐渐减小，前者减小更多。当反复次数足够多时，土体的变形趋于弹性，达到弹性压密状态。

高层建筑基础，往往其基础底面和埋置深度都较大，开挖深基坑后，地基受到较大的减压(压力解除)作用，因而发生土的膨胀，造成坑底回弹。因此，在预估基础沉降时，应适当考虑这种影响，进行土的回弹再压缩试验，其压力的施加与地基中某点实际的加荷、卸荷与再加荷状况一致。

1. 回弹指数(再压缩指数)C_e

卸载段和再压缩段的平均斜率称为回弹指数(再压缩指数)C_e，一般黏性土的 $C_e\approx(0.1\sim0.2)C_c$。

2. 回弹模量

是土体在侧限条件下卸载或再加载时竖向压应力与竖向应变的比值。计算地基土的回弹量时，应根据回弹、再压缩曲线确定回弹模量。

5.2.3 室内试验的 $e \sim \lg p$ 曲线及相关指标

1. 土的压缩指数 C_c

研究土在高压下的变形特性时，p 的取值较大，可采用半对数直角坐标系，绘制 $e-\lg p$ 曲线。如图 5.8 所示，$e-\lg p$ 曲线前半段呈平缓曲线，后半段(在较高的压力范围内)近似为一较陡直线，说明当压力超过某值时土才会发生较显著的压缩。这是因为土中其沉积历史过程中已在上覆土压力或其他荷载作用下经历过压缩或固结，当土样从地基中取出时，原有应力释放，土样膨胀。因此，压缩试验时，当施加荷载小于土样在地基中所受原有压力时，土样的压缩量较小；只有当施加荷载大于原有压力时，土样才会产生新的压缩，压缩量较大。该直线段反映了正常固结黏性土的变形特性。因此，可取直线段的斜率为土的压缩指数 C_c 来反映土的压缩性(图 5.8)。

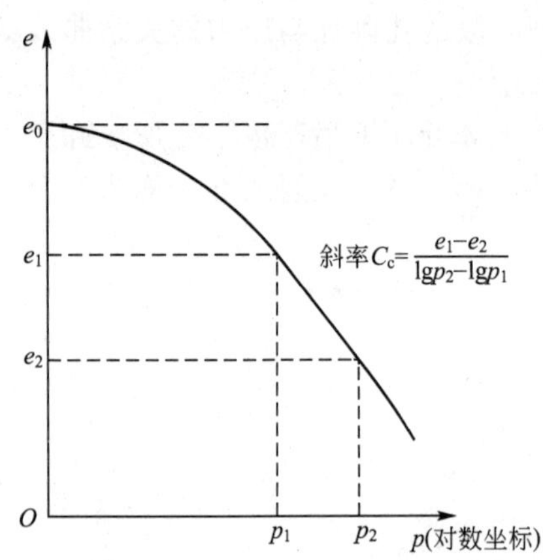

图 5.8 压缩指数 C_c 的确定

$$C_c=\frac{e_1-e_2}{\lg p_2-\lg p_1}=\Delta e/\lg(p_2/p_1) \qquad (5-8)$$

压缩指数 C_c 的定义是土体在侧限条件下孔隙比减小量与有效压力常用对数值增量的比值。$e-\lg p$ 曲线越陡，C_c 值就越大，土的压缩性越高。

一般认为 $C_c<0.2$ 时，低压缩性土；$0.2\leqslant C_c\leqslant 0.4$ 时，属中压缩性土；$C_c>0.4$ 时属高压缩性土。

压缩系数 a 和压缩指数 C_c 都是土的压缩性指标，两者间既有联系又有区别。两者的关系为 $C_c=\frac{a(p_2-p_1)}{\lg p_2-\lg p_1}$。区别在于，对同一种土，用 $e-p$ 曲线得到的 a 是变量且有量纲，如果假定其为常量进行沉降计算，虽然简单但会带来较大的误差；用 $e-\lg p$ 曲线 C_c 是无量纲的常数，且 $e \sim \lg p$ 曲线的后半段接近于直线，便于建立解析关系，计算沉降时也很方便，$e-\lg p$ 曲线能较好地反映土的压缩性与其沉积和受荷历史的密切关系，因此，国内外广泛采用 $e-\lg p$ 曲线来分析研究应力历史对土压缩性的影响。

2. 先期固结压力 p_c

试验表明，如图 5.9 所示的 $e-\lg p$ 曲线，曲线段过渡到直线段的某拐弯点的压力值是天然土层历史上曾经承受过的最大固结压力，即土体在固结过程中所受到的最大竖向有效应力，称之为先期固结压力 p_c，它是了解土层应力历史的重要指标。

确定先期固结压力 p_c 的方法很多，应用最广是美国学者卡萨格兰德(A. Casagrande，1936)建议的经验作图法。具体步骤如下(图 5.9)：

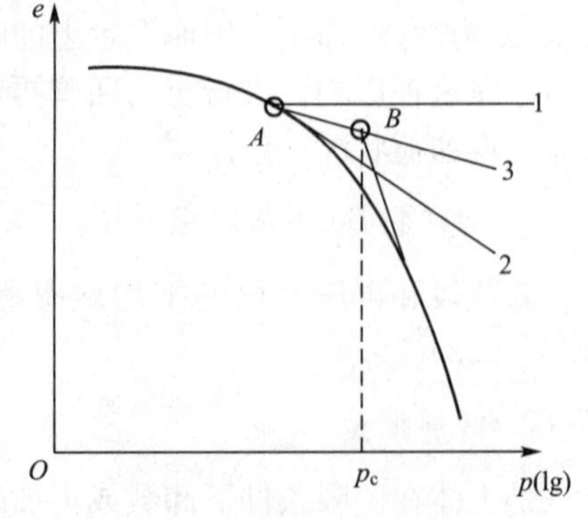

图 5.9 先期固结压力确定

(1) 从 $e-\lg p$ 曲线上找出曲率半径最小的一点

A，过 A 点作水平线 $A1$ 和切线 $A2$。

(2) 作$\angle 1A2$ 的平分线 $A3$，与 $e-\lg p$ 曲线中的直线段的延长线交于 B 点。

(3) B 点所对应的有效应力就是先期固结压力 p_c。

该法适用于 $e-\lg p$ 曲线曲率变化明显的土层，采用这种简易的经验作图法，对取土质量要求较高，$e-\lg p$ 曲线的曲率随 e 轴坐标的比例变化而改变，选用合适的比例才能找到 A 点，同时还应结合现场的调查资料、场地的地质情况、土层的沉积历史、自然地理环境变化等各种因素综合分析确定。

比较土的先(前)期固结压力 p_c 与现在所承受的自重压力 p_1，可将天然土层划分为3种固结状态。将先期固结压力与现有覆盖土重之比定义为超固结比，即 $OCR=p_c/p_1$($p_1=\gamma h$ 即自重压力)。土的 OCR 越大，土所受超固结作用越强，在其他条件相同时，其压缩性越低。

(1) 超固结土($OCR>1$)［图5.10(a)］。是指天然土层在地质历史上受到过的固结压力 p_c 大于目前的上覆压力 p_1。上覆压力由 p_c 减小至 p_1，可能是由于地面上升或自然力(流水、冰川等地质作用的剥蚀)和人工开挖等将其上部的一部分土体剥蚀掉；或古冰川下的土层曾经受过冰荷载(荷载强度为 p_c)的压缩，后遇气候转暖，冰川融化以致上覆压力减小等；如黏土风化过程的结构变化，土粒间的化学胶结、土层的地质时代变老及土的干缩等作用均可能使黏土层的密实程度超过正常沉积情况下相对应的密度，而呈现一种超固结的性状；或在现场堆载预压作用等，都可能使土层成为超固结土。

(2) 正常固结土($OCR=1$)［图5.10(b)］。是指土的自重应力就是该土层历史上受到的最大有效应力 p_c，即 $p_c=p_1=\gamma h$。大多数建筑物场地土层均属于正常固结土。

(3) 欠固结土($OCR<1$)［图5.10(c)］。是指土层在自重作用下的固结尚未完成。如新近沉积的黏性土和粉土、海滨淤泥及年代不久的人工填土等，由于沉积时间短，其自重固结作用尚未完成，图5.10(c)中虚线表示将来固结完成后的地表，即 p_c(这里 $p_c=\gamma h_c$，h_c 为固结完成后地面下的计算点深度)还小于现有的土自重应力 $p_1=\gamma z$。

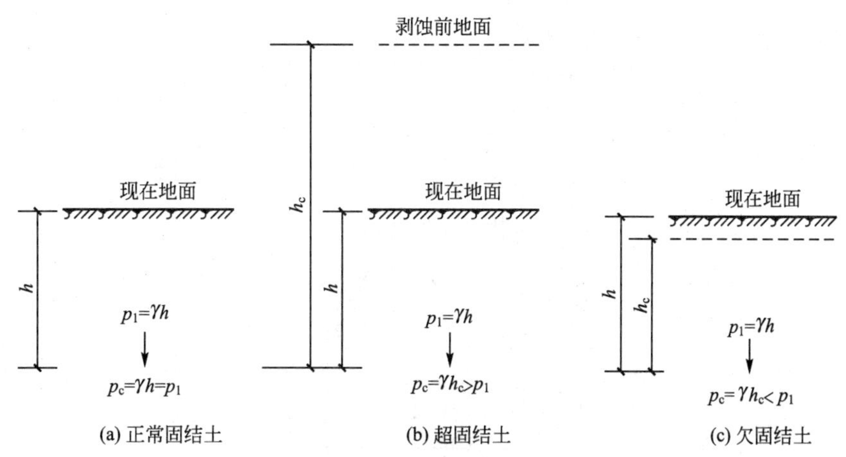

图5.10 天然土层的三种固结状态

5.2.4 现场原始压缩 $e-\lg p$ 曲线及有关指标

一般情况下，$e-\lg p$ 曲线是由室内压缩试验得到的，但由于目前钻探取样的技术条件不够理想、土样取出地面后应力的释放、室内试验时切土人工扰动等因素的影响，室内的压缩曲线已经不能代表地基中现场原始压缩曲线(即原位土层承受建筑物荷载后的 $e-\lg p$ 曲线)。即使试样的扰动很小，保持土的原位孔隙比基本不变，但应力释放仍是无法完全避免的，所以，室内压缩曲线的起始段实际上已是一条再压缩曲线。

在计算地基的固结沉降时，必须弄清楚土层的应力历史，处于正常固结或超固结还是欠固结状态，从而由原始压缩曲线确定其压缩性指标值。

要根据室内压缩曲线推求现场原始压缩曲线，我们一方面要从理论上找出现场原始压缩曲线的特征；另一方面，找出室内试验压缩曲线的特征，建立室内压缩曲线和现场原始压缩曲线的关系。

1. 室内压缩曲线的特征

如图 5.11 所示是取自现场的原状试样的室内压缩、回弹和再压缩曲线。如图 5.12 所示显示了初始孔隙比相同，但扰动程度不同(由不同的试样厚度来反映)的试样的室内压缩曲线。由图可见，当把压缩试验结果用 $e-\lg p$ 曲线表示时，该曲线具有以下特征。

(1) 室内压缩曲线开始时比较平缓，随着压力的增大明显地向下弯曲，当压力接近前期固结应力时，出现曲率最大点 A，曲线急剧变陡，继而近似直线向下延伸如图 5.11 所示。

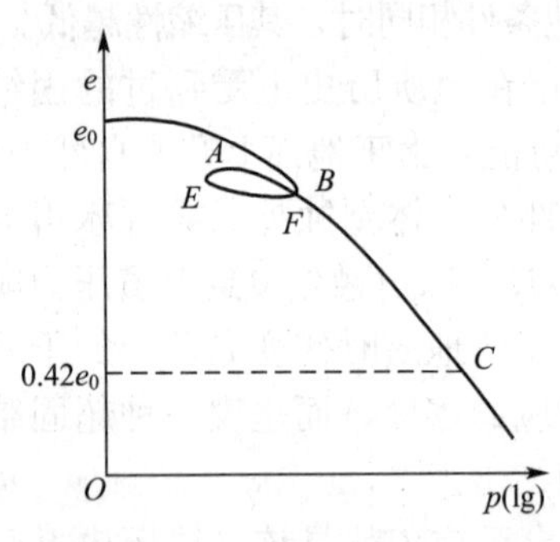

图 5.11 试样的室内压缩、回弹、再压缩曲线

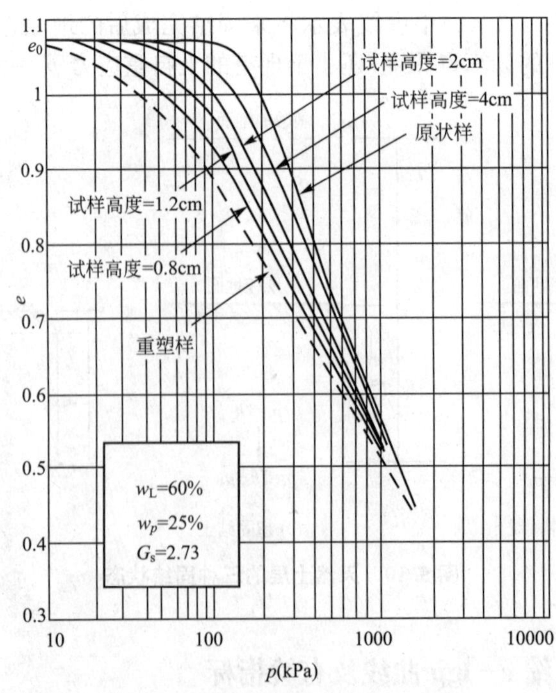

图 5.12 扰动程度不同的试样的室内压缩曲线

(2) 从图 5.11 可以看出，卸荷点 B 在再压缩曲线曲率最大的 A 点右下侧。

(3) 从图 5.12 可以看出，不管试样的扰动程度如何，当压力较大时，它们的压缩曲线都近乎直线，且大致交于 C 点，而 C 点的纵坐标约为 $0.42e_0$(e_0为试样的初始孔隙比)。

(4) 从图 5.12 可以看出，扰动越剧烈，压缩曲线越低，曲率越小。

2. 现场原始压缩曲线的推求

1) 正常固结土($p_c=p_1$)的现场原始压缩曲线

(1) 假定。

① 取样过程中，试样不发生体积变化。即实验室测定的试样初始孔隙比 e_0 就是取土深度处的天然孔隙比。前期固结压力等于取土深度处的土的自重应力，故(p_1，e_0)点应位于原状土的初始压缩曲线上，此即土在现场压缩的起点。

② $e=0.42e_0$时，土样不受到扰动影响。

(2) 现场原始压缩曲线的推定(图 5.13)如下。

① 确定先期固结压力 p_c。

② 先作 b 点，其纵坐标为 e_0，横坐标为 $p_c=p_1$。由假定①可知，b(p_1，e_0)点必然位于原状土的初始压缩曲线上。

③ 再作 c 点，室内压缩曲线上纵坐标 $e=0.42e_0$ 的点就是 c 点。根据前述的室内压缩曲线特征，可以推论：室内压缩曲线和现场原始压缩曲线也通过 c 点。

④ 然后作 bc 直线，这线段就是原始压缩曲线的直线段，于是可按该线段的斜率确定正常固结土的压缩指数 C_c，$C_c=\Delta e/\lg(p_2/p_1)$。

2) 超固结土($p_c>p_1$)的现场原始压缩曲线

(1) 假定：①取样过程中，试样不发生体积变化。因而，(p_1，e_0)点应位于原始再压缩曲线上。

② 回弹指数 C_e为常数，等于室内回弹曲线与再压缩曲线的平均斜率。

③ $e=0.42e_0$时，土样不受到扰动影响。

(2) 现场原始压缩曲线的推定(图 5.14)如下。

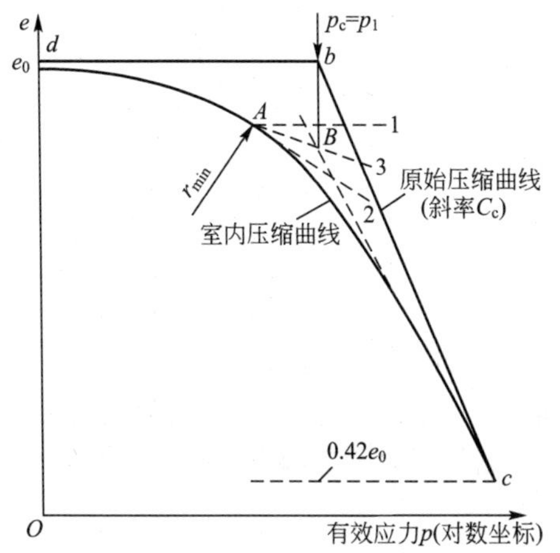

图 5.13 正常固结土的原始压缩曲线

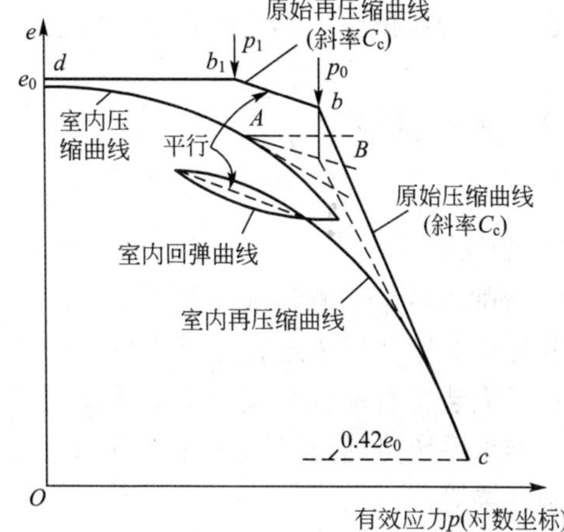

图 5.14 超固结土的原始压缩和原始再压缩曲线

由于超固结土由前期固结应力 p_c 减至现有有效应力 p_1 期间曾在原位经历了回弹。因此，当超固结土后来受到外荷引起的附加应力 Δp 时，它将开始沿着现场再压缩曲线压缩。如果 Δp 较大，超过(p_c-p_0)，它才会沿现场原始压缩曲线压缩。为了推求这条现场原始压缩曲线，应改变压缩试验的程序，并在试验过程中随时绘制 $e-\lg p$ 曲线，待压缩出现急剧转折之后，立即逐级卸荷至 p_1，让回弹稳定，再分级加荷。

① 确定先期固结压力 p_c。

② 先作 b_1 点，其纵坐标为 e_0，横坐标为 p_1。由假定①可知，$b_1(p_1, e_0)$点必然位于原状土的再压缩曲线上。

③ 过 b_1 点作斜率为 C_e 的直线，该直线与通过 B 点的垂线(其横坐标为 p_c)交于 b 点，b_1b 就作为原始再压缩曲线。

④ 再作 c 点，室内压缩曲线上纵坐标 $e=0.42e_0$ 的点就是 c 点。

⑤ 然后连接 bc 直线，这条线段就是原始压缩曲线的直线段，该线段的斜率就是超固结土的压缩指数 C_c，$C_c=\Delta e/\lg(p_2/p_1)$。

3) 欠固结土($p_c<p_1$)的现场原始压缩曲线

对于欠固结土，由于自重作用下的压缩尚未稳定，实际上属于正常固结土的一种特例，只能近似地按与正常固结土相同的方法求得原始压缩曲线，从而确定压缩指数 C_c 值，但其压缩的起始点较高。

5.3 载荷试验及相关指标

土的侧限压缩试验操作简单，是目前测定地基土压缩性的常用方法。但遇到下列情况时，侧限压缩试验就不适用了。

(1) 地基土为粉、细砂、软土，取原状土样困难。

(2) 国家一级工程、规模大或建筑物对沉降有严格要求的工程。

(3) 土层不均匀，土试样尺寸小，代表性差。

针对上述情况，可采用原位测试加以解决。建筑工程中土的压缩性原位测试方法包括载荷试验、旁压试验、静力触探试验等。

5.3.1 载荷试验

1. 载荷试验装置

载荷试验可用于测定承压板下应力主要影响范围内岩土的承载力和变形模量。试验装置包括加荷装置、反力装置和沉降量观测装置 3 部分。加荷装置包括承压板、垫块及千斤顶等；反力装置有地锚系统、堆重系统两类，地锚系统是将千斤顶的反力通过地锚传至地基中，堆重系统是通过堆重来平衡千斤顶的反力；沉降量观测装置包括百分表和基准短桩、基准梁等。

2. 载荷试验类型

载荷试验分为浅层平板载荷试验、深层平板载荷试验和螺旋板载荷试验。

浅层平板载荷试验适用于浅层地基土。试坑宽度或直径不应小于承压板宽度或直径的3倍，试验宜采用圆形刚性承压板，承压板面积不应小于0.25m²，对软土和粒径较大的填土不应小于0.5m²。

深层平板载荷试验适用于深层地基土和大直径桩的桩端土层，试验深度不应小于5m。试井直径应等于承压板直径，如试井直径大于承压板直径时，紧靠承压板周围土的高度不应小于承压板直径。承压板面积宜选用0.5m²。

螺旋板载荷试验适用于深层地基土或地下水位以下的地基土。

现场竖向静载试验如图5.15和图5.16所示。

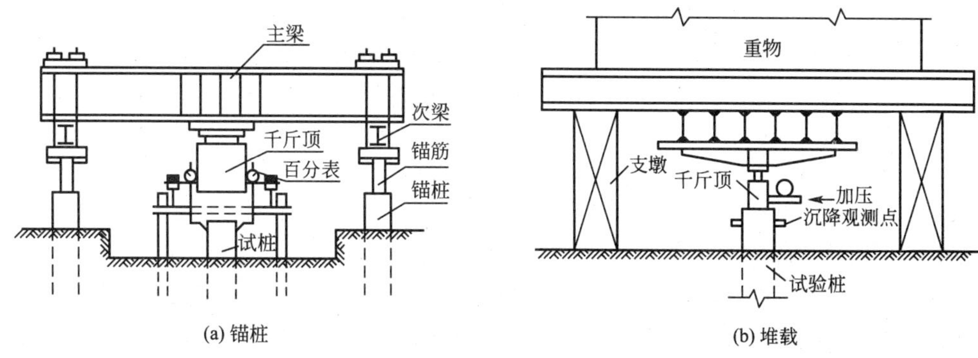

(a) 锚桩　　(b) 堆载

图5.15　现场竖向静载试验示意图

3. 载荷试验结果

载荷试验一般在试坑内进行。先在现场试坑中竖立载荷架，通过承压板将对地基土分级施加压力 p，观测记录每级荷载作用下沉降随时间的发展以及稳定时的沉降量 s，然后采用适当的比例绘制成 $p-s$ 曲线，如图5.17所示。

(a) 锚桩　　(b) 堆载

图5.16　现场竖向静载试验图

图5.17　$p-s$ 曲线

5.3.2　变形模量 E_0

土的变形模量表示土体在无侧限条件下，在受力方向的应力增量与应变增量之比。应

根据 $p-s$ 曲线的初始直线段，按均质各向同性半无限弹性介质的弹性理论计算。

根据弹性力学理论公式，当集中力 P 作用在弹性半无限空间的表面，引起地表任意点的沉降为：

$$s=\frac{P(1-\mu^2)}{\pi E_0 r} \tag{5-9}$$

式中 E_0——地基土的变形模量(MPa)；

μ——地基土的泊松比(碎石土取 0.27，砂土取 0.30，粉土取 0.35，粉质黏土取 0.38，黏土取 0.42)；

r——地表任意点至竖向集中力 P 作用点的距离 $r=\sqrt{x^2+y^2}$。

对式(5-9)进行积分，可得均布荷载作用下地基沉降公式：

$$s=\frac{I_0 pd(1-\mu^2)}{E_0} \tag{5-10}$$

式中 s——地基沉降量(mm)；

p——荷载板的压应力(kPa)；

d——圆形荷载的直径或矩形荷载的短边(m)；

I_0——刚性承压板的形状系数：圆形承压板取 0.785；方形承压板取 0.886。

在载荷试验第一阶段，当荷载较小时，$p-s$ 曲线 oa 段呈线性关系。用此阶段实测的沉降值 s，并利用式(5-10)即可反算地基土的变形模量 E_0，即

$$E_0=I_0(1-\mu^2)dp_1/s_1 \tag{5-11}$$

式中 p_1——载荷试验 $p-s$ 曲线上线性段的压力(kPa)；

s_1——$p-s$ 曲线上与 p_1 对应的沉降量(mm)；

式(5-11)是浅层平板载荷试验的变形模量 E_0 表达式。

对于深层平板载荷试验和螺旋板载荷试验，其试验深度较大，变形模量 E_0 按式(5-12)计算。

$$E_0=\omega dp_1/s_1 \tag{5-12}$$

式中 ω——与试验深度和土类有关的系数，可按表 5-1 选用。

表 5-1 深层载荷试验计算系数 ω

土类 / d/z	碎石土	砂土	粉土	粉质黏土	黏土
0.30	0.477	0.489	0.194	0.515	0.524
0.25	0.469	0.480	0.482	0.506	0.514
0.20	0.460	0.471	0.474	0.497	0.505
0.15	0.444	0.454	0.457	0.479	0.487
0.10	0.435	0.446	0.448	0.470	0.478
0.05	0.427	0.437	0.439	0.461	0.468
0.01	0.418	0.429	0.431	0.452	0.459

注：d/z 为承压板直径和承压板底面深度之比。

5.3.3 土的弹性模量 E

土的弹性模量是指土体在无侧限条件下瞬时压缩的应力应变模量，是正应力与弹性正应变的比值。弹性模量常用于根据弹性理论公式估算建筑物的初始瞬时沉降。

确定弹性模量的方法有静力法和动力法两大类。静力法是用静三轴仪测定，即采用室内静三轴仪进行三轴压缩试验或无侧限压缩仪进行单轴压缩试验，根据应力-应变关系曲线所确定初始切线模量 E_i 或相当于现场载荷条件下的再加荷模量 E_r 就是静弹性模量，一般用 E 表示；动力法是采用动三轴仪，测得的是动弹性模量 E_d(图 5.18)。

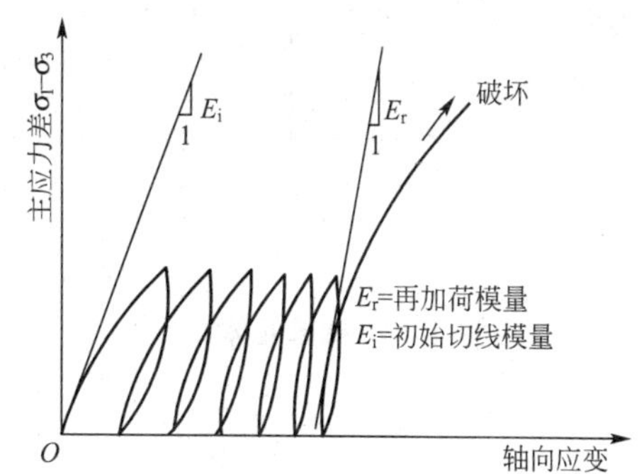

图 5.18 三轴压缩试验确定土的弹性模量

土的弹性模量也能与不排水三轴压缩试验所得到的强度联系起来，从而间接地估算出：

$$E=(250\sim500)(\sigma_1-\sigma_3)_f \quad (5-13)$$

式中 $(\sigma_1-\sigma_3)$——不排水三轴压缩试验土样破坏时的主应力差。

5.3.4 关于三种模量的讨论

由于土并非理想弹性体，它的变形包括了可恢复的弹性变形和不可恢复的残余变形两部分，有三种模量的定义可知，弹性模量的应变只包含弹性应变；压缩模量和变形模量的应变既包含弹性应变又包含残余应变。土的弹性模量要比变形模量、压缩模量大得多，可能是他们的几十倍或者更大。

对于只有弹性变形的情况下则要采用弹性模量来计算，如动荷载(如车辆荷载、风荷载、地震荷载)作用下，由于冲击荷载或反复荷载每次作用时间短暂，此时土体中的孔隙水来不及或不完全排出，只发生土骨架的弹性变形，部分土中水排出、封闭土中气的压缩变形，这些都是可恢复的弹性变形，而没有发生不可恢复的残余变形。此时应采用土的弹性模量来计算。

在静荷载作用下计算土的变形时所采用的变形参数为压缩模量或变形模量，在侧限条件假设下，计算地基最终沉降量的分层总和法和应力面积法都采用压缩模量；变形模量则用于弹性理论法估算最终沉降量。

土的变形模量 E_0 是在现场测试获得的，是土体在无侧限压缩过程中的应力与应变的比值；而压缩模量 E_s 是通过室内压缩试验换算求得，是土体在完全侧限条件压缩过程中的应力与应变的比值。理论上 E_0 与 E_s 是完全可以换算的。

现从侧向不允许膨胀的固结试验土样中取一微单元体进行分析(图 5.19)。受到三向应力作用 σ_x、σ_y、σ_z，在 z 轴方向的压力作用下，试样中的竖向正应力为 σ_z，由于试样的受力条件属轴对称问题，所以相应的水平向正应力

$$\sigma_x=\sigma_y=\sigma_z K_0 \quad (5-14)$$

式中 K_0——土的侧压力系数，可通过侧限条件下的试验测定，也可在特定的三轴压缩

仪中进行 K_0 固结试验测定。当无试验条件时，可取经验值。

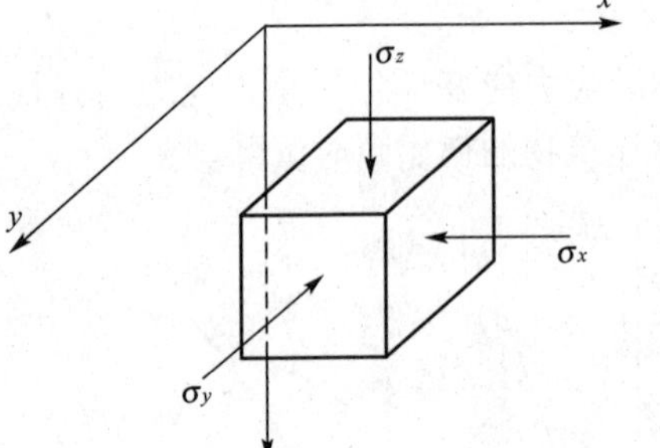

图 5.19 微单元体

先分析沿 x 轴方向的应变 ε_x，根据广义虎克定律，可知

$$\varepsilon_x=\frac{1}{E_0}(\sigma_x-\mu\sigma_y-\mu\sigma_z) \tag{5-15}$$

由于土样是在不允许侧向膨胀条件下进行试验的，所以

$$\varepsilon_x=\varepsilon_y=0 \tag{5-16}$$

将式(5-14)和式(5-16)代入式(5-15)可得出土的侧压力系数 K_0 与泊松比 μ 的关系如下：

$$K_0=\mu/(1-\mu) \tag{5-17}$$

再分析沿 z 轴方向的应变 ε_z，根据广义虎克定律，可知

$$\varepsilon_z=\frac{1}{E_0}(\sigma_z-\mu\sigma_x-\mu\sigma_y)=\frac{\sigma_z}{E_0}(1-2\mu K_0) \tag{5-18}$$

根据侧限条件 $E_s=\sigma_z/\varepsilon_z$，则

$$E_0=(1-2\mu K_0)E_s=\left(1-\frac{2\mu^2}{1-\mu}\right)E_s=\beta E_s \tag{5-19}$$

必须指出，式(5-19)只是 E_0 与 E_s 之间的理论关系，是基于线弹性假定得到的。实际上，土体不是完全弹性体，而且，由于现场载荷试验测定 E_0 和室内压缩试验测定 E_s 时，各有些无法考虑到的因素，使得式(5-19)不能准确反映 E_0 与 E_s 之间的实际关系。这些因素主要有：压缩试验的土样容易受到扰动(尤其是低压缩性土)；载荷试验与压缩试验的加荷速率、压缩稳定的标准都不一样；μ 值不易精确确定等。根据统计资料，E_0 值可能是 βE_s 值的几倍，一般来说，土越坚硬则倍数越大，而软土的 E_0 值与 βE_s 值比较接近。

本章小结

土的压缩是指在压力作用下土中孔隙体积的缩小。压缩指标是通过室内压缩试验和现场载荷试验得到的，主要有压缩系数、压缩指数、再压缩指数、体积压缩系数、压缩模量、变形模量、弹性模量等。

为了反映土的原始压缩性，考虑应力历史后，可以通过室内压缩曲线推求现场原始压缩曲线，根据现场原始压缩曲线确定相应的压缩指标。

压缩模量、变形模量和弹性模量三者的定义不同，计算公式不同，要注意其适用条件。

习　题

1. 简答题

(1) 土的压缩性指标有哪些？如何得到？

(2) 如何计算 a_{1-2}，如何评价土的压缩性？
(3) 根据应力历史可将土层分为哪三类？试述它们的定义。
(4) 为什么要推求现场原始压缩曲线？如何推求？
(5) 如何考虑应力历史对土压缩性的影响？
(6) 试比较压缩模量、变形模量和弹性模量的定义、计算公式及适用条件。

2. 选择题

(1) 下列说法中，错误的是(　　)。
A. 土在压力作用下体积会缩小
B. 土的压缩主要是土中孔隙体积减小
C. 土的压缩性与土的渗透性有关
D. 饱和土的压缩主要是土中气体被挤出

(2) 土体压缩性 $e-p$ 曲线是在(　　)条件下试验得到的。
A. 无侧限　　B. 部分侧限　　C. 完全侧限

(3) 下列说法中，错误的是(　　)。
A. 压缩试验的排水条件为双面排水
B. 压缩试验不允许土样产生侧向变形
C. 在压缩试验中土样既有体积变形，也有剪切变形
D. 载荷试验允许土样产生侧向变形

(4) 土体的压缩性可用压缩系数 a 来表示，则(　　)。
A. 压缩系数 a 越大，土的压缩性越小
B. 压缩系数 a 越大，土的压缩性越大
C. 压缩系数 a 的大小与压缩性的大小无关
D. 压缩系数 a 越大，$e-p$ 曲线越平缓

(5) 在土的压缩性指标中，则(　　)。
A. 压缩系数 a 与压缩模量 E_s 成正比　　B. 压缩系数 a 与压缩模量 E_s 成反比
C. 压缩系数越大，土的压缩性越低　　D. 压缩模量越小，土的压缩性越低

(6) 在压缩曲线 $e-p$ 或 $e-\lg p$ 曲线中，压力 p 为(　　)。
A. 自重应力　　B. 有效应力　　C. 总应力　　D. 孔隙水压力

(7) 土体的压缩性可用压缩指数 C_c 来表示，则(　　)。
A. 压缩指数 C_c 越大，土的压缩性越小
B. 压缩指数 C_c 越大，土的压缩性越大
C. 压缩指数 C_c 的大小与压缩性的大小无关

(8) 从工程勘察报告中已知某土层的 $E_{s_{1-2}}=6.3$MPa，则该土层为(　　)。
A. 低压缩性土　　B. 中压缩性土
C. 高压缩性土　　D. 非压缩性土

(9) 无侧向变形条件下，土的应力与应变的比值为(　　)。
A. 压缩模量　　B. 弹性模量　　C. 变形模量　　D. 压缩系数

(10) 理论上弹性模量 E、变形模量 E_0 与压缩模量 E_s 的关系为(　　)。
A. $E=E_0=E_s$　　B. $E<E_0<E_s$　　C. $E>E_0>E_s$　　D. $E>E_s>E_0$

(11) 当超固结比 $OCR<1$ 时，该土层处于(　　)状态。

A. 正常固结　　　B. 超固结　　　C. 欠固结

(12) 当土为超固结状态时，其先期固结压力 P_c 与目前上覆土重 P_0 的关系为(　　)。

A. $P_c > P_0$　　　B. $P_c = P_0$　　　C. $P_c < P_0$

(13) 超固结土的 $e-\lg p$ 曲线是由一条水平线和两条斜线构成，现有覆土重 p_1 和土的先期固结压力 p_c 之间的斜线斜率为(　　)。

A. 压缩系数　　　B. 压缩指数　　　C. 回弹指数

3. 计算题

(1) 某饱和黏性土试样的土粒比重 $d_s = 2.68$，试样的初始高度为 2cm，面积为 30cm^2。在压缩仪上做完试验后，取出试样称重 109.44g，烘干后重 88.44g。试求：①试样的压缩量是多少？②压缩前后试样的孔隙比改变了多少？③压缩前后试样的重度改变了多少？

(2) 某原状土压缩试验结果如表 5-2 所示，计算土的压缩系数 a_{1-2} 和相应的侧限压缩模量 $E_{s_{1-2}}$，并评价此土的压缩性。

表 5-2　某原状土压缩试验结果

压应力 p(kPa)	50	100	200	300
孔隙比 e	0.962	0.950	0.936	0.924

(3) 设某土样厚 3cm，在 100～200kPa 压力段内的压缩系数 $a_{1-2} = 0.2\text{MPa}^{-1}$，当压力为 100kPa 时，$e = 0.7$。试求：①该土样的压缩模量；②该土样压力由 100kPa 加到 200kPa 时，土样的压缩量 s。

第6章 地基沉降

教学目标

本章主要讲述地基沉降量的计算方法及饱和黏性土沉降与时间的关系。通过本章的学习，达到以下目标：

(1) 掌握分层总和法和规范法计算地基最终沉降量；

(2) 了解其他计算方法及不同计算方法之间的区别和联系；

(3) 掌握一维固结理论及固结度的计算；

(4) 熟悉根据观测资料来推算后期沉降。

教学要求

知识要点	能力要求	相关知识
弹性理论法	(1) 了解均布荷载柔性基础下地基的沉降计算 (2) 了解中心荷载刚性基础下地基的沉降计算 (3) 了解刚性基础倾斜计算	(1) 布辛奈斯克解答 (2) 角点法 (3) 沉降影响系数
分层总和法	(1) 了解基本假设 (2) 掌握计算原理和计算步骤 (3) 熟悉适用条件	(1) 土的分层原则 (2) 自重应力和附加应力的计算 (3) 沉降计算深度的确定 (4) 单一层面压缩量的计算
应力面积法	(1) 掌握计算步骤 (2) 熟悉与分层总和法的区别与联系	(1) 沉降计算经验系数 (2) 沉降计算深度的确定
考虑应力历史的最终沉降量计算	(1) 掌握计算步骤 (2) 熟悉与分层总和法的区别与联系	(1) 推求原始压缩曲线 (2) 压缩指数的确定
地基固结度	(1) 熟悉饱和土体的渗流固结过程 (2) 掌握一维固结理论 (3) 掌握地基固结度的概念 (4) 掌握地基固结度的理论计算及经验估算	(1) 太沙基一维固结理论 (2) 地基平均固结度计算 (3) 利用沉降观测资料估算地基固结度

基本概念

分层总和法、计算深度、应力面积法、计算经验系数、地基固结度。

引言

苏东坡说："游苏州而不游虎丘乃是憾事。"虎丘塔又称云岩寺塔，位于江苏省苏州市虎丘山上，始建于隋文帝仁寿九年(601)，初建成木塔，后毁。现存的虎丘塔建于后周乾祐八年至宋建隆二年(959—961)。比意大利著名的比萨斜塔早建200多年。该塔为仿楼阁式砖木套筒式结构，由8个外墩和4个内墩支承。塔的平面呈八角形，塔底直径13.66m，共七层高47m，塔身设计完全体现了唐宋时代的建筑风格。屋檐为仿木斗拱，飞檐起翘。塔内有两层塔壁，仿佛是一座小塔外面又套了一座大塔，其层间的连接以叠涩砌作的砖砌体连接上下和左右。虎丘斜塔是现存最古老的砖塔，也是唯一保存至今的五代建筑。由于塔基土厚薄不均、塔墩基础设计构造不完善等原因，从明代起，虎丘塔就开始向西北倾斜，虎丘斜塔被尊称为"中国第一斜塔"和"中国的比萨斜塔"。1956年，苏州市政府邀请古建筑专家抢救性维修，采用了以钢板和钢筋为每一层塔壁加了两道箍的办法，进行了加固修整。1961年虎丘塔被列为全国重点文物保护单位之一。1980年6月虎丘塔现场调查，全塔向东北方向严重倾斜，不仅塔顶离中心线已达2.31m，而且底层塔身发生不少裂缝，成为危险建筑而封闭、停止开放。1981年虎丘塔又进行了一次大修，采取了加固措施，制订了"围"、"灌"、"盖"的加固方案，通过在塔四周建造一圈桩排式地下连续墙、钻孔注浆和树根桩等地基加固方法进行处理，等于把虎丘塔"抱"在了钢筋水泥的怀抱里，这就从根本上解决了地下位移、改善塔基受压状况，使得本来是岌岌可危的千年古塔，重新以健美的姿态屹立于山巅。

6.1 概　　述

地基最终沉降量是指地基在建筑物附加荷载作用下，不断产生压缩，直至压缩稳定后地基表面的沉降量。通常认为地基土层在自重作用下压缩已稳定。因此地基沉降的外因主要是建筑物附加荷载在地基中产生的附加应力，内因是在附加应力作用下土层的孔隙发生压缩变形，引起地基沉降。

正常情况下，随着时间的推移沉降会趋于稳定，如果工程完工后经过相当长的时间仍未稳定，则会影响建筑物的正常使用，特别是有较大的不均匀沉降时，将会对建筑物的构件产生附加应力，影响其安全使用，严重时建筑物也会开裂、扭曲、倾斜，甚至倒塌破坏。因此在设计时有必要预先计算建筑物建成后将产生的最终沉降量、沉降差、倾斜和局部倾斜，判断地基变形值是否超出允许范围，特别是在软土地基等特殊条件下或建造某些只允许很小沉降的建筑物时，更应如此。

6.1.1 引起地基沉降的原因

地基的沉降可能有多种原因引起，见表6-1。常用的计算方法基本上是针对由荷重引起的那部分沉降，非直接由荷重引起的沉降，需要靠慎重选址、地基预处理或其他结构措施来预防或减轻其危害。

表 6-1 建筑物沉降的可能原因

原因	机理	性质
建筑物荷重	土体形变	瞬时完成
	土体固结时孔隙比发生变化	决定于土的应力应变关系，且随时间而发展
环境荷载	土体干缩	取决于土体失水后的性质，不易计算
	地下水位变化	由于土层有效应力变化引起
不直接与荷载有关的其他因素，常涉及环境原因	振动引起土粒重排列	视振动性质与土的密度而异，不规则
	土体浸水饱和湿陷或软化，结构破坏丧失黏聚力	随土性与环境改变的速率而变化，很不规则
	地下洞穴及冲刷	不规则，有可能很严重
	化学或生物化学腐蚀	不规则，随时间变化
	矿井、地下管道垮塌	可能很严重
	整体剪切、蠕变、滑坡	不规则
	膨胀土遇水膨胀、冻融变形	随土性及湿度与温度而变，不规则

6.1.2 沉降的类型

1. 按沉降产生时间先后分类

地基受建筑物荷重作用后的沉降曲线如图 6.1 所示。为计算方便，常按时间先后人为地将沉降分为三部分，可认为地基最终沉降量是由下面三部分组成的，即

$$s=s_d+s_c+s_s \tag{6-1}$$

式中 s_d——瞬时沉降(畸变沉降)；

s_c——固结沉降(主固结沉降)；

s_s——次固结沉降。

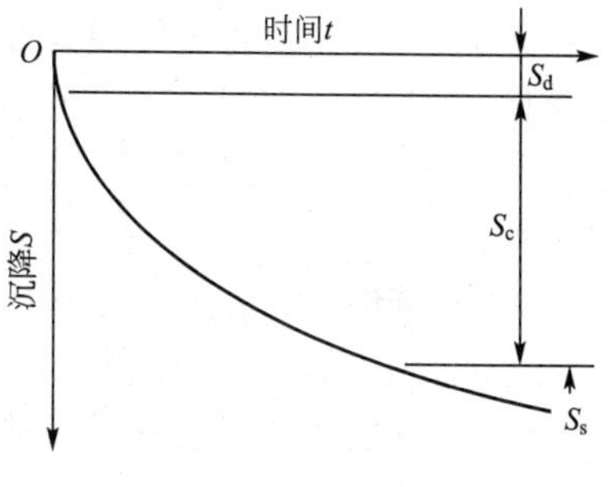

图 6.1 沉降分量

1) 瞬时沉降 s_d

瞬时沉降是在加荷的瞬时由土体产生的剪切变形(形状变形)所引起的沉降，加荷瞬时地基土不产生压缩变形(体积变形)。瞬时沉降 s_d 是在加荷瞬时地基土在不排水条件下产生的沉降。

2）固结沉降（主固结沉降）s_c

在荷载作用下饱和土体中随着孔隙水的逐渐排出，孔隙体积相应减小，土体逐渐压密而产生的沉降，称为主固结沉降。这部分沉降量是地基沉降的主要部分。

在此期间，孔隙水应力逐渐消散，有效应力逐渐增加，当孔隙水应力消散为零，有效应力最终达到一个稳定值时，主固结沉降完成。

3）次固结沉降 s_s

在主固结沉降完成（即孔隙水应力消散为零，有效应力不变）之后土体还会随时间增长进一步产生的沉降，称为次固结沉降。次固结沉降被认为与土的骨架蠕变有关。

上述 3 种分量实际上是相互搭接，无法截然分开的，只不过某时段以一种分量为主。对于无黏性土，如砂土，瞬时沉降是主要的；对于饱和无机粉土与黏土，固结沉降所占比重最大；对于高塑性软黏土、高有机质土（如胶态腐殖质等）及泥炭等，次固结沉降是比较重要的，不容忽视。

一般情况下可不计次固结沉降；当地基为单向压缩时，对于饱和土，受荷瞬间孔隙中的水尚未排出，土体的体积还来不及发生变化，瞬时沉降为零。

2. 按变形方式分类

可分为单向变形的沉降、二向或三向变形的沉降。当地基压缩土层厚度与基础宽度相比较小时，或压缩层埋藏较深时，地基土层可近似于侧限条件下的单向压缩；但在厚土层上的单独基础，其地基的变形将具有明显的三向性质；当基础荷载的长度比宽度大得多，如长宽比大于 5，其长度方向上的侧向变形相对较小时，可忽略不计，即土的变形具有二向性质。

6.1.3 沉降计算方法

沉降主要包括两方面内容：一是最终沉降量，事实上，沉降并无最终值，因为次压缩沉降随时间而增加（常说的最终沉降可认为是固结沉降的最终值与瞬时沉降之和）；二是沉降过程，它反映沉降随时间的发展。

计算地基最终沉降量的方法有很多，可分为 4 大类：弹性理论法、现场试验法、工程实用法和数值计算法。

（1）弹性理论法将土体视为弹性体，测定其弹性常数，再用弹性理论计算土体中的应力与土的变形量。虽然在某些符合弹性理论基本假设的理想条件下可以采用，但对于一般地基，由于土的压缩特性随处变化，边界条件复杂，且土体变形随时间而变化，故这类方法应用较少。

（2）现场试验法大多是利用现场测试结果，借助经验关系式，求得土的压缩性指标，再代入理论公式求解。该法多用于取原状土样进行室内试验有困难的无黏性土（如砂土等）。

（3）工程实用法是应用最多的方法，尤其是其中的分层总和法和地基规范法，这类方法是按弹性理论计算土体中的应力，通过试验提供各项变形参数，利用分层叠加原理，可以方便地考虑土层的非均质、应力应变关系的非线性及地下水位变动等实际存在的复杂因素。

（4）数值计算法以有限元法为主，主要以弹性理论为依据，利用计算机作为运算手段，借助有限单元法离散化的特点，计算复杂的几何与边界条件、施工与加荷过程、土的应力应变关系的非线性(包括各种本构关系)及应力状态进入塑性阶段等情况，计算结果的可信性取决于输入指标的正确性与所用模型的代表性。

沉降计算结果的可信度依赖于计算中各环节的处理是否恰当。

(1) 计算断面。应根据可靠的地基勘探成果和建筑物布置，确定具有代表性的供计算用的地基剖面，确定土层的垂直与水平分布、压缩层范围、排水层位置和有关边界条件等。

(2) 应力分析。包括基底沿深度分布的有效自重应力和附加应力计算。

(3) 计算参数。应采用有代表性的试样，通过试验实测所需计算参数。试验设备和方法应与计算方法相匹配，试验应尽量模拟土的实际压缩条件。

(4) 计算模型。根据对材料性状的不同假设、变形维数、室内或现场变形指标等各种情况，应按计算需要和实际条件合理选用。

沉降计算应综合考虑诸多因素，其中计算参数的正确选用至关重要。

6.2 弹性理论法和现场试验法

6.2.1 弹性理论法及基本解答

黏性土地基透水性小，实测结果表明，当(接近)饱和的黏性土在受到中等应力增量作用时，整个土层的弹性模量可近似假定为常数，可采用弹性力学公式进行计算。

弹性理论法视地基为弹性体，其计算成果的可靠性主要取决于弹性参数的选用是否正确。弹性理论法计算地基沉降是基于布辛奈斯克的位移解，假定地基是均质的、各向同性的、线弹性的半无限体；假定基础整个底面和地基一直保持接触。布辛奈斯克解是研究荷载作用于地表的情形，可近似用来研究基础埋置深度较浅的情况；当基础埋置深度较大时(如深基础)，则应采用明德林解进行沉降计算。

布辛奈斯克给出了在弹性半空间表面作用一个竖向集中力 P 时，半空间内任意点(至作用点的距离为 R)处引起的应力和位移的弹性力学解答，地基内任意一点的竖向位移为

$$\omega=\frac{P(1+\mu)}{2\pi E}\left[\frac{z^2}{R^3}+2(1-\mu)\frac{1}{R}\right] \quad (R=\sqrt{x^2+y^2+z^2}) \qquad (6-2)$$

竖向集中力作用下地基表面的沉降曲线如图 6.2 所示。

对式(6-2)取 $z=0$，即可得到与竖向集中荷载 P 作用点相距为 r 的地表任一点的沉降：

$$s=\omega(x,\ y,\ 0)=\frac{P(1-\mu^2)}{\pi E r} \qquad (6-3)$$

式中 s——竖向集中荷载 P 作用下地基表面任意一点的沉降；

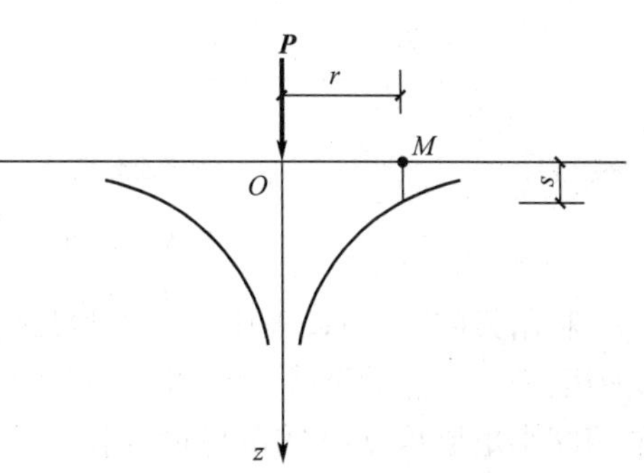

图 6.2 竖向集中力作用下地基表面的沉降曲线

r——地基表面任意点到竖向集中力作用点的距离，$r=\sqrt{x^2+y^2}$；

E——地基土的变形模量(kPa)。

1. 均布荷载柔性基础下地基的沉降

对于局部柔性荷载作用下地基表面的沉降，可利用式(6-3)根据叠加原理积分求得。如图6.3(a)所示，设荷载面A内$N(\xi,\ \eta)$点处微面积$\mathrm{d}\xi\mathrm{d}\eta$上的分布荷载为$p(\xi,\ \eta)$，则该微面积上的分布荷载可由集中力$P=p(\xi,\ \eta)\mathrm{d}\xi\mathrm{d}\eta$代替。这样地基表面上与集中力作用点($N$点)距离为$r=\sqrt{(x-\xi)^2+(y-\eta)^2}$的$M(x,\ y)$点的沉降$s(x,\ y,\ 0)$可由式(6-3)积分求得：

$$s(x,y,0)=\frac{1-\mu^2}{\pi E}\iint_A\frac{p(\xi,\eta)\mathrm{d}\xi\mathrm{d}\eta}{\sqrt{(x-\xi)^2+(y-\eta)^2}} \tag{6-4}$$

对于均布矩形荷载，$p(\xi,\ \eta)=$常数$=p$，在矩形角点下产生的沉降根据式(6-4)积分得到，令$m=l/b$，则有

$$s=\frac{b(1-\mu^2)}{\pi E}\left[m\ln\frac{1+\sqrt{1+m^2}}{m}+\ln(m+\sqrt{1+m^2})\right]p \tag{6-5a}$$

令$\omega_c=\frac{1}{\pi}\left[m\ln\frac{1+\sqrt{1+m^2}}{m}+\ln(m+\sqrt{1+m^2})\right]$，$\omega_c$称为角点沉降影响系数

式(6-5a)可改写为：

$$s=\frac{1-\mu^2}{E}\omega_c bp \tag{6-5b}$$

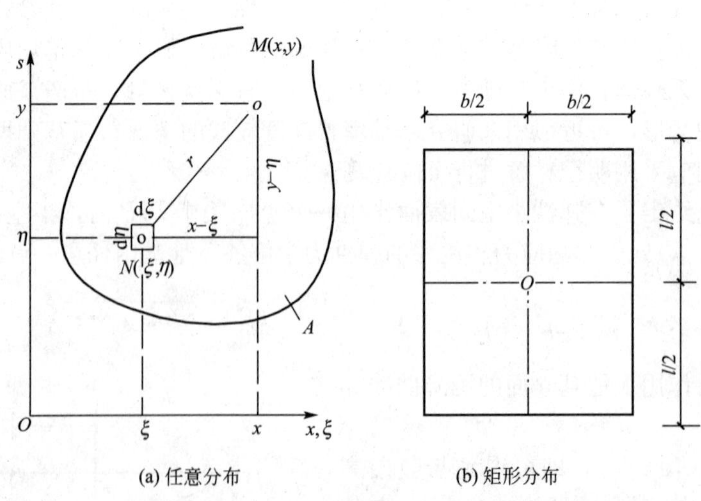

图6.3　均布荷载柔性基础下地基沉降计算

利用式(6-5b)，采用类似求附加应力时的角点法，可以求得均布矩形荷载作用下地基表面任意一点的沉降。如图6.3(b)中对矩形荷载中心点O处的沉降量是虚线划分的四个相同小矩形角点O的沉降量之和，由于小矩形的长宽比$m=(l/2)/(b/2)=l/b$，所以中心点的沉降为

$$s=4\frac{1-\mu^2}{E}\omega_c(b/2)p=2\frac{1-\mu^2}{E}\omega_c bp \tag{6-6a}$$

即矩形荷载中心点沉降量为角点沉降量的两倍，如令 $\omega_0=2\omega_c$，则

$$s=\frac{1-\mu^2}{E}\omega_0 bp \tag{6-6b}$$

式中　ω_0——中心点沉降影响系数。

以上角点法的计算结果和实践经验都表明，局部柔性荷载作用下的半空间地基具有应力扩散性状，地基表面沉降不仅产生于荷载面范围内，还影响到荷载面以外，均布柔性荷载作用时地基表面沉降呈碟形，如图 6.4 所示，实际上，一般扩展基础(柱下独立基础和墙下条形基础)都具有一定的抗弯刚度，基础下地基沉降要受到基础抗弯刚度的约束，使得基底沉降趋于均匀，所以在中心荷载作用下，基底中心点沉降可以近似地按柔性荷载下基底的平均沉降计算，即：

$$s=\frac{\iint_A s(x,y)\mathrm{d}x\mathrm{d}y}{A} \tag{6-7a}$$

式中　A——基础底面积(m^2)。

对均布矩形荷载，上式积分结果为

$$s=\frac{1-\mu^2}{E}\omega_m bp \tag{6-7b}$$

式中　ω_m——平均沉降影响系数。

2. 中心荷载刚性基础下地基的沉降

对于中心荷载下的刚性基础(无筋扩展基础)，假设它具有无限大的抗弯刚度，受荷沉降后基础不发生挠曲，因而基底各点的沉降量处处相等，如图 6.5 所示，即在基底范围内 $s(x,\ y)=s=$常数，基础的静力平衡条件为 $\iint_A p(\xi,\eta)\mathrm{d}\xi\mathrm{d}\eta=P$，则

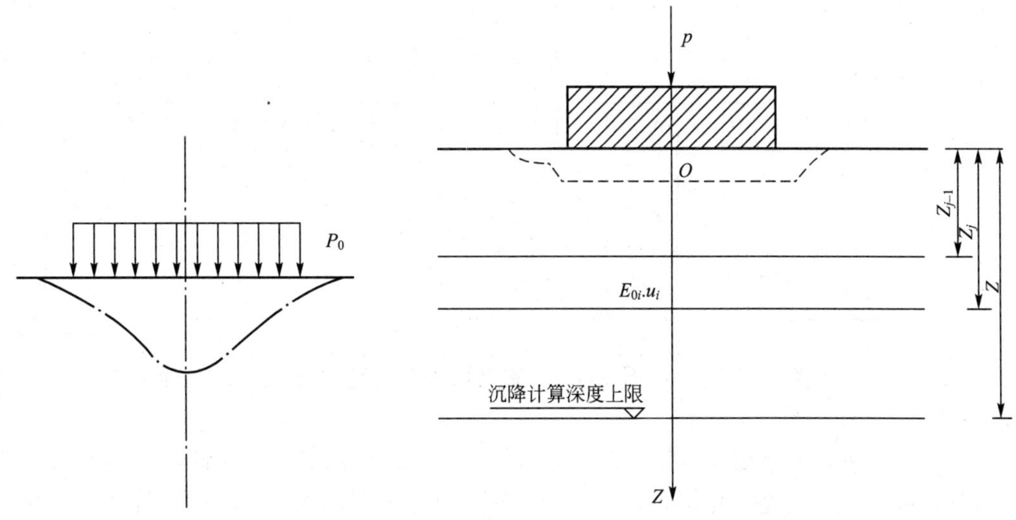

图 6.4　局部柔性荷载作用下地面沉降　　图 6.5　局部刚性荷载作用下地面沉降

联合求解 $\begin{cases} s(x,y)=\dfrac{1-\mu^2}{\pi E_0}\iint\limits_A \dfrac{p(\xi,\eta)\mathrm{d}\xi\mathrm{d}\eta}{\sqrt{(x-\xi)^2+(y-\eta)^2}} \\ \iint\limits_A p(\xi,\eta)\mathrm{d}\xi\mathrm{d}\eta=P \end{cases}$ 后可得基底各点的反力 $p(x,y)$ 和沉降常数 s。

$$s=\frac{1-\mu^2}{E}\omega_r bp \tag{6-8}$$

式中 p——地基表面均布荷载(kPa)，$p=P/A$（A 为基底面积，P 为中心荷载合力），常取基底平均附加压力 p_0 代替；

ω_r——刚性基础沉降影响系数，其值与柔性荷载的平均沉降影响系数 ω_m 接近。

为了便于查表计算，可将式(6－5b)、式(6－6b)、式(6－7b)和式(6－8)写成统一的形式，即地基表面沉降的弹性力学公式如下：

$$s=\frac{1-\mu^2}{E}\omega bp \tag{6-9}$$

式中 s——地基表面任意点的沉降量(mm)；

b——矩形荷载(基础)的宽度或圆形荷载(基础)的直径；

p——地基表面均布荷载(kPa)；

E——地基土的弹性模量(MPa)，可通过室内三轴反复加卸载的不排水试验求得，也可近似采用 $E=(500\sim1000)C_u$ 估算，C_u 为不排水抗剪强度；

ω——沉降影响系数，按基础刚度、底面形状及计算点位置而定，由表 6－2 查得；

μ——地基土的泊松比。因为这一变形阶段体积变化为零，因此泊松比 $\mu=0.5$。

表 6－2 沉降系数 ω 值

计算点位置 \ 荷载面形状		圆形	方形	矩形(l/b)										
				1.5	2.0	3.0	4.0	5.0	6.0	7.0	8.0	9.0	10.0	100.0
柔性基础	ω_c	0.64	0.56	0.68	0.77	0.89	0.98	1.05	1.11	1.16	1.20	1.24	1.27	2.00
	ω_0	1.00	1.12	1.36	1.53	1.78	1.96	2.10	2.22	2.32	2.40	2.48	2.54	4.01
	ω_m	0.85	0.95	1.15	1.30	1.52	1.70	1.83	1.96	2.04	2.12	2.19	2.25	3.70
刚性基础	ω_r	0.79	0.87	1.08	1.22	1.44	1.61	1.72	—	—	—	—	2.12	3.40

对于成层土地基，计算参数 E 和 μ 应在地基压缩层范围内近似取按土层厚度计算的加权平均值。

一般情况下，不考虑次固结沉降，地基沉降由瞬时沉降和固结沉降两部分组成，两种沉降分量的计算公式完全相同，应注意的是瞬时沉降为不排水条件下的沉降，应采用不排水参数 E 和 μ；固结沉降应采用排水参数 E_0 和 μ_0。

当土层压缩厚度为 H，基础埋深为 d 时，基础的平均瞬时沉降计算公式为：

$$s_d = \frac{1-\mu^2}{E}\omega b p \gamma_0 \gamma_1 \tag{6-10}$$

式中 γ_0——考虑基础埋深 d 的修正系数；

γ_1——考虑地基压缩层厚度 H 的修正系数。

黏性土的不排水强度较低，地基在承受荷载的瞬时极易产生局部塑形剪切区，外荷载越大，土中产生的塑形变形区越大，因此需加以修正。修正后的瞬时沉降为：

$$s_d' = s_d / k_d \tag{6-11}$$

式中 k_d——瞬时沉降修正系数，小于1。

3. 刚性基础倾斜的弹性力学公式

刚性基础承受单向偏心荷载时，沉降后基底为倾斜平面，基底形心处的沉降(即平均沉降)可按式(6-9)取 $\omega=\omega_r$ 计算，基底倾斜的弹性力学公式如下：

圆形基础

$$\theta \approx \tan\theta = 6 \cdot \frac{1-\mu^2}{E} \cdot \frac{Pe}{b^3} \tag{6-12a}$$

矩形基础

$$\theta \approx \tan\theta = 8K \cdot \frac{1-\mu^2}{E} \cdot \frac{Pe}{b^3} \tag{6-12b}$$

式中 θ——基础倾斜角；

P——基底竖向偏小荷载(kN)；

e——偏小距(m)；

b——荷载偏小方向的矩形基底边长或圆形基底直径(m)；

E——地基土的弹性模量(kPa)；

μ——地基土的泊松比；

K——矩形刚性基础倾斜影响系数，无量纲，按 l/b 值由(图 6.6)查取。

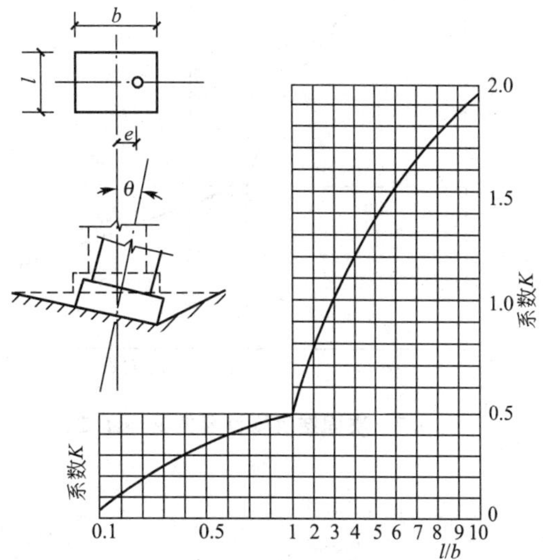

图 6.6 刚性基础的倾斜影响系数

6.2.2 现场试验法(半经验法)

1. 无黏性土的希默特曼法

无黏性土地基由于其透水性大，加荷后固结沉降很快，瞬时沉降和固结沉降难以区分，而且次压缩现象不显著，另外由于其弹性模量随深度增加，利用弹性力学公式计算沉降不合适；并且砂砾料等无黏性地基土难以取原状试样测定其压缩指标，目前对其沉降计算不得不依靠半经验方法，即通过现场原位试验结果与土性质之间的相关关系，估算土的变形指标，然后根据弹性理论的基本公式估算沉降。此类按经验关系估算沉降的方法很多，以希默特曼(Schmertmann)推荐的方法最著名。

$$s = C_1 C_2 \Delta p \sum_{i=1}^{n} \frac{I_{zi}}{E_i} H_i \tag{6-13}$$

式中 Δp——基础底面附加压力；

E_i——第 i 层中点处的变形模量，与标准贯入击数有关；

I_{zi}——第 i 层中点处的应变影响系数，与土的泊松比及计算点位置有关；

H_i——第 i 层土的厚度；

C_1——考虑基础埋深的修正系数；

C_2——考虑时间效应的修正系数。

2. 次固结沉降的布依斯曼(Buisman)法

次固结沉降时地基土中超静水压力全部消散，土的主固结沉降完成后继续产生的那部分沉降。由于其计算比较复杂，且计算参数非常规试验能测定，故工程实用时仍按布依斯曼建议的半经验法估算。

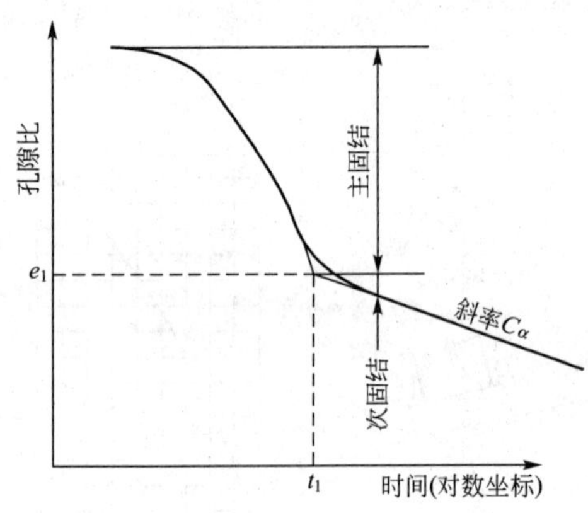

图 6.7　次固结沉降计算的 $e-\lg t$ 曲线

一般情况下可不计次固结沉降，但对于高塑性软黏土、高有机质土(如胶态腐殖质等)及泥炭等，次固结沉降是比较重要的，不容忽视。

次固结沉降过程中，土的体积变化速率与孔隙水从土中流出的速率无关，即次固结沉降的时间与土层厚度无关。许多室内试验和现场测试的结果都表明，在主固结完成后发生的次固结沉降，其大小与时间的关系在半对数坐标图上接近于一直线，如图 6.7 所示。因而地基土层单向压缩的次固结沉降计算公式如下：

$$s_s = \sum_{i=1}^{n} \frac{H_i}{1+e_{0i}} C_{\alpha i} \lg \frac{t}{t_1} \tag{6-14}$$

式中 t——所求次固结沉降的时间，$t>t_1$；

t_1——相当于主固结度为 100% 的时间，根据 $e-\lg t$ 曲线外推而得；

H_i——第 i 压缩土层厚度；

$C_{\alpha i}$——第 i 分层土的次固结系数(半对数图上直线段的斜率)，$C_{\alpha i}=\dfrac{-\Delta e}{\lg t-\lg t_1}$，与孔隙水的流动和土层厚度无关，而和时间有关，可由试验确定；根据许多室内和现场试验结果发现，C_α 值主要取决于土的天然含水量 ω，近似计算时取 $C_\alpha=0.018\omega$。

6.3 工程实用法

在竖直应力作用下，不考虑土体侧向变形的沉降，称为单向压缩沉降。计算时，地基的竖直附加应力是由弹性理论确定的，土的应力应变关系曲线采用压缩曲线 $e-p$ 或 $e-\lg p$(可考虑土的应力历史)。

6.3.1 分层总和法

1. 基本假设

(1) 地基土为均匀、各向同性的半无限空间弹性体。可应用弹性理论方法计算地基中的附加应力。

(2) 采用基底中心点下的地基附加应力计算各土层的竖向压缩变形。

(3) 荷载作用下，地基土层只发生竖向压缩变形，不发生侧向变形。可利用室内压缩试验成果计算各土层竖向压缩变形。

(4) 地基的平均沉降量为各分层土的竖向变形量之和。

如图 6.8 所示，将基底下土分为 n 层，则第 i 层的最终沉降量为

$$s_i=\varepsilon_i h_i=\frac{e_{1i}-e_{2i}}{1+e_{1i}}h_i \tag{6-15}$$

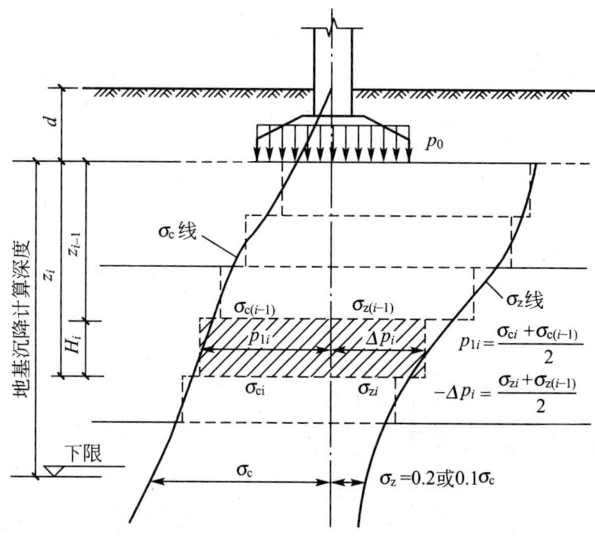

图 6.8 基础最终沉降量计算的分层总和法

根据压缩系数 $a=\frac{e_1-e_2}{p_2-p_1}$ 及 $E_s=\frac{1+e_1}{a}$，式(6-15)可变为

$$s_i=\frac{a_i}{1+e_{1i}}(p_{2i}-p_{1i})h_i=\frac{\bar{\sigma}_{zi}}{E_{si}}h_i \tag{6-16}$$

$$s=\sum_{i=1}^{n}s_i=\frac{e_{1i}-e_{2i}}{1+e_{1i}}h_i=\sum_{i=1}^{n}\frac{\bar{\sigma}_{zi}}{E_{si}}h_i \tag{6-17}$$

式中 ε_i——第 i 分层土的压缩应变；

E_{si}——第 i 层土的压缩模量(kPa)；

h_i——第 i 层土的计算厚度(m)；

a_i——第 i 层土的压缩系数(kPa^{-1})；

n——地基沉降计算深度范围内的土层数；

p_{1i}——作用在第 i 层土上的平均自重应力$\bar{\sigma}_{ci}$；

p_{2i}——作用在第 i 层土上的平均自重应力$\bar{\sigma}_{ci}$与平均附加应力$\bar{\sigma}_{zi}$之和，$p_{2i}=\bar{\sigma}_{ci}+\bar{\sigma}_{zi}$；

e_{1i}——压缩曲线 $e-p$ 中与 p_{1i}相应的孔隙比；

e_{2i}——压缩曲线 $e-p$ 中与 p_{2i}相应的孔隙比。

2. 计算步骤

(1) 地基土分层。分层原则：①天然土层面及地下水位处都应作为薄层的分界面；②薄层厚度 $h_i \leqslant 0.4b$(b 为基础宽度)。

(2) 计算基底中心点下各分层面上土的自重应力 σ_{ci}和附加应力σ_{zi}，并按一定比例绘制自重应力和附加应力分布曲线图。

(3) 确定地基沉降计算深度 z_n。附加应力随深度而减小，自重应力随深度而增加，到一定深度后，附加应力比自重应力小很多，引起的压缩变形可忽略不计。一般土根据 $\sigma_{zn}/\sigma_{cn} \leqslant 0.2$ 确定沉降计算深度，如该深度以下有较高压缩性土层，则根据 $\sigma_{zn}/\sigma_{cn} \leqslant 0.1$ 来确定沉降计算深度。

(4) 计算各分层土的平均自重应力 $\bar{\sigma}_{ci}=(\sigma_{c(i-1)}+\sigma_{ci})/2$ 和平均附加应力 $\bar{\sigma}_{zi}=(\sigma_{z(i-1)}+\sigma_{zi})/2$。

(5) 令 $p_{1i}=\bar{\sigma}_{ci}$，$p_{2i}=\bar{\sigma}_{ci}+\bar{\sigma}_{zi}$，从该土层的 $e-p$ 压缩曲线中由 p_{1i}和 p_{2i}查出相应的 e_{1i}和 e_{2i}。

(6) 计算每一薄层的沉降量 $s_i=\varepsilon_i h_i=\dfrac{e_{1i}-e_{2i}}{1+e_{1i}}h_i$。

(7) 计算地基最终沉降量 $s=\sum\limits_{i=1}^{n}s_i$。

3. 简单讨论

(1) 分层总和法假定土层只在竖向发生压缩，侧向不产生变形，只有压缩土层厚度同基底荷载分布面积相比很薄时才较接近。如当可压缩土层(持力层)厚度 $H \leqslant 0.5b$(b 为基底宽度)，下卧不可压缩层时，由于基础底面和不可压缩层顶面的摩阻力对可压缩土层的限制作用，土层压缩时只出现少量的侧向变形，接近单向压缩。

(2) 采用基底中心点下的地基附加应力计算地基变形，可以弥补采用侧限条件的压缩性指标计算结果偏小的缺点(中心点下的附加应力最大)。

(3) 当存在相邻荷载时，采用角点法，将相邻荷载在基底中心点引起的附加应力进行叠加，计算相邻荷载引起的地基变形。

(4) 当基坑开挖面积较大、较深及暴露时间较长时，会导致地基土产生足够的回弹量，在施加基础荷载后，不仅附加压力会引起沉降，地基土恢复到原自重应力状态也会发生压缩沉降。简化处理时，一般用 $p_0=p-\alpha\sigma_{cd}$来计算附加应力，其中 α 为考虑基坑回弹和再压缩影响的系数，$0 \leqslant \alpha \leqslant 1$，对于小基坑，$\alpha=1$，宽度达 10m 以上的大基坑，$\alpha=0$。

【例题 6.1】 某方形基础底面尺寸为 4m×4m，自重应力和附加应力分布图如图 6.9 所示。第1、第2层土的天然孔隙比为0.97，压缩系数为0.3；第3、第4层土的天然孔隙比为0.90，压缩系数为0.2，计算基础中点的沉降量。

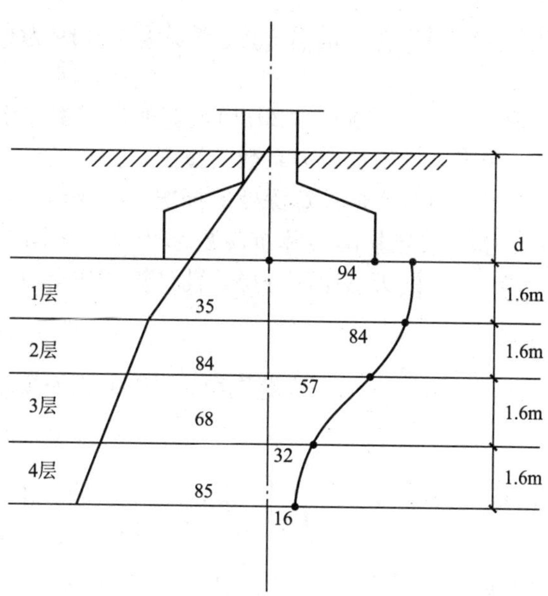

图 6.9　自重应力和附加应力分布图

【解】（1）地基分层，按照地基分层原则，此处取层厚 $h_i=0.4b=0.4\times4=1.6$(m)。

（2）确定沉降深度 z_n：

取 $z_n=6.4$m，得 $\sigma_c=85$kPa，$\sigma_z=16$kPa，$\sigma_z<0.2\sigma_c$，满足要求。

（3）地基沉降计算，见表 6－3。

表 6－3　地基沉降计算表

土层编号	土层厚度 h_i (m)	土的压缩系数 a (MPa^{-1})	孔隙比 e_{1i}	压缩模量 E_{si} (MPa) $E_{si}=\frac{1+e_{1i}}{a}$	平均附加应力(kPa) $\bar{\sigma}_{zi}=\frac{\sigma_{zi}+\sigma_{a}(i-1)}{2}$	沉降量 Δs_i(mm) $\Delta s_i=\frac{\bar{\sigma}_{zi}}{E_{si}}h_i$
1	1.60	0.3	0.97	6.57	$\frac{94+84}{2}=89.0$	21.67
2	1.60	0.3	0.97	6.57	$\frac{84+57}{2}=70.5$	17.17
3	1.60	0.2	0.90	9.50	$\frac{57+32}{2}=44.5$	7.49
4	1.60	0.2	0.90	9.50	$\frac{32+16}{2}=24.0$	4.04

（4）基础中点最终沉降量。

$$s=\sum_{i=1}^{4}\Delta s_i=21.67+17.17+7.49+4.04=50.37(\text{mm})$$

6.3.2 《建筑地基基础设计规范》推荐的沉降计算法(应力面积法)

《建筑地基基础设计规范》(GB 50007—2011)推荐的地基最终沉降量计算方法对分层总和法进行了修正，其引入了平均附加应力系数的概念，并在总结我国建筑工程中大量实践经验的前提下，重新规定了地基变形计算深度的标准，还提出了用沉降计算经验系数对计算结果进行修正，使计算结果与基础实际沉降更趋于一致；同时由于采用了“应力面积”的概念，一般可以按地基土的天然层面分层，使计算工作得以简化。

1. 计算公式

如图 6.10 所示，若基底下 $z_{i-1}\sim z_i$ 深度范围第 i 层土的压缩模量为 E_{si}，则第 i 层土的压缩量为：

$$\Delta s'=\int_{z_{i-1}}^{z_i}\varepsilon_z\mathrm{d}z=\int_{z_{i-1}}^{z_i}\frac{\sigma_z}{E_{si}}\mathrm{d}z=\frac{1}{E_{si}}\int_{z_{i-1}}^{z_i}\sigma_z\mathrm{d}z=\frac{1}{E_{si}}\left(\int_0^{z_i}\sigma_z\mathrm{d}z-\int_0^{z_{i-1}}\sigma_z\mathrm{d}z\right)\qquad(6-18)$$

式中 ε_z——土的压缩应变，$\varepsilon_z=\frac{\sigma_z}{E_s}$；

σ_z——地基附加应力，$\sigma_z=\alpha p_0$（p_0 为基底附加压力，α 为地基竖向附加应力系数）。

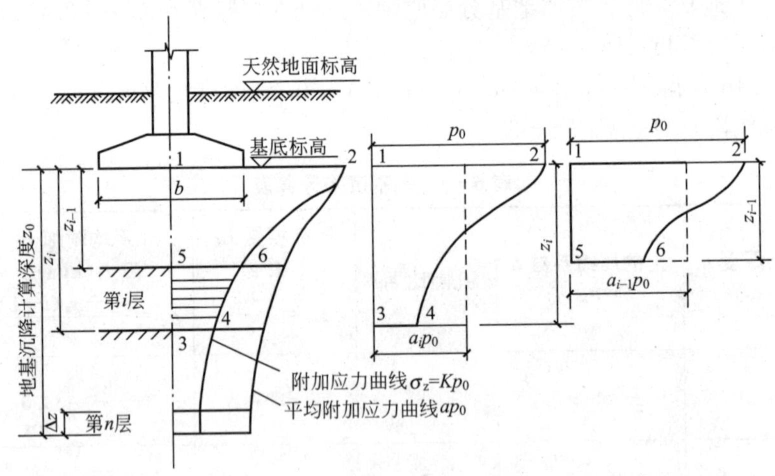

图 6.10 分层变形量的计算原理

令 $A=\int_0^z\sigma_z\mathrm{d}z=\int_0^z\alpha p_0\mathrm{d}z$，则 A 为基底中心点下至任意深度 z 范围内的附加应力面积。为了便于计算，引入地基平均附加应力系数 $\bar{\alpha}=A/p_0z$，则 $A=\bar{\alpha}p_0z$。

如图 6.10 所示第 i 层土的附加应力面积 ΔA_i，实际上是图形 3456 的面积 A_{3456}，故

$$\Delta A_i=A_i-A_{i-1}\text{ 即 }A_{3456}=A_{1234}-A_{1256}$$

令 $A_{1234}=\bar{\alpha}_iz_ip_0$，$A_{1256}=\bar{\alpha}_{i-1}z_{i-1}p_0$

则成层地基中第 i 层土的竖向变形量计算公式：

$$\Delta s_i'=\frac{A_i-A_{i-1}}{E_{si}}=\frac{\Delta A_i}{E_{si}}=\frac{p_0}{E_{si}}(z_i\bar{\alpha}_i-z_{i-1}\bar{\alpha}_{i-1})\qquad(6-19)$$

式中 $\bar{\alpha}_i$、$\bar{\alpha}_{i-1}$——分别为 z_i 和 z_{i-1} 范围内竖向平均附加应力系数。

则按分层总和法计算的地基变形量(基础沉降量)公式如下：

$$s'=\sum_{i=1}^{n}\Delta s'_i=\sum_{i=1}^{n}\frac{p_0}{E_{si}}(z_i\bar{\alpha}_i-z_{i-1}\bar{\alpha}_{i-1}) \tag{6-20}$$

2. 沉降计算经验系数 ψ_s

由于推导 s' 时作了近似假定，而且对某些复杂因素也难以综合反映，因此将其计算结果与大量沉降观测资料结果比较发现：低压缩性的地基土，s' 计算值偏大；高压缩性的地基土，s' 计算值偏小。因此引入沉降计算经验系数 ψ_s，其定义为

$$\psi_s=s_\infty/s' \tag{6-21}$$

式中 s_∞——利用基础沉降观测资料推算的最终沉降量。

利用经验系数 ψ_s 对式(6-20)进行修正，即得到计算地基最终沉降量 s 的分层总和法规范修正公式：

$$s=\psi_s s'=\psi_s\sum_{i=1}^{n}\frac{p_0}{E_{si}}(z_i\bar{\alpha}_i-z_{i-1}\bar{\alpha}_{i-1}) \tag{6-22}$$

式中 s——地基最终沉降量(mm)；

s'——按分层总和法计算的地基沉降量(mm)；

ψ_s——沉降计算经验系数，根据地区沉降观测资料及经验确定，无地区经验时可采用表 6-4 的数值。

n——地基变形计算深度范围内所划分的土层数，天然层面和地下水位面是当然的分层面，为提高 E_{si} 取值的精确度，分层厚度不应大于 2m；

p_0——荷载效应准永久组合时的基础底面处的附加应力(kPa)；

E_{si}——基础底面第 i 层土的压缩模量(MPa)，应取土的自重应力至土的自重应力与附加应力之和的压力段计算；

z_i、z_{i-1}——基础底面至第 i 层土、第 $i-1$ 层土底面的距离(m)；

$\bar{\alpha}_i$、$\bar{\alpha}_{i-1}$——基础底面至第 i 层土、第 $i-1$ 层土底面范围内的平均附加应力系数(对于均布矩形基础按角点法查表 6-5 可得，条形基础可取 $l/b=10$，l 和 b 分别为基础的长边和短边；对于三角形基础按角点法查表 6-6 可得)。

表 6-4 沉降计算经验系数 ψ_s

$\bar{E}_s$(MPa) / 基底附加应力	2.5	4.0	7.0	15.0	20.0
$p_0\geqslant f_{ak}$	1.4	1.3	1.0	0.4	2.0
$p_0\leqslant 0.75f_{ak}$	1.1	1.0	0.7	0.4	2.0

注：表列数值可内插；$\bar{E}_s$ 为变形计算深度范围内压缩模量的当量值，应按下式计算：

$$\bar{E}_s=\sum\Delta A_i/\sum\frac{\Delta A_i}{E_{si}}$$

式中 ΔA_i——第 i 层土附加应力系数沿土层厚度的积分值。

表 6-5 矩形面积上均布荷载作用下角点的平均附加应力系数$\bar{\alpha}$

z/b \ l/b	1.0	1.2	1.4	1.6	1.8	2.0	2.4	2.8	3.2	3.6	4.0	5.0	10.0
0.0	0.2500	0.2500	0.2500	0.2500	0.2500	0.2500	0.2500	0.2500	0.2500	0.2500	0.2500	0.2500	0.2500
0.2	0.2496	0.2497	0.2497	0.2498	0.2498	0.2498	0.2498	0.2498	0.2498	0.2498	0.2498	0.2498	0.2498
0.4	0.2474	0.2479	0.2481	0.2483	0.2483	0.2484	0.2485	0.2485	0.2485	0.2485	0.2485	0.2485	0.2485
0.6	0.2423	0.2437	0.2444	0.2448	0.2451	0.2452	0.2454	0.2455	0.2455	0.2455	0.2455	0.2455	0.2466
0.8	0.2346	0.2372	0.2387	0.2395	0.2400	0.2403	0.2407	0.2408	0.2409	0.2409	0.2410	0.2410	0.2410
1.0	0.2252	0.2291	0.2313	0.2326	0.2335	0.2340	0.2346	0.2349	0.2351	0.2352	0.2352	0.2353	0.2353
1.2	0.2149	0.2199	0.2229	0.2248	0.2260	0.2268	0.2278	0.2282	0.2285	0.2286	0.2287	0.2288	0.2289
1.4	0.2043	0.2102	0.2140	0.2164	0.2180	0.2191	0.2204	0.2211	0.2215	0.2217	0.2218	0.2220	0.2221
1.6	0.1939	0.2006	0.2049	0.2079	0.2099	0.2113	0.2130	0.2138	0.2143	0.2146	0.2148	0.2150	0.2152
1.8	0.1840	0.1912	0.1960	0.1994	0.2018	0.2034	0.2055	0.2066	0.2073	0.2077	0.2079	0.2082	0.2084
2.0	0.1746	0.1822	0.1875	0.1912	0.1938	0.1958	0.1982	0.1996	0.2004	0.2009	0.2012	0.2015	0.2018
2.2	0.1659	0.1737	0.1793	0.1833	0.1862	0.1883	0.1911	0.1927	0.1937	0.1943	0.1947	0.1952	0.1955
2.4	0.1578	0.1657	0.1715	0.1757	0.1789	0.1812	01843	0.1862	0.1873	0.1880	0.1885	0.1890	0.1895
2.6	0.1503	0.1583	0.1642	0.1686	0.1719	0.1745	0.1779	0.1799	0.1812	0.1820	0.1825	0.1832	0.1838
2.8	0.1433	0.1514	0.1574	0.1619	0.1654	0.1680	0.1717	0.1739	0.1753	0.1763	0.1769	0.1777	0.1784
3.0	0.1369	0.1449	0.1510	0.1556	0.1592	0.1619	0.1658	0.1682	0.1698	0.1708	0.1715	0.1725	0.1733
3.2	0.1310	0.1390	0.1450	0.1497	0.1533	0.1562	0.1602	0.1628	0.1645	0.1657	0.1664	0.1675	0.1685
3.4	0.1256	0.1334	0.1394	0.1441	0.1478	0.1508	0.1550	01577	0.1595	0.1607	0.1616	0.1628	0.1639
3.6	0.1205	0.1282	0.1342	0.1389	0.1427	0.1456	0.1500	0.1528	0.1548	0.1561	0.1570	0.1583	0.1595
3.8	0.1158	0.1234	0.1293	0.1340	0.1378	0.1408	0.1452	0.1482	0.1502	0.1516	0.1526	0.1541	0.1554
4.0	0.1114	0.1189	0.1248	0.1294	0.1332	0.1362	0.1408	0.1438	0.1459	0.1474	0.1485	0.1500	0.1516
4.2	0.1073	0.1147	0.1205	0.1251	0.1289	0.1319	0.1365	0.1396	0.1418	0.1434	0.1445	0.1462	0.1479
4.4	0.1035	0.1107	0.1164	0.1210	0.1248	0.1279	0.1325	0.1357	0.1379	0.1396	0.1407	0.1425	0.1444
4.6	0.1000	0.1070	0.1127	0.1172	0.1209	0.1240	0.1287	0.1319	0.1342	0.1359	0.1371	0.1390	0.1410
4.8	0.0967	0.1036	0.1091	0.1136	0.1173	0.1204	0.1250	0.1283	0.1307	0.1324	0.1337	0.1357	0.1379
5.0	0.0935	0.1003	0.1057	0.1102	0.1139	0.1169	0.1216	0.1249	0.1273	0.1291	0.1304	0.1325	0.1348
5.2	0.0906	0.0972	0.1026	0.1070	0.1106	0.1136	0.1183	0.1217	0.1241	0.1259	0.1273	0.1295	0.1320
5.4	0.0878	0.0943	0.0996	0.1039	0.1075	0.1105	0.1152	0.1186	0.1211	0.1229	0.1243	0.1265	0.1292
5.6	0.0852	0.0916	0.0968	0.1010	0.1046	0.1076	0.1122	0.1156	0.1181	0.1200	0.1215	0.1238	0.1266
5.8	0.0828	0.0890	0.0941	0.0983	0.1018	0.1047	0.1094	0.1128	0.1153	0.1172	0.1187	0.1211	0.1240
6.0	0.0805	0.0866	0.0916	0.0957	0.0991	0.1021	0.1067	0.1101	0.1126	0.1146	0.1161	0.1185	0.1216
6.2	0.0783	0.0842	0.0891	0.0932	0.0966	0.0995	0.1041	0.1075	0.1101	0.1120	0.1136	0.1161	0.1193
6.4	0.0762	0.0820	0.0869	0.0909	0.0942	0.0971	0.1016	0.1050	0.1076	0.1096	0.1111	0.1137	0.1171
6.6	0.0742	0.0799	0.0847	0.0886	0.0919	0.0948	0.0993	0.1027	0.1053	0.1073	0.1088	0.1114	0.1149
6.8	0.0723	0.0779	0.0826	0.0865	0.0898	0.0926	0.0970	0.1004	0.1030	0.1050	0.1066	0.1092	0.1129
7.0	0.0705	0.0761	0.0806	0.0844	0.0877	0.0904	0.0949	0.0982	0.1008	0.1028	0.1044	0.1071	0.1109
7.2	0.0688	0.0742	0.0787	0.0825	0.0857	0.0884	0.0928	0.0962	0.0987	0.1008	0.1023	0.1051	0.1090
7.4	0.0672	0.0725	0.0769	0.0806	0.0838	0.0865	0.0908	0.0942	0.0967	0.0988	0.1004	0.1031	0.1071
7.6	0.0656	0.0709	0.0752	0.0789	0.0820	0.0846	0.0889	0.0922	0.0948	0.0968	0.0984	0.1012	0.1054
7.8	0.0642	0.0693	0.0736	0.0771	0.0802	0.0828	0.0871	0.0904	0.0929	0.0950	0.0966	0.0984	0.1036
8.0	0.0627	0.0678	0.0720	0.0755	0.0785	0.0811	0.0853	0.0886	0.0912	0.0932	0.0948	0.0976	0.1020
8.2	0.0614	0.0663	0.0705	0.0739	0.0769	0.0795	0.0837	0.0869	0.0894	0.0914	0.0931	0.0959	0.1004
8.4	0.0601	0.0649	0.0690	0.0724	0.0754	0.0779	0.0820	0.0852	0.0878	0.0893	0.0914	0.0943	0.0938
8.6	0.0588	0.0636	0.0676	0.0710	0.0739	0.0764	0.0805	0.0836	0.0862	0.0882	0.0898	0.0927	0.0973
8.8	0.0576	0.0623	0.0663	0.0696	0.0724	0.0749	0.0790	0.0821	0.0846	0.0866	0.0882	0.0912	0.0959

（续）

z/b \ l/b	1.0	1.2	1.4	1.6	1.8	2.0	2.4	2.8	3.2	3.6	4.0	5.0	10.0
9.2	0.0554	0.0599	0.0637	0.0670	0.0697	0.0721	0.0761	0.0792	0.0817	0.0837	0.0853	0.0882	0.0931
9.6	0.0533	0.0577	0.0614	0.0645	0.0672	0.0696	0.0734	0.0765	0.0789	0.0809	0.0825	0.0855	0.0905
10.0	0.0514	0.0556	0.0592	0.022	0.0649	0.0672	0.0710	0.0739	0.0763	0.0783	0.0799	0.0839	0.0880
10.4	0.0496	0.0537	0.0572	0.0601	0.0627	0.0649	0.0686	0.0716	0.0739	0.0759	0.0755	0.0804	0.0857
10.8	0.0479	0.0519	0.0553	0.0581	0.0606	0.0628	0.0664	0.0693	0.0717	0.0736	0.0751	0.0781	0.0834
11.2	0.0463	0.0502	0.0535	0.0563	0.0587	0.0609	0.0644	0.0672	0.0695	0.0714	0.0730	0.0759	0.0813
11.6	0.0448	0.0486	0.0518	0.0545	0.0569	0.0590	0.0625	0.0652	0.0675	0.0694	0.0709	0.0738	0.0793
12.0	0.0435	0.0471	0.0502	0.0529	0.0552	0.0573	0.0606	0.0634	0.0656	0.0674	0.0690	0.0719	0.0774
12.8	0.0409	0.0444	0.0474	0.0499	0.0521	0.0541	0.0573	0.0599	0.0621	0.0639	0.0654	0.0682	0.0739
13.6	0.0687	0.0420	0.0448	0.0472	0.0493	0.0512	0.0543	0.0568	0.0589	0.0607	0.0621	0.0649	0.0707
14.4	0.0367	0.0398	0.0425	0.0448	0.0468	0.0486	0.0516	0.0540	0.0561	0.0577	0.0592	0.0619	0.0677
15.2	0.0349	0.0379	0.0404	0.0426	0.0445	0.0463	0.0492	0.0515	0.0532	0.0551	0.0565	0.0592	0.0650
16.0	0.0332	0.0361	0.0385	0.0407	0.0425	0.0442	0.0469	0.0492	0.0511	0.0527	0.0540	0.0567	0.0625
18.0	0.0297	0.0323	0.0345	0.0364	0.0381	0.0396	0.0422	0.0442	0.0460	0.0475	0.0487	0.0512	0.0570
20.0	0.0269	0.0292	0.0312	0.0330	0.0345	0.0359	0.0382	0.0402	0.0418	0.0432	0.0444	0.0468	0.0524

表 6-6　三角形分布的矩形荷载角点下的竖向平均附加应力系数$\bar{\alpha}$

z/b \ l/b	0.2		0.4		0.6		0.8		1.0	
点	1	2	1	2	1	2	1	2	1	2
0.0	0.0000	0.2500	0.0000	0.2500	0.0000	0.2500	0.0000	0.2500	0.0000	0.2500
0.2	0.0112	0.2161	0.0140	0.2308	0.0148	0.2333	0.0151	0.2339	0.0152	0.2341
0.4	0.0179	0.1810	0.0245	0.2084	0.0270	0.2153	0.0280	0.2175	0.0285	0.2184
0.6	0.0207	0.1505	0.0308	0.1851	0.0355	0.1966	0.0376	0.2011	0.0388	0.2030
0.8	0.0217	0.1277	0.0340	0.1640	0.0405	0.1787	0.0440	0.1852	0.0459	0.1883
1.0	0.0217	0.1104	0.0351	0.1461	0.0430	0.1624	0.0476	0.1704	0.0502	0.1746
1.2	0.0212	0.0970	0.0351	0.1312	0.0439	0.1480	0.0492	0.1571	0.0525	0.1621
1.4	0.0204	0.0865	0.0344	0.1187	0.0436	0.1356	0.0495	0.1451	0.0534	0.0507
1.6	0.0195	0.0779	0.0333	0.1082	0.0427	0.1247	0.0490	0.1345	0.0533	0.1405
1.8	0.0186	0.0709	0.0321	0.0993	0.0415	0.1153	0.0480	0.1252	0.0525	0.1313
2.0	0.0178	0.0650	0.0308	0.0917	0.0401	0.1071	0.0467	0.1169	0.0513	0.1232
2.5	0.0157	0.0538	0.0276	0.0769	0.0365	0.0908	0.0429	0.1000	0.0478	0.1063
3.0	0.0140	0.0458	0.0248	0.0661	0.0330	0.0786	0.0392	0.0871	0.0439	0.0931
5.0	0.0097	0.0289	0.0175	0.0424	0.0236	0.0476	0.0285	0.0576	0.0324	0.0624
7.0	0.0073	0.0211	0.0133	0.0311	0.0180	0.0352	0.0219	0.0427	0.0251	0.0465
10.0	0.0053	0.0150	0.0097	0.0222	0.0133	0.0253	0.0162	0.0308	0.0186	0.0336

（续）

l/b 点 z/b	1.2		1.4		1.6		1.8		2.0	
	1	2	1	2	1	2	1	2	2	1
0.0	0.0000	0.2500	0.0000	0.2500	0.0000	0.2500	0.0000	0.2500	0.0000	0.2500
0.2	0.0153	0.2342	0.0153	0.2343	0.0153	0.2343	0.0153	0.2343	0.0153	0.2343
0.4	0.0288	0.2187	0.0289	0.2189	0.0290	0.2190	0.0290	0.2190	0.0290	0.2191
0.6	0.0394	0.2039	0.0397	0.2043	0.0399	0.2046	0.0400	0.2047	0.0401	0.2048
0.8	0.0470	0.1899	0.0476	0.1907	0.0480	0.1912	0.0482	0.1915	0.0483	0.1917
1.0	0.0518	0.1769	0.0528	0.1781	0.0534	0.1789	0.0538	0.1794	0.0540	0.1797
1.2	0.0546	0.1649	0.0560	0.1666	0.0568	0.1678	0.0574	0.1684	0.0577	0.1689
1.4	0.0559	0.1541	0.0575	0.1562	0.0586	0.1576	0.0594	0.1585	0.0599	0.1591
1.6	0.0561	0.1443	0.0580	0.1467	0.0594	0.1484	0.0603	0.1494	0.0609	0.1502
1.8	0.0556	0.1354	0.0578	0.1381	0.0593	0.1400	0.0604	0.1413	0.0611	0.1422
2.0	0.0547	0.1274	0.0570	0.1303	0.0587	0.1324	0.0599	0.1338	0.0608	0.1348
2.5	0.0513	0.1107	0.0540	0.1139	0.0560	0.1163	0.0575	0.1180	0.0586	0.1193
3.0	0.0476	0.0976	0.0503	0.1008	0.0525	0.1033	0.0541	0.1052	0.0554	0.1067
5.0	0.0356	0.0661	0.0382	0.0690	0.0403	0.0714	0.0421	0.0734	0.0435	0.0749
7.0	0.0277	0.0496	0.0299	0.0520	0.0318	0.0541	0.0333	0.0558	0.0347	0.0572
10.0	0.0207	0.0359	0.0224	0.0379	0.0239	0.0395	0.0252	0.0409	0.0263	0.0403

l/b 点 z/b	3.0		4.0		6.0		8.0		10.0	
	1	2	1	2	1	2	1	2	1	2
0.0	0.0000	0.2500	0.0000	0.2500	0.0000	0.2500	0.0000	0.2500	0.0000	0.2500
0.2	0.0153	0.2343	0.0153	0.2343	0.0153	0.2343	0.0153	0.2343	0.0153	0.2343
0.4	0.0290	0.2192	0.0291	0.2192	0.0291	0.2192	0.0291	0.2192	0.0291	0.2192
0.6	0.0402	0.2050	0.0402	0.2050	0.0402	0.2050	0.0402	0.2050	0.0402	0.2050
0.8	0.0486	0.1920	0.0487	0.1920	0.0487	0.1920	0.0487	0.1920	0.0487	0.1920
1.0	0.0545	0.1803	0.0546	0.1803	0.0546	0.1804	0.0546	0.1804	0.0546	0.1804
1.2	0.0584	0.1697	0.0586	0.1699	0.0587	0.1700	0.0587	0.1700	0.0587	0.1700
1.4	0.0609	0.1603	0.0612	0.1605	0.0613	0.1606	0.0613	0.1606	0.0613	0.1606
1.6	0.0623	0.1517	0.0626	0.1521	0.0628	0.1523	0.0628	0.1523	0.0628	0.1523
1.8	0.0628	0.1441	0.0633	0.1445	0.0635	0.1447	0.0635	0.1448	0.0635	0.1448
2.0	0.0629	0.1371	0.0634	0.1377	0.0637	0.1380	0.0638	0.1380	0.0638	0.1380
2.5	0.0614	0.1223	0.0623	0.1233	0.0627	0.1237	0.0628	0.1238	0.0628	0.1239
3.0	0.0589	0.1104	0.0600	0.1116	0.0607	0.1123	0.0609	0.1124	0.0609	0.1125
5.0	0.0480	0.0797	0.0500	0.0817	0.0515	0.0833	0.0519	0.0837	0.0521	0.0839
7.0	0.0391	0.0619	0.0414	0.0642	0.0435	0.0663	0.0442	0.0671	0.0445	0.0674
10.0	0.0302	0.0462	0.0325	0.0485	0.0340	0.0509	0.0359	0.0520	0.0364	0.0526

3. 地基沉降计算深度 z_n

规范采用“变形比”替代传统的“应力比”来确定地基沉降计算深度。

$$\Delta s'_n \leqslant 0.025 \sum_{i=1}^{n} \Delta s'_i \tag{6-23}$$

式中　$\Delta s_i'$——在计算深度范围内，第 i 层土的计算变形值；

$\Delta s_n'$——在计算深度 z_n 处向上取厚度为 Δz 的土层计算变形值(图 6.10)，Δz 按表 6-7 确定。

表 6-7　计算厚度 Δz 值

b(m)	$b\leqslant2$	$2<b\leqslant4$	$4<b\leqslant8$	$b>8$
Δz(mm)	0.3	0.6	0.8	1.0

如按式(6-23)确定的计算深度下部有较软弱土层时，应向下继续计算，直至软弱土层中所取规定厚度 Δz 的计算变形值满足式(6-23)为止。

当无相邻荷载影响、基础宽度在 1～30m 范围内时，基础中点的地基变形计算深度也可按下列简化公式计算：

$$z_n=b(2.5-0.4\ln b) \tag{6-24}$$

式中　b——基础宽度(m)。

在计算深度范围内存在基岩时，z_n可取至基岩表面；当存在较厚的坚硬粘性土层，其孔隙比小于 0.5、压缩模量大于 50MPa，或存在较厚的密实砂卵石层，其压缩模量大于 80MPa 时，z_n可取至该层土表面。

4. 与分层总和法的比较

与分层总和法相比，应力面积法主要有以下三个特点。

(1) 由于附加应力沿深度的分布是非线性的，因此分层总和法的层厚较小，层数较多；应力面积法一般可按天然层面分层，简化了计算工作。

(2) 地基沉降计算深度 z_n的确定方法更合理。

(3) 采用了沉降计算经验系数 ψ_s，ψ_s是从大量的工程实际沉降观测资料中，经数理统计分析得出的，综合反映了多种因素的影响，因此更接近于实际情况。

应力面积法与分层总和法的假设一致，它实质上是一种简化并修正的分层总和法。

5. 回弹变形量

高层建筑由于基础埋置深度大，地基回弹再压缩变形在最终变形量中占重要部分，甚至某些高层建筑设置 3～4 层地下室时，总荷载有可能等于或小于该深度土的自重压力。因此，当建筑物地下室基础埋置较深时，地基土的回弹变形量可按下式计算：

$$s_c=\psi_c\sum_{i=1}^{n}\frac{p_c}{E_{ci}}(z_i\bar{\alpha}_i-z_{i-1}\bar{\alpha}_{i-1}) \tag{6-25}$$

式中　s_c——地基的回弹变形量(mm)；

ψ_s——回弹量计算经验系数，无地区经验时可取 1.0；

p_c——基坑底面以上土的自重压力(kPa)，地下水位以下应扣除浮力；

E_{ci}——土的回弹模量(kPa)，按固结试验中回弹曲线的不同应力段计算。

【例题 6.2】 试以分层总和法单向压缩基本公式和分层总和法规范修正公式计算例题 3.3中基础甲的最终沉降量(并应考虑左右相邻基础乙的影响)，计算资料详(图 6.11 和图 6.12)。

【解】 1) 分层总和法单向压缩基本公式计算

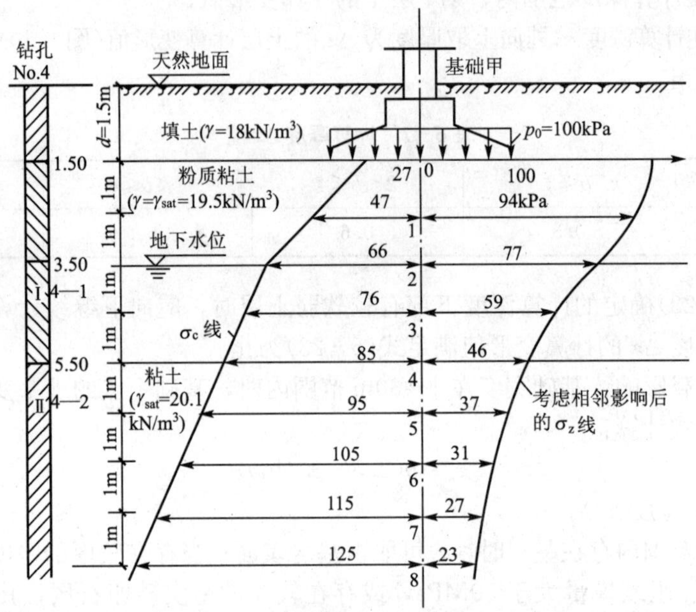

图 6.11　土的自重应力和附加应力分布图

(1) 地基的分层。基础底面下第一层粉质黏土厚 4m，地下水位分层面以上厚 2m，所以分层厚度均可取为 1m。

(2) 地基(竖向)自重应力 σ_c 的计算。基底中心轴线下各分层层面处的 σ_c 计算结果如图 6.11 所示和见表 6－8。举例如下：

0 点　　$\sigma_c=18\times1.5=27(\text{kPa})$

2 点　　$\sigma_c=27+19.5\times2=66(\text{kPa})$

4 点　　$\sigma_c=66+(19.5-10)\times2=85(\text{kPa})$

(3) 地基(竖向)附加应力 σ_z 计算。在基础甲底面中心轴线下各分层界面各点的 σ_z(包括相邻影响)的计算成果详见例题 3.3，现抄录于图 6.11 和表 6－8。

(4) 地基各分层土的自重应力平均值和附加应力平均值的计算。各分层的计算结果列于表 6－8。以 0—1 分层为例：

$$p_{1i}=[\sigma_{c(i-1)}+\sigma_{ci}]/2=(27+47)/2=37(\text{kPa})$$

$$p_{2i}=p_{1i}+[\sigma_{z(i-1)}+\sigma_{zi}]/2=37+(100+94)/2=134(\text{kPa})$$

(5) 地基各分层土的孔隙比变化值的确定。按各分层的 p_{1i} 及 p_{2i} 值从土样 4—1(粉质黏土)或土样 4—2(黏土)的压缩曲线查得相应的孔隙比(图 6.12)。例如，0—1 分层：按 $p_{1i}=37\text{kPa}$ 和 $p_{2i}=134\text{kPa}$ 从土样 4—1

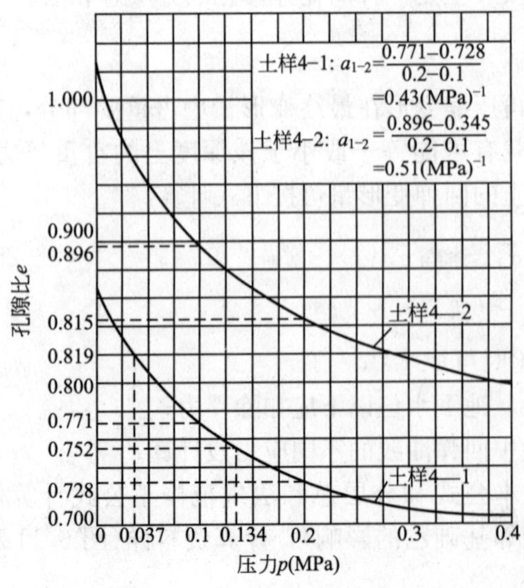

图 6.12　土样的 e－p 曲线

的压缩曲线上得 $e_{1i}=0.819$ 和 $e_{2i}=0.752$，其余各分层的确定结果见表 6-8。

（6）地基压缩层深度的确定。按 $\sigma_z=0.2\sigma_c$ 确定深度的下限：7m 深处 $0.2\sigma_c=0.2\times115=23$(kPa)，$\sigma_z=27$kPa(不够)；8m 深处 $0.2\sigma_c=0.2\times125=25$(kPa)，$\sigma_z=23$kPa(可以)。

（7）计算地基各分层压缩量。各分层的计算结果列于表 6-8，以 0—1 分层为例：

$$\Delta s_i=\varepsilon_i h_i=\frac{e_{1i}-e_{2i}}{1+e_{1i}}h_i=\frac{0.819-0.752}{1+0.819}\times10^3=37(\text{mm})$$

（8）从表 6-8 中得出基础甲的最终沉降量如下：

$$s=\sum_{i=1}^{8}\Delta s_i=37+29+22+18+16+13+10+8=153(\text{mm})$$

表 6-8 分层总和法单向压缩基本公式的计算

点	深度 z_i (m)	自重应力 σ_c (kPa)	附加应力 $\sigma_z+\sigma_z'$ (kPa)	层厚 H_i (m)	自重应力平均值 $\frac{\sigma_{c(i-1)}+\sigma_{ci}}{2}$ (kPa)	附加应力平均值 $\frac{\sigma_{z(i-1)}+\sigma_{zi}}{2}$ (kPa)	自重应力加附加应力 (kPa)	压缩曲线	受压前孔隙比 e_{1i}	受压后孔隙比 e_{2i}	$\frac{e_{1i}-e_{2i}}{1+e_{1i}}$	$\Delta S_i'=10^3\times\frac{e_{1i}-e_{2i}}{1+e_{1i}}H_i$ (mm)
0	0	27	100									
1	1.0	47	94	1.0	37	97	134	土样4—1	0.819	0.752	0.037	37
2	2.0	66	77	1.0	57	86	143		0.801	0.748	0.029	29
3	3.0	76	59	1.0	71	68	139		0.790	0.750	0.022	22
4	4.0	85	46	1.0	81	53	134		0.784	0.752	0.018	18
5	5.0	95	37	1.0	90	42	132	土样4—2	0.904	0.873	0.016	16
6	6.0	105	31	1.0	100	34	134		0.896	0.872	0.013	13
7	7.0	115	27	1.0	110	29	139		0.888	0.870	0.010	10
8	8.0	125	23	1.0	120	25	145		0.882	0.867	0.008	8

注：σ_z' 为由相邻荷载引起的附加应力。

2）分层总和法规范修正公式计算

（1）计算 p_0。

例题 3.3，$p_0=100$kPa。

（2）计算 E_{si}(分层厚度取 2m)。利用表 6-8，摘取点 1、3、5、7 处所计算的自重应力 p_{1i}、附加应力 Δp_i(包括考虑相邻基础影响)各值，再计算自重应力加附加应力值 $p_{2i}=p_{1i}+\Delta p_i$，即可利用图 6.12 分别查得 e_{1i} 和 e_{2i} 各值，各分层的计算结果列于表 6-9。

表 6-9 分层压缩模量的计算

分层深度 z_i (m)	自重应力平均值 p_{1i} (kPa)	附加应力平均值 Δp_i (kPa)	自重应力+附加应力 p_{2i} (kPa)	分层厚度 (m)	压缩曲线编号	受压前孔隙比 e_{1i}	受压后孔隙比 e_{2i}	$E_{si}=(1+e_{1i})\times\frac{p_{2i}-p_{1i}}{e_{1i}-e_{2i}}\times10^{-3}$ (MPa)
0～2	47	94	141	2.0	土样4—1	0.810	0.749	2.79
2～4	76	59	135	2.0		0.787	0.751	2.93

（续）

分层深度 z_i (m)	自重应力平均值 p_{1i} (kPa)	附加应力平均值 Δp_i (kPa)	自重应力＋附加应力 p_{2i} (kPa)	分层厚度 (m)	压缩曲线编号	受压前孔隙比 e_{1i}	受压后孔隙比 e_{2i}	$E_{si}=(1+e_{1i})\times\frac{p_{2i}-p_{1i}}{e_{1i}-e_{2i}}\times10^{-3}$ (MPa)
4～6	95	37	132	2.0	土样4—2	0.900	0.873	2.60
6～8	115	27	142	2.0		0.885	0.869	3.18
8～10	135	18	153	2.0		0.872	0.861	3.06

(3) 计算$\bar{\alpha}$(分层厚度取2m)。当$z=0$时，$\bar{\alpha}$虽不为零(查表6－5)，但$z\bar{\alpha}=0$。

计算$z=2$m范围内的$\bar{\alpha}$：

a. 柱基甲(荷载面积为$oabc\times4$)。

对荷载面积$oabc$，$l/b=2.5/2=1.25$，$z/b=2/2=1$，查表6－5中有：

$$l/b=1.2，z/b=1，得\bar{\alpha}=0.2291$$

$$l/b=1.4，z/b=1，得\bar{\alpha}=0.2313$$

当$l/b=1.25$，$z/b=1$时，即

$$内插得\bar{\alpha}=0.2291+(0.2313-0.2291)\times(1.25-1.2)/(1.4-1.2)=0.2297$$

$$柱基甲基底下z=2\text{m}范围内的\bar{\alpha}=4\times0.2297=0.9188$$

b. 两相邻柱基乙的影响(荷载面积$[oafg-oaed]\times2\times2$)。

对荷载面积$oafg$，$l/b=8/2.5=3.2$，$z/b=2/2.5=0.8$，查表6－5得$\bar{\alpha}=0.2409$。

对荷载面积$oaed$，$l/b=4/2.5=1.6$，$z/b=2/2.5=0.8$，$\bar{\alpha}=0.2395$。

由于两相邻柱基乙的影响，在$z=2$m范围内$\bar{\alpha}=2\times2\times(0.2409-0.2395)=0.0056$。

c. 考虑两相邻柱基乙的影响后，基础甲在$z=2$m范围内的$\bar{\alpha}=0.9188+0.0056=0.9244$。

按表6－7规定，当$b=4$m时，确定沉降计算深度处向上取计算厚度$\Delta z=0.6$m，分别计算$z=4$m、6m、8m、8.4m、9m深度范围内的$\bar{\alpha}$值，列于表6－10。

(4) 计算$\Delta s_i'$。

$z=0\sim2$m(粉质黏土层位于地下水位以上)：

$$\Delta s_i'=\frac{p_0}{E_{si}}(z_i\bar{\alpha}_i-z_{i-1}\bar{\alpha}_{i-1})=\frac{100}{2.79}\times(2\times0.9244-0\times1)=66(\text{mm})$$

$z=2\sim4$m(粉质黏土层位于地下水位以下)：

$$\Delta s_i'=\frac{p_0}{E_{si}}(z_i\bar{\alpha}_i-z_{i-1}\bar{\alpha}_{i-1})=\frac{100}{2.93}\times(4\times0.7596-2\times0.9244)=41(\text{mm})$$

其余详见表6－10。

(5) 确定z_n。

由表6－10知，$z=9$m深度范围内的计算变形量$\sum\Delta s_i'=160$mm，相应于$z=8.4\sim9$m(按表6－7规定为向上取0.6m)土层的计算变形量$\Delta s'=4\text{mm}\leqslant0.025\times160=4(\text{mm})$，满足要求，故确定地基变形计算深度$z_n=9$m。注意$z=8\sim8.4$m土层(＜0.6m)的$\Delta s_i'$值不能验算沉降计算深度。

(6) 确定ψ_s。

表 6-10 分层总和法规范修正公式的计算

z(m)	基础甲			两相邻基础乙对基础甲的影响			考虑影响后的基础甲$\bar{\alpha}$	$z\bar{\alpha}$	$z_i\bar{\alpha}_i-z_{i-1}\bar{\alpha}_{i-1}$	E_{si} (MPa)	$\Delta s_i'$ (mm)	$\sum \Delta s_i'$ (mm)
	l/b	z/b	$\bar{\alpha}$	l/b	z/b	$\bar{\alpha}$						
0	2.5/2=1.25	0	4×0.2500=1.0000	8/2.5=3.2 4/2.5=1.6	0 0	4(0.2500−0.2500)=0	1.0000	0				
2	1.25	2/2=1	4×0.2297=0.9188	3.2 1.6	2/2.5=0.8 0.8	4(0.2409−0.2395)=0.0056	0.9244	1.849	1.849	2.79	66	66
4	1.25	4/2=2	4×0.1835=0.7340	3.2 1.6	4/2.5=1.6 1.6	4(0.2143−0.2079)=0.0256	0.7596	3.038	1.189	2.93	41	107
6	1.25	6/3=2	4×0.1464=0.5856	3.2 1.6	6/2.5=2.4 2.4	4(0.1873−0.1757)=0.0464	0.6320	3.792	0.754	2.60	29	136
8	1.25	8/2=4	4×0.1024=0.4816	3.2 1.6	8/2.5=3.2 3.2	4(0.1645−0.1497)=0.592	0.5408	4.326	0.534	3.18	17	153
8.4	1.25	8.4/2=4.2	4×0.1162=0.4648	3.2 1.6	8.4/2.5=3.36 3.36	4(0.1605−0.1452)=0.0612	0.5260	4.418	0.092	3.06	3	156
9	1.25	9/2=4.5	4×0.1102=0.4408	3.2 1.6	9/2.5=3.6 3.6	4(0.1548−0.1389)=0.0636	0.5044	4.540	0.122	3.06	4≤0.025×160 可以	160

按式(6-19)计算 z_n 深度范围内压缩模量的当量值 E_s'：

$$\overline{E}_s = \sum \Delta A_i / \sum \frac{\Delta A_i}{E_{si}}$$

$$= \frac{p_0(z_n\bar{\alpha}_n - 0\times\bar{\alpha}_0)}{\frac{p_0(z_1\bar{\alpha}_1 - 0\times\bar{\alpha}_0)}{E_{s1}} + \frac{p_0(z_2\bar{\alpha}_2 - z_1\bar{\alpha}_1)}{E_{s2}} + \cdots + \frac{p_0(z_n\bar{\alpha}_n - z_{n-1}\bar{\alpha}_{n-1})}{E_{sn}}}$$

$$= \frac{p_0\times 0.450}{p_0\left(\frac{1.849}{2.79}+\frac{1.189}{2.93}+\frac{0.754}{2.60}+\frac{0.534}{3.18}+\frac{0.092}{3.06}+\frac{0.122}{3.06}\right)} = 2.84(\text{MPa})$$

查表(当 $p_0=0.75f_{ak}$)得 $\psi_s=1.08$

(7) 计算地基最终变形量(基础最终沉降量)。

$$s = \psi_s s' = \psi_s \sum_{i=1}^{n} \Delta s_i' = 1.08\times 160 = 173(\text{mm})$$

6.3.3 考虑应力历史影响的地基最终沉降量计算

分层总和法和应力面积法进行沉降计算采用的压缩指标是根据 $e-p$ 曲线确定的，如果考虑应力历史对沉降的影响，则压缩指标需要采用 $e-\lg p$ 曲线修正后的现场原始压缩曲线来确定。其基本方法与分层总和法相似，所不同的是：①三类固结土的压缩性指标用 $e-\lg p$ 曲线确定，即从原始压缩曲线或原始再压缩曲线中确定；②初始孔隙比用 e_0；③对不同应力历史的土层，需要用不同的方法来计算，即对正常固结土、超固结土和欠固结土的计算公式在形式上稍有不同。

计算步骤如下。

(1) 选择沉降计算断面和计算点，确定基底压力。

(2) 将地基分层。

(3) 计算地基中各分层面的自重应力及土层平均自重应力。

(4) 计算地基中各分层面的竖向附加应力及土层平均附加应力。

(5) 用卡萨格兰德的方法，根据室内压缩曲线确定前期固结应力；判定土层是属于正常固结土、超固结工或欠固结土；推求现场原始压缩曲线。

(6) 对正常固结土、超固结土和欠固结土分别用不同的方法求各分层的压缩量，然后，将各分层的压缩量累加得最终沉降量。

1. 正常固结土($p_c=p_1$)的沉降计算

计算正常固结土的沉降时，由原始压缩曲线确定压缩指数 C_c后(图 6.13)，按下列公式计算固结沉降量：

$$s_c = \sum_{i=1}^{n} \frac{\Delta e_i}{1+e_{0i}} h_i = \sum_{i=1}^{n} \frac{h_i}{1+e_{0i}}\left(C_{ci}\lg\frac{p_{1i}+\Delta p_i}{p_{1i}}\right) \qquad (6-26)$$

式中 Δe_i——由原始压缩曲线确定的第 i 层土的孔隙比的变化；

Δp_i——第 i 层土附加应力的平均值(有效应力增量)，$\Delta p_i=(\sigma_{zi}+\sigma_{z(i-1)})/2$；

p_{1i}——第 i 层土自重应力的平均值，$p_{1i}=(\sigma_{ci}+\sigma_{c(i-1)})/2$；

e_{0i}——第 i 层土的初始孔隙比；

C_{ci}——由原始压缩曲线确定的第 i 层土的压缩指数。

2. 欠固结土($p_c<p_1$)的沉降计算

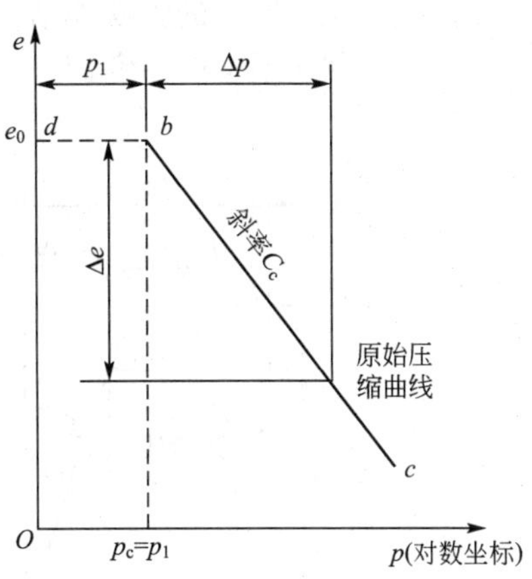

图 6.13 正常固结土的孔隙比变化

欠固结土的沉降量包括两部分：由土的自重应力作用下继续固结引起的沉降；由附加应力产生的沉降。可近似按与正常固结土同样的方法求得到原始压缩曲线来计算 Δe_i，Δe_i包括两部分：一部分是从 p_{ci}至 p_{1i}引起的孔隙比变化；另一部分是从 p_{1i}至 $p_{1i}+\Delta p_i$引起的孔隙比变化。

$$s=\sum_{i=1}^{n}\frac{h_i}{1+e_{0i}}C_{ci}\lg\frac{p_{1i}+\Delta p_i}{p_{ci}} \quad (6-27)$$

式中 p_{ci}——第 i 层土的实际有效应力，小于土的自重应力 p_{1i}。

可见，若按正常固结土层计算欠固结土的沉降，所得结果可能远小于实际观测的沉降量。

3. 超固结土($p_c>p_1$)的沉降计算

计算超固结土的沉降时，由原始压缩曲线和原始再压缩曲线分别确定土的压缩指数 C_c和回弹指数 C_e。

对于超固结土地基，由于原始压缩曲线和原始再压缩曲线的斜率不同，因此其沉降的计算应针对分层土的有效应力增量 Δp_i大小而区分为两种情况。

1) 当 $\Delta p_i>p_{ci}-p_{1i}$时

第 i 层的土层在 Δp_i作用下孔隙比将先沿着原始再压缩曲线 b_1b 段减小 $\Delta e_i'$，然后沿着原始压缩曲线 bc 段减小 $\Delta e_i''$，如图 6.14(a)所示，即相应于 Δp_i的孔隙比变化为 $\Delta e_i=\Delta e_i'+\Delta e_i''$。

第一部分：相应的有效应力由现有的土自重压力 p_{1i}增大到先期固结压力 p_{ci}。

$$\Delta e_i'=C_{ei}\lg\left(\frac{p_{ci}}{p_{1i}}\right) \quad (6-28)$$

式中 C_{ei}——回弹指数，其值等于原始再压缩曲线的斜率。

第二部分：相应的有效应力由先期固结压力 p_{ci}增大到 $p_{1i}+\Delta p_i$。

$$\Delta e_i''=C_{ci}\lg\left(\frac{p_{1i}+\Delta p_i}{p_{ci}}\right) \quad (6-29)$$

式中 C_{ci}——压缩指数，其值等于原始压缩曲线的斜率。

于是，孔隙比的总改变量为：

$$\Delta e_i=\Delta e_i'+\Delta e_i''=C_{ei}\lg\left(\frac{p_{ci}}{p_{1i}}\right)+C_{ci}\lg\left(\frac{p_{1i}+\Delta p_i}{p_{ci}}\right) \quad (6-30)$$

因此，即可得到第 i 分层的压缩量 s_{ci}为：

$$s_{ci}=\frac{\Delta e_i}{1+e_{0i}}h_i=\frac{h_i}{1+e_{0i}}\left[C_{ei}\lg\left(\frac{p_{ci}}{p_{1i}}\right)+C_{ci}\lg\left(\frac{p_{1i}+\Delta p_i}{p_{ci}}\right)\right] \quad (6-31)$$

各分层的总固结沉降量为：

$$s_{cn}=\sum_{i=1}^{n}s_i=\sum_{i=1}^{n}\frac{h_i}{1+e_{0i}}\left(C_{ei}\lg\frac{p_{ci}}{p_{1i}}+C_{ci}\lg\frac{p_{1i}+\Delta p_i}{p_{ci}}\right) \quad (6-32)$$

式中 n——分层计算沉降时，压缩土层中有效应力增量 $\Delta p>(p_c-p_1)$的分层数；

p_{ci}——第 i 层土的先期固结压力；

h_i——第 i 层土的厚度。

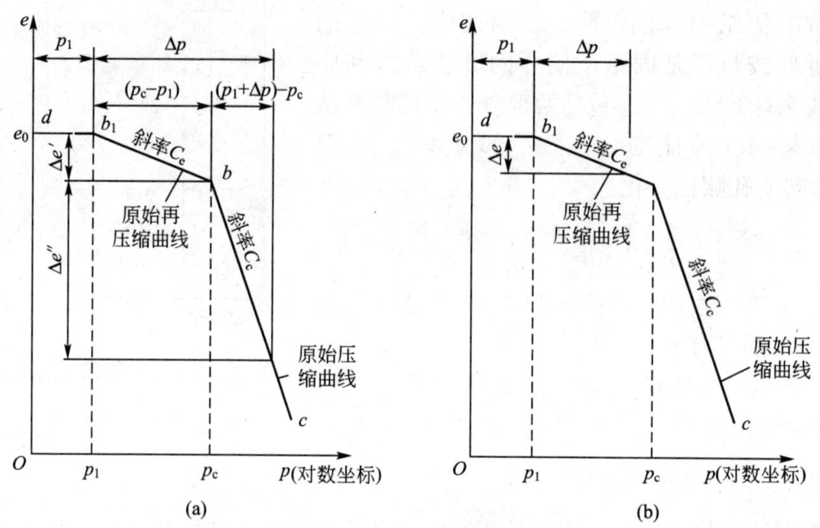

图 6.14 超固结土的孔隙比变化

2）$\Delta p_i \leqslant p_{ci}-p_{1i}$时

第 i 层的土在 Δp_i 作用下，其孔隙比将只沿着原始再压缩曲线 b_1b 段减小 Δe_i，如图 6.14(b)所示，其大小为：

$$\Delta e_i = C_{ei}\lg\left(\frac{p_{1i}+\Delta p_i}{p_{1i}}\right) \tag{6-33}$$

则第 i 分层的压缩量 s_{ci} 为：

$$s_{ci}=\frac{\Delta e_i}{1+e_{0i}}h_i=\frac{h_i}{1+e_{0i}}C_{ei}\lg\left(\frac{p_{1i}+\Delta p_i}{p_{1i}}\right) \tag{6-34}$$

各分层的总固结沉降量为：

$$s_{cm}=\sum_{i=1}^{m}s_{ci}=\sum_{i=1}^{m}\frac{h_i}{1+e_{0i}}C_{ei}\lg\frac{p_{1i}+\Delta p_i}{p_{1i}} \tag{6-35}$$

式中 m——分层计算沉降时，压缩土层中有效应力增量 $\Delta p \leqslant p_c-p_1$ 的分层数。

总的地基固结沉降为以上两部分之和，即

$$s_c=s_{cn}+s_{cm} \tag{6-36}$$

6.4 沉降计算方法的讨论

1. 弹性理论法

该方法概念清晰，计算简便。弹性力学公式是按均质线性变形半空间地基的假设得出的，天然土很少是均质的，各处的弹性模量变化很大；计算范围达到无限深，而实际地基的压缩层厚度是有限的，计算结果往往偏大；无法考虑相邻基础荷载的影响。弹性理论法只适用于土质相对均匀、基础面积较小的一般房屋地基设计。常用来计算黏性土的瞬时沉降、短暂荷载作用下基础的沉降和倾斜。

2. 现场试验法(半经验法)

该方法是通过现场原位试验结果与土性质之间的相关关系，估算土的变形指标，然后根据弹性理论的基本公式估算沉降。该方法适用于砂砾料等无黏性地基土和次固结沉降。

3. 工程实用法

工程实用法中的分层总和法、应力面积法都属于单向压缩沉降法。该方法的最大优点是计算方法简单、压缩指标容易测定，可以考虑各种土层条件、地下水位、基础形状、应力历史等。当基础面积大大超过压缩土层厚度，或压缩土层埋藏较深时，可得到较好的计算结果。如果基础面积较小，地基土变形有明显三向特性，计算的沉降值一般会偏低，应结合实践经验予以修正，或改用三向变形的方法。

6.5 饱和黏性土沉降与时间的关系

沉降主要包括最终沉降量和沉降过程两部分内容。最终沉降量是指在上部荷载产生的附加应力作用下，地基土体发生压缩达到稳定的沉降量。工程实践中有时需要计算建筑物在施工期间和使用期间的地基沉降量，掌握地基沉降与时间的关系，以便设计预留建筑物有关部分之间的净空，考虑连接方法，组织施工顺序，控制施工进度，以及作为采取必要措施的依据；尤其对发生裂缝、倾斜等事故的建筑物，更需要了解当时的沉降与今后沉降的发展，作为确定事故处理方案的重要依据，采用堆载预压方法处理地基时，也需要考虑地基变形与时间的关系。

对于不同的地基土体要达到压缩稳定的时间长短不同。对于砂土和碎石土地基，因压缩性较小，透水性较大，一般在施工完成时，地基的变形已基本稳定；对于黏性土，特别是饱和黏土地基，因压缩性大，透水性小，其地基土的固结变形常需延续数年才能完成。地基土的压缩性越大，透水性越小，则完成固结也就是压缩稳定的时间越长。低压缩性黏性土，施工期间一般可完成最终沉降量的50%～80%；中压缩性黏性土，施工期间一般可完成最终沉降量的20%～50%；高压缩性黏性土，施工期间一般可完成最终沉降量的5%～20%；淤泥质黏性土渗透性低，压缩性大，对于层厚较大的饱和淤泥质黏性土地基，沉降有时需要几十年才能达到稳定。对于这类固结很慢的地基，在设计时，不仅要计算基础的最终沉降量，有时还需了解地基沉降与时间的关系。

6.5.1 饱和土的渗流固结

饱和土体的孔隙中全部充满水，在荷载作用下，饱和土体压缩时，要使孔隙减小，就必须使土中水被挤出。把土孔隙中的自由水随着时间推移缓慢渗出，土的体积逐渐减小的过程，称为饱和土的渗流固结。因此，饱和土体受荷产生压缩的过程包括：①土体孔隙中自由水逐渐排出；②土体孔隙体积逐渐减小；③孔隙水和土骨架之间压力的转移。

如图6.15所示，用一个弹簧活塞力学模型来模拟饱和土体中某点的渗流固结过程。

在一个盛满水的圆筒中，弹簧一端连接筒底，另一端连接一个带细小排水孔的活塞。其中弹簧表示土的固体颗粒骨架，容器内的水表示土孔隙中的自由水，整个模型表示饱和土体，由于模型中只有固、液两相介质，故对于外荷$\sigma_z A$的作用只能是由水和土骨架(弹簧)共同承担，设弹簧承担的压力为$\sigma' A$，圆筒中的水(土孔隙水)承担的压力为uA，根据有效应力原理$\sigma'+u=\sigma_z$，可知如下。

(1) 当$t=0$时，即在荷载σ_z施加的瞬间，如图6.15(a)所示，由于活塞上孔细小，容器中的水还来不及排出，水的侧限压缩模量远大于弹簧的压缩系数，因而，弹簧来不及变形，这样弹簧基本没有受力，有效应力$\sigma'=0$，作用在活塞上的荷载σ_z全部由水来承担，孔隙水压力$u=\sigma_z$。此时可以根据从测压管量得水柱高h而算出$u=\gamma_w h$。

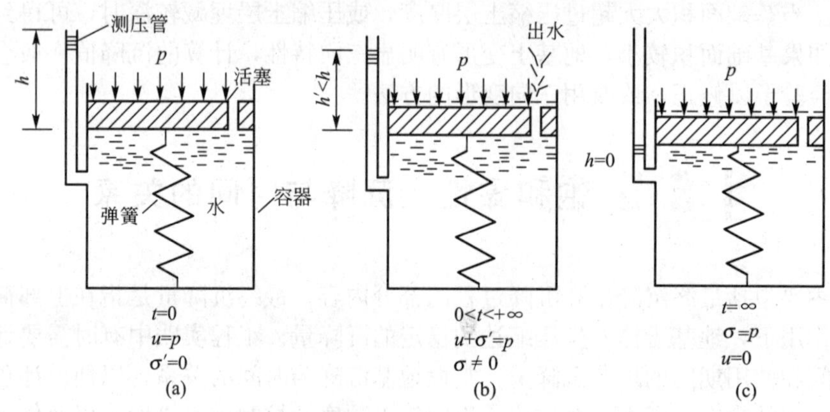

图6.15 饱和土渗流固结模型

(2) 当$t>0$时［图6.15(b)］，随着荷载作用时间的延长，水压力增大，筒中水开始从活塞排水孔排出，活塞下降，弹簧开始受到压缩，承受压力σ'，随着容器中水的不断排出，u逐渐减小，活塞继续下降，σ'逐渐增大，满足$\sigma'+u=\sigma_z$。

(3) 当$t\to\infty$时［代表“最终”时间，图6.15(c)］，筒中水完全排出，孔隙水压力完全消散($u=\gamma_w h=0$)，活塞便不再下降，外荷载全部由弹簧承担$\sigma'=\sigma_z$，固结变形完全稳定，饱和土的渗透固结完成。

可以看出，在一定压力作用下饱和土的渗透固结就是土体中孔隙水压力u向有效应力σ'转化的过程，或者说是孔隙水压力逐渐消减与有效力逐渐增长的过程。只有有效应力才能使土体产生压缩和固结，土体中某点有效应力的增长程度反映该点土的固结完成程度。

6.5.2 太沙基一维固结理论

为了求得饱和黏性土层在渗透固结过程中任意时间的变形，通常采用太沙基提出的一维固结理论进行计算。

1. 一维固结理论的基本假定

为了便于分析和求解固结过程，太沙基作了如下简化假定。

(1) 土层是均质、各向同性和完全饱和的。

(2) 土粒和孔隙水都是不可压缩的。

(3) 土中水的渗流和土的压缩只沿竖向发生，水平方向不排水，不发生压缩。

(4) 土中水的渗流服从达西定律，且渗透系数 k 保持不变。

(5) 在固结过程中，压缩系数 a 保持不变。

(6) 外荷载一次瞬时施加，在固结过程中保持不变，且沿土层深度呈均匀分布。

(7) 土体变形完全是由土层中有效应力增加引起的。

以上假设将实际情况理想化，近似地反映了实际情况。例如：当地面上的加荷面积比压缩土层厚度大很多，或压缩土层埋藏比较深时，侧向变形和渗流量就较小；土骨架的结构黏滞性小时，主固结占主要成分；施工期短且土的渗透系数较小时，可认为是瞬时加荷等。

在天然土层中，常遇到厚度不大的饱和软黏土层，当受到较大的均布荷载作用时，只要底面或顶面有透水矿层，则孔隙水主要沿竖向发生，可认为是单向固结情况。对于堤坝及其地基，孔隙水主要沿两个方向渗流，属于二维固结问题；对于高层建筑，则应考虑三维固结问题。

2. 一维固结微分方程的建立

设厚度为 H 的饱和黏土层，顶面是透水层，底面是不透水和不可压缩层。假设该饱和土层在自重应力作用下的固结已经完成，现在顶面受到一次骤然施加的无限均布荷载 $p_0=\sigma_z$ 作用。由于土层厚度远小于荷载面积，故附加应力不随深度变化，而孔隙水压力 u 和有效应力 σ' 均为深度 z 和时间 t 的函数，当 $t=0$ 时，$u=\sigma_z=p_0$，$\sigma'=0$。当 $t>0$ 时，由于土层下部边界不透水，孔隙水向上流出，上部边界的孔隙水压力 u 首先全部消散，而有效应力 σ' 开始全部增长，向下形成增长曲线，随着时间的延长，u 逐渐减小，σ' 逐渐增大。

现从饱和土层顶面下深度为 z 处取一微单元体进行分析。设微元体断面为 $\mathrm{d}x\mathrm{d}y$，厚度为 $\mathrm{d}z$，如图 6.16 所示。令 $V_s=1$。

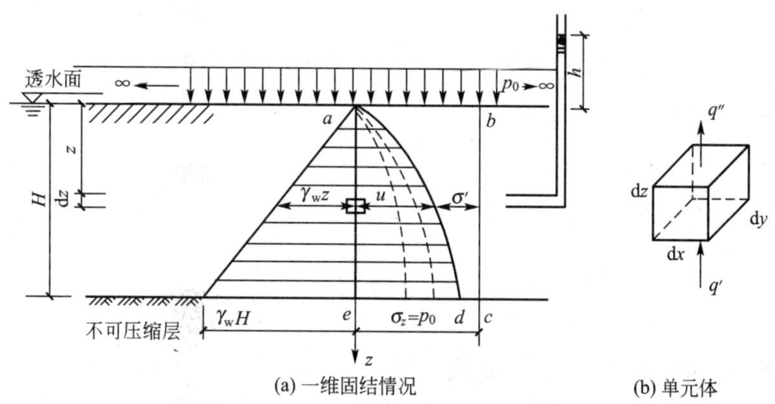

图 6.16 饱和土层中孔隙水压力随时间分布图

1) 单元体的渗流条件

由于渗流自下而上进行，设在外荷施加后某时刻 t 流入单元体的水量为 $q\mathrm{d}t$，流出单元体的水量为 $\left(q+\frac{\partial q}{\partial z}\mathrm{d}z\right)\mathrm{d}t$，所以在 $\mathrm{d}t$ 时间内流经该单元体的水量变化为

$$\Delta q=q''-q'=\left(q+\frac{\partial q}{\partial z}\mathrm{d}z\right)\mathrm{d}t-q\mathrm{d}t=\frac{\partial q}{\partial z}\mathrm{d}z\mathrm{d}t \tag{6-37}$$

根据达西定律，可知

$$q=kiA=k\frac{\partial h}{\partial z}\mathrm{d}x\mathrm{d}y=\frac{k}{\gamma_{\mathrm{w}}}\cdot\frac{\partial u}{\partial z}\mathrm{d}x\mathrm{d}y \tag{6-38}$$

式中 k——z 方向土的渗透系数(cm/s)；

i——水力梯度；

A——土单元体的过水面积(cm^2)，$A=\mathrm{d}x\mathrm{d}y$；

h——孔隙水压力的水头(cm)，$u=\gamma_{\mathrm{w}}h$，即 $h=\frac{u}{\gamma_{\mathrm{w}}}$。

代入式(6-37)得

$$\Delta q=\frac{k}{\gamma_{\mathrm{w}}}\frac{\partial^2 u}{\partial z^2}\mathrm{d}x\mathrm{d}y\mathrm{d}z\mathrm{d}t \tag{6-39}$$

2）单元体的变形条件

令 $V_{\mathrm{s}}=1$，则 $V=1+e$，$V_{\mathrm{v}}=nV=\frac{e}{1+e}\mathrm{d}x\mathrm{d}y\mathrm{d}z$

微单元体中土粒体积为$\frac{1}{1+e}\mathrm{d}x\mathrm{d}y\mathrm{d}z=$常数

在 $\mathrm{d}t$ 时间内，单元体孔隙体积 V_{v}的压缩量为

$$\Delta V=\frac{\partial V_{\mathrm{v}}}{\partial t}\mathrm{d}t=\frac{\partial}{\partial t}\left(\frac{e}{1+e}\right)\mathrm{d}x\mathrm{d}y\mathrm{d}z\mathrm{d}t \tag{6-40}$$

由于$\frac{1}{1+e}\mathrm{d}x\mathrm{d}y\mathrm{d}z$ 为常量，所以

$$\Delta V=\frac{1}{1+e}\mathrm{d}x\mathrm{d}y\mathrm{d}z\cdot\frac{\partial e}{\partial t}\mathrm{d}t \tag{6-41}$$

根据压缩系数的定义，知$-\frac{\mathrm{d}e}{\mathrm{d}p}=a$，则

$$\mathrm{d}e=-a\mathrm{d}p=-a\mathrm{d}\sigma'=-a\mathrm{d}(\sigma_z-u)=a\mathrm{d}u$$

可得到

$$\frac{\partial e}{\partial t}=a\frac{\partial u}{\partial t} \tag{6-42}$$

将式(6-42)代入式(6-41)可得

$$\Delta V=\frac{a}{1+e}\frac{\partial u}{\partial t}\mathrm{d}x\mathrm{d}y\mathrm{d}z\mathrm{d}t \tag{6-43}$$

3）单元体的固结渗流连续条件

对饱和土体，单元体在某时间 $\mathrm{d}t$ 内，渗水量的变化应等于同一时间该单元土体中孔隙体积的变化，即 $\Delta q=\Delta V$，故由式(6-39)和式(6-43)可得到

$$\frac{k}{\gamma_{\mathrm{w}}}\frac{\partial^2 u}{\partial z^2}\mathrm{d}x\mathrm{d}y\mathrm{d}z\mathrm{d}t=\frac{a}{1+e}\frac{\partial u}{\partial t}\mathrm{d}x\mathrm{d}y\mathrm{d}z\mathrm{d}t$$

化简后得

$$\frac{\partial u}{\partial t}=\left(\frac{k}{\gamma_{\mathrm{w}}}\frac{1+e}{a}\right)\frac{\partial^2 u}{\partial z^2}$$

令 $C_{\mathrm{v}}=k(1+e)/\gamma_{\mathrm{w}}a$，即

得
$$\frac{\partial u}{\partial t}=C_{\mathrm{v}}\frac{\partial^2 u}{\partial z^2} \tag{6-44}$$

式中 C_{v}——土的竖向固结系数(cm^2/s)，它是土的渗透系数 k、压缩系数 a 和天然孔隙比 e 的函数，一般通过固结试验直接测定。

式(6-44)是饱和土的一维固结微分方程，其中 k、a、e 均假定为常数，实际上，它们随有效应力的增加而略有变化。为简化计算，常取土样固结前后的平均值。这一方程不仅适用于假设单面排水的边界条件，也可用于双面排水的边界条件。

3. 一维固结微分方程解答

根据初始条件(开始固结时的附加应力分布情况)和边界条件(可压缩土层顶底面的排水条件)可得到微分方程的解答。

(1) 土层单面排水，起始超孔隙水压力沿深度为线性分布。如图 6.17(a)所示，定义

$$\alpha=\frac{\text{排水面的起始超孔隙水压力}}{\text{不排水面的起始超孔隙水压力}}=\frac{p_1}{p_2}$$

单面排水的初始条件和边界条件见表 6-11。根据以上初始条件和边界条件，采用分离变量法，可求得公式(6-44)的解为：

$$u_{z,t}=\frac{4p_2}{\pi^2}\sum_{m=1}^{\infty}\frac{1}{m^2}\left[m\pi\alpha+2(-1)^{\frac{m-1}{2}}(1-\alpha)\right]\mathrm{e}^{-m^2\frac{\pi^2}{4}T_{\mathrm{v}}}\sin\frac{m\pi z}{2H} \tag{6-45}$$

表 6-11 单面排水的初始条件和边界条件

时间	坐标	已知条件
$t=0$	$0\leqslant z\leqslant H$	$u=p_2\left[1+(\alpha-1)\frac{H-z}{H}\right]$
$0<t<\infty$	$z=0$	$u=0$
$0<t<\infty$	$z=H$	$\frac{\partial u}{\partial z}=0$
$t=\infty$	$0\leqslant z\leqslant H$	$u=0$

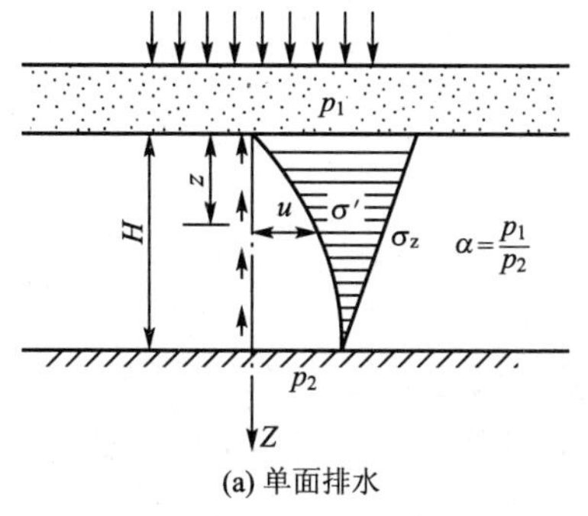

(a) 单面排水

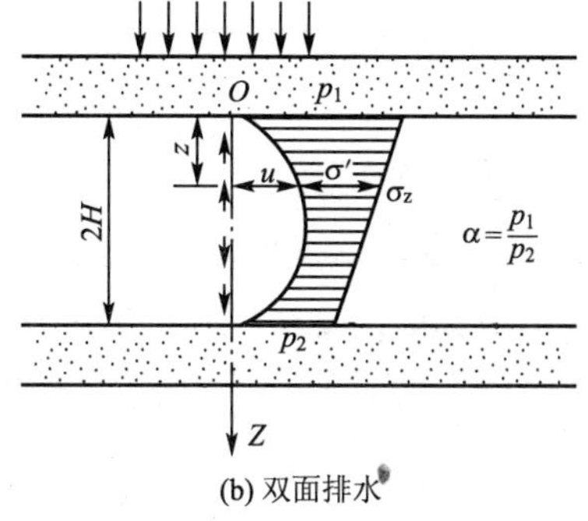

(b) 双面排水

图 6.17 不同排水条件下超静孔隙水压力的消散

在实用中常取第一项，即取 $m=1$ 得：

$$u_{z,t}=\frac{4p_2}{\pi^2}\left[\alpha(\pi-2)+2\right]\mathrm{e}^{-\frac{\pi^2}{4}T_{\mathrm{v}}}\sin\frac{\pi z}{2H} \tag{6-46}$$

(2) 土层双面排水，起始超孔隙水压力沿深度为线性分布。如图 6.17(b)所示，定义 $\alpha=\frac{p_1}{p_2}$，土层厚度为 2H，双面排水的初始条件和边界条件见表 6－12。

表 6－12　双面排水的初始条件和边界条件

时间	坐标	已知条件
$t=0$	$0\leqslant z\leqslant H$	$u=p_2\left[1+(\alpha-1)\frac{H-z}{H}\right]$
$0<t<\infty$	$z=0$	$u=0$
$0<t<\infty$	$z=2H$	$u=0$

根据以上初始条件和边界条件，采用分离变量法，可求得式(6－44)的解为：

$$u_{z,t}=\frac{p_2}{\pi}\sum_{m=1}^{\infty}\frac{2}{m}[1-(-1)^m\alpha]e^{-m^2\frac{\pi^2}{4}T_v}\sin\frac{m\pi(2H-z)}{2H} \tag{6-47}$$

在实用中常取第一项，即取 $m=1$ 得：

$$u_{z,t}=\frac{2p_2}{\pi}(1+\alpha)e^{-\frac{\pi^2}{4}T_v}\sin\frac{\pi(2H-z)}{2H} \tag{6-48}$$

式中　$u_{z,t}$——深度 z 处某一时刻 t 的孔隙水压力；

m——为正奇整数，即 1，3，5，…，m；

H——压缩土层最远的排水距离(cm)，若为单面排水，H 为土层的厚度；如为双面排水，水由土层中心分别向上下两方向排出，此时 H 为土层厚度的一半；

T_v——竖向固结时间因子，$T_v=\frac{C_v}{H^2}t=\frac{k(1+e)t}{a\gamma_w H^2}$。

t——固结历时(s)。

6.5.3　地基固结度

1. 地基固结度的概念

根据式(6－48)容易求得任意时刻任意深度处的超静孔隙水压力，为了研究土层中超静水压力的消散程度，常应用固结度的概念。

地基固结度是指在外荷载作用下地基土在某一深度 z 处，经历时间 t 的固结沉降量 s_{ct} 与最终沉降量 s_c 之比，或经历时间 t 后的超静孔隙水压力的消散程度，常用 $U_{z,t}$ 表示，即

$$U_{z,t}=s_{ct}/s_c \tag{6-49}$$

或

$$U_{z,t}=(u_0-u_{z,t})/u_0 \tag{6-50}$$

式中　$u_{z,t}$——深度 z 处某一时刻 t 的孔隙水压力。

式(6－49)是应变表达式，式(6－50)是应力表达式，由于土体为非线性变形体，两式结果实际上是不相等的。

因地基中各点的应力不等，因而各点的固结度也不等，因此，引入某一土层的平均固结度$\overline{U}_{z,t}$的概念，平均固结度对于工程更有实用意义。对于竖向排水情况，由于固结变形与有效应力成正比，所以把某一时间 t 的有效应力图面积与总附加应力土面积之比称为平均固结度$\overline{U}_{z,t}$，计算公式如下：

$$\overline{U}_{z,t}=\frac{A_{\sigma'}}{A_{\sigma_z}}=\frac{A_{\sigma_z}-A_u}{A_{\sigma_z}}=1-\frac{A_u}{A_{\sigma_z}}=1-\frac{\int_0^H u_{z,t}\mathrm{d}z}{\int_0^H \sigma_z\mathrm{d}z} \tag{6-51}$$

式中 A_{σ_z}——全部固结完成后的附加应力面积，等于总应力的分布面积；

$A_{\sigma'}$——有效应力的分布面积；

A_u——孔隙应力的分布面积，$A_u=\int_0^H u_{z,t}\mathrm{d}z$；

$u_{z,t}$——深度 z 处某一时刻 t 的孔隙水压力；

σ_z——深度 z 处的竖向附加应力，在连续均布荷载 p 作用下，$\int_0^H \sigma_z\mathrm{d}z=pH$；

H——压缩土层最大的排水距离(cm)。

2. 荷载一次瞬时施加情况的地基平均固结度$\overline{U}_{z,t}$

1）单面排水时，将式(6－46)代入式(6－51)，得到土层任一时刻 t 的固结度

$$\overline{U}_{z,t}=1-\frac{\left(\frac{\pi}{2}\alpha-\alpha+1\right)}{1+\alpha}\cdot\frac{32}{\pi^3}\cdot e^{-\frac{\pi^2}{4}T_v} \tag{6-52}$$

$\alpha=1$ 时，即“0”型，起始超孔隙水压力分布图形为矩形，代入式(6－52)得

$$\overline{U}_{z,t}=1-\frac{8}{\pi^2}e^{-\frac{\pi^2}{4}T_v} \tag{6-53}$$

式(6－53)还可以足够近似地用下列经验关系式代替

$$\overline{U}_{z,t}<0.6,\quad T_v=\frac{\pi}{4}\overline{U}_{z,t}^2 \tag{6-54}$$

$$\overline{U}_{z,t}>0.6,\quad T_v=-0.0851-0.933\lg(1-\overline{U}_{z,t}) \tag{6-55}$$

$$\overline{U}_{z,t}=1.0,\quad T_v\approx 3\overline{U}_{z,t} \tag{6-56}$$

$\alpha=0$ 时，即“1”型，起始超孔隙水压力分布图形为三角形，代入式(6－52)得

$$\overline{U}_{z,t}=1-\frac{32}{\pi^3}e^{-\frac{\pi^2}{4}T_v} \tag{6-57}$$

不同 α 值时的固结度可按式(6－52)来求，为方便查用，表 6－13 给出了不同 α 值时$\overline{U}_{z,t}$-T_v的关系。

表 6-13 单面排水，不同 $\alpha=\frac{p_1}{p_2}$ 时 $\overline{U}_{z,t}-T_v$ 的关系表

α	固结度 $\overline{U}_{z,t}$											类型
	0.0	0.1	0.2	0.3	0.4	0.5	0.6	0.7	0.8	0.9	1.0	
0.0	0.0	0.049	0.100	0.154	0.217	0.29	0.38	0.50	0.66	0.95	∞	"1"
0.2	0.0	0.027	0.073	0.126	0.186	0.26	0.35	0.46	0.63	0.92	∞	"0—1"
0.4	0.0	0.016	0.056	0.106	0.164	0.24	0.33	0.44	0.60	0.90	∞	
0.6	0.0	0.012	0.042	0.092	0.148	0.22	0.31	0.42	0.58	0.88	∞	
0.8	0.0	0.010	0.036	0.079	0.134	0.20	0.29	0.41	0.57	0.86	∞	
1.0	0.0	0.008	0.031	0.071	0.126	0.20	0.29	0.40	0.57	0.85	∞	0"
1.5	0.0	0.008	0.024	0.058	0.107	0.17	0.26	0.38	0.54	0.83	∞	
2.0	0.0	0.006	0.019	0.050	0.095	0.16	0.24	0.36	0.52	0.81	∞	"0—2"
3.0	0.0	0.005	0.016	0.041	0.082	0.14	0.22	0.34	0.50	0.79	∞	
4.0	0.0	0.004	0.014	0.040	0.080	0.13	0.21	0.33	0.49	0.78	∞	
5.0	0.0	0.004	0.013	0.034	0.069	0.12	0.20	0.32	0.48	0.77	∞	
7.0	0.0	0.003	0.012	0.030	0.065	0.12	0.19	0.31	0.47	0.76	∞	
10.0	0.0	0.003	0.011	0.028	0.060	0.11	0.18	0.30	0.46	0.75	∞	
20.0	0.0	0.003	0.010	0.026	0.060	0.11	0.17	0.29	0.45	0.74	∞	
∞	0.0	0.002	0.009	0.024	0.048	0.09	0.16	0.23	0.44	0.73	∞	"2"

2）土层为双面排水时，将式(6-48)代入式(6-51)得到任一时刻土层固结度

$$\overline{U}_{z,t}=1-\frac{8}{\pi^2}e^{-\frac{\pi^2}{4}T_v} \tag{6-58}$$

式(6-58)中 $T_v=\frac{C_v}{H^2}t$ 的 H 取土层厚度的一半；式(6-53)中 $T_v=\frac{C_v}{H^2}t$ 的 H 取土层厚度，式(6-53)也适用于双面排水的情况，此时 H 取土层厚度的一半。

3）对于起始超孔隙水压力(附加应力)沿土层深度为三角形分布时的 $\overline{U}_{z,t}$

如图 6.15(a)所示为起始超孔隙水压力沿深度线性分布的几种情况，联系到工程实际问题时，应考虑如何将实际的超孔隙水压力分布简化成如图 6.18(a)所示中的计算图式，以便进行简化计算分析。图 6.18(b)列出了五种实际情况下的超孔隙水压力分布图。

情况 1：$\alpha=1$，起始超孔隙水压力分布图形为矩形。适用于土层已在自重应力作用下固结，基础底面积较大的薄压缩层地基。

情况 2：$\alpha=0$，起始超孔隙水压力分布图形为三角形。相当于大面积新填土层(饱和时)由于本土层自重应力引起的固结或者土层由于地下水大幅度下降，在地下水变化范围内，自重应力随深度增加的情况。

情况 3：$\alpha=\infty$，起始超孔隙水压力分布图形为倒三角形。适用于基底面积小，土层较厚，土层底面附加应力已接近零的情况。

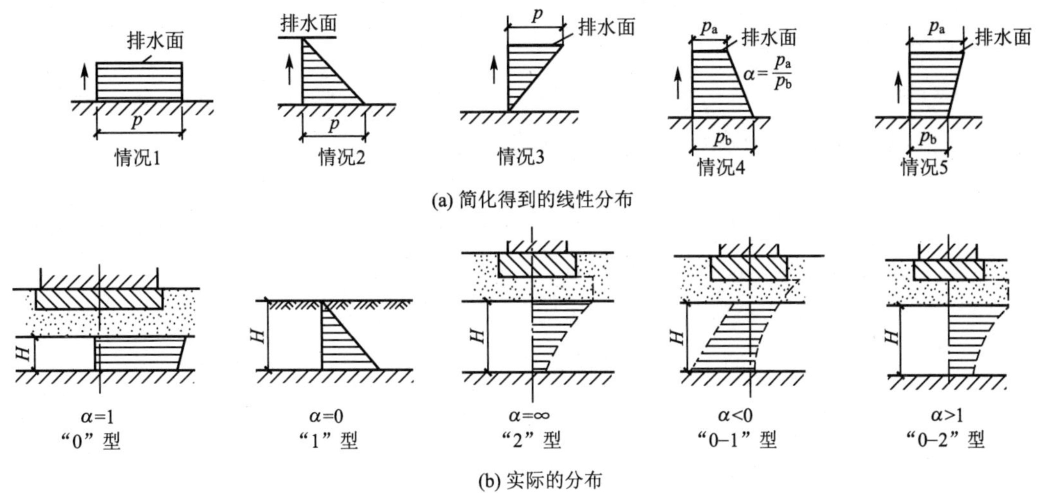

图 6.18 起始超孔隙水压力的几种分布情况

情况 4：$\alpha<1$，适用于土层在自重应力作用下尚未固结，又在其上修建建筑物基础的情况。

情况 5：$\alpha>1$，适用于基础底面积较小，即土层厚度 $h>b/2$(b 为基础宽度)，附加应力随深度增加而减小，但传至压缩层底面的附加应力不接近零。

3. 荷载一级或多级等速施加情况的地基平均固结度$\overline{U}_{z,t}$

上述一次瞬时加载情况计算的地基平均固结度结果偏大，因为在实际工程中多为一级或多级等速加载情况，如图 6.19 所示。当固结时间为 t 时，对应于累加荷载 $\sum\Delta p$ 的地基平均固结度可按下式计算：

$$\overline{U}_{z,t}=\sum_{i=1}^{n}\frac{\dot{q}_i}{\sum\Delta p}\left[(T_i-T_{i-1})-\frac{\alpha}{\beta}(e^{\beta T_i}-e^{\beta T_{i-1}})e^{-\beta t}\right] \tag{6-59}$$

式中 $\overline{U}_{z,t}$——深度 z 处时间 t 的平均固结度；

$\dot{q}_i$——第 i 级荷载的加载速率(kPa/天)，$\dot{q}_i=\Delta p_i/(T_i-T_{i-1})$；

$\sum\Delta p$——与一级或多级等速加载历时 t 相对应的累加荷载(kPa)；

T_i、T_{i-1}——第 i 级荷载加载的起始和终止时间(从零点起算)(天)，当计算第 i 级荷载加载过程中某实际 t 的平均固结度时，T_i改为 t；

α、β——两个参数，根据地基土的排水条件确定，对于天然地基的竖向排水固结条件，$\alpha=8/\pi^2$，$\beta=\pi^2C_v/4H^2$。

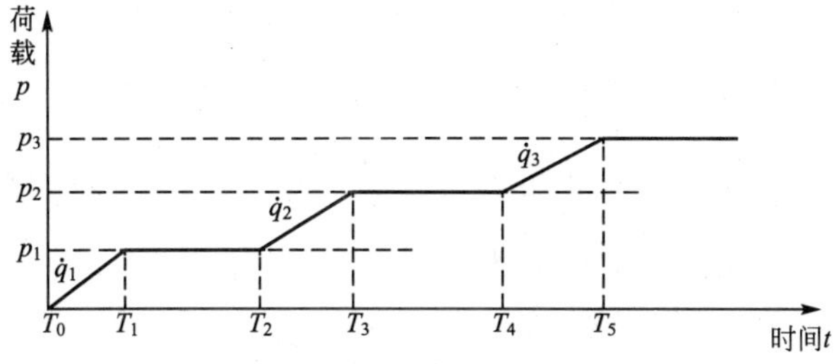

图 6.19 多级等速加载图

4. 固结度计算的讨论

从固结度的计算公式可以看出，平均固结度$\overline{U}_{z,t}$仅为时间因数T_v的函数，时间因数T_v越大，固结度越大，土层的沉降越接近于最终沉降量。

由于$T_v=\frac{C_v}{H^2}t=\frac{k(1+e)t}{a\gamma_w H^2}$，因此只要土层的渗透系数$k$、压缩系数$a$、初始孔隙比$e$、土层厚度$H$、时间$t$及排水边界条件已知，$\overline{U}_{z,t}$-$T_v$关系就可求得。

(1) 渗透系数k越大，越易固结，因为孔隙水易排出。

(2) $\frac{1+e_1}{a}=E_s$越大，即土的压缩性越小，越易固结，因为土骨架发生较小的压缩变形就能分担较大的外荷载，因此孔隙体积无需变化太大(不需排较多的水)。

(3) 时间t越长，固结越充分。

(4) 渗流路径H越大，孔隙水越难排出土层，越难固结。

6.5.4 地基沉降与时间关系的理论计算法

1. 求某特定时间t的沉降量

(1) 计算地基最终沉降量s_c。用分层总和法$s=\sum_{i=1}^{n}s_i=\frac{e_{1i}-e_{2i}}{1+e_{1i}}h_i=\sum_{i=1}^{n}\frac{\overline{\sigma}_{zi}}{E_{si}}h_i$或《建筑地基基础设计规范》推荐的方法$s'=\sum_{i=1}^{n}\Delta s'_i=\sum_{i=1}^{n}\frac{p_0}{E_{si}}(z_i\overline{\alpha}_i-z_{i-1}\overline{\alpha}_{i-1})$进行计算。

(2) 根据土层的性质指标，确定土的固结系数$C_v=\frac{k(1+e)}{\gamma_w a}$。

(3) 确定T_v值。由$T_v=\frac{C_v}{H^2}t$。

(4) 确定$\overline{U}_{z,t}$值。根据平均固结度$\overline{U}_{z,t}$与时间因数T_v的关系表确定$\overline{U}_{z,t}$值。

(5) 计算时间t的沉降量$s_{ct}=\overline{U}_{z,t}s_c$。

2. 当土层达到一定沉降量s_{ct}时所需时间t

(1) 计算地基最终沉降量s_c，用分层总和法或《建筑地基基础设计规范》推荐的方法进行计算。

(2) 确定$\overline{U}_{z,t}$值，$\overline{U}_{z,t}=s_{ct}/s_c$。

(3) 确定时间因数T_v值。根据平均固结度$\overline{U}_{z,t}$与时间因数T_v的关系表确定T_v值。

(4) 根据土层的性质指标，确定土的固结系数$C_v=\frac{k(1+e)}{\gamma_w a}$。

(5) 确定时间t值，由$T_v=\frac{C_v}{H^2}t$可得$t=\frac{T_v H^2}{C_v}$。

【例题 6.3】 某饱和黏土层的厚度为10m，在大面积荷载$p_0=120$kPa作用下，设该土层的初始孔隙比$e_0=1$，压缩系数$a=0.3\text{MPa}^{-1}$，压缩模量$E_s=6.0$MPa，渗透系数$k=5.7\times10^{-8}$cm/s。对黏土层在单面排水或双面排水条件下分别求：(1)加荷后一年时的变形量；(2)变形量达156mm所需的时间。

【解】 (1) 求 $t=1$ 年时地基的沉降量。

黏土层中附加应力沿深度是均匀分布的，$\sigma_z=p_0=120(\text{kPa})$

黏土层的最终沉降量 $s=\frac{\sigma_z}{E_s}H=\frac{120}{6000}\times10^4=200(\text{mm})$

黏土层的竖向固结系数：

$$C_v=\frac{k(1+e_0)}{\gamma_w a}=\frac{5.7\times10^{-8}\times(1+1)}{10\times10^{-6}\times3}=3.8\times10^{-3}(\text{cm}^2/\text{s})=1.2\times10^5\text{cm}^2/\text{年}$$

对于单面排水条件下：

竖向固结的时间因数：

$$T_v=\frac{C_v t}{H^2}=\frac{1.2\times10^5\times1}{1000^2}=0.12$$

根据式(6-53)$\overline{U}_{z,t}=1-\frac{8}{\pi^2}e^{-\frac{\pi^2}{4}T_v}$，得$\overline{U}_{z,t}=0.39$。

则得到 $t=1$ 年时的沉降量，即

$$s_{ct}=\overline{U}_{z,t}s_c=0.39\times200=78(\text{mm})$$

对于双面排水条件下：

竖向固结的时间因数：

$$T_v=\frac{C_v t}{H^2}=\frac{1.2\times10^5\times1}{(1000/2)^2}=0.48 \quad (H\text{取土层厚度的一半})$$

根据式(6-53)$\overline{U}_{z,t}=1-\frac{8}{\pi^2}e^{-\frac{\pi^2}{4}T_v}$，得$\overline{U}_{z,t}=0.75$。

则得到 $t=1$ 年时的沉降量。

$$s_{ct}=\overline{U}_{z,t}s_c=0.75\times200=150(\text{mm})$$

(2) 求变形量达156mm所需要的时间。

$$\overline{U}_{z,t}=s_{ct}/s_c=156/200=0.78$$

查表6-13，此时 $\alpha=1$，采用内插法，得 $T_v=0.51$。

按公式 $t=\frac{H^2T_v}{C_v}$计算所需时间

在单向排水条件下：

$$t=\frac{H^2T_v}{C_v}=\frac{1000^2\times0.51}{1.2\times10^5}=4.4(\text{年})$$

在双向排水条件下：

$$t=\frac{H^2T_v}{C_v}=\frac{(1000/2)^2\times0.51}{1.2\times10^5}=1.1(\text{年})$$

【例题6.4】 设某一软土地基上的路堤工程，软土层厚度为16m，下卧坚硬黏土层(可视为不可压缩的不透水层)。经勘探试验得到地基土的竖向固结系数 $C_v=1.5\times10^{-3}\text{cm}^2/\text{s}$。路堤填筑荷载分三级等速施加，$\Delta p_1=80\text{kPa}$、$\Delta p_2=80\text{kPa}$、$\Delta p_3=40\text{kPa}$，各级累加荷载分别为80kPa、160kPa、200kPa；填筑时间 T_0、T_1、T_2、T_3、T_4、T_5 分别为0天、30天、50天、80天、120天、140天；则三级加载速率 q_1、q_2、q_3 分别为2.67kPa/天、2.67kPa/天、2.0kPa/天。试求历时150天的地基平均固结度。

【解】 根据已知 C_v 值、$H=1600\text{cm}$(单面排水)，即可计算参数 $\alpha=8/\pi^2$，$\beta=\pi^2C_v/4H$，

$\beta=\pi^2\times1.5\times10^{-3}\times60\times60\times24/(4\times1600^2)=1.249\times10^{-4}(1/天)$，$\alpha/\beta=6.489\times10^3$。

本路堤在三级等速加载条件下历时150天累加荷载为200kPa，由式(6-59)计算天然地基平均固结度为

$$\bar{U}_{zt}=\frac{2.67}{200}\left[(30-0)-6.489\times10^3\times\frac{(e^{0.000125\times30}-1)}{e^{0.000125\times150}}\right]+\frac{2.67}{200}\left[(80-50)-6.489\times10^3\times\frac{(e^{0.000125\times80}-e^{0.000125\times50})}{e^{0.000125\times150}}\right]+\frac{2.0}{200}\left[(140-100)-6.489\times10^3\times\frac{(e^{0.000125\times140}-e^{0.000125\times100})}{e^{0.000125\times150}}\right]$$

$$=0.081+0.079+0.076=23.6\%$$

上述计算结果表明，在16m后的软土层上填筑路堤150天时，天然地基的平均固结度仅接近20%，需要采用打入砂井或塑料排水板等地基处理方案，以提高软土层的平均固结度。

6.5.5 地基沉降与时间经验估算法

上述固结理论，由于作了各种简化假设，其结果往往与实测成果不完全符合，因为基础沉降多属于三维课题且实际情况很复杂，因此，利用建筑物施工后沉降观测资料推算后期沉降(包括最终沉降量)有重要的实际意义。根据实测的沉降与时间资料表明，饱和黏性土的地基沉降与时间的实测关系大多数呈双曲线或对数曲线，因此下面介绍常用的两种经验方法即对数曲线法(三点法)或双曲线法(二点法)。

1. 对数曲线法

由$\bar{U}_{z,t}=1-\frac{8}{\pi^2}e^{-\frac{\pi^2}{4}T_v}=1-\frac{8}{\pi^2}e^{-\frac{\pi^2C_v}{4H^2}t}$可知，不同条件的平均固结度可以用一个普通表达式来概括：

$$\bar{U}_{z,t}=1-Ae^{-Bt} \tag{6-60}$$

或

$$\frac{s_t}{s_\infty}=1-Ae^{-Bt} \tag{6-61}$$

式中A、B是两个参数，将式(6-60)与式(4-66)比较可见，$A=\frac{8}{\pi^2}$为常数，$B=\frac{\pi^2C_v}{4H^2}$，若把A、B作为实测的s_t-t关系曲线中的参数，则其值是待定的。

为了求解式(6-61)中的A、B和s_∞三个未知数，利用实测的沉降-时间关系曲线(s_t-t曲线)，在曲线的后半段中(荷载停止施加后)任取三组对应的t、s值，其中t_3应尽可能与曲线末端对应，时间差t_2-t_1和t_3-t_2必须相等且尽量大一些，代入式(6-61)中，可建立三个联立方程，从而解得三个未知数A、B和s_∞。利用式(6-61)即可求出任一时刻t的沉降量s_t，从而得到用对数曲线法推算的后期s_t-t关系，如图6.20所示。上述时间t均应

由修正后的零点 o' 算起，如施工期荷载等速增长，则 o' 在加荷期的中点。

2. 双曲线法

建筑物的沉降观测资料表明其沉降与时间的关系曲线接近于双曲线(施工期间除外)，双曲线经验公式如下：

$$s_t=\frac{t}{a+t}s_{\infty} \tag{6-62}$$

式中 s_{∞}——推算的地基最终沉降量；

s_t——t 时刻地基实测沉降量，根据修正曲线从施工期的一半算起(假设为一级等速加载)；

a——经验参数，待定。

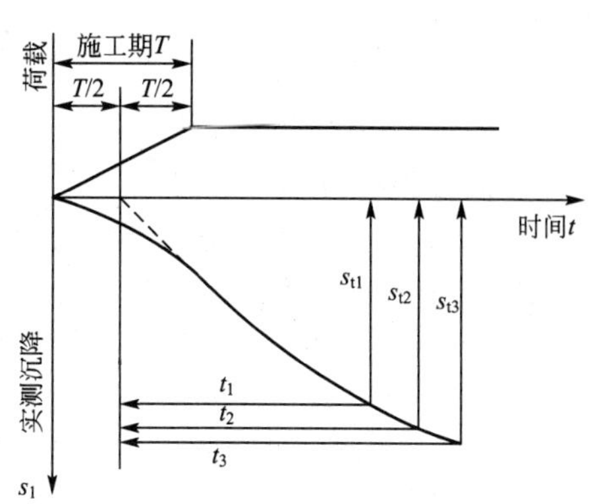

图 6.20 早期实测沉降与时间(s_t-t)关系曲线

可将式(6-62)化为：

$$\frac{t}{s_t}=\frac{1}{s_{\infty}}t+\frac{a}{s_{\infty}}=mt+n \tag{6-63}$$

如图 6.21 所示，以 t 为横坐标，以 t/s_t 为纵坐标，将已掌握的 s_t-t 实测数据值计算后放在此坐标系中，然后根据这些坐标点做出一回归直线，根据此直线的斜率 $m=\frac{1}{s_{\infty}}$，截距 $n=\frac{a}{s_{\infty}}$ 即可求得 s_{∞} 和 a，代入式(6-62)中，即可推算任意 t 时的沉降量 s_t，得到用双曲线法推算的后期 s_t-t 关系。

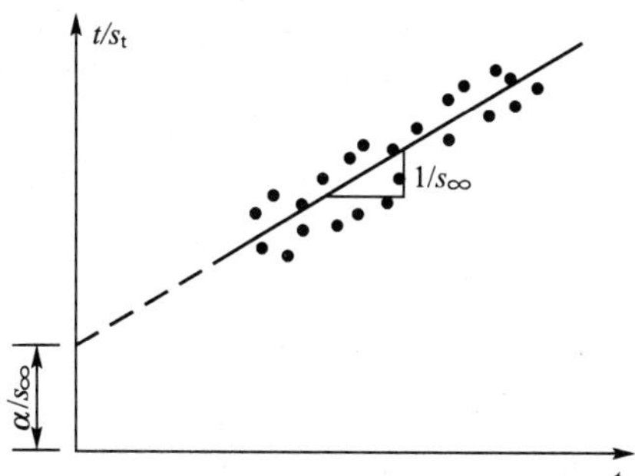

图 6.21 根据 $\frac{t}{s_t}\sim t$ 关系推算后期沉降

用实测资料推算建筑物沉降与时间关系的关键问题是必须有足够长时间的观测资料，才能得到比较可靠的关系曲线，同时它也提供了一种估算建筑物最终沉降的方法。

本章小结

地基的沉降计算时土木建筑工程设计中一项必不可少的内容。因为地基沉降会导致建筑物各部分发生位移与相对位移，可能影响建筑物的正常工作，或因相对位移衍生的次应力过大导致结构的开裂，甚至破坏。为了保证建筑物的安全和正常使用，必须预先对建筑物基础可能产生的最大沉降进行估算。

本章主要讲述了计算最终沉降量的方法，主要有弹性理论法、现场试验法、分层总和法和规范推荐的应力面积法，考虑应力历史影响时需要采用 $e-\lg p$ 曲线。对于饱和黏性土，由于荷载作用下孔隙水排出较慢，在工程实践中还需要确定施工期间和完工后某一时间的基础沉降量。

习　题

1. 简答题

(1) 计算完全柔性基础和绝对刚性基础某点的沉降是否都可以用角点法？为什么？

(2) 简述分层总和法的假设和步骤。

(3) 饱和土的渗透固结模型是什么？该模型说明了什么问题？

(4) 同一场地埋置深度相同的两个矩形底面基础，底面积不同，已知作用于基底的附加压力相等，基础的长宽比相等，试分别用弹性理论法和分层总和法分析哪个基础最终沉降量大。

(5) 有一个基础埋置在透水的可压缩土层上，当地下水位上下发生变化时，对基础沉降有什么影响？当基础底面为不透水的可压缩土层时，地下水位上下变化时，对基础沉降又有什么影响？

(6) 不同的无限均布荷载骤然作用于某一黏土层，要达到同一固结度，所需的时间有无区别？

2. 选择题

(1) 在地基沉降量计算的弹性力学公式 $s=\frac{1-\mu^2}{E_0}\omega b p_0$ 中，矩形基础角点沉降影响系数 ω_c 与中点沉降影响系数 ω_0 的关系是(　　)。

A. $\omega_0=\omega_c$　　B. $\omega_c=2\omega_0$　　C. $\omega_0=2\omega_c$　　D. $\omega_0=4\omega_c$

(2) 某柱下方形刚性基础边长为 4m，基础平均附加压力 $p_0=128$kPa，地基土的变形模量 $E_0=2.2$MPa，泊松比 $\mu=0.35$，按弹性力学公式计算基础的沉降量是(　　)。

A. 140mm　　B. 160mm　　C. 178mm　　D. 200mm

(3) 已知土层的饱和重度为 γ_{sat}，干重度为 γ_d，水的重度为 γ_w，在计算地基沉降时，地下水位以下的自重应力采用(　　)。

A. γ_{sat}　　B. γ_d　　C. $\gamma_{sat}-\gamma_w$

(4) 当地基为高压缩性土时，分层总和法确定地基沉降计算深度的标准是(　　)。

A. $\sigma_z\leqslant0.3\sigma_c$　　B. $\sigma_z\leqslant0.2\sigma_c$　　C. $\sigma_z\leqslant0.1\sigma_c$　　D. $\sigma_z\leqslant0.05\sigma_c$

(5) 用分层总和法计算地基沉降时，附加应力表示的是(　　)。

A. 总应力　　B. 孔隙水压力　　C. 有效应力

(6) 有两个条形基础，基底附加应力分布相同，基础宽度相同，埋置深度也相同，但是基底长度不同，则(　　)。

A. 基底长度大的沉降量大　　B. 基底长度大的沉降量小

C. 两基础沉降量相同

(7) 土的固结，主要是指(　　)。

A. 总应力引起超孔隙水压力增长的过程

B. 超孔隙水压力消散，有效应力增长的过程

C. 总应力不断增加的过程

(8) 饱和黏土层上为粗砂层，下为不透水的基岩，则在固结过程中，有效应力最小的

位置在黏土层的(　　)。

A. 底部　　B. 顶部

C. 正中间　　D. 各处(沿高度均匀分布)

(9) 黏土层的厚度均为 4m，情况之一是双面排水，情况之二是单面排水，当地面瞬时施加一无限均布荷载，两种情况土性相同，达到同一固结度所需要的时间之比是(　　)。

A. 2 倍　　B. 4 倍　　C. 8 倍

(10) 设地基的最终变形量为 100mm，则当变形量为 30mm 时，地基的平均固结度为(　　)。

A. 30%　　B. 50%　　C. 70%

(11) 取饱和黏土土样进行固结试验，试样厚 2cm，30 分钟后固结度达到 90%。若实际饱和黏土层厚 5m，上、下均为粗砂层，则达到同样固结度所需的时间约为(　　)。

A. 14.27 年　　B. 3.57 年　　C. 1.78 年　　D. 0.89 年

(12) 取饱和黏土土样进行固结试验，试样厚 2cm，15 分钟后固结度达到 90%。若实际饱和黏土层厚 5m，上为粗砂层，下为不透水的基岩，则达到同样固结度所需的时间约为(　　)。

A. 7.13 年　　B. 3.57 年　　C. 1.78 年　　D. 0.89 年

3. 计算题

(1) 如图 6.22 所示，某黏土层厚 h=4m，重度 γ=18.5kN/m^3。室内压缩试验结果见表 6-14。试求大面积超载 q=50kPa 作用下该粘土层的最终沉降量。

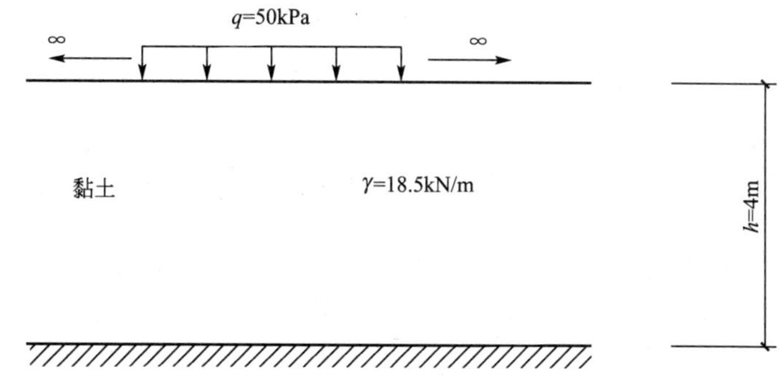

图 6.22　例题 6.2 图

表 6-14　室内压缩试验结果

***p*(kPa)**	25	50	75	100
e	0.97	0.92	0.88	0.85

(2) 有一矩形基础 4m×8m，埋深为 2m，受 4000kN 中心荷载(包括基础自重)的作用。地基为细砂层，其 γ=19kN/m^3，压缩资料见表 6-15。试用分层总和法计算基础的总沉降。

表 6-15　室内压缩试验结果

p(kPa)	50	100	150	200
e	0.680	0.654	0.635	0.620

(3) 某矩形基础长 3.5m，宽 2.5m，基础深埋 $d=1$m，作用在基础上的荷载 $F_k=900$kN，地基分为上下两层，上层为粉质黏土，厚 7m，重度 $\gamma=18$kN/m^3，$e_1=1.0$，$a=0.4$MPa^{-1}，下层为基岩。用规范法求基础的沉降量(取 $\psi_s=1.0$)。

(4) 某饱和黏性土厚为 H，承受大面积均布荷载，单面排水。已知其最终沉降量 $s=150$mm；沉降达 $s_1=120$mm 时所用时间 $t_1=1$ 年。试求其在 $t_2=0.6$ 年时间时的固结度 U_z。

第7章 土的抗剪强度

教学目标

本章主要讲述土的抗剪强度理论、土的抗剪强度试验方法、饱和黏性土和无黏性土的抗剪强度。通过本章的学习，达到以下目标：

(1) 掌握土的抗剪强度理论和土的极限平衡条件；

(2) 掌握测定抗剪强度指标的直接剪切试验、三轴压缩试验和无侧限抗压强度试验，熟悉十字板剪切试验；

(3) 掌握饱和黏性土的抗剪强度，熟悉抗剪强度指标的选择；

(4) 熟悉无黏性土的抗剪强度。

教学要求

知识要点	能力要求	相关知识
土的抗剪强度理论	(1) 掌握库仑公式及抗剪强度指标 (2) 掌握莫尔-库仑强度理论及极限平衡条件	(1) 库仑公式 (2) 极限平衡条件 (3) 莫尔-库仑强度理论
土的抗剪强度试验	(1) 掌握直接剪切试验 (2) 掌握三轴压缩试验 (3) 掌握无侧限抗压强度试验 (4) 熟悉十字板剪切试验	(1) 直接剪切试验 (2) 三轴压缩试验 (3) 无侧限抗压强度试验 (4) 十字板剪切试验 (5) 孔隙压力系数
饱和黏性土的抗剪强度	(1) 掌握不排水抗剪强度试验结果 (2) 掌握固结不排水抗剪强度试验结果 (3) 熟悉排水抗剪强度试验结果 (4) 了解应力路径的概念	(1) 不排水抗剪强度 (2) 固结不排水抗剪强度 (3) 排水抗剪强度 (4) 抗剪强度指标 (5) 应力路径
无黏性土的抗剪强度	了解砂土的抗剪强度	(1) 砂土的应力应变特性 (2) 砂土液化

基本概念

抗剪强度、黏聚力、内摩擦角、无侧限抗压强度、不排水抗剪强度、固结不排水抗剪强度、固结排水抗剪强度。

引例

土的抗剪强度是指土体对于外荷载所产生的剪应力的极限抵抗能力。在外荷载作用下，土体中将产生剪应力和剪切变形，当土中某点由外力所产生的剪应力达到土的抗剪强度时，土就沿着剪应力作用方向产生相对滑动，该点便发生剪切破坏。工程实践和室内试验都证实了土是由于受剪而产生破坏，剪切破坏是土体强度破坏的重要特征，因此土的强度问题实质上就是土的抗剪强度问题。

7.1 概 述

土是松散颗粒组成的具有土骨架孔隙特性的三相体，在外荷载作用下，与土颗粒自身压碎破坏相比，土体颗粒更容易产生相对滑移即产生剪切变形，当达到一定强度时称为剪切破坏。土力学中将土体抵抗剪切破坏的极限能力称为土的抗剪强度(shear strength of soil)。土的抗剪强度特性是反映土的孔隙性规律的基本内容之一。建筑物地基在外荷载作用下将产生土中剪应力和剪切变形，土体具有抵抗剪应力的潜在能力——剪阻力或抗剪力(shear resistance)，它相应于剪应力的增加而逐渐发挥。当剪阻力完全发挥时，土体就处于极限破坏的极限状态(limit state)，此时剪应力也就到达极限，这个极限值就是土的抗剪强度(shear strength)。土的抗剪强度问题就是土的强度问题。

如果土体内某一部分的剪应力达到了抗剪强度，在该部分就会出现剪切破坏。随着荷载的增加，剪切破坏的范围逐渐扩大，最终在土体中形成连续的滑动面，而丧失稳定性。土体剪切破坏是土的强度破坏的重要特点。在实际工程中，与土的抗剪强度有关的工程问题主要有三类：第一类是建筑物地基承载力问题，即基础下的地基土体产生整体滑动或因局部剪切破坏而导致过大的地基变形甚至倾覆，如图 7.1(a)所示。第二类是构筑物环境的安全性问题，即土压力问题，如挡土墙、基坑等工程中，墙后土体强度破坏将造成过大的侧向土压力，导致墙体滑动、倾覆或支护结构破坏事故，如图 7.1(b)所示。第三类是土工构筑物的稳定性问题，如土坝、路堤等填方边坡及天然土坡等，在超载、渗流乃至暴雨作用下引起土体强度破坏后将产生整体失稳边坡滑坡等事故。在对这些工程问题进行计算时，必须选用合适的抗剪强度指标。土的抗剪强度指标不仅与土的种类有关，还与土样的天然结构是否被扰动，室内试验时的排水条件(受剪前固结状况和受剪时排水状况)是否符

(a) 地基承载力破坏

(b) 支护结构失稳破坏

图 7.1　地基承载力破坏和支护结构失稳破坏

合现场条件有关，不同的排水条件所测定的抗剪强度指标值是有差别的。

土的抗剪强度指标通过室内或现场试验测定，主要试验有：室内的直接剪切试验(direct shear test)、三轴压缩试验(triaxial compression test)、无侧限抗压强度试验(unconfined compression strength test)和现场的十字板剪切试验(vane shear strength test)。还有室内天然休止角试验(适用于测定无黏性土边坡的抗剪强度指标)和现场大型直接剪切试验(适用于测定堆石料的抗剪强度指标)等。

本章先介绍土的抗剪强度理论，然后介绍几种常用的剪切试验方法、试验结果的运用，分析剪切试验中土的性状，最后讨论强度试验结果在具体工程中的应用。

7.2 土的抗剪强度理论

7.2.1 库仑公式及抗剪强度指标

C. A. 库仑(Coulomb，1773)根据砂土的试验，将土的抗剪强度 τ_f 表达为剪切破坏面上法向总应力 σ 的函数，即

$$\tau_f=\sigma\tan\varphi \tag{7-1}$$

之后又提出了适合黏性土的更为普遍的表达式：

$$\tau_f=c+\sigma\tan\varphi \tag{7-2}$$

式中　τ_f——抗剪强度(kPa)；

σ——总应力(kPa)；

c——土的黏聚力(cohesion)，或称内聚力(kPa)；

φ——土的内摩擦角(angle of internal friction)(°)。

式(7-1)和式(7-2)统称为库仑公式，或库仑定律，c、φ 称为抗剪强度指标(参数)。将库仑公式表示在 $\tau-\sigma$ 坐标中为两条直线，如图 7.2 所示。可称之为库仑强度线。由库仑公式可以看出，无黏性土的抗剪强度与剪切面上的法向应力成正比，其本质是由于土粒之间的滑动摩擦及凹凸面间的镶嵌作用所产生的摩擦阻力，其大小决定于土粒表面的粗糙度、土的密实度及颗粒级配等因素。黏性土和粉土的抗剪强度由两部分组成：一部分是摩擦阻力(与法向应力成正比)；另一部分是土粒之间的黏聚力，它是由于黏土颗粒之间的胶结作用和静电引力效应等因素引起的。

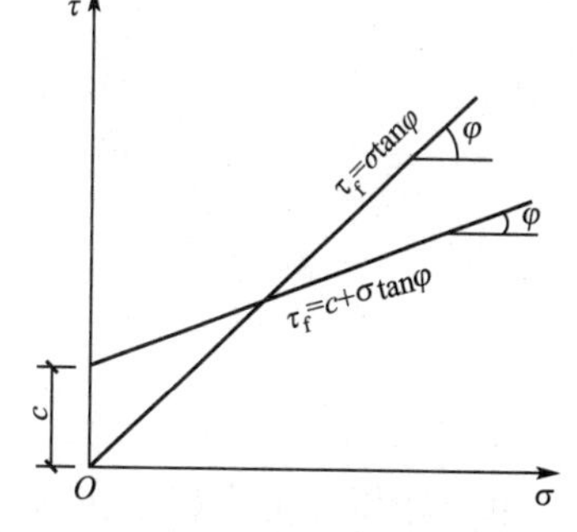

图 7.2　抗剪强度规律

长期的试验研究指出，土的抗剪强度不仅与土的性质有关，还与试验时的排水条件、剪切速率、应力状态和应力历史等许多因素有关，其中最主要的是试验时的排水条件，根据 K. 太沙基(Terzaghi)的有效应力原理，土体内的剪应力只能由土的骨架承担，因此，土的抗剪强度 τ_f 应表示为剪切破坏面上法向有效应力 σ' 的函数，库仑公式应为

$$\left.\begin{aligned}\tau_f&=\sigma'\tan\varphi'\\ \tau_f&=c'+\sigma'\tan\varphi'\end{aligned}\right\}\tag{7-3}$$

式中 σ'——有效应力(kPa)；

c'——有效黏聚力(kPa)；

φ'——有效内摩擦角(°)。

因此，土的抗剪强度有两种表达方式：一种是以总应力 σ 表示剪切破坏面上的法向应力，称为抗剪强度总应力法，相应的 c、φ 称为总应力强度指标(参数)；另一种则以有效应力 σ'表示剪切破坏面上的法向应力，称为抗剪强度有效应力法，c'和 φ'称为有效应力强度指标(参数)。试验研究表明，土的抗剪强度取决于土粒间的有效应力，然而，总应力法在应用上比较方便，许多土工问题的分析方法都还建立在总应力概念的基础上，故在工程上仍沿用至今。

7.2.2 莫尔-库仑强度理论及极限平衡条件

当土体处于三维应力状态，土体中任意一点在某一平面上发生剪切破坏时，该点即处于极限平衡状态，根据德国工程师 O. 莫尔(Mohr，1882)的应力圆理论，可得到土体中一点的剪切破坏准则，即土的极限平衡条件，下面仅研究平面应变问题。

在土体中取一微单元［图 7.3(a)］，设作用在该单元体上的两个主应力为 σ_1 和 σ_3($\sigma_1>\sigma_3$)，在单元体内与大主应力 σ_1 作用平面成任意角 α 的 mn 平面上有正应力 σ 和剪应力 τ。为了建立 σ、τ 与 σ_1、σ_3之间的关系，取微棱柱体 abc 为隔离体［图 7.3(b)］，将各力分别在水平和垂直方向投影，根据静力平衡条件得

$$\sigma_3 ds\sin\alpha-\sigma ds\sin\alpha+\tau ds\cos\alpha=0$$

$$\sigma_1 ds\cos\alpha-\sigma ds\cos\alpha-\tau ds\sin\alpha=0$$

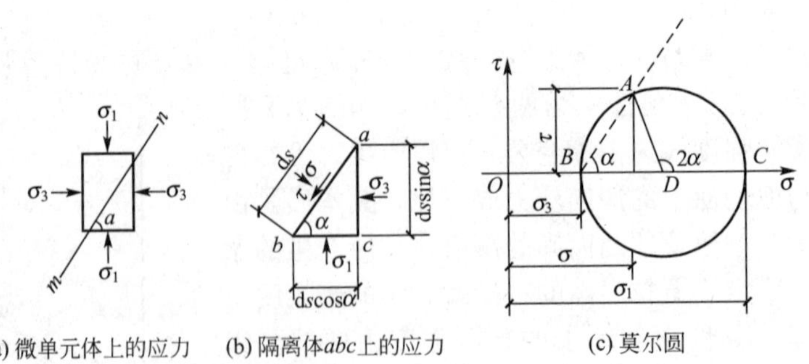

(a) 微单元体上的应力 (b) 隔离体abc上的应力 (c) 莫尔圆

图 7.3 土体中任意点的应力

联立求解以上方程，在 mn 平面上的正应力和剪应力为

$$\left.\begin{aligned}\sigma&=\frac{1}{2}(\sigma_1+\sigma_3)+\frac{1}{2}(\sigma_1-\sigma_3)\cos2\alpha\\ \tau&=\frac{1}{2}(\sigma_1-\sigma_3)\sin2\alpha\end{aligned}\right\}\tag{7-4}$$

采用莫尔圆原理，σ、τ 与 σ_1、σ_3之间的关系可用莫尔应力圆表示［图 7.3(c)］，即在 $\sigma-\tau$ 直角坐标系中，按一定的比例尺，沿 σ 轴截取 OB 和 OC 分别表示 σ_3 和 σ_1，以 D 点为

圆心，$(\sigma_1-\sigma_3)/2$ 为半径作一圆，从 DC 开始逆时针旋转 2α 角，使 DA 线与圆周交于 A 点，可以证明，A 点的横坐标即为斜面 mn 上的正应力 σ，纵坐标即为剪应力 τ。这样，莫尔圆就可以表示土体中一点的应力状态，莫尔圆圆周上各点的坐标就表示该点在相应平面上的正应力和剪应力。

如果给定了土的抗剪强度参数 c、φ 及土中某点的应力状态，则可将抗剪强度包线与莫尔圆画在同一张坐标图上(图 7.4)。它们之间的关系有以下三种情况：①整个莫尔圆(圆Ⅰ)位于抗剪强度包线的下方，说明该点在任何平面上的剪应力都小于土所能发挥的抗剪强度($\tau<\tau_f$)，因此不会发生剪切破坏；②莫尔圆(圆Ⅱ)与抗剪强度包线相切，切点为 A，说明在 A 点所代表的平面上，剪应力正好等于抗剪强度($\tau=\tau_f$)，该点就处于极限平衡状态，此莫尔圆(圆Ⅱ)称为极限应力圆(limiting stress circle)；③抗剪强度包线是莫尔圆(圆Ⅲ，以虚线表示)的一条割线，实际上这种情况是不可能存在的，因为该点任何方向上的剪应力都不可能超过土的抗剪强度，即不存在 $\tau>\tau_f$ 的情况，根据极限莫尔应力圆与库仑强度线相切的几何关系，可建立下面的极限平衡条件，该条件称为莫尔-库仑强度理论。

设在土体中取一微单元体，如图 7.5(a)所示，mn 为破裂面，它与大主应力的作用面成破裂角 α_f。该点处于极限平衡状态时的莫尔圆，如图 7.5(b)所示。

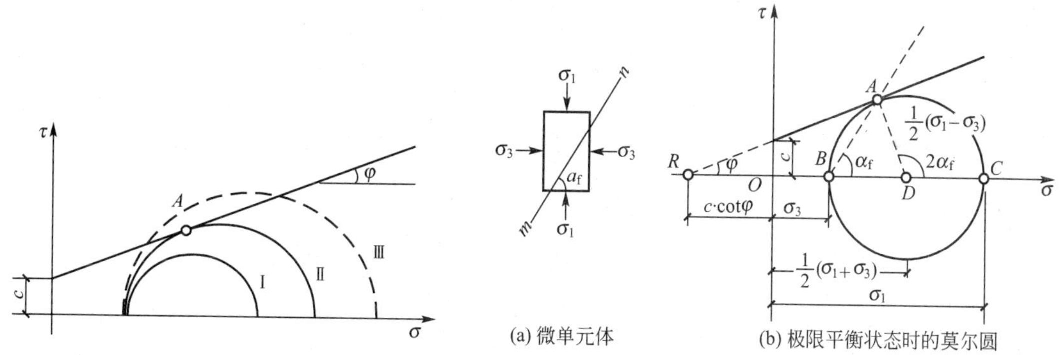

(a) 微单元体　　(b) 极限平衡状态时的莫尔圆

图 7.4　莫尔圆与抗剪强度之间的关系　　**图 7.5　土体中一点达到极限平衡状态时的莫尔圆**

将抗剪强度包线延长与 σ 轴相交于 R 点，由三角形 ARD 可知：$\overline{AD}=\overline{RD}\sin\alpha$

因为

$$\overline{AD}=\frac{1}{2}(\sigma_1-\sigma_3)，\overline{RD}=c\cdot\cot\varphi+\frac{1}{2}(\sigma_1+\sigma_3)$$

所以

$$\sin\varphi=(\sigma_1-\sigma_3)/(\sigma_1+\sigma_3+2c\cot\varphi) \tag{7-5}$$

化简后得

$$\sigma_1=\sigma_3\frac{1+\sin\varphi}{1-\sin\varphi}+2c\sqrt{\frac{1+\sin\varphi}{1-\sin\varphi}} \tag{7-6}$$

或

$$\sigma_1=\sigma_3\frac{1+\sin\varphi}{1-\sin\varphi}+2c\sqrt{\frac{1+\sin\varphi}{1-\sin\varphi}} \tag{7-7}$$

由三角函数可以证明

$$\frac{1+\sin\varphi}{1-\sin\varphi}=\tan^2\left(45^\circ+\frac{\varphi}{2}\right)$$

或

$$\frac{1-\sin\varphi}{1+\sin\varphi}=\tan^2\left(45°-\frac{\varphi}{2}\right)$$

代入式(7－7)、式(7－8)，得出黏性土和粉土的极限平衡条件为

$$\sigma_1=\sigma_3\tan^2\left(45°+\frac{\varphi}{2}\right)+2c\tan\left(45°+\frac{\varphi}{2}\right) \tag{7-8}$$

或

$$\sigma_3=\sigma_1\tan^2\left(45°-\frac{\varphi}{2}\right)-2c\tan\left(45°-\frac{\varphi}{2}\right) \tag{7-9}$$

对于无黏性土，由于 $c=0$，则由式(7－8)和式(7－9)可知，无黏性土的极限平衡条件为

$$\sigma_1=\sigma_3\tan^2\left(45°+\frac{\varphi}{2}\right) \tag{7-10}$$

或

$$\sigma_3=\sigma_1\tan^2\left(45°-\frac{\varphi}{2}\right) \tag{7-11}$$

在图 7.5(b)的三角形 ARD 中，由外角与内角的关系可得破裂角为：

$$\alpha_f=45°+\frac{\varphi}{2} \tag{7-12}$$

说明破坏面与大主应力 σ_1 作用面的夹角为 $\left(45°+\frac{\varphi}{2}\right)$，或破坏面与小主应力 σ_3 作用面的夹角为 $\left(45°-\frac{\varphi}{2}\right)$。

式(7－8)～式(7－11)即称为莫尔-库仑强度理论。

设 σ_{1f}、σ_{3f} 分别为达到极限平衡状态时所需的大主应力和小主应力，则由上述强度理论可以得出：

(1) 当 $\sigma_1<\sigma_{1f}$ 或 $\sigma_3>\sigma_{3f}$ 时，土体处于弹性平衡状态。

(2) 当 $\sigma_1=\sigma_{1f}$ 或 $\sigma_3=\sigma_{3f}$ 时，土体处于极限平衡状态。

(3) 当 $\sigma_1>\sigma_{1f}$ 或 $\sigma_3<\sigma_{3f}$ 时，土体处于剪切破坏状态。

【例题 7.1】 地基中某一单元土体上的大主应力为 430kPa，小主应力为 200kPa。通过试验测得土的抗剪强度指标 $c=15\text{kPa}$，$\varphi=20°$。试问：①该单元土体处于何种状态？②该单元土体最大剪应力出现在哪个面上？是否会沿剪应力最大的面发生剪破？

【解】 已知 $\sigma_1=430\text{kPa}$，$\sigma_3=200\text{kPa}$，$c=15\text{kPa}$，$\varphi=20°$

① $\sigma_{1f}=\sigma_3\tan^2\left(45°+\frac{\varphi}{2}\right)+2c\tan\left(45°+\frac{\varphi}{2}\right)=450.8(\text{kPa})$

计算结果表明：σ_{1f} 大于该单元土体实际大主应力 σ_1，实际应力圆半径小于极限应力圆半径，所以，该单元土体处于弹性平衡状态。

或者：

$$\sigma_{3f}=\sigma_1\tan^2\left(45°-\frac{\varphi}{2}\right)-2c\tan\left(45°-\frac{\varphi}{2}\right)=189.8(\text{kPa})$$

计算结果表明：σ_{3f} 小于该单元土体实际小主应力 σ_3，实际应力圆半径小于极限应力圆半径，所以，该单元土体处于弹性平衡状态。

或者：

$$\alpha_f=45°+\frac{\varphi}{2}=55°$$

在剪切面上

$$\sigma=\frac{1}{2}(\sigma_1+\sigma_3)+\frac{1}{2}(\sigma_1-\sigma_3)\cos2\alpha_f=275.7(\text{kPa})$$

根据库仑定律

$$\tau_f=c+\sigma\tan\varphi=115.3(\text{kPa})$$

由于 $\tau<\tau_f$，所以，该单元土体处于弹性平衡状态。

② 最大剪应力与主应力作用面成 45°，则

$$\tau_{max}=\frac{1}{2}(\sigma_1-\sigma_3)\sin90°=115(\text{kPa})$$

最大剪应力面上的法向应力

$$\sigma=\frac{1}{2}(\sigma_1+\sigma_3)+\frac{1}{2}(\sigma_1-\sigma_3)\cos90°=315(\text{kPa})$$

根据库仑定律

$$\tau_f=c+\sigma\tan\varphi=129.7(\text{kPa})$$

由于最大剪应力面上 $\tau<\tau_f$，所以不会沿剪应力最大的面发生破坏。

7.3 土的抗剪强度试验

本节将介绍室内的直接剪切试验、三轴压缩试验、无侧限抗压强度试验和现场的十字板剪切试验。表 7－1 为这四种常用剪切试验的原理、强度参数求取方法及基本特点。

表 7－1 剪切试验的种类及说明

项目	直接剪切	三轴压缩	单轴压缩	原位十字板剪切
剪切原理	σ；$S=\tau A$；试样	σ_1；橡皮膜；橡皮膜；σ_3；试样	$\sigma_1=q_u$；试样	十字板试验
试验方法	试样放入上、下分离的剪切盒中，在垂直应力 σ 作用下，通过水平向顶推或张拉剪切盒的方式使试样剪切。在 3 个以上不同 σ 下测得剪切应力的峰值 τ_f	圆柱形试样用橡皮膜包裹，围压 σ_3 一定，逐渐增大竖向应力 σ_1 至试样破坏。在 3 个以上不同 σ_3 下测定竖向应力 σ_1 的峰值，即 σ_{1f}，也可同时测定孔压并得到有效应力参数	圆柱形试样不用橡皮膜包裹，在不加围压的情况下竖向压缩试样直至破坏，测定无侧限抗压强度 q_u，同时可据此推算不排水强度 q_u	将十字板剪切仪插入土层内，在上端施加扭力矩，使板头内的土体与周围土体产生相对扭剪，直至剪破，测出相应的最大扭力矩 M_{max}

（续）

项目	直接剪切	三轴压缩	单轴压缩	原位十字板剪切
强度参数 c、φ 求取方法	τ, $\tau_{f(3)}$, $\tau_{f(2)}$, $\tau_{f(1)}$, c, φ, O, $\sigma_{(1)}$, $\sigma_{(2)}$, $\sigma_{(3)}$, σ	τ, 破坏应力圆的包络线, φ, c, O, σ_{3f}, σ_{1f}, σ	τ, $\varphi_u=0$, c_u, O, $\sigma_{3f}=0$, $\sigma_{1f}=q_u$, σ	计算原位不排水强度 $\tau_f=\dfrac{2M_{max}}{\pi D^2\left(H+\dfrac{D}{3}\right)}$
特点	适用于各种土质；试样用土量少、简单易操作；但试样受约束大，剪切面水平固定，排水控制困难	适用于各种土质；理论上最为合理，可控制排水条件，但操作复杂	仅适用于能够自立的黏性土；操作最为简单	适用于黏性土(特别是饱和黏性土)；不用取样，直接在现场进行

7.3.1 直接剪切试验

直接剪切仪分为应变控制式和应力控制式两种，前者是控制试样产生一定位移，如量力环中量表指针不再前进，表示试样已剪损，测定其相应的水平剪应力；后者则是控制对试件分级施加一定的水平剪应力，如相应的位移不断增加，则认为试样已剪损。目前我国普遍采用的是应变控制式直剪仪，如图 7.6 所示，该仪器的主要部件由固定的上盒和活动的下盒组成，试样放在上下盒内上下两块透水石之间。试验时，由杠杆系统通过加压活塞和上透水石对试件施加某一垂直压力，然后等速转动手轮对下盒施加水平推力，使试样在上下盒之间的水平接触面上产生剪切变形，直至破坏。剪应力的大小可借助于上盒接触的量力环的变形值计算确定。在剪切过程中，随着上下盒相对剪切变形的发展，土样中的抗剪强度逐渐发挥出来，直到剪应力等于土的抗剪强度时，土样剪切破坏，所以土样的抗剪强度是用剪切破坏时的剪应力来度量。

(a) 直剪仪实物图片

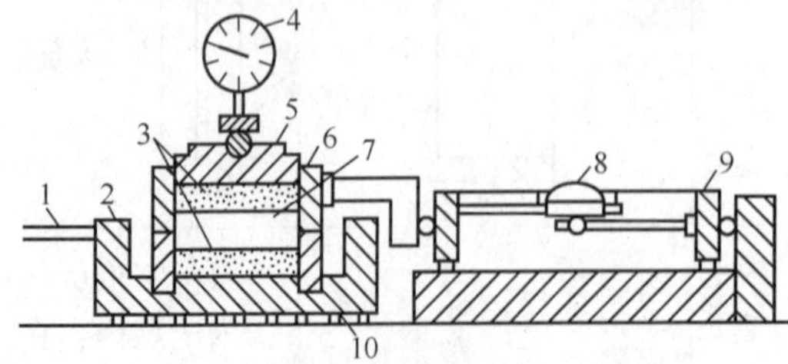

(b) 直剪仪各部分名称

图 7.6　应变控制式直剪仪

1—轮轴；2—底座；3—透水石；4—量表；5—活塞；6—上盒；7—土样；8—测微表；9—量力环；10—下盒

如图 7.7(a)所示表示剪切过程中剪应力 τ 与剪切位移 δ 之间的关系，通常可取峰值或稳定值作为破坏点，如图中箭头所示。对同一种土(重度和含水量相同)至少取 4 个试样，分别在不同垂直压力 σ 下剪切破坏，一般可取垂直压力为 100kPa、200kPa、300kPa、400kPa，将试验结果绘制成如图 7.7(b)所示的抗剪强度 τ_f 和垂直压力 σ 之间的关系，试验结果表明，对于黏性土和粉土，τ_f—σ 关系曲线基本上成直线关系，该直线与横轴的夹角为内摩擦角 φ，在纵轴上的截距为黏聚力 c，直线方程可用库仑公式(7-2)表示，对于无黏性土，τ_f 与 σ 之间关系则是通过原点的一条直线，可用式(7-1)表示。

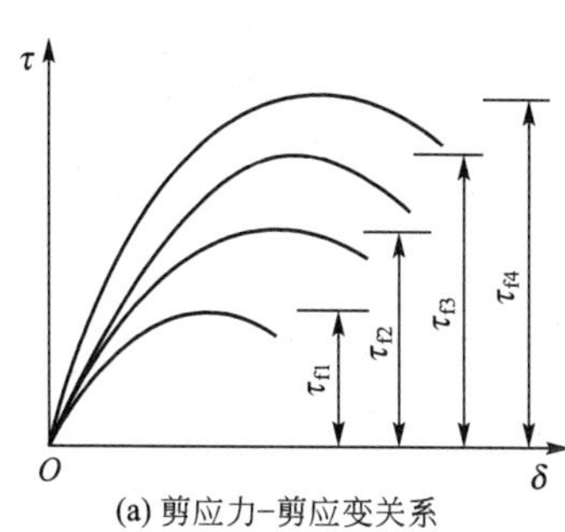

(a) 剪应力-剪应变关系

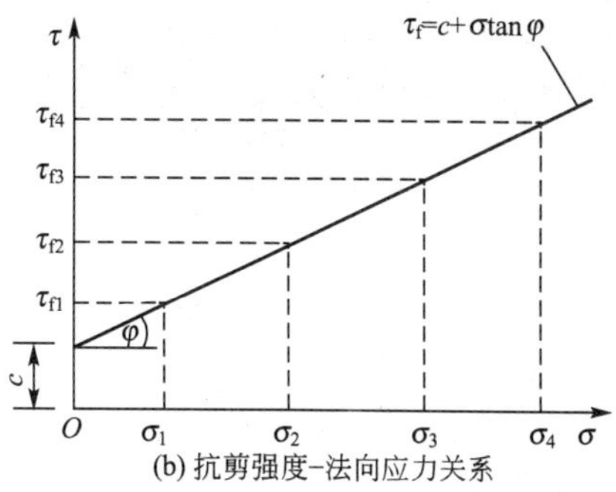

(b) 抗剪强度-法向应力关系

图 7.7 直接剪切试验结果

为了近似模拟土体在现场受剪的排水条件，直接剪切试验可分为快剪、固结快剪和慢剪三种方法。快剪试验(quick shear test，Q-test)是在试样施加竖向压力 σ 后，立即快速(0.02mm/min)施加水平剪应力使试样剪切。固结快剪试验(consolidated quick shear test)是允许试样在竖向压力下排水，待固结稳定后，再快速施加水平剪应力使试样剪切破坏。慢剪试验(slow shear test，S-test)也是允许试样在竖向压力下排水，待固结稳定后，则以缓慢的速率施加水平剪应力使试样剪切。

直剪仪具有构造简单、操作方便等优点，但它存在若干缺点，主要有：①剪切面限定在上下盒之间的平面，而不是沿土样最薄弱面剪切破坏；②剪切面上剪应力分布不均匀，土样剪切破坏时先从边缘开始，在边缘发生剪应力破坏现象；③在剪切过程中，土样剪切面逐渐缩小，而在计算抗剪强度时却是按土样的原截面积计算的；④试验时不能严格控制排水条件，不能量测孔隙水压力，在进行不排水剪切时，试件仍有可能排水，因此快剪试验和固结快剪试验仅适用于渗透系数小于 10^{-6}cm/s 的细粒土。

为了克服直剪仪试样应力分布不均匀、不能严格控制排水条件及剪切面限定等缺点，不同结构形式的单剪仪问世。试样置于单剪仪有侧限的容器中，施加法向压力后，在试样顶部和底部借透水石表面摩擦阻力施加剪应力直至剪损。

7.3.2 三轴压缩试验

三轴压缩试验测定土的抗剪强度是一种较为完善的方法。三轴压缩仪由压力室、轴向加荷系统、施加周围压力系统、孔隙水压力量测系统等组成，如图 7.8 所示，压力室是三轴压缩仪的主要组成部分，它是一个有金属上盖、底座和透明有机玻璃圆筒组成的密闭容器。

常规试验方法的主要步骤如下：将土切成圆柱体套在橡胶膜内，放在密封的压力室

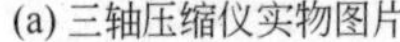

(a) 三轴压缩仪实物图片

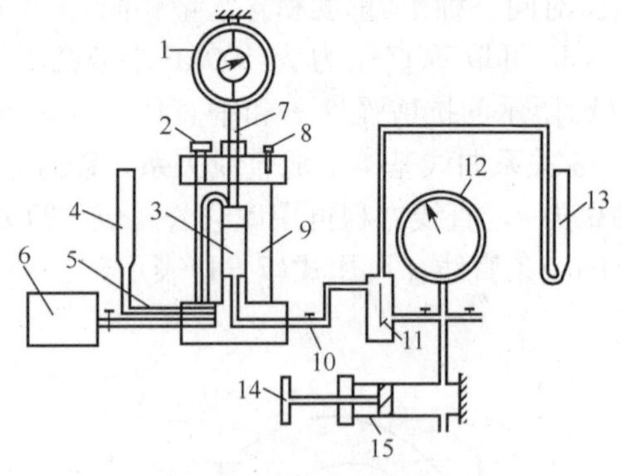

(b) 三轴压缩仪构造示意图

图 7.8　三轴压缩仪

1—量力环；2—注水孔；3—试样；4—排水管；5—排水阀；
6—围压系统；7—传力杆；8—排气孔；9—压力室；10—孔隙水压力阀；
11—零位指示器；12—孔隙水压力表；13—量管；14—手轮；15—调压筒

中，然后向压力室内充水，使试件在各向受到围压 σ_3，并使液压在整个试验过程中保持不变，这时试件内各向的三个主应力都相等，因此不会产生剪应力［图 7.9(a)］。然后再通过传力杆对试件施加竖向压力，这样，竖向主应力就大于水平主应力，当水平主应力保持不变，而竖向主应力逐渐增大时，试件终于受剪而破坏［图 7.9(b)］。设剪切破坏时由传力杆加在试件上的竖向压应力增量为 $\Delta\sigma_1$，则试件上的大主应力为 $\sigma_1=\sigma_3+\Delta\sigma_1$，而小主应力为 σ_3，以$(\sigma_1-\sigma_3)$为直径可画出一个极限应力圆，如图 7.9(c)中的圆 A。用同一种土样的若干个试件(三个及三个以上)按上述方法分别进行试验，每个试件施加不同的围压 σ_3，可分别得出剪切破坏时的大主应力 σ_1，将这些结果绘制成一组极限应力圆，如图 7.9(c)中的圆 A、B 和 C。由于这些试件都是剪切破坏，根据莫尔-库仑理论，做一组极限应力圆的公切线，称之为土的抗剪强度包线，通常近似取为一条直线，该直线与横坐标的夹角为土的内摩擦角 φ，直线与纵坐标的截距为土的黏聚力 c。

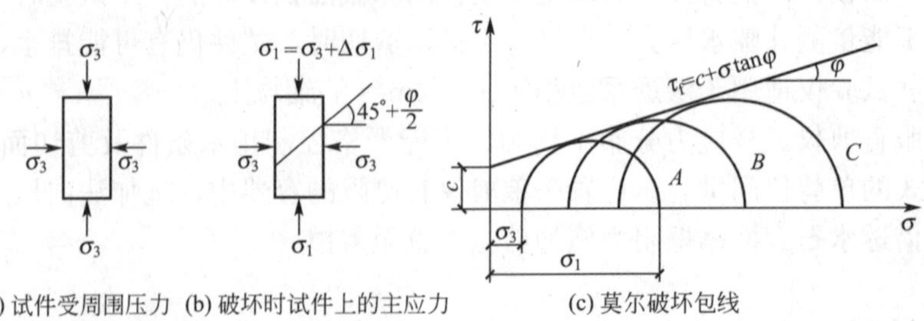

(a) 试件受周围压力　(b) 破坏时试件上的主应力　(c) 莫尔破坏包线

图 7.9　三轴压缩试验原理

如果量测试验过程中的孔隙水压力，可以打开孔隙水压力阀，在试件上施加压力以后，由于土中孔隙水压力增加迫使零位指示器的水银面下降。为测量孔隙水压力，可用调压筒调整零位指示器的水银面始终保持原来的位置，这样，孔隙水压力表中的读数就是孔隙水压力值。如要量测试验过程中的排水量，可以打开排水阀门，让试件中的水排入量水管中，根据量水管中水位的变化可算出在试验过程中的排水量。

对应于直接剪切试验的快剪、固结快剪和慢剪试验，三轴压缩试验按剪切前受到周围压力 σ_3 的固结状态和剪切时的排水条件，分为如下三种方法。

(1) 不固结不排水三轴试验(unconsolidation undraitned test，UU - test)，简称不排水试验：试样在施加围压和随后施加竖向压力直至剪切破坏的整个过程中都不允许排水，试验自始至终关闭排水阀门。

(2) 固结不排水三轴试验(consolidation undrained test，CU - test)，简称固结不排水试验：试样在施加围压 σ_3 时打开排水阀门，允许固结排水，待固结稳定后关闭排水阀门，再施加竖向压力，使试验在不排水的条件下剪切破坏。

(3) 固结排水三轴试验(consolidation undrained test，CD - test)，简称排水试验：试样在施加围压 σ_3 时允许固结排水，待固结稳定后，再在排水条件下施加竖向压力至试件剪切破坏。

三轴压缩仪的突出优点是能较为严格地控制排水条件及可以量测试件中孔隙水压力的变化。此外，试件中的应力状态也比较明确，破裂面是在最弱处，而不像直接剪切仪那样限定在上下盒之间。三轴压缩仪还用以测定土的其他力学性质，如土的弹性模量，因此它是土工试验不可缺少的设备。三轴压缩试验的缺点是试件中的主应力 $\sigma_2=\sigma_3$，而实际上土体的受力状态未必都属于这类轴对称情况。已经问世的各种真三轴压缩仪中的试件可在不同的三个主应力($\sigma_1\neq\sigma_2\neq\sigma_3$)作用下进行试验。

7.3.3　三轴压缩试验中的孔隙压力系数

根据有效应力原理，给出土中总应力后，求取有效应力的问题在于孔隙压力。为此，A. W 斯肯普顿(Skempton，1954)提出以孔隙压力系数表示孔隙水压力的发展和变化。根据三轴试验结果，引用孔隙压力系数 A 和 B，建立了轴对称应力状态下土中孔隙压力与大、小主应力之间的关系。如图 7.10 所示表示在三轴压缩试验的单元土体中孔隙压力的发展，设一土单元在各向相等的有效应力 σ_c' 作用下固结，初始孔隙水压力 $u_0=0$，意图是模拟试样的原位应力状态；如果受到各向相等的围压 $\Delta\sigma_3$ 的作用，孔隙压力增量为 Δu_3，有效应力增量为

$$\Delta\sigma_3'=\Delta\sigma_3-\Delta u_3 \tag{7-13}$$

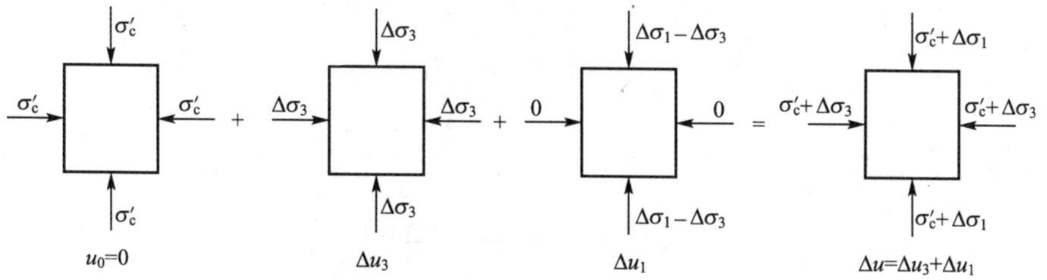

图 7.10　孔隙压力的变化

根据弹性理论，如果弹性材料的弹性模量和泊松比分别为 E 和 μ，在各向应力相等而无剪应力的情况下，土体积的变化为

$$\Delta V=\frac{3(1-2\mu)}{E}V\cdot\Delta\sigma_3'$$

将式(7－13)代入上式得

$$\Delta V=C_S V(\Delta\sigma_3-\Delta u_3) \tag{7-14}$$

式中 C_S——土骨架的三向体积压缩系数，$C_S=3(1-2\mu)/E$，它是土样在三轴压缩试验中骨架体积应变 $\Delta V/V$ 与三向有效应力增量$(\Delta\sigma_3-\Delta u_3)$的比值；

V——土试样体积。

土孔隙中由于增加了孔隙压力 Δu_3，使土中气和水被压缩，其压缩量为

$$\Delta V_V=C_V nV\Delta u_3 \tag{7-15}$$

式中 n——土的孔隙率；

C_V——孔隙的三向体积压缩系数，它是土样在三轴压缩试验中孔隙体积应变 $\Delta V/V$ 与孔隙压力增量 Δu_3 的比值。

由于土固体颗粒的压缩量很小，可以认为骨架体积的变化 ΔV 等于孔隙体积的变化 ΔV_V，则由式(7－14)和式(7－15)得

$$C_S V(\Delta\sigma_3-\Delta u_3)=C_V nV\Delta u_3$$

整理后得

$$B=\frac{\Delta u_3}{\Delta\sigma_3} \tag{7-16}$$

式中 $B=1/[1+nC_V/C_S]$，定义为孔隙压力系数 B，即土体在等向压缩应力状态时单位围压增量所引起的孔隙压力增量。

对于饱和土，孔隙中完全充满水，由于水的压缩性比土骨架的压缩性小得多，$C_V/C_S\to 0$，因而 $B=1$，故 $\Delta u_3=\Delta\sigma_3$；对于干土，孔隙的压缩性接近于无穷大，$C_V/C_S\to\infty$，故 $B=0$；对于非饱和土，$0<B<1$，土的饱和度越小，B 值也越小。

如图 7.13 所示，如果在试样上施加轴向压力增量$(\Delta\sigma_1-\Delta\sigma_3)$，设在试样中产生孔隙压力增量为 Δu_1；相应的轴向和侧向的有效应力增量分别为

$$\Delta\sigma_1'=(\Delta\sigma_1-\Delta\sigma_3)-\Delta u_1 \tag{7-17}$$

$$\Delta\sigma_3'=-\Delta u_1 \tag{7-18}$$

根据弹性理论，其体积变化应为

$$\Delta V=C_S V\,\frac{1}{3}(\Delta\sigma_1'+2\Delta\sigma_3')$$

再将式(7－17)及式(7－18)代入，得

$$\Delta V=C_S V\cdot\frac{1}{3}(\Delta\sigma_1-\Delta\sigma_3-3\Delta u_1) \tag{7-19}$$

同理，由于孔隙压力增量 Δu_1 使土孔隙体积的变化为

$$\Delta V_V=C_V nV\Delta u_1 \tag{7-20}$$

因为 $\Delta V=\Delta V_V$，即得

$$\Delta u_1=B\cdot\frac{1}{3}(\Delta\sigma_1-\Delta\sigma_3) \tag{7-21}$$

将式(7－16)和式(7－21)相加，得到在 $\Delta\sigma_1$ 和 $\Delta\sigma_3$ 共同作用下总的孔隙压力增量为

$$\Delta u=\Delta u_3+\Delta u_1=B\left[\Delta\sigma_3+\frac{1}{3}(\Delta\sigma_1-\Delta\sigma_3)\right] \tag{7-22a}$$

因为土并非理想弹性体，上式系数 1/3 不适用，而以 A 代替，于是可写为

$$\Delta u=B[\Delta\sigma_3+A(\Delta\sigma_1-\Delta\sigma_3)] \tag{7-22b}$$

式中 A——在偏应力增量作用下的孔隙压力系数。

对于饱和土，$B=1$，在不排水试验中，总孔隙压力增量为

$$\Delta u=\Delta\sigma_3+A(\Delta\sigma_1-\Delta\sigma_3) \tag{7-23}$$

在固结不排水试验中，由于试样在 $\Delta\sigma_3$ 作用下固结稳定，故 $\Delta u_3=0$，于是

$$\Delta u=\Delta u_1=A(\Delta\sigma_1-\Delta\sigma_3) \tag{7-24}$$

在排水试验中，孔隙压力全部消散，则 $\Delta u=0$。

A 值的大小受很多因素的影响，它随偏应力增加呈非线性变化，高压缩性土的 A 值比较大，超固结黏土在偏应力作用下将发生体积膨胀，产生负的孔隙压力，故 A 是负值。就是同一种土，A 也不是常数，它还受应变大小、初始应力状态和应力历史等因素影响。各类土的孔隙压力系数 A 值见表 7-2，如要精确计算土的孔隙压力，应根据实际的应力和应变条件，进行三轴压缩试验，直接测定 A 值。

表 7-2 孔隙压力系数 A

土样(饱和)	A(用于验算土体破坏的数值)	土样(饱和)	A(用于计算地基变形的数值)
很松的细砂	2～3	很灵敏的软黏土	>1
灵敏黏土	1.5～2.5	正常固结黏土	0.5～1
正常固结黏土	0.7～1.3	超固结黏土	0.25～0.5
轻度超固结黏土	0.3～0.7	严重超固结黏土	0～0.25
严重超固结黏土	−0.5～0		

【例题 7.2】 有一饱和圆柱形试样，在 $\sigma_1=\sigma_3=100\text{kPa}$ 作用下尚未固结，测得孔隙压力 $u=40\text{kPa}$，然后沿 σ_1 方向施加应力增量 $\Delta\sigma_1=50\text{kPa}$，又测得孔隙压力的增量 $\Delta u=32\text{kPa}$。求：①孔隙压力系数 B 和 A；②有效应力 σ_1' 和 σ_3'。

【解】 ①在 $\sigma_1=\sigma_3=100\text{kPa}$ 作用下，$\Delta u_3=40\text{kPa}$，则根据超静孔隙压力公式有

$$B=\frac{\Delta u_3}{\Delta\sigma_3}=\frac{40}{100}=0.4$$

在 $\Delta\sigma_1=50\text{kPa}$ 作用下，孔隙压力增量为 $\Delta u=\Delta u_3+\Delta u_1=40+32=72(\text{kPa})$，则

$$\Delta u=B[\Delta\sigma_3+A(\Delta\sigma_1-\Delta\sigma_3)]$$

$$\begin{aligned}A&=(\Delta u/B-\Delta\sigma_3)/(\Delta\sigma_1-\Delta\sigma_3)\\&=(72/0.4-100)/(150-100)\\&=1.6\end{aligned}$$

②

$$\sigma_1'=\sigma_1-u=150-72=78(\text{kPa})$$

$$\sigma_3'=\sigma_3-u=100-72=28(\text{kPa})$$

7.3.4 无侧限抗压强度试验

无侧限抗压强度试验如同在三轴仪中进行 $\sigma_3=0$ 的不排水试验一样，试验时将圆柱形试样放在如图 7.11(a)所示的无侧限抗压试验仪中，在不加任何侧向压力的情况下施加垂直压力，直到试件剪切破坏为止。剪切破坏时试样所能承受的最大轴向压力称为无侧限抗压强度。根据试验结果，只能作一个极限应力圆($\sigma_1=q_u$，$\sigma_3=0$)。因此对于一般黏性土就

难以作出莫尔破坏包线。而对于饱和黏性土，根据在三轴不固结不排水试验的结果，其破坏包线近似于一条水平线，即 $\varphi_u=0$。这样，如仅为了测定饱和黏性土的不排水抗剪强度，就可以利用构造比较简单的无侧限抗压试验仪代替三轴压缩仪。此时，取 $\varphi_u=0$，则由无侧限抗压强度试验所得的极限应力圆的水平切线就是破坏包线，由图 7.11(b)得

$$\tau_f=c_u=q_u/2 \qquad (7-25)$$

式中 c_u——土的不排水抗剪强度(kPa)；

q_u——无侧限抗压强度(kPa)。

无侧限抗压试验仪还可以用来测定土的灵敏度 S_t。无侧限抗压试验的缺点是试样中段部位完全不受约束，因此，当试样接近破坏时，往往被挤成鼓形，这时试样中的应力显然不是均匀的(三轴仪中的试样也有此问题)。

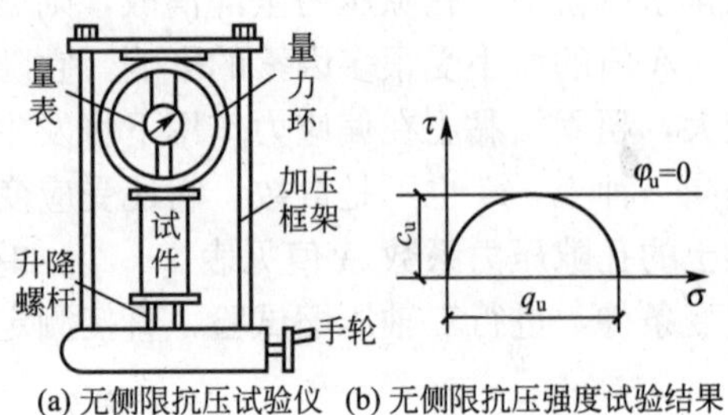

(a) 无侧限抗压试验仪 (b) 无侧限抗压强度试验结果

图 7.11 无侧限抗压强度试验

7.3.5 十字板剪切试验

室内的抗剪强度试验要求取得原状土试样，由于试样在采取、运送、保存和制备等方面不可避免地受到扰动，特别是对于高灵敏的软黏土，室内试验结果的精度就受到影响。因此，发展原位测试土性的仪器具有重要意义。在原位应力条件下进行测试，测定土体的范围大，能反映微观、宏观结构对土性的影响，有些原位测试方法连续贯入测试能获得土层的完整剖面。在抗剪强度的原位试验方法中，国内广泛应用的是十字板剪切试验，其原理如下。

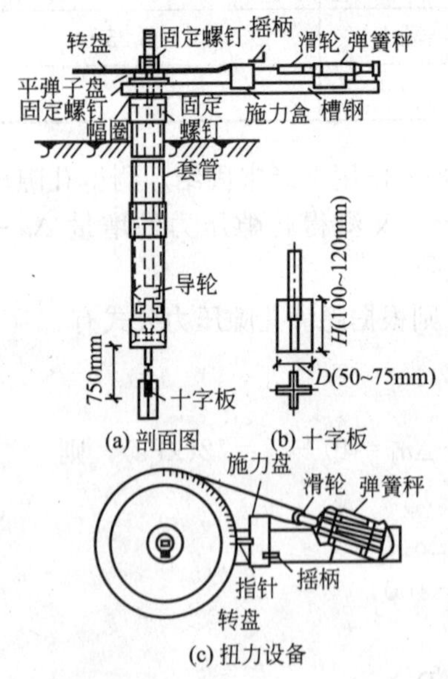

图 7.12 十字板剪切仪的构造

十字板剪切仪的构造如图 7.12 所示。试验时先将套管打到预定的深度，并将套管内的土清除。将十字板装在转杆的下端后，通过套管压入土中，压入深度约为 750mm。然后由地面上的扭力设备对钻杆施加扭矩，使埋在土中的十字板旋转，直至土剪切破坏。破坏面为十字板旋转所形成的圆柱面。设剪切破坏时施加的扭矩为 M，则它应该与剪切破坏圆柱面(包括侧面和上、下面)上土的抗剪强度所产生的抵抗力矩相等，即

$$M=\pi DH\cdot\frac{D}{2}\tau_V+2\int_0^{D/2}\tau_H\cdot 2\pi r\cdot r\mathrm{d}r$$

$$=\frac{1}{2}\pi D^2H\tau_V+\frac{1}{6}\pi D^3\tau_H \qquad (7-26)$$

式中 M——剪切破坏时的扭力矩(kN·m)；

τ_V、τ_H——剪切破坏时的圆柱体侧面和上下面土的抗剪强度(kPa)；

H、D——十字板的高度和直径(m)。

在实际土层中，τ_V和 τ_H是不同的。G. 爱斯(Aas，1965)曾利用不同的 D/H 的十字板

剪切仪测定饱和软黏土的抗剪强度。试验结果表明：对于所试验的正常固结饱和软黏土，$\tau_H/\tau_V=1.5\sim2.0$；对于稍超固结的饱和黏土，$\tau_H/\tau_V=1.1$。这一试验结果说明天然土层的抗剪强度是非等向的，即水平面上的抗剪强度大于垂直面上的抗剪强度。这主要是由于水平面上的固结压力大于侧向固结压力的缘故。

实际上为了简化计算，在常规的十字板试验中仍假设 $\tau_H=\tau_V=\tau_f$，将这一假设代入式(7-26)得

$$\tau_f=\frac{2M}{\pi D^2\left(H+\frac{D}{3}\right)} \tag{7-27}$$

式中 τ_f——在现场由十字板测定的土的抗剪强度(kPa)；

其余符号同前。

十字板剪切试验适用于饱和软黏土($\varphi=0$)，它的优点是构造简单，操作方便，原位测试时对土的结构扰动也较小，故在实际中广泛得到应用。但在软土层中夹砂薄层时，测试结果可能失真或偏高。

7.4 饱和黏性土的抗剪强度

饱和黏性土的抗剪强度除受固结程度和排水条件影响，还跟所受应力历史有关。在三轴试验中，采用对试样施加一个各向相等的固结应力来模拟土层的前期固结应力，然后在剪切前改变围压，用这种方法模拟超固结和正常固结特性。饱和黏性土的抗剪强度最好由三轴压缩试验测定，按剪切前的固结状态和剪切时的排水条件分为 3 种：不固结不排水抗剪强度，简称不排水抗剪强度；固结不排水抗剪强度；固结排水抗剪强度，简称排水抗剪强度。

7.4.1 不固结不排水抗剪强度

如前所述，不固结不排水试验是在施加周围压力和轴向压力直至剪切破坏的整个试验过程中都不允许排水，如果有一组饱和黏性土试件，都先在某一周围压力下固结至稳定，试件中的初始孔隙水压力为静水压力，然后分别在不排水条件下施加周围压力和轴向压力直至剪切破坏，试验结果如图 7.13 所示，图中三个实线半圆 A、B、C 分别表示三个试件在不同的 σ_3 作用下破坏时的总应力圆，虚线是有效应力圆。试验结果表明，虽然三个试件的周围压力 σ_3 不同，但破坏时的主应力差相等，在 τ_f-σ 图上表现出三个总应力圆直径相同，因而破坏包线是一条水平线，即

$$\varphi_u=0 \tag{7-28a}$$

$$\tau_f=c_u=(\sigma_1-\sigma_3)/2 \tag{7-28b}$$

式中 φ_u——不排水内摩擦角(°)；

c_u——不排水黏聚力，即不排水抗剪强度(kPa)。

在试验中如果分别量测试样破坏时的孔隙水压力 u_f，试验成果可以用有效应力整理，结果表明，三个试件只能得到同一个有效应力圆，并且有效应力圆的直径与三个总应力圆直径相等，即

$$\sigma_1'-\sigma_3'=(\sigma_1-\sigma_3)_A=(\sigma_1-\sigma_3)_B=(\sigma_1-\sigma_3)_C \tag{7-29}$$

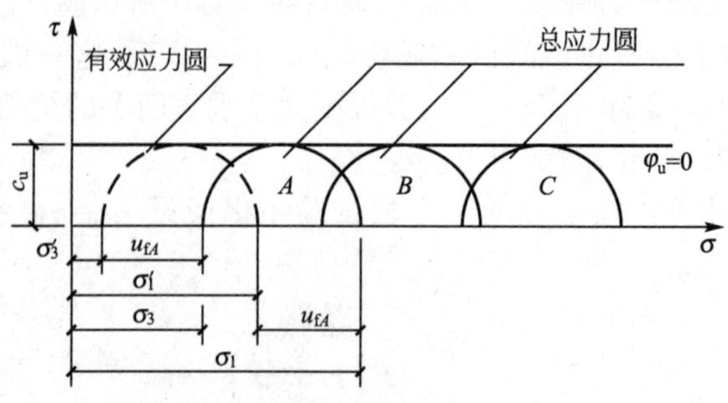

图 7.13　饱和黏性土、粉土的不排水试验结果

这是由于在不排水条件下，试样在试验过程中含水量不变，体积不变，饱和黏性土的孔隙压力系数 $B=1$，改变周围压力增量只能引起孔隙水压力的变化，并不会改变试样中的有效应力，各试件在剪切前的有效应力相等，因此抗剪强度不变。如果在较高的剪前固结压力下进行不固结不排水试验，就会得出较大的不排水抗剪强度 $c_u(\varphi_u=0)$。

由于一组试件试验的结果，其有效应力圆是同一个，因而就不能得到有效应力破坏包线和 c'、φ'值，所以这种试验一般只用于测定饱和土的不排水强度。

不固结不排水试验的“不固结”是在三轴压力室压力下不再固结，而保持试样原来的有效应力不变，如果饱和黏性土从未固结过，将是一种泥浆状土，抗剪强度也必然等于零。一般从天然土层中取出的试样，相当于在某一压力下已经固结，总具有一定天然强度。天然土层的有效固结压力是随深度变化的，所以不排水抗剪强度 c_u 也随深度变化，均质的正常固结不排水强度大致随有效固结压力成线性增大。饱和的超固结黏土的不固结不排水强度包线也是一条水平线，即 $\varphi_u=0$。

【例题 7.3】　对某饱和黏性土进行无侧限抗压强度试验得 $q_u=140\text{kPa}$，如果对同一土样进行三轴不固结不排水试验，施加周围压力 $\sigma_3=150\text{kPa}$。问试件将在多大的轴向压力作用下发生破坏。

【解】　饱和黏性土 $\varphi_u=0$，$c_u=q_u/2=140/2=70(\text{kPa})$

因为

$$c_u=\frac{1}{2}(\sigma_1-\sigma_3)$$

所以

$$\sigma_1=2c_u+\sigma_3=2\times70+150=290(\text{kPa})$$

7.4.2　固结不排水抗剪强度

饱和黏性土的固结不排水抗剪强度在一定程度上受应力历史的影响，因此，在研究黏性土的固结不排水强度时，要区别试样是正常固结还是超固结。将正常固结土层和超固结土层的概念应用到三轴固结不排水试验中，如果试样所受到的周围固结压力 σ_3 大于它曾受到的最大固结压力 p_c，属于正常固结试样；如果 $\sigma_3<p_c$，则属于超固结试样。试验结果证明，这两种不同固结状态的试样，其抗剪强度性状是不同的。

饱和黏性土、粉土固结不排水试验时，试样在 σ_3 作用下充分排水固结，$\Delta u^3=0$，在不排水条件下施加偏应力剪切时，试样中的孔隙水压力随偏应力的增加而不断变化，$\Delta u_1 = A(\Delta\sigma_1 - \Delta\sigma_3)$，如图 7.14 所示，对正常固结试样剪切时体积有减少的趋势(剪缩)，但由于不允许排水，故产生正的孔隙水压力，由试验得出孔隙压力系数都大于零，而超固结试样在剪切时体积有增加的趋势(剪胀)，强超固结试样在剪切过程中，开始产生正的孔隙水压力，以后转为负值。

如图 7.15 所示表示正常固结饱和黏性土、粉土固结不排水的试验结果，图中以实线表示的为总应力圆和总应力破坏包线，如果试验时量测孔隙水压力，试验结果可以用有效应力整理，图中虚线表示有效应力圆和有效应力破坏包线，u_f 为剪切破坏时的孔隙水压力，由于 $\sigma_1' = \sigma_1 - u_f$，$\sigma_3' = \sigma_3 - u_f$，故 $\sigma_1' - \sigma_3' = \sigma_1 - \sigma_3$，即有效应力圆与总应力圆直径相等，但位置不同，两者之间的距离为 u_f，因为正常固结试样在剪切破坏时产生正的孔隙水压力，故有效应力圆在总应力圆的左方。总应力破坏包线和有效应力破坏包线都通过原点，即有 $\sin\varphi_{cu} = (\sigma_1 - \sigma_3)/(\sigma_1 + \sigma_3)$，$\sin\varphi' = (\sigma_1' - \sigma_3')/(\sigma_1' + \sigma_3')$，说明不受任何固结压力的土(如泥浆状土)不会具有抗剪强度。总应力破坏包线的倾角以 φ_{cu} 表示，一般为 10°～20°；有效应力破坏的倾角 φ' 称为有效内摩擦角，φ' 比 φ_{cu} 大一倍左右。

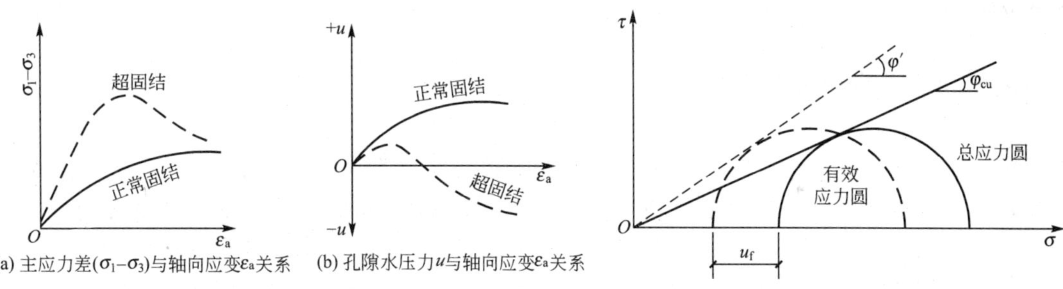

图 7.14　固结不排水试验的孔隙水压力

图 7.15　正常固结饱和黏性土、粉土固结不排水试验结果

超固结土的固结不排水总应力破坏包线如图 7.16(a)所示，是一条略平缓的曲线，可近似用直线 ab 代替，与正常固结破坏包线 bc 相交，bc 线的延长线仍通过原点，实用上将 abc 折线取为一条直线，如图 7.16(b)所示，总应力强度指标为 c_{cu} 和 φ_{cu}，于是，固结不排水剪切的总应力破坏包线可表达

$$\tau_f = c_{cu} + \sigma\tan\varphi_{cu} \tag{7-30}$$

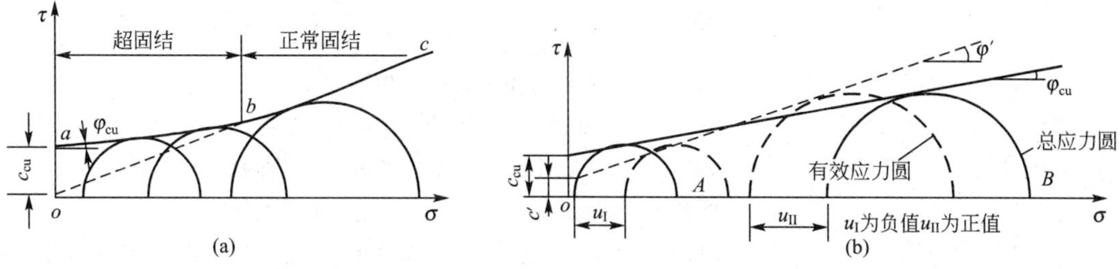

图 7.16　超固结土的固结不排水试验结果

如以有效应力表示，有效应力圆和有效应力破坏包线如图中虚线所示，由于超固结土在剪切破坏时，产生负的孔隙水压力，有效应力圆在总应力圆的右方(图中圆 A)，正常固

结试样产生正的孔隙水压力，故有效应力圆在总应力圆的左方(图中圆 B)，有效应力强度包线可表示为

$$\tau_f = c' + \sigma' \tan\varphi' \tag{7-31}$$

式中　c'、φ'——固结不排水试验得出的有效应力强度指标，通常 $c' < c_{cu}$，$\varphi' > \varphi_{cu}$。

【例题 7.4】 某正常固结饱和黏性土试样进行不固结不排水试验，得 $\varphi_u = 0$，$c_u = 20\text{kPa}$，对同样的土进行固结不排水试验，得有效抗剪强度指标 $c' = 0$，$\varphi' = 30°$，如果试样在不排水条件下破坏，试求剪切破坏时的有效大主应力和小主应力。

【解】 由不固结不排水试验，得

$$\frac{1}{2}(\sigma_1' - \sigma_3') = c_u = 20\text{kPa}$$

由固结不排水试验，得

$$\sin\varphi' = \frac{\frac{1}{2}(\sigma_1' - \sigma_3')}{\frac{1}{2}(\sigma_1' + \sigma_3')} = \sin 30° = 0.5$$

联立求解上述两式，得 $\sigma_1' = 60\text{kPa}$，$\sigma_3' = 20\text{kPa}$。

7.4.3 固结排水抗剪强度

固结排水试验在整个试验过程中，超孔隙水压力始终等于零，总应力最后全部转化为有效应力，所以总应力圆就是有效应力圆，总应力破坏包线就是有效应力破坏包线。如图 7.17(a)和图 7.17(b)所示分别为排水试验的应力-应变关系和体积变化，在剪切过程中，正常固结黏土发生剪缩，而超固结土则是先压缩，继而主要呈现剪胀的特性。

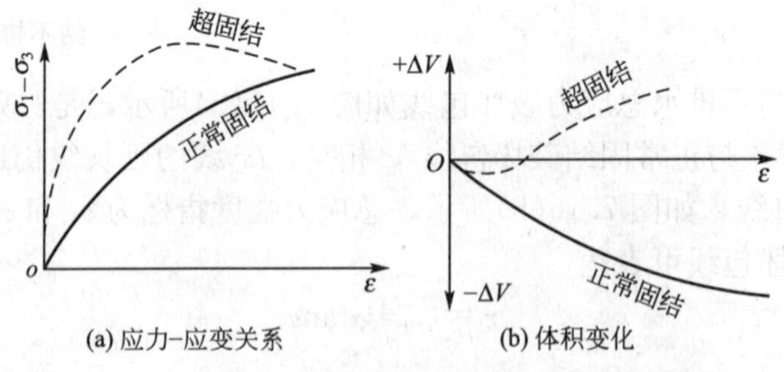

图 7.17　排水试验的应力-应变关系和体积变化

如图 7.18 所示为排水试验结果，正常固结土的破坏包线通过原点，如图 7.18(a)所示，黏聚力 $c_d = 0$，内摩擦角 φ_d 约为 20°～40°，超固结土的破坏包线略弯曲，实用上近似取为一条直线代替，如图 7.18(b)所示，c_d 约为 5～25kPa，φ_d 比正常固结土的内摩擦角要小。

试验证明，c_d、φ_d 与固结不排水试验得到的 c'、φ' 很接近，由于排水试验所需的时间太长，故实际应用中以 c'、φ' 代替 c_d 和 φ_d，但是两者的试验条件是有差别的，固结不排水试验在剪切过程中试样的体积保持不变，而固结排水试验在剪切过程中试样的体积一般要发生变化，c_d、φ_d 略大于 c'、φ'。

在直接剪切试验中进行慢剪试验得到的结果常常偏大，根据经验可将慢剪试验结果乘以 0.9。

如图 7.19 所示为同一种黏性土分别在 3 种不同排水条件下的试验结果，由图可见，

如果以总应力表示，将得出完全不同的试验结果，而以有效应力表示，则不论采用哪种试验方法，都能得到近乎同一条有效应力破坏包线(如图中虚线所示)，由此可见，抗剪强度与有效应力有唯一的对应关系。

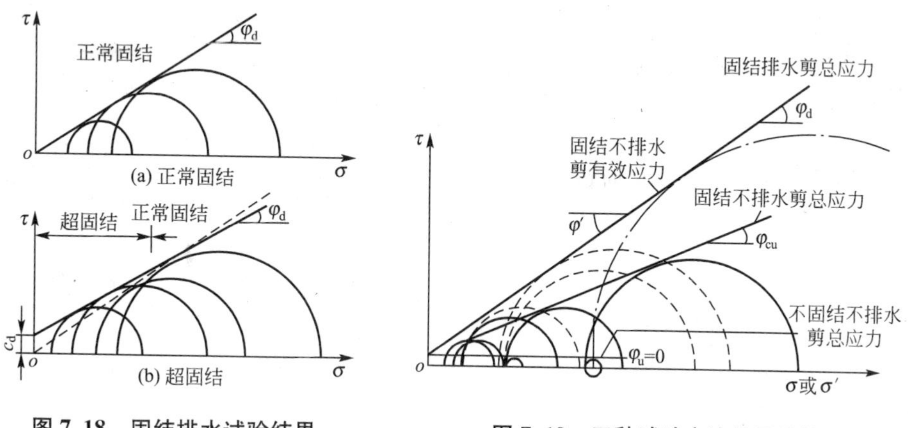

图 7.18 固结排水试验结果

图 7.19 三种试验方法结果比较

7.4.4 抗剪强度指标的选择

如前所述，黏性土的强度性状是很复杂的，它不仅随剪切条件不同而异，而且还受许多因素(例如土的各向异性、应力历史、蠕变等)的影响。此外对于同一种土，强度指标与试验方法及试验条件都有关，实际工程问题的情况又是千变万化的，用实验室的试验条件去模拟现场条件毕竟还是会有差别。因此，对于某个具体工程问题，如何确定土的抗剪强度指标并不是一件容易的事情。

首先要根据工程问题的性质确定 3 种不同排水的试验条件，进而决定采用总应力或有效应力的强度指标，然后选择室内或现场的试验方法。一般认为，由三轴固结不排水试验确定的有效应力强度指标 c' 和 φ' 宜用于分析地基的长期稳定性(例如土坡的长期稳定性分析、估计挡土结构物的长期土压力、位于软土地基上结构物的长期稳定分析等)；而对于饱和软黏土的短期稳定性问题，则宜采用不固结不排水的强度指标 c_u，即 $\varphi_u=0$，以总应力法进行分析。一般工程问题多采用总应力法分析，其指标和测试方法的选择大致如下。

若建筑物施工速度较快，而地基土的透水性和排水条件不良时，可采用三轴仪不固结不排水试验或直剪仪快剪试验的结果；如果地基荷载增长速率较慢，地基土的透水性不太小(如低塑性的黏土)及排水条件又较佳时(如黏土层中夹砂层)，则可以采用固结排水或慢剪试验结果；如果介于以上两种情况之间，则可用固结不排水或固结快剪试验结果。由于实际加荷情况与土的性质是复杂的，而且在建筑物的施工和使用过程中都要经历不同的固结状态，因此，在确定强度指标时还应结合工程经验。

土的抗剪强度指标的实际应用，A. 辛格(Singh，1976)对一些工程问题需要采用的抗剪强度指标及其测定方法列了一个表(表 7-3)，可供参考。该表的主要精神是推荐用有效应力法分析工程的稳定性；在某些情况下，如应用于饱和黏性土的稳定性验算，则可用 $\varphi_u=0$ 总应力法分析。该表具体应用时，仍需结合工程的实际条件，不能照搬。如果采用有效应力强度指标 c'、φ'，还需要准确测定土体的孔隙水压力分布。

表 7-3 工程问题和强度指标的选用

工程类别	需要解决问题	强度指标	试验方法	备注
1. 位于饱和黏土上结构或填方的基础	① 短期稳定性 ② 长期稳定性	c_u，$\varphi_u=0$ c'，φ'	不排水三轴或无侧限抗压试验现场或十字板试验 排水或固结不排水试验	长期安全系数高于短期的
2. 位于部分饱和砂和粉质砂土上的基础	短期和长期稳定性	c'，φ'	用饱和试样进行排水或固结不排水试验	可假定 $c'=0$，最不利的条件是室内在无荷载下将试样饱和
3. 无支撑开挖地下水位以下的紧密黏土	① 快速开挖时的稳定性 ② 长期稳定性	c_u，$\varphi_u=0$ c'，φ'	不排水试验 排水或固结不排水试验	除非有专用的排水设备降低地下水位，否则长期安全系数是最小的
4. 开挖坚硬的裂缝土和风化黏土	① 短期稳定性 ② 长期稳定性	c_u，$\varphi_u=0$ c'，φ'	不排水试验 排水或固结不排水试验	试样应在无荷载下膨胀现场的 c' 比室内测定的要低，假定 $c'=0$ 较安全
5. 有支撑开挖黏土	抗挖方底面的隆起	c_u，$\varphi_u=0$	不排水试验	
6. 天然边坡	长期稳定性	c'，φ'	排水或固结不排水试验	对坚硬的裂缝黏土，假定 $c'=0$ 对特别灵敏的黏土和流动性黏土，室内测定的 φ 偏大，不能采用 $\varphi_u=0$ 分析
7. 挡土结构物的土压力	① 估计挖方时的总压力 ② 估计长期土压力	c_u，$\varphi_u=0$ c'，φ'	不排水试验 排水或固结不排水试验	$\varphi_u=0$ 分析，不能正确反映坚硬裂缝黏土的性状，在应力减小的情况下，甚至开挖后短期也不行
8. 不透水的土坝	① 施工期或完工后的短期稳定性 ② 稳定渗流期的长期稳定性 ③ 水位骤降时的稳定性	c'，φ' c'，φ' c'，φ'	排水或固结不排水试验 排水或固结不排水试验 排水或固结不排水试验	试样用填筑含水量(或施工期具有的含水量范围)增加试样含水量，将大大降低 c'，但 φ 几乎无变化 在稳定渗流和水位骤降两种情况下，对试样施加主应力差之前，应使试样在适当范围内软化，假定 $c'=0$ 针对稳定渗流做排水试验时，可使水在小水头下流过试样模拟坝体透水作用

（续）

工程类别	需要解决问题	强度指标	试验方法	备注
9. 透水土坝	上述三种稳定性	c'，φ'	排水试验	对自由排水材料采用 $c'=0$
10. 黏土地基上的填方，其施工速率允许土体部分固结	短期稳定性	c_u，$\varphi_u=0$ 或 c'，φ'	不排水试验 排水或固结不排水试验	不能肯定孔隙水压力消散速率，对所有重要工程都应进行孔隙水压力观测

7.5 应力路径在强度问题中的应用

对加荷过程中的土体内某点，其应力状态的变化可在应力坐标图中以莫尔应力圆上一个特征点的移动轨迹表示，这种轨迹称为应力路径。在三轴压缩试验中，如果保持 σ_3 不变，逐渐增加 σ_1，这个应力变化过程可以用一系列应力圆表示。为了避免在一张图上画很多应力圆使图面很不清晰，可在圆上适当选择一个特征点来代表一个应力圆。常用的特征点是应力圆的顶点(剪应力为最大)，其坐标为 $p=(\sigma_1+\sigma_3)/2$ 和 $q=(\sigma_1-\sigma_3)/2$［图 7.20(a)］。按应力变化过程顺序把这些点连接起来就是应力路径［图 7.20(b)］，并以箭头指明应力状态的发展方向。

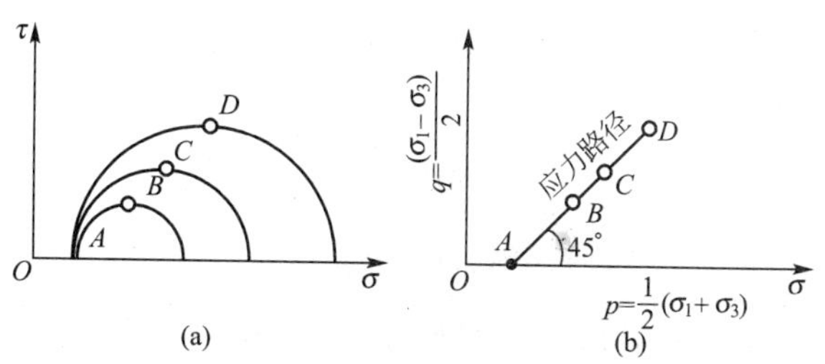

图 7.20 应力路径

加荷方法不同，应力路径也不同，如图 7.21 所示，在三轴压缩试验中，如果保持 σ_3 不变，逐渐增加 σ_1，最大剪应力面上的应力路径为 AB 线，如果保持 σ_1 不变，逐渐减少 σ_3，则应力路径为 AC 线。

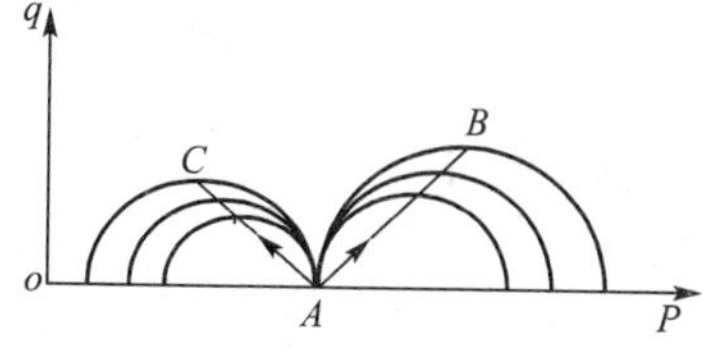

图 7.21 不同加荷方法的应力路径

应力路径可以用来表示总应力的变化，也可以表示有效应力的变化，如图 7.22(a)所示表示正常固结黏土三轴固结不排水试验的应力路径，图中总应力路径 AB 是直线，而有效有效应力路径 AB' 则是曲线，两者之间的距离即为孔隙水压力 u，因为正常固结黏土在不排水剪切时产生正的孔隙水压力，如果总应力路径 AB 线上任意一点的坐标为 $q=(\sigma_1-\sigma_3)/2$ 和 $p=(\sigma_1+\sigma_3)/2$，则相应于有效应力路径 AB' 上该点的坐标为 $q=(\sigma_1-\sigma_3)/2=(\sigma_1'-\sigma_3')/2$，$p'=(\sigma_1+\sigma_3)/2-u$，故有效力路径在总应力路径的左边，从 A 点开始，沿曲线至 B' 点剪破，图中 K_f 线和 K_f' 线分别为以总应力和有效应力表示的极限应力圆顶点的连线，u_f为剪切破坏时的孔隙水压力。如图 7.22(b)所示为超固结土的应力路径，AB 和 AB'为弱超固结试样的总应力路径和有效应力路径，由于弱超固结土在受剪过程中产生正的孔隙水压力，故有效应力路径在总应力路径左边；CD 和 CD'表示某一强超固结试样的应力路径，由于强超固结试样开始出现正的孔隙水压力，以后逐渐转为负值，故有效应力路径开始在总应力路径左边，以后逐渐移到右边，至 D'点剪切破坏。

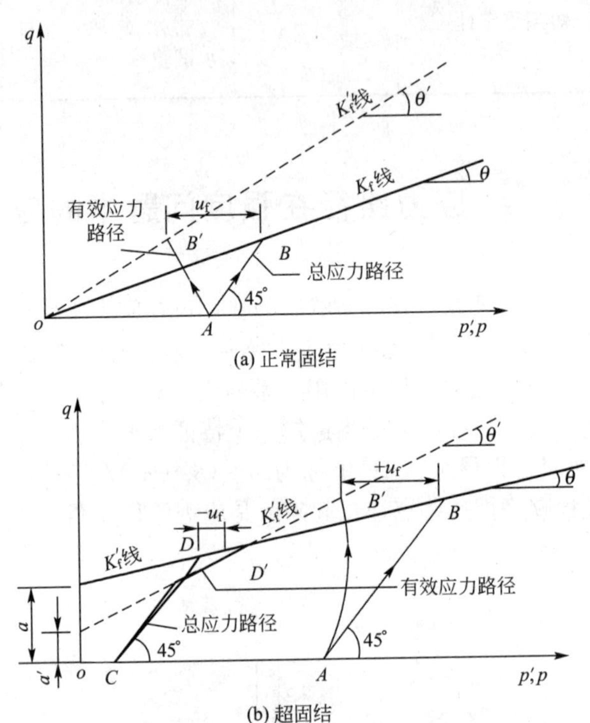

图 7.22　三轴压缩固结不排水试验中的应力路径

利用固结不排水试验的有效应力路径确定的 K_f'线，可以求得有效应力指标 c'和 φ'。多数试验表明，在试件发生剪切破坏时，应力路径发生转折或趋向于水平，因此认为应力路径的转折点可作为判断试件破坏的标准，将 K_f'线与破坏包线绘在同一张图上，设 K_f'线与纵坐标的截距为 a'，倾角为 θ'，如图 7.23 所示不难证明，θ'、a'与 c'、φ'之间有如下关系：

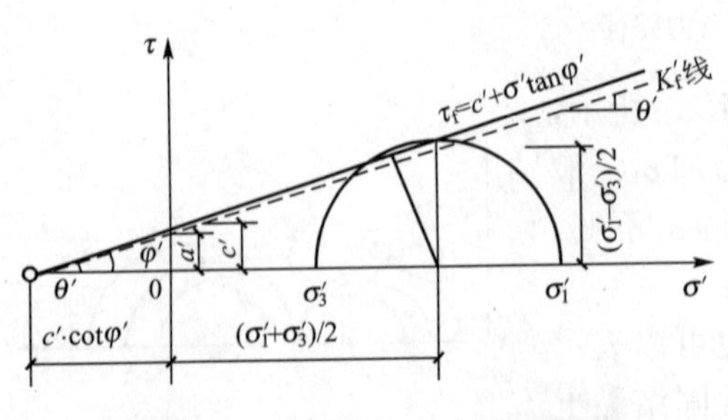

图 7.23　a'、θ'和 c、φ'之间的关系

$$\sin\varphi'=\tan\theta' \tag{7-32}$$

$$c'=a'/\cos\varphi' \tag{7-33}$$

这样，就可以根据 θ'、a'反算 c'、φ'，这种方法称为应力路径法，该法比较容易从同一批土样而较为分散的试验结果中得出 c'、φ'值。

由于土体的变形和强度不仅与受力的大小及应力历史有关，更重要的是还与土的应力路径有关，土的应力路径可以模拟土体实际的应力变化，全面地研究应力变化过程对土的力学性质的影响，因此，土的应力路径对进一步探讨土的应力-应变关系和强度都具有十分重要的意义。

7.6 无黏性土的抗剪强度

7.6.1 砂土的应力应变特性

如图 7.24 所示为不同初始孔隙比的同一种砂土在相同周围压力 σ_3 下受剪时的应力-应变关系和体积变化。由图可见，密实的紧砂初始孔隙比较小，其应力-应变关系有明显的峰值，超过峰值后，随应变的增加应力逐步降低，呈应变软化型(strain softening model)；其体积变化是开始稍有减少，继而增加(剪胀)，这是由于较密实的砂土颗粒之间排列比较紧密，剪切时砂粒之间产生相对滚动，土颗粒之间的位置重新排列的结果。松砂的强度随轴向应变的增加而增大，应力-应变关系呈应变硬化型(strain hardening model)，对用一种土，紧砂和松砂的强度最终趋向同一值；松砂受剪其体积减少(剪缩)，在高的周围压力下，不论砂土的松紧如何，受剪时都将剪缩。

在不同初始孔隙比的试样在同一压力下进行剪切试验，可以得出初始孔隙比 e_0 与体积变化 $\Delta V/V$ 之间的关系，如图 7.25 所示，相应于体积变化为零的初始孔隙比称为临界孔隙比 e_{cr}。在三轴试验中，临界孔隙比是与围压 σ_3 有关的，不同的 σ_3 可以得出不同的 e_{cr} 值。如果饱和砂土的初始孔隙比 e_0 大于临界孔隙比 e_{cr}，在剪应力作用下由于剪缩必然使孔隙水压力增高，而有效应力降低，致使砂土的抗剪强度降低。当饱和松砂受到动荷载作用(例如地震)，由于孔隙水来不及排出，孔隙水压力不断增加，就有可能使有效应力降低到零，因而使砂土像流体那样完全失去抗剪强度，这种现象称为砂土的液化，因此，临界孔隙比对研究砂土液化也具有重要意义。

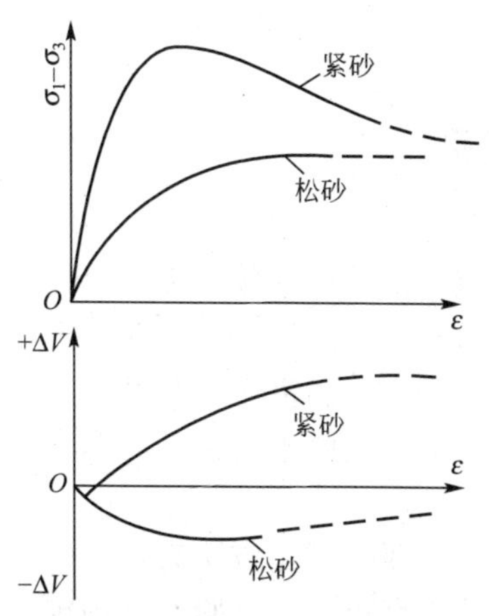

图 7.24　砂土受剪时的应力-应变-体变关系曲线

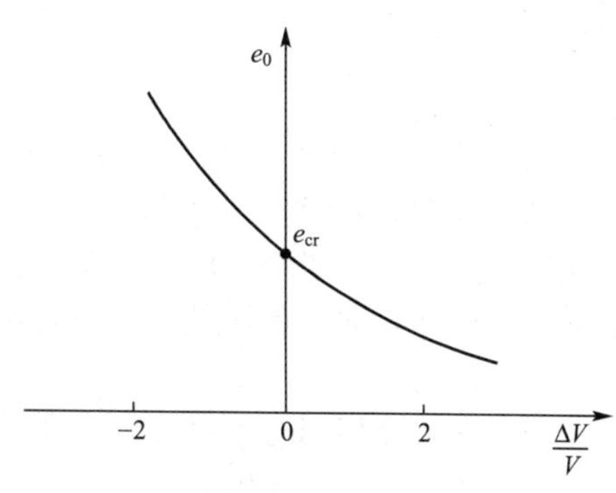

图 7.25　砂土的临界孔隙比

无黏性土的抗剪强度决定于有效法向应力和内摩擦角。密实砂土的内摩擦角与初始孔隙比、土粒表面的粗糙度及颗粒级配等因素有关。初始孔隙比小、土粒表面粗糙，级配良好的砂土，其内摩擦角较大。松砂的内摩擦角大致与干砂的天然休止角相等(天然休止角是指干燥无黏性土堆积起来形成的最大坡角)，可以在实验室用简单的方法测定。近年来的研究表明，无黏性土的强度性状也十分复杂，它还受各向异性、试样的沉积方法和应力历史等因素影响。

7.6.2 砂土液化

设想在箱中放入干燥松砂的情况，显然，振动可以使砂土密实，即砂土中的孔隙减少。假如砂土饱和，孔隙减少会迫使土颗粒间孔隙水压力上升。通常，因为砂土的渗透系数大，孔隙水压力可以迅速消散。然而在地震时就不同了，地震时范围广阔的较疏松砂土地基同时快速震动，因此可以看成是一种不排水条件剪切。土体的剪缩势必使得大范围内砂土的孔隙水压力同时急剧上升，同时土体中孔隙水压力短时无法消散。孔隙水压力骤然升高使得土体的有效应力和抗剪强度骤然下降甚至减小到零，则砂土处于类似液体的无限塑性流动状态(简称流滑)，地基失去承载力，砂质土坡也将流动塌方，就是说松砂地基产生了液化(liquefaction)，如图 7.26 所示为地震液化的示意图。有时砂土和水会从地基的薄弱处喷射而出(称作喷砂现象)。当紧密砂土遇地震时，由于紧砂受剪呈现剪胀势，不排水条件下受剪将产生负孔压或正孔压减小，使得有效应力有所增加，从而紧砂较少存在液化的可能。因此工程上常将砂土的密实程度作为判断液化的标准。

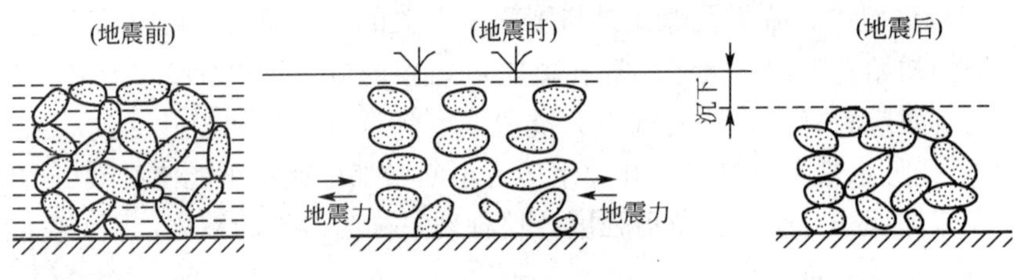

图 7.26 地震液化示意图

本章小结

土的抗剪强度可定义为土体抵抗剪应力的极限值。在外荷载作用下，土体中将产生剪应力和剪切变形，当土中某点由外力所产生的剪应力达到土的抗剪强度时，土就沿着剪应力作用方向产生相对滑动，该点便发生剪切破坏。工程实践和室内试验都证实了土是由于受剪而产生破坏，剪切破坏是土体强度破坏的重要特征，因此土的强度问题实质上就是土的抗剪强度问题。

土的抗剪强度指标可通过室内或现场试验测定，主要的试验方法有：室内的直接剪切试验、三轴压缩试验、无侧限抗压强度试验和现场的十字板剪切试验，其中饱和黏性土的三轴压缩试验在三种不同排水条件下的试验结果是不同的，如何选择抗剪强度指标要综合考虑工程类别、地基条件、加荷条件、排水条件、试验方法等各种因素并结合工程经验确定。

习　　题

1. 简答题

(1) 土的抗剪强度指标实质上是抗剪强度参数，也就是土的强度指标，为什么?

(2) 同一种土所测定的抗剪强度指标是有变化的，为什么?

(3) 什么是土的极限平衡条件? 黏性土和粉土与无黏性土的表达式有何不同?

(4) 为什么土中某点剪应力最大的平面不是剪切破坏面? 如何确定剪切破坏面与小主应力作用方向夹角?

(5) 试比较直剪试验和三轴压缩试验的土样的应力状态有何不同? 并指出直剪试验土样的大主应力方向。

(6) 试比较直剪试验三种方法和三轴压缩试验三种方法的异同点和适用性。

(7) 根据孔隙压力系数 A、B 的物理意义，说明三轴 UU 和 CU 试验中求 A、B 两系数的区别。

2. 选择题

(1) 若代表土中某点应力状态的莫尔应力圆与抗剪强度包线相切，则表明土中该点(　　)。

A. 任一平面上的剪应力都小于土的抗剪强度

B. 某一平面上的剪应力超过了土的抗剪强度

C. 在相切点所代表的平面上，剪应力正好等于抗剪强度

D. 在最大剪应力作用面上，剪应力正好等于抗剪强度

(2) 土中一点发生剪切破坏时，破裂面与小主应力作用面的夹角为(　　)。

A. $45°+\varphi$　　B. $45°+\frac{\varphi}{2}$　　C. $45°$　　D. $45°-\frac{\varphi}{2}$

(3) 在下列影响土的抗剪强度的因素中，最重要的因素是试验时的(　　)。

A. 排水条件　　B. 剪切速率　　C. 应力状态　　D. 应力历史

(4) 当施工进度快，地基土的透水性低且排水条件不良时，宜选择(　　)试验。

A. 不固结不排水剪　B. 固结不排水剪　　C. 固结排水剪　　D. 慢剪

(5) 对一软土试样进行无侧限抗压强度试验，测得其无侧限抗压强度为 40kPa，则该土的不排水抗剪强度为(　　)。

A. 40kPa　　B. 20kPa　　C. 10kPa　　D. 5kPa

(6) 一个密砂和一个松砂饱和试样，进行三轴不固结不排水剪切试验，试问破坏时试样中的孔隙水压力有(　　)差异。

A. 一样大　　B. 松砂大　　C. 密砂大　　D. 无法确定

3. 计算题

(1) 某土样进行直剪试验，在法向压力为 100kPa、200kPa、300kPa、400kPa 时，测得抗剪强度 τ_f 分别为 52kPa、83kPa、115kPa、145kPa，试求：①用作图方法确定该土样的抗剪强度指标 c 和 φ；②如果在土中的某一平面上作用的法向应力为 260kPa，剪应力为 92kPa，该平面是否会发生剪切破坏? 为什么?

(2) 某饱和黏性土无侧限抗压强度试验的不排水抗剪强度 $c_u=70\text{kPa}$，如果对同一土样进行三轴不固结不排水试验，施加周围压力 $\sigma_3=150\text{kPa}$，试问土样将在多大的轴向压力作用下发生破坏？

(3) 某黏土试样在三轴仪中进行固结不排水试验，破坏时的孔隙水压力为 u_f，两个试件的试验结果如下。

试验Ⅰ：$\sigma_3=200\text{kPa}$，$\sigma_1=350\text{kPa}$，$u_f=140\text{kPa}$。

试验Ⅱ：$\sigma_3=400\text{kPa}$，$\sigma_1=700\text{kPa}$，$u_f=280\text{kPa}$。

试求：①用作图法确定该黏土试样的 c_{cu}、φ_{cu} 和 c'、φ'；②试件Ⅱ破坏面上的法向有效应力和剪应力；③剪切破坏时的孔隙压力系数 A。

(4) 某饱和黏性土在三轴仪中进行固结不排水试验，得 $c'=0$，$\varphi'=28°$，如果这个试件受到 $\sigma_1=200\text{kPa}$ 和 $\sigma_3=150\text{kPa}$ 的作用，测得孔隙水压力 $u=100\text{kPa}$，试问该试件是否会破坏？为什么？

(5) 某正常固结饱和黏土试样进行不固结不排水试验，测得 $\varphi_u=0$，$c_u=20\text{kPa}$，对同样的土进行固结不排水试验，得有效抗剪强度指标 $c'=0$，$\varphi'=30°$，如果试样在不排水条件下破坏，试求剪切破坏时的有效大主应力和小主应力。

(6) 在 7-5 题中的黏土层，如果某一面上的法向应力 σ 突然增加到 200kPa，法向应力刚增加时沿这个面的抗剪强度是多少？经很长时间后这个面的抗剪强度又是多少？

(7) 某黏性土试样由固结不排水试验得出有效抗剪强度指标 $c'=24\text{kPa}$，$\varphi'=22°$，如果该试样在周围压力 $\sigma_3=200\text{kPa}$ 下进行固结排水试验至破坏，试求破坏时的大主应力 σ_1。

第8章 土 压 力

教学目标

本章主要讲述挡土墙侧的土压力、朗肯土压力理论、库仑土压力理论和两种土压力理论的比较。通过本章的学习，达到以下目标：

(1) 掌握土压力的概念和挡土墙侧的土压力分类；

(2) 掌握朗肯土压力理论的计算方法及常用的几种情况下的土压力计算；

(3) 熟悉库仑土压力理论的计算方法；

(4) 熟悉朗肯土压力理论和库仑土压力理论的比较。

教学要求

知识要点	能力要求	相关知识
挡土墙侧的土压力	掌握土压力的概念和分类	(1) 主动土压力 (2) 被动土压力 (3) 静止土压力
朗肯土压力理论	(1) 掌握朗肯主动土压力计算 (2) 掌握朗肯被动土压力计算 (3) 掌握几种常见情况的土压力计算	(1) 朗肯主动土压力 (2) 朗肯被动土压力 (3) 有超载的土压力 (4) 成层填土的土压力 (5) 墙后填土有地下水的土压力
库仑土压力理论	(1) 熟悉库仑主动土压力计算 (2) 熟悉库仑被动土压力计算 (3) 了解常见情况的土压力计算	(1) 库仑主动土压力 (2) 库仑被动土压力 (3) 常见情况的土压力计算
土压力计算的进一步讨论	(1) 熟悉朗肯和库仑两种土压力理论的比较 (2) 了解挡土结构物位移与土压力的关系 (3) 了解地下水渗流对土压力的影响 (4) 了解土体蠕变和松弛与土压力的关系	(1) 两种土压力理论比较 (2) 挡土结构物位移 (3) 地下水渗流 (4) 土体蠕变和松弛

基本概念

土压力、主动土压力、被动土压力、静止土压力。

引例

在港口、水利、道路桥梁及房屋建筑等工程中，挡土结构物是一种十分常见的构筑物，土体作用在挡土结构物上的压力称为土压力，土压力是支挡结构和其他地下结构中普遍存在的受力形式。

2011 年 2 月 22 日，早上 6 点 50 分，杭州备塘河往日平静的河面，突然响起了哗啦啦的潮水声，河内白茫茫一片。紧接着，河水翻涌扬起了几米高，伴随着阵阵凉风。这个场景整整维持了 5min。河水落下后，更加让人难以置信的事情发生了：湿软的河床从河底瞬间抬升，足足升出河平面 1m 多高，用专业的测量仪器测量，发现河床涌出地面 3.8m，长 100m，宽 20m，有 7600m^3。河边有一条水泥小路就像被地震震裂了，裂开了大大的缝隙，隔几米就有不规则的裂痕，最大处比成人手掌还大，还有几处被挤压得拱了上来。这里发生的一幕就像灾难片里的场景(图 8.1)。

(a) 实景图

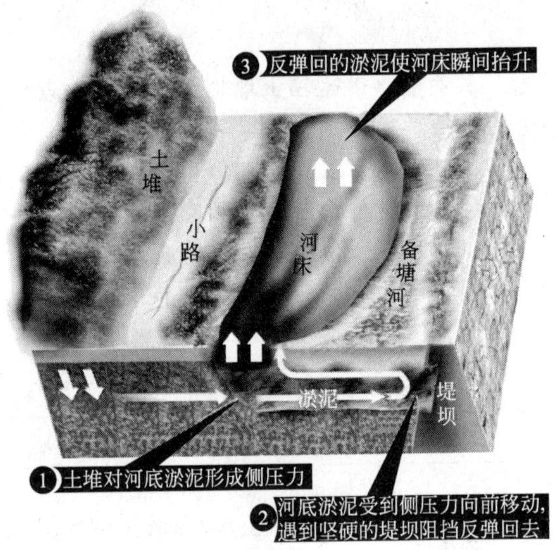

(b) 模拟图

图 8.1　杭州备塘河上涌

杭州备塘河是上塘河水系的支流，长约 12km，是市管河道，备塘河流经省农科院边的小竹林。河对岸是东站枢纽工程堆土的场地。堆积的砂土约有 12m 高，像 3 层楼高，很壮观。离河道约有 50m 离河道约有 50m。

“灾难”发生的“元凶”是堆在对岸的那堆砂土，专业地说，这是一个事故，是高堆土引起的地质性位移。通俗地说，对岸的那堆砂土太多，高压下使下面土层断裂，向两边位移。位移的时候，因为另一边是紧土层，有硬度，被挡住了，而这一边是河道，有空隙，所以土层向空隙的河道位移，一直移到省农科院这边的驳岸处被挡住，弹了回去，“有点像回头潮”，河床在这一瞬间就拱了起来。

8.1 概　　述

土压力(earth pressure)通常是指挡土墙后的填土因自重或外荷载作用对墙背产生的侧压力。由于土压力是挡土墙(retaining wall)的主要外荷载，因此，设计挡土墙时首先要确定土压力的性质、大小、方向和作用点。土压力的计算是个比较复杂的问题。它随挡土墙可能位移的方向分为主动土压力、被动土压力和静止土压力。土压力的大小还与墙后填土的性质、墙背倾斜方向等因素有关。

挡土墙是防止土体坍塌的构筑物，在房屋建筑、桥梁、道路及水利等工程中得到广泛应用，例如，支撑建筑物周围填土的挡土墙、地下室侧墙、桥台及贮藏粒状材料的挡墙等(图 8.2)。又如大、中桥两岸引道路堤的两侧挡土墙(便可少占土地和减少引道路堤的土方量)，还有深基坑开挖支护墙及隧道、水闸、驳岸等构筑物的挡土墙。挡土墙设计包括结构类型选择、构造措施及计算。由于挡土墙侧作用着土压力，计算中抗倾覆和抗滑移稳定性验算是十分重要的。挡土墙通常容易发生绕墙趾点倾覆，但当地基软弱时，滑动可能发生在地基持力层之中，即所谓的挡土墙连同地基一起滑动。

本章将介绍 3 种土压力的基本概念、静止土压力的计算、两种古典理论计算主动、被动土压力及其应用。

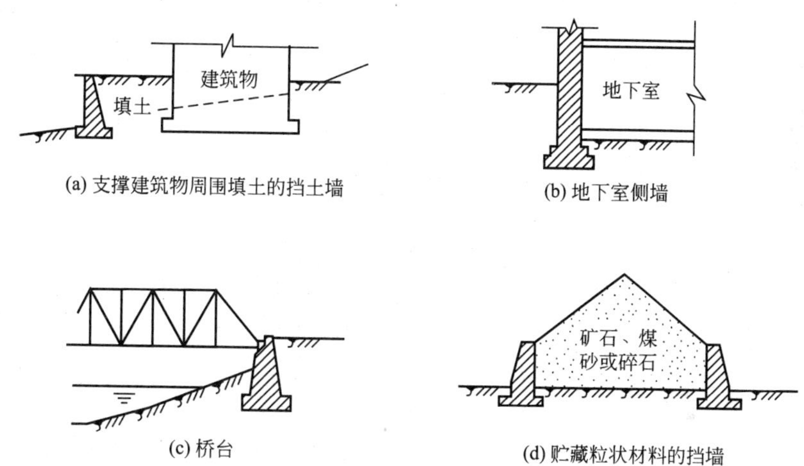

图 8.2 挡土墙应用举例

8.2 挡土墙侧的土压力

8.2.1 基本概念

挡土墙的土压力大小及其分布规律受到墙体可能的位移方向、墙背填土的种类、填土面的形式、墙的截面刚度和地基的变形等一系列因素的影响。仓库挡墙侧的谷物压力也可采用土压力理论来计算。根据墙的位移情况和墙后土体所处的应力状态，土压力可分为以下 3 种。

(1) 静止土压力。当挡土墙静止不动，土体处于弹性平衡状态时，作用在挡土墙上的土压力称为静止土压力(earth pressure at rest)，用 E_0 表示。如图 8.3(a)所示，上部结构建起的地下室外墙可视为受静止土压力的作用。

(2) 主动土压力。当挡土墙向离开土体方向偏移至土体达到极限平衡状态时，作用挡土墙上的土压力称为主动土压力(active earth pressure)，用 E_a 表示，如图 8.3(b)所示。

(3) 被动土压力。当挡土墙向土体方向偏移至土体达到极限平衡状态时，作用在挡土墙上的土压力被称为被动土压力(passive earth pressure)，用 E_p 表示，如图 8.3(c)所示。

桥台受到桥上荷载推向土体时，土对桥台产生的侧压力属被动土压力。

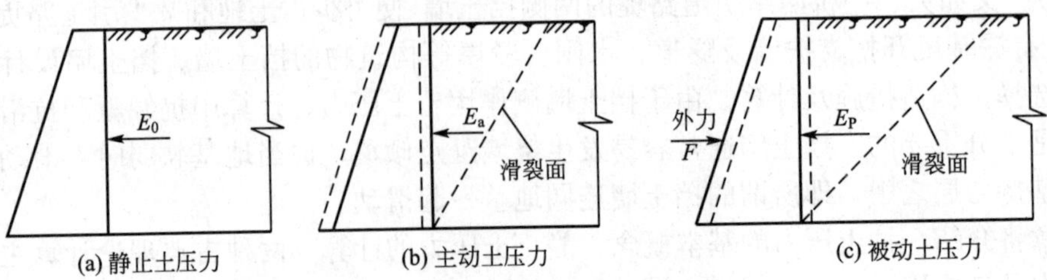

图 8.3　挡土墙侧的三种土压力

挡土墙计算均属平面应变问题，故在土压力计算中，均取一延米的墙长度，土压力单位取 KN/m，而土压力强度则取 kPa。土压力的计算理论主要有古典的 W. J. M. 郎肯(Rankine，1875)理论和 C. A. 库仑(Coulomb，1773)理论。两种古典土压力理论把土体视为刚塑性体［见 9.4 节图 9.6(b)］，按照极限平衡理论求解其方程。自从库仑理论发表以来，人们先后进行过多次多种的挡土墙模型试验、原型观测和理论研究。试验表明：在相同条件下，主动土压力小于静止土压力，而静止土压力又小于被动土压力，也即 $E_a < E_0 < E_p$，而且产生于被动土压力所需要的微小位移 Δ_p 大大超过产生于主动土压力所需的微小位移 Δ_a(图 8.4)。

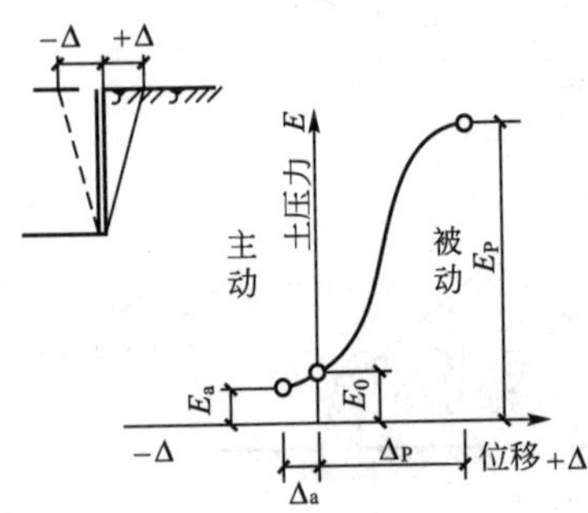

图 8.4　墙身位移和土压力的关系

8.2.2　静止土压力

静止土压力可按以下所述方法计算。在墙背填土表面下任意深度 z 处取一单元体(图 8.4)，其上作用着竖向自重应力 γz，则该点的静止土压力强度可按下式计算：

$$\sigma_0 = K_0 \gamma z \tag{8-1}$$

式中　σ_0——静止土压力强度(kPa)；

K_0——静止土压力系数(coefficient of earth pressure at rest)，可按 J. 杰基(Ja' ky，1948)对于正常固结土提出的经验公式 $K_0 = 1 - \sin\varphi'$(φ' 为土的有效内摩擦角)计算；

γ——墙背填土的重度(kN/m³)。

由式(8-1)可知，静止土压力沿墙高为三角形分布。如图 8.5 所示，如果取单位墙长，则作用在墙上的静止土压力为：

$$E_0 = (1/2)\gamma H^2 K_0 \tag{8-2}$$

式中　E_0——静止土压力(kN/m)，E_0 的作用点在距墙底 $H/3$ 处；

H——挡土墙高度(m)；

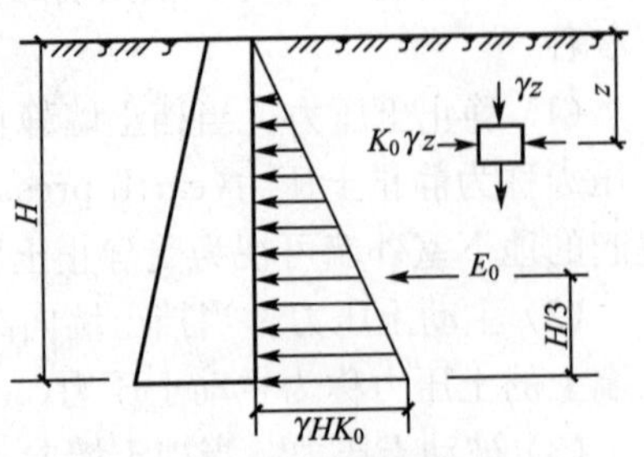

图 8.5　静止土压力的分布

其余符号同前。

8.3 朗肯土压力理论

8.3.1 基本假设

朗肯土压力理论是根据半空间的应力状态和土单元体(土中一点)的极限平衡条件而得出的土压力古典理论之一。

如图 8.6(a)所示地表为水平面的半空间，即土体向下和沿水平方向都伸展至无穷，在离地表 z 处取一单元体 M，当整个土体都处于静止状态时，各点都处于弹性平衡状态。设土的重度为 γ，显然 M 单元水平截面上的法向应力等于该点土的自重应力，即 $\sigma_z=\gamma z$；而竖直截面上的水平法向应力相当于静止土压力强度，即 $\sigma_x=\sigma_0=K_0\gamma z$。

由于半空间内每一竖直面都是对称面，因此竖直截面和水平截面上的剪应力都等于零，因而相应截面上的法向应力 σ_z 和 σ_x 都是主应力，此时的应力状态用莫尔圆表示为如图 8.6(b)所示的圆Ⅰ，由于该点处于弹性平衡状态，故莫尔圆没有和抗剪强度包线相切。

设想由于某种原因将使整个土体在水平方向均匀地伸展或压缩，使土体由弹性平衡状态转为塑性平衡状态。如果土体在水平方向伸展，则 M 单元竖直截面上的法向应力逐渐减少，在水平截面上的法向应力 σ_z 不变而满足极限平衡条件时，σ_x 是小主应力，而 σ_z 是大主应力，即莫尔圆与抗剪强度包线相切，如图 8.6(b)中的圆Ⅱ所示，称为主动朗肯状态。此时 σ_x 达最低限值，若土体继续伸展，则只能造成塑性流动，而不改变其应力状态。反之，如果土体在水平方向压缩，那么 σ_x 不断增加而 σ_z 仍保持不变，直到满足极限平衡状态，称为被动朗肯状态。此时 σ_x 达到极限值，是大主应力，而 σ_z 是小主应力，莫尔圆为如图 8.6(b)所示的圆Ⅲ。

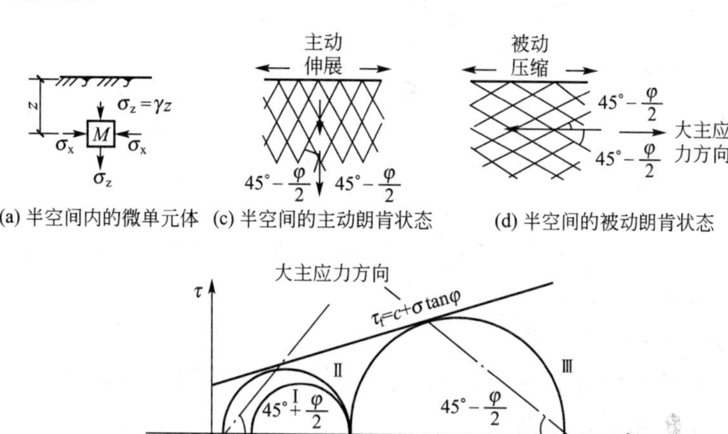

(a) 半空间内的微单元体 (c) 半空间的主动朗肯状态 (d) 半空间的被动朗肯状态

(b) 用莫尔圆表示主动和被动朗肯状态

图 8.6 半空间的极限平衡状态

由于土体处于主动朗肯状态时大主应力 σ_1 所作用的面是水平面，故剪切破坏面与竖直面的夹角为($45°-\varphi/2$) [图 8.6(c)]；当土体处于被动朗肯状态时，大主应力 σ_1 的作用面是竖直面，剪切破坏面则与水平面的夹角为($45°-\varphi/2$) [图 8.6(d)]，整个土体各由相互平行的两簇剪切面组成。

朗肯将上述原理应用于挡土墙土压力计算中，假设以墙背光滑、直立、填土面水平的挡土墙代替半空间左边的土(图 8.7)，则墙背与土的接触面上满足剪应力为零的边界应力条件及产生主动或被动朗肯状态的边界变形条件，由此推导出主动、被动土压力计算的理论公式。

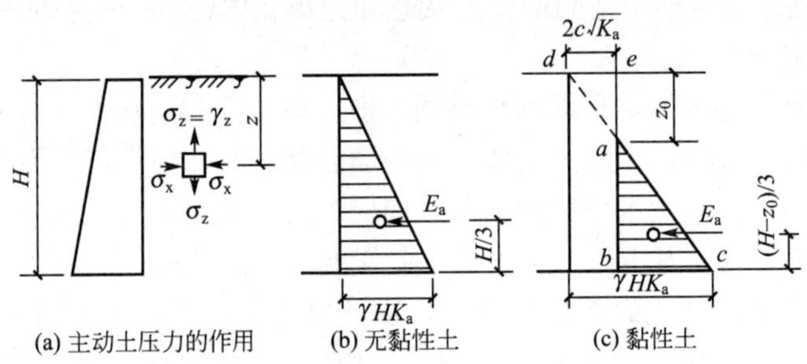

图 8.7　主动土压力强度分布图

8.3.2　主动土压力

对于如图 8.7 所示的挡土墙，设墙背光滑(为了满足剪应力为零的边界应力条件)、直立、填土面水平。当挡土墙偏移土体时，由于墙背任意深度 z 处的竖向应力 $\sigma_z=\gamma z$ 不变，它是大主应力 σ_1；水平应力 σ_x 逐渐减小直至产生主动朗肯状态，σ_x 是小主应力 σ_3，就是主动土压力强度 σ_a，由 7.2 节土中一点的极限平衡方程条件公式(7-11)和式(7-9)分别得

无黏性土

$$\sigma_a=\gamma z\tan^2(45°-\varphi/2) \tag{8-3a}$$

或

$$\sigma_a=\gamma zK_a \tag{8-3b}$$

黏性土、粉土

$$\sigma_a=\gamma z\tan^2(45°-\varphi/2)-2c\tan(45°-\varphi/2) \tag{8-4a}$$

或

$$\sigma_a=\gamma zK_a-2c\sqrt{K_a} \tag{8-4b}$$

式中　σ_a——主动土压力强度(kPa)；

K_a——朗肯主动土压力系数；

γ——墙后填土的重度(kN/m^3)，地下水位以下采用有效重度；

c——填土的黏聚力(kPa)；

φ——填土的内摩擦角(°)；

z——所计算点离填土面的深度(m)。

由式(8-3)可知：无黏性土的主动土压力强度与 z 成正比，沿墙高的压力呈三角形分布，如图 8.7(b)所示，如取单位墙长计算，则主动土压力为：

$$E_a=(1/2)\gamma H^2\tan^2(45°-\varphi/2) \tag{8-5a}$$

或

$$E_a=(1/2)\gamma H^2 K_a \tag{8-5b}$$

式中 E_a——无黏性土主动土压力(kN/m)，E_a通过三角形的形心，即作用在离墙底 $H/3$ 处。

由式(8-4)可知，黏性土和粉土的主动土压力强度包括两部分：一部分是土自重引起的土压力 $\gamma z K_a$，另一部分是由黏聚力 c 引起的负侧压力 $2c\sqrt{K_a}$。这两部分土压力叠加的结果如图 8.7(c)所示，其中 ade 部分是负侧压力，对墙背是拉力，但实际上墙与土在很小的拉力作用下就会分离，故在计算土压力时，这部分应忽略不计，因此黏性土和粉土的土压力分布仅是 abc 部分。

a 点离填土面的深度 z_0 常称为临界深度，在填土面无荷载的条件下，可令式(8-4b)为零求得 z_0 值，即

$$\sigma_a=\gamma z K_a-2c\sqrt{K_a}=0$$

得

$$z_0=2c/(\gamma\times\sqrt{K_a}) \tag{8-6}$$

如取单位墙计算，则黏性土、粉土主动土压力 E_0 为

$$E_a=(H-z_0)^2(\gamma H K_a-2c\sqrt{K_a})/2 \tag{8-7a}$$

或

$$E_a=(1/2)\gamma H^2 K_a-2cH\sqrt{K_a}+2c^2/\gamma \tag{8-7b}$$

式中 E_a——黏性土、粉土主动土压力(kN/m)，E_a通过三角形压力分布图 abc 的形心，即作用在离墙底$(H-z_0)/3$ 处。

【例题 8.1】 有一挡土墙，高 5m，墙背直立、光滑、填土面水平。填土的物理力学性质指标如下：$c=10\text{kPa}$，$\varphi=20°$，$\gamma=18\text{kN/m}^3$。试求主动土压力及其作用点，并绘出主动土压力分布图。

【解】 在墙底处的主动土压力强度按朗肯土压力理论

$$\begin{aligned}\sigma_a&=\gamma H\tan^2(45°-\varphi/2)-2c\tan(45°-\varphi/2)\\&=18\times5\times\tan^2(45°-20°/2)-2\times10\tan(45°-20°/2)\\&=30.1(\text{kPa})\end{aligned}$$

主动土压力

$$\begin{aligned}E_a&=(1/2)\gamma H^2\tan^2(45°-\varphi/2)-2cH\tan(45°-\varphi/2)+2c^2/\gamma\\&=51.4(\text{kN/m})\end{aligned}$$

临界深度为

$$\begin{aligned}z_0&=2c/(\gamma\times\sqrt{K_a})\\&=2\times10/18\tan(45°-20°/2)\\&\approx1.59(\text{m})\end{aligned}$$

主动土压力 E_a 作用在离墙底的距离为$(H-z_0)/3=(5-1.59)/3=1.14(\text{m})$

主动土压力分布图如图 8.8 所示。

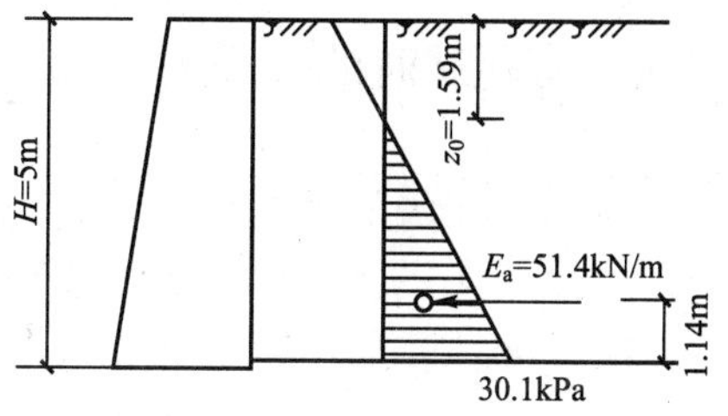

图 8.8 例题 8.1 图

8.3.3 被动土压力

当墙受到外力作用而推向土体时［图 8.9(a)］，填土中任意一点的竖向应力 $\sigma_z=\gamma z$ 仍然不变，它是小主应力 σ_3；而水平向应力 σ_x 却逐渐增大，直至出现被动朗肯状态，达最大极限值是大主应力 σ_1，它就是被动土压力强度 σ_p，于是由 7.2 节式(7－10)和式(7－8)分别可得

无黏性土

$$\sigma_p=\gamma z K_p \tag{8-8}$$

黏性土、粉土

$$\sigma_p=\gamma z K_p+2c\sqrt{K_p} \tag{8-9}$$

式中 K_p——朗肯被动土压力系数，$K_p=\tan^2(45°+\varphi/2)$；

其余符号同前。

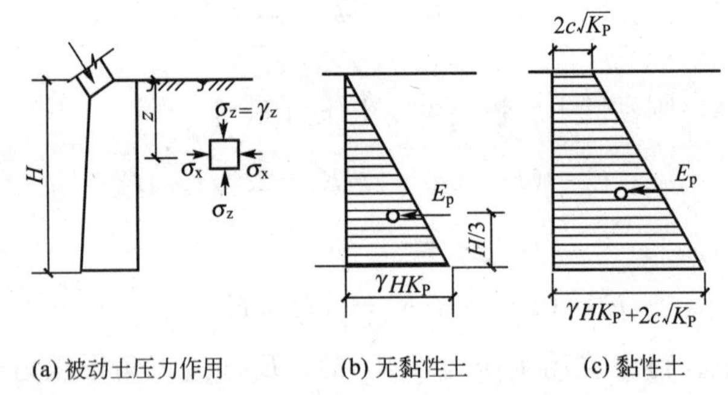

(a) 被动土压力作用　(b) 无黏性土　(c) 黏性土

图 8.9　被动土压力强度分布图

由式(8－8)和式(8－9)可知，无黏性土被动土压力强度呈三角形分布［图 8.9(b)］，黏性土、粉土被动土压力强度呈梯形分布［图 8.9(c)］。如取单位墙长计算，则被动土压力可由下式计算

无黏性土

$$E_p=(1/2)\gamma H^2 K_p \tag{8-10}$$

黏性土和粉土

$$E_p=(1/2)\gamma H^2 K_p+2cH\sqrt{K_p} \tag{8-11}$$

被动土压力 E_p通过三角形或梯形压力分布图的形心。

8.3.4 有超载时的土压力

通常将挡土墙后填土面上的分布荷载称为超载。当挡土墙后填土面有连续均布荷载 q 作用时，土压力的计算方法是将均布荷载换算成当量的土重，即用假想的土重代替均布荷载。当填土面水平时［图 8.10(a)］，当量的土层厚度为

$$h=q/\gamma \tag{8-12}$$

式中 γ——填土的重度(kN/m³)。

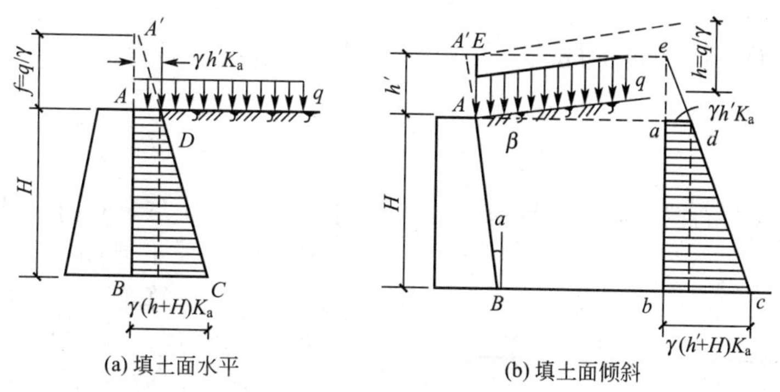

(a) 填土面水平　　(b) 填土面倾斜

图 8.10　填土面有均布荷载时的主动土压力

然后，以 $A'B$ 为墙背，按填土面无荷载的情况计算土压力。以无黏性填土为例，则填土面 A 点的主动土压力强度，按朗肯土压力理论为

$$\sigma_{aA}=\gamma hK_a=qK_a \tag{8-13}$$

墙底 B 点的土压力强度

$$\sigma_{aB}=\gamma(h+H)K_a=(q+\gamma H)K_a \tag{8-14}$$

压力分布如图 8.10(a)所示，实际的土压力分布图为梯形 $ABCD$ 部分，土压力的作用点在梯形的重心。

当填土面和墙背倾斜时［图 8.10(b)］，当量土层的厚度仍为 $h=q/\gamma$，假想的填土面与墙背 AB 的延长线交于 A'点，故以 $A'B$ 为假想墙背计算主动土压力，但由于填土面和墙背面倾斜，假想的墙高应为 $h'+H$，根据 $\Delta A'AE$ 的几何关系可得：

$$h'=h\cos\beta\cdot\cos\alpha/\cos(\alpha-\beta) \tag{8-15}$$

然后，同样以 $A'B$ 为假想的墙背按地面无荷载的情况计算土压力。

当填土表面上的均布荷载从墙背后某一距离开始，如图 8.11(a)所示，在这种情况下的土压力计算可按以下方法进行：自均布荷载起点 O 作两条辅助线$\overline{OD}$和$\overline{OE}$，分别与水平面的夹角为 φ 和 θ，认为 D 点以上的土压力不受地面荷载的影响，E 点以下完全受均布荷载影响，D 点和 E 点间的土压力用直线连接，因此墙背 AB 上的土压力为图中阴影部分。若地面上均布荷载在一定宽度范围内时，如图 8.11(b)所示，从荷载的两端 O 点及 O'点作两条辅助线$\overline{OD}$和$\overline{O'E}$，都与水平面呈 θ 角，认为 D 点以上和 E 点以下的土压力都不受地面荷载的影响，D、E 之间的土压力按均布荷载计算，AB 墙面上的土压力如图中阴影部分。

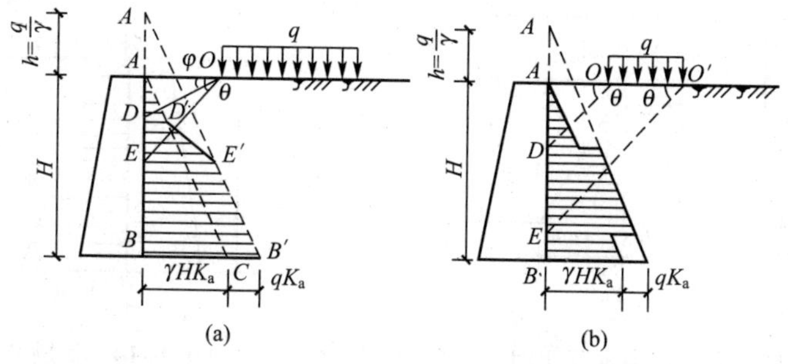

(a)　　(b)

图 8.11　填土面有局部均布荷载时的主动土压力

8.3.5 非均质填土时的土压力

1. 成层填土

如图 8.12 所示的挡土墙，墙后有几层不同种类的水平土层，在计算土压力时，第一层的土压力按均质土计算，土压力的分布为图中的 abc 部分；计算第二层土压力时，将第一层土按重度换算成与第二层土相同的当量土层，即其当量土层厚度为 $h_1'=h_1\gamma_1/\gamma_2$，然后以($h_1'+h_2$)为墙高，按均质土计算土压力，但只在第二层土层厚度范围内有效，如图中的 $bdfe$ 部分。必须注意，由于各层土的性质不同，朗肯主动土压力系数 K_a 值也不同。图中所示的土压力强度计算是以无黏性填土和 $\varphi_1<\varphi_2$ 为例。

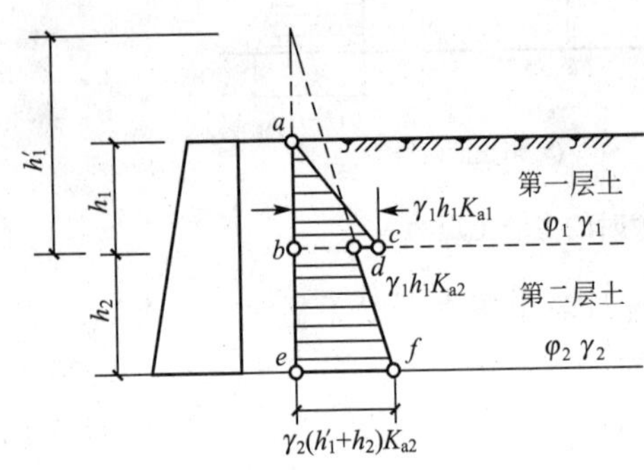

图 8.12 成层填土的土压力计算

2. 墙后填土有地下水

挡土墙后的回填土常会部分或全部处于地下水位以下，由于地下水的存在将使土的含水量增加，抗剪强度降低，而使土压力增大，因此，挡土墙应该有良好的排水措施。

当墙后填土有地下水时，作用在墙背上的侧压力有土压力和水压力两部分。地下水位以下土的重度应采用浮重度，地下水位以上和以下土的抗剪强度指标也可能不同(地下水对无黏性土的影响可忽略)，因而有地下水的情况，也是成层填土的一个特定情况。有地下水位计算土压力时假设地下水位上下土的内摩擦角 φ 相同，如图 8.13 所示中，$abcde$ 部分为土压力分布图，cef 部分为水压力分布图，总侧压力为土压力和水压力之和。图中所示的土压力强度计算也是以无黏性填土为例。当具有地区工程经验时，对黏性填土，也可按水土合算原则计算土压力，地下水位以下取饱和重度(γ_{sat})和总应力固结不排水抗剪强度指标(C_{cu}、φ_{cu})计算。

【例题 8.2】 挡土墙高 6m，并有均布荷载 $q=10$kPa(图 8.14)，填土的物理力学性质指标：$\varphi=34°$，$c=0$，$\gamma=19$kN/m^3，墙背直立、光滑、填土面水平，试求挡土墙的主动土压力 E_a 及作用点位置，并绘出土压力分布图。

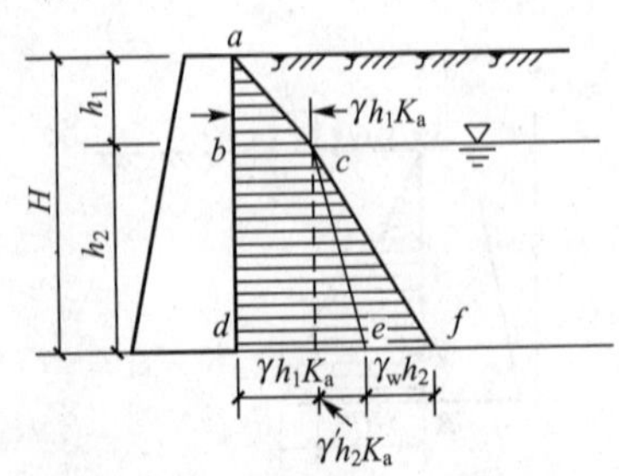

图 8.13 填土中有地下水时的土压力

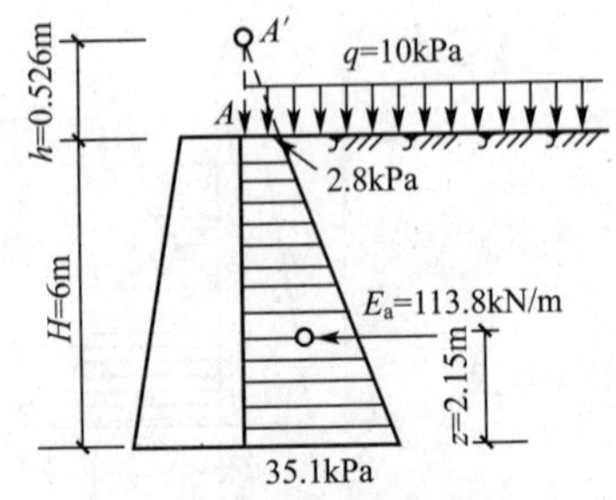

图 8.14 例题 8.2 图

【解】 将地面均布荷载换算成填土的当量土层厚度为

$$h=q/\gamma=10/19=0.526(\mathrm{m})$$

在填土面处的土压力强度为

$$\sigma_{aA}=\gamma hK_a=qK_a=10\times\tan^2(45^\circ-34^\circ/2)=2.8(\mathrm{kPa})$$

在墙底处的土压力强度为

$$\begin{aligned}\sigma_{aB}&=\gamma(h+H)K_a=(q+\gamma H)\tan^2(45^\circ-\varphi/2)\\&=(10+19\times6)\tan^2(45^\circ-34^\circ/2)=35.1(\mathrm{kPa})\end{aligned}$$

主动土压力为

$$E_a=(\sigma_{aA}+\sigma_{aB})H/2=(2.8+35.1)\times6/2=113.8(\mathrm{kN/m})$$

土压力作用点位置离墙底或离墙顶分别为

$$z=\frac{H}{3}\cdot\frac{2\sigma_{aA}+\sigma_{aB}}{\sigma_{aA}+\sigma_{aB}}=\frac{6}{3}\cdot\frac{2\times2.8+35.1}{2.8+35.1}=2.15(\mathrm{m})$$

$$z=\frac{H}{3}\cdot\frac{\sigma_{aA}+2\sigma_{aB}}{\sigma_{aA}+\sigma_{aB}}=\frac{6}{3}\cdot\frac{2.8+2\times35.1}{2.8+35.1}=3.85(\mathrm{m})$$

土压力分布图如图 8.14 所示。

【例题 8.3】 挡土墙高 5m，墙背直立、光滑、墙后填土面水平，共分两层。各层土的物理力学性指标如图 8.15 所示，试求主动土压力 E_a，并绘出土压力的分布图。

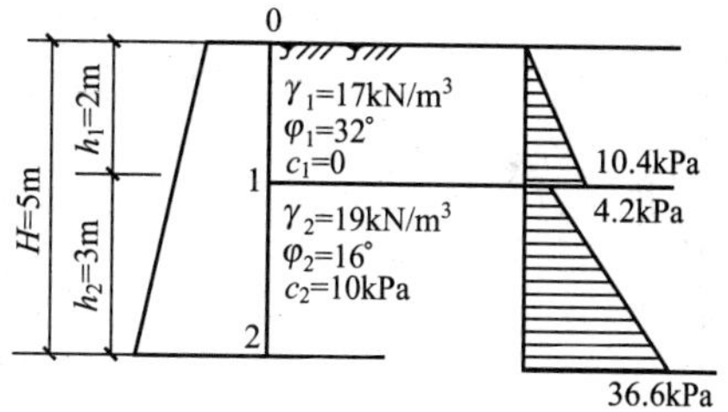

图 8.15 例题 8.3 图

【解】 计算第一层填土的土压力强度层顶处和层底处分别为

$$\sigma_{a0}=\gamma_1 z\tan^2(45^\circ-\varphi_1/2)=0$$

$$\begin{aligned}\sigma_{a1}&=\gamma_1 h_1\tan^2(45^\circ-\varphi_1/2)\\&=17\times2\times\tan^2(45^\circ-32^\circ/2)\\&=17\times2\times0.307=10.4(\mathrm{kPa})\end{aligned}$$

第二层填土顶面和底面的土压力强度分别为

$$\begin{aligned}\sigma_{a1}&=\gamma_1 h_1\tan^2(45^\circ-\varphi_2/2)-2c_2\tan(45^\circ-\varphi_2/2)\\&=17\times2\times\tan^2(45^\circ-16^\circ/2)-2\times10\tan(45^\circ-16^\circ/2)\\&=4.2(\mathrm{kPa})\end{aligned}$$

$$\begin{aligned}\sigma_{a2}&=(\gamma_1 h_1+\gamma_2 h_2)\tan^2(45^\circ-\varphi_2/2)-2c_2\tan(45^\circ-\varphi_2/2)\\&=(17\times2+19\times3)\times\tan^2(45^\circ-16^\circ/2)-2\times10\tan(45^\circ-16^\circ/2)\\&=36.6(\mathrm{kPa})\end{aligned}$$

主动土压力 E_a 为

$$E_a=10.4\times2/2+(4.2+36.6)\times3/2=71.6(\mathrm{kN/m})$$

主动土压力分布如图 8.15 所示。

【例题 8.4】 某挡土墙的墙背直立、光滑，墙高 7.0m，墙后两层填土，性质如图 8.16 所示，地下水位在填土表面下 3.5m 处与第二层填土面齐平。填土表面作用有 $q=100\mathrm{kPa}$ 的连续均布荷载。试求作用在墙上的主动土压力 E_a 和水压力 E_w 的大小。

【解】 $\sigma_{aA}=qK_{a1}=100\times\tan^2(45^\circ-32^\circ/2)=30.7(\mathrm{kPa})$

$$\begin{aligned}\sigma_{aB上}&=(q+\gamma_1 h_1)K_{a1}\\&=(100+16.5\times3.5)\times\tan^2(45^\circ-32^\circ/2)=48.4(\mathrm{kPa})\end{aligned}$$

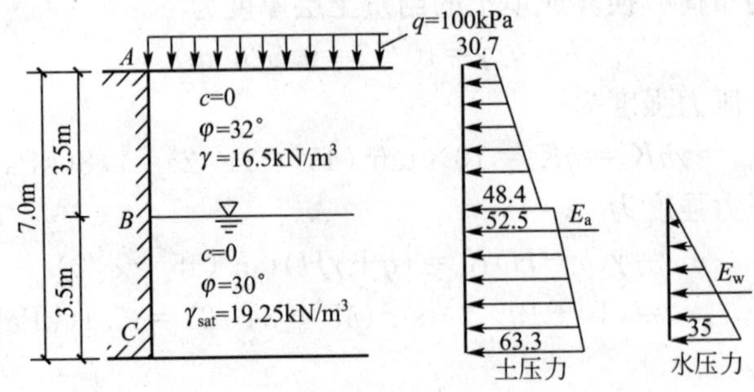

图 8.16　例题 8.4 图

$$\sigma_{aB下}=(q+\gamma_1 h_1)K_{a2}$$

$$=(100+16.5\times3.5)\times\tan^2\left(45°-\frac{30°}{2}\right)=52.5(\text{kPa})$$

$$\sigma_{aC}=(q+\gamma_1 h_1+\gamma_2' h_2)K_{a2}$$

$$=(100+16.5\times3.5+9.25\times3.5)\times\tan^2\left(45°-\frac{30°}{2}\right)=63.3(\text{kPa})$$

主动土压力

$$E_a=(30.7+48.4)\times3.5/2+(52.5+63.3)\times3.5/2=341.1(\text{kN/m})$$

$$P_{wc}=\gamma_w h_2=10\times3.5=35(\text{kPa})$$

水压力
$$E_w=\frac{1}{2}P_{wc}h_2=\frac{1}{2}\times35\times3.5=61.3(\text{kN/m})$$

8.4 库仑土压力理论

8.4.1 基本假设

上述朗肯土压力理论是根据半空间的应力状态和土单元体的极限平衡条件而得出的土压力古典理论之一。另一种土压力古典理论就是库仑土压力理论，它是以整个滑动土体上力系的平衡条件来求解主动、被动土压力计算的理论公式。

如果挡土墙墙后的填土是干的无黏性土，或挡土墙墙后的储存料是干的粒料，当墙体突然移去时，干土或粒料将沿一平面滑动，如图 8.17 所示中的 AC 面，AC 面与水平面的倾角等于粒料的内摩擦角(φ)。若墙体仅向前发生一微小位移，在墙背面 AB 与 AC 面之间将产生一个接近平面的滑动面 AD。只要确定出该滑动破坏面的形状和位置，就可以根据向下滑动土楔体 ABD 的静力平衡条件得出填土作用在墙上的主动土压力。相反，若墙体向填土推压，在 AC 面与水平面之间产生另一个近似

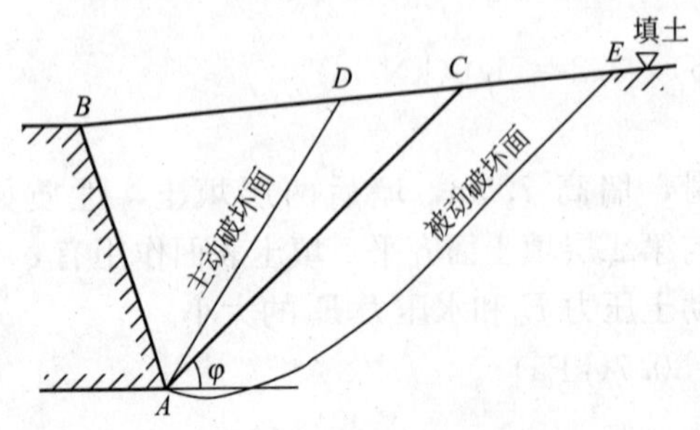

图 8.17　墙后填料中的破坏面

平面的滑动面AE。根据向上滑动土楔体ABE的静力平衡条件可以得出填土作用在墙上的被动土压力。

库仑土压力理论是根据墙后土体处于极限平衡状态并形成一滑动楔体时，从楔体的静力平衡条件得出的土压力计算理论。其基本假设：①墙后的填土是理想的散粒体(黏聚力$c=0$)；②滑动破坏面为一平面；③滑动土楔体视为刚体。

8.4.2 主动土压力

一般挡土墙的计算均属于平面应变问题，故在下述讨论中均沿墙的长度方向取1m进行分析，如图8.18(a)所示。当墙向前移动或转动而使墙后土体沿某一破坏面$\overline{BC}$破坏时，土楔ABC向下滑动而处于主动极限平衡状态。此时，作用于土楔ABC上的力如下。

(1) 土楔体的自重$G=\Delta ABC\cdot\gamma$，γ为填土的重度，只要破坏面$\overline{BC}$的位置确定，G的大小就是已知值，其方向向下。

(2) 破坏面$\overline{BC}$上的反力R，其大小是未知的，R与破坏面$\overline{BC}$的法线N_1之间的夹角等于土的内摩擦角φ，并位于N_1的下侧。

(3) 墙背对土楔体的反力E，与它大小相等、方向相反的作用力就是墙背上的土压力。反力E的方向必与墙背的法线N_2成δ角，δ角为墙背与填土之间的摩擦角，称为外摩擦角。当土楔体下滑时，墙对土楔体的阻力是向上的，故E也位于N_2的下侧。

土楔体在以上三力作用下处于静力平衡状态，因此构成一闭合的力矢三角形［图8.18(b)］，按正弦定律可得

$$E=G\sin(\theta-\varphi)/\sin(\theta-\varphi+\psi) \tag{8-16}$$

式中 $\psi=90°-\alpha-\delta$，其余符号如图8.18所示。

G——土楔重，即

$$G=\Delta ABC\cdot\gamma=\gamma\cdot\overline{BC}\cdot\overline{AD}/2 \tag{8-17}$$

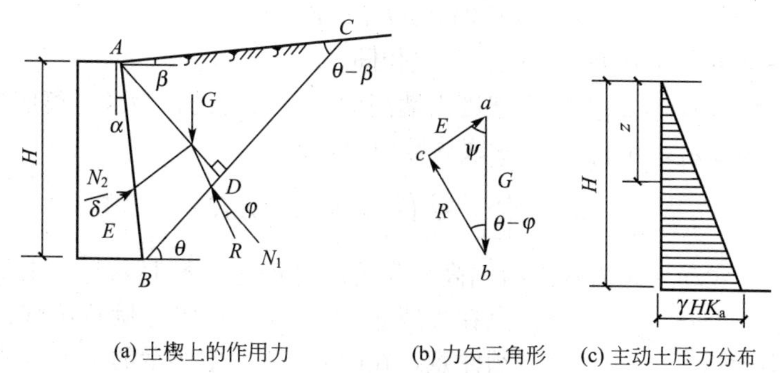

(a) 土楔上的作用力 (b) 力矢三角形 (c) 主动土压力分布

图8.18 按库仑理论求主动土压力

在三角形ABC中，利用正弦定律得

$$\overline{BC}=\overline{AB}\cdot\sin(90°-\alpha+\beta)/\sin(\theta-\beta)$$

因为$\overline{AB}=H/\cos\alpha$，故

$$\overline{BC}=H\cdot\cos(\alpha-\beta)/[\cos\alpha\cdot\sin(\theta-\beta)] \tag{8-18}$$

再通过A点作$\overline{BC}$线的垂线$\overline{AD}$，由ΔADB得

$$\overline{AD}=\overline{AB}\cdot\cos(\theta-\alpha)=H\cdot\cos(\theta-\alpha)/\cos\alpha \tag{8-19}$$

将式(8-18)和式(8-19)代入式(8-17)得

$$G=\frac{\gamma H^2}{2}\cdot\frac{\cos(\alpha-\beta)\cdot\cos(\theta-\alpha)}{\cos^2\alpha\cdot\sin(\theta-\beta)}$$

此式代入式(8-16)得 E 的表达式为

$$E=\frac{1}{2}\gamma H^2\cdot\frac{\cos(\alpha-\beta)\cdot\cos(\theta-\alpha)\cdot\sin(\theta-\varphi)}{\cos^2\alpha\cdot\sin(\theta-\beta)\cdot\sin(\theta-\varphi+\psi)} \tag{8-20}$$

在式(8-20)中，γ、H、α、β 和 φ、δ 都是已知的，而滑动面 $\overline{BC}$ 与水平面的倾角 θ 则是任意假定的，因此，假定不同的滑动面可以得出一系列相应的土压力 E 值，也就是说，E 是 θ 的函数。E 的最大值 E_{max} 即为墙背的主动土压力。其所对应的滑动面即是土楔最危险的滑动面。为求主动土压力，可用微分学中求极值的方法求 E 的最大值，为此可令 $dE/d\theta=0$，从而解得使 E 为极大值时填土的破坏角 θ_{cr}，这就是真正滑动面的倾角，将 θ_{cr} 代入式(8-20)，整理后可得库仑主动土压力的一般表达式如下：

$$E_a=\frac{1}{2}\gamma H^2\cdot\frac{\cos^2(\varphi-\alpha)}{\cos^2\alpha\cdot\cos(\alpha+\delta)\left[1+\sqrt{\dfrac{\sin(\varphi+\delta)\cdot\sin(\varphi-\beta)}{\cos(\alpha+\delta)\cdot\cos(\alpha-\beta)}}\right]^2} \tag{8-21}$$

$$E_a=\gamma H^2K_a/2 \tag{8-22}$$

式中　K_a——库仑主动土压力系数，是式(8-21)的后面部分或查表 8-1 确定；

H——挡土墙高度(m)；

γ——墙后填土的重度(kN/m³)；

φ——墙后填土的内摩擦角(°)；

α——墙背的倾斜角(°)，俯斜时取正号(图 8.17)，仰斜为负号；

β——墙后填土面的倾角(°)；

δ——土对挡土墙背的外摩擦角。

当墙背垂直($\alpha=0$)、光滑($\delta=0$)，填土面水平时，式(8-21)可写为

$$E_a=(1/2)\gamma H^2\tan^2(45°-\varphi/2) \tag{8-23}$$

可见，在上述条件下，库仑公式和朗肯公式相同。

由式(8-22)可知，主动土压力强度沿墙高的平方成正比，为求得离墙顶为任意深度 z 处的主动土压力强度 σ_a，可将 E_a 对 z 取导数而得，即

$$\sigma_a=\frac{dE_a}{dz}=\frac{d}{dz}\left(\frac{1}{2}\gamma zK_a\right)=\gamma zK_a \tag{8-24}$$

由上式可见，主动土压力强度沿墙高呈三角形分布［图 8.18(c)］。主动土压力的作用点在离墙底 $H/3$ 处，方向与墙背法线的夹角为 δ。必须注意，在图 8.18(c)中所示的土压力分布图只表示其大小，而不代表其作用方向。

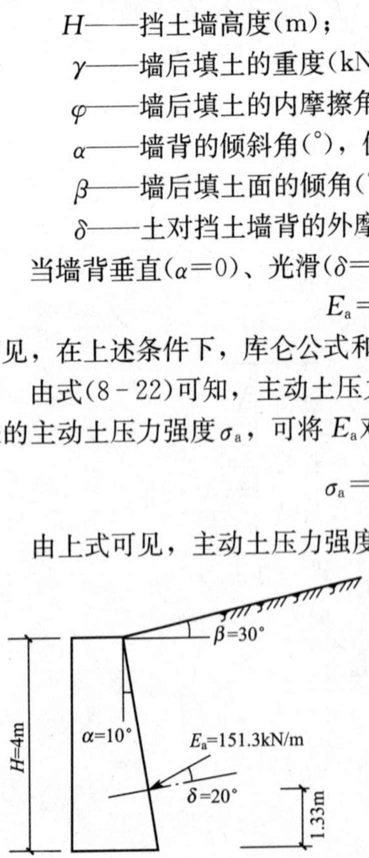

图 8.19　例题 8.5 图

【例题 8.5】 挡土墙高 4m，墙背倾斜角 $\alpha=10°$(俯斜)，填土坡脚 $\beta=30°$，填土重度 $\gamma=18kN/m^3$，$\varphi=30°$，$c=0$，填土与墙背的摩擦角 $\delta=2\varphi/3=20°$，如图 8.19 所示，试按库仑理论求主动土压力 E_a 及其作用点。

【解】 根据 $\delta=20°$、$\alpha=10°$、$\beta=30°$、$\varphi=30°$，由

式(8-21)或查表 8-1 得库仑主动土压力系数 $K_a=1.051$，由式(8-22)计算主动土压力：

$$E_a=\gamma H^2 K_a/2=18\times 4^2\times 1.051/2=151.3(\mathrm{kN/m})$$

土压力作用点在离墙底 $H/3=4/3=1.33(\mathrm{m})$处。

表 8-1 库仑主动土压力系数 K_a 值

δ	α	β \ φ	15°	20°	25°	30°	35°	40°	45°	50°
0°	-20°	0°	0.497	0.380	0.287	0.212	0.153	0.106	0.070	0.043
		10°	0.595	0.439	0.323	0.234	0.166	0.114	0.074	0.045
		20°		0.707	0.401	0.274	0.188	0.125	0.080	0.047
		30°				0.498	0.239	0.147	0.090	0.051
		40°						0.301	0.116	0.060
	-10°	0°	0.540	0.433	0.344	0.270	0.209	0.158	0.117	0.083
		10°	0.644	0.500	0.389	0.301	0.229	0.171	0.125	0.088
		20°		0.785	0.482	0.353	0.261	0.190	0.136	0.094
		30°				0.614	0.331	0.226	0.155	0.104
		40°						0.433	0.200	0.123
	0°	0°	0.589	0.490	0.406	0.333	0.271	0.217	0.172	0.132
		10°	0.704	0.569	0.462	0.374	0.300	0.238	0.186	0.142
		20°		0.883	0.573	0.441	0.344	0.267	0.204	0.154
		30°				0.750	0.436	0.318	0.235	0.172
		40°						0.587	0.303	0.206
	10°	0°	0.652	0.560	0.478	0.407	0.343	0.288	0.238	0.194
		10°	0.784	0.655	0.550	0.461	0.384	0.318	0.261	0.211
		20°		1.015	0.685	0.548	0.444	0.360	0.291	0.231
		30°				0.925	0.566	0.433	0.337	0.262
		40°						0.785	0.437	0.316
	20°	0°	0.736	0.648	0.569	0.498	0.434	0.375	0.322	0.274
		10°	0.896	0.768	0.663	0.572	0.492	0.421	0.358	0.302
		20°		1.205	0.834	0.688	0.576	0.484	0.405	0.337
		30°				1.169	0.740	0.586	0.474	0.385
		40°						1.064	0.620	0.469
5°	-20°	0°	0.457	0.352	0.267	0.199	0.144	0.101	0.067	0.041
		10°	0.557	0.410	0.302	0.220	0.157	0.108	0.070	0.043
		20°		0.688	0.380	0.259	0.178	0.119	0.076	0.045
		30°				0.484	0.228	0.140	0.085	0.049
		40°						0.293	0.111	0.058
	-10°	0°	0.503	0.406	0.324	0.256	0.199	0.151	0.112	0.080
		10°	0.612	0.474	0.369	0.286	0.219	0.164	0.120	0.085
		20°		0.776	0.463	0.339	0.250	0.183	0.131	0.091
		30°				0.607	0.321	0.218	0.149	0.100
		40°						0.428	0.195	0.120
	0°	0°	0.556	0.465	0.387	0.319	0.260	0.210	0.166	0.129

（续）

δ	α	β \ φ	15°	20°	25°	30°	35°	40°	45°	50°
		10°	0.680	0.547	0.444	0.360	0.289	0.230	0.180	0.138
		20°		0.886	0.558	0.428	0.333	0.259	0.199	0.150
		30°				0.753	0.428	0.311	0.229	0.168
		40°						0.589	0.299	0.202
	10°	0°	0.622	0.536	0.460	0.393	0.333	0.280	0.233	0.441
		10°	0.767	0.636	0.534	0.448	0.374	0.311	0.255	0.207
		20°		1.035	0.676	0.538	0.436	0.354	0.286	0.228
		30°				0.943	0.563	0.428	0.333	0.259
		40°						0.801	0.436	0.314
	20°	0°	0.709	0.627	0.553	0.483	0.424	0.368	0.318	0.271
		10°	0.887	0.775	0.650	0.562	0.484	0.416	0.355	0.300
		20°		1.250	0.835	0.684	0.571	0.480	0.402	0.335
		30°				1.212	0.746	0.587	0.474	0.385
		40°						0.103	0.627	0.472
10°	−20°	0°	0.427	0.330	0.252	0.188	0.137	0.096	0.064	0.039
		10°	0.529	0.388	0.286	0.209	0.149	0.103	0.068	0.041
		20°		0.675	0.364	0.248	0.170	0.114	0.073	0.044
		30°				0.475	0.220	0.135	0.082	0.047
		40°						0.288	0.108	0.056
	−10°	0°	0.477	0.385	0.309	0.245	0.191	0.146	0.109	0.078
		10°	0.590	0.455	0.354	0.275	0.221	0.159	0.116	0.082
		20°		0.773	0.450	0.328	0.242	0.177	0.127	0.088
		30°				0.605	0.313	0.212	0.146	0.098
		40°						0.426	0.191	0.117
	0°	0°	0.533	0.447	0.373	0.309	0.253	0.204	0.163	0.127
		10°	0.664	0.531	0.431	0.350	0.282	0.225	0.177	0.136
		20°		0.897	0.549	0.420	0.326	0.254	0.195	0.148
		30°				0.762	0.423	0.306	0.226	0.166
		40°						0.596	0.297	0.201
	10°	0°	0.603	0.520	0.448	0.384	0.326	0.275	0.230	0.189
		10°	0.759	0.626	0.524	0.440	0.369	0.307	0.253	0.206
		20°		1.064	0.674	0.534	0.432	0.351	0.284	0.227
		30°				0.969	0.564	0.427	0.332	0.258
		40°						0.823	0.438	0.315
	20°	0°	0.695	0.615	0.543	0.478	0.419	0.365	0.316	0.271
		10°	0.890	0.752	0.646	0.558	0.482	0.414	0.354	0.300
		20°		1.308	0.844	0.687	0.573	0.481	0.403	0.337
		30°				1.268	0.758	0.594	0.478	0.388
		40°						0.155	0.640	0.480

（续）

δ	a	β \ φ	15°	20°	25°	30°	35°	40°	45°	50°
15°	−20°	0°	0.405	0.314	0.240	0.180	0.132	0.093	0.062	0.038
		10°	0.509	0.372	0.201	0.201	0.144	0.100	0.066	0.040
		20°		0.667	0.239	0.352	0.164	0.110	0.071	0.042
		30°				0.470	0.214	0.131	0.080	0.046
		40°			0.298			0.284	0.105	0.055
	−10°	0°	0.458	0.371	0.344	0.237	0.186	0.142	0.106	0.076
		10°	0.576	0.442	0.441	0.267	0.205	0.155	0.114	0.081
		20°		0.776		0.320	0.237	0.174	0.125	0.087
		30°				0.607	0.308	0.209	0.143	0.097
		40°			0.363			0.428	0.189	0.116
	0°	0°	0.518	0.434	0.423	0.301	0.248	0.201	0.160	0.125
		10°	0.656	0.522	0.546	0.343	0.277	0.222	0.174	0.135
		20°		0.914		0.415	0.323	0.251	0.194	0.147
		30°				0.777	0.422	0.305	0.225	0.165
		40°			0.441			0.608	0.298	0.200
	10°	0°	0.592	0.511	0.520	0.378	0.323	0.273	0.228	0.189
		10°	0.760	0.623	0.679	0.437	0.366	0.305	0.252	0.206
		20°		1.103		0.535	0.432	0.351	0.284	0.228
		30°				1.005	0.571	0.430	0.334	0.260
		40°			0.540			0.853	0.445	0.319
	20°	0°	0.690	0.611	0.649	0.476	0.419	0.366	0.317	0.273
		10°	0.904	0.757	0.862	0.560	0.484	0.416	0.357	0.303
		20°		1.383		0.697	0.579	0.486	0.408	0.341
		30°				1.341	0.778	0.606	0.487	0.395
		40°						1.221	0.639	0.492
20°	−20°	0°			0.231	0.174	0.128	0.090	0.061	0.038
		10°			0.266	0.195	0.140	0.097	0.064	0.039
		20°			0.344	0.233	0.160	0.108	0.069	0.042
		30°				0.468	0.210	0.129	0.079	0.045
		40°						0.283	0.104	0.054
	−10°	0°			0.291	0.232	0.182	0.140	0.105	0.076
		10°			0.337	0.262	0.202	0.153	0.113	0.080
		20°			0.437	0.316	0.233	0.171	0.124	0.086
		30°				0.614	0.306	0.207	0.142	0.096
		40°						0.433	0.188	0.115
	0°	0°			0.357	0.297	0.245	0.199	0.160	0.125
		10°			0.419	0.340	0.275	0.220	0.174	0.135
		20°			0.547	0.414	0.322	0.251	0.193	0.147
		30°				0.798	0.425	0.306	0.225	0.166

（续）

δ	α	β \ φ	15°	20°	25°	30°	35°	40°	45°	50°
		40°						0.625	0.300	0.202
	10°	0°			0.438	0.377	0.322	0.273	0.229	0.190
		10°			0.521	0.438	0.367	0.306	0.254	0.208
		20°			0.690	0.540	0.436	0.354	0.286	0.230
		30°				1.051	0.582	0.437	0.338	0.264
		40°						0.893	0.456	0.325
	20°	0°			0.543	0.479	0.422	0.370	0.321	0.277
		10°			0.659	0.568	0.490	0.423	0.363	0.309
		20°			0.891	0.715	0.592	0.496	0.417	0.349
		30°				1.434	0.807	0.624	0.501	0.406
		40°						1.305	0.685	0.509
25°	−20°	0°				0.170	0.125	0.089	0.060	0.037
		10°				0.191	0.137	0.096	0.063	0.039
		20°				0.229	0.157	0.106	0.069	0.041
		30°				0.470	0.207	0.127	0.078	0.045
		40°						0.284	0.103	0.053
	−10°	0°				0.228	0.180	0.139	0.104	0.075
		10°				0.259	0.200	0.151	0.112	0.080
		20°				0.314	0.232	0.170	0.123	0.086
		30°				0.620	0.307	0.207	0.142	0.096
		40°						0.441	0.189	0.116
	0°	0°				0.296	0.245	0.199	0.160	0.126
		10°				0.340	0.275	0.221	0.175	0.136
		20°				0.417	0.324	0.252	0.195	0.148
		30°				0.828	0.432	0.309	0.228	0.168
		40°						0.647	0.306	0.205
	10°	0°				0.379	0.325	0.276	0.232	0.193
		10°				0.443	0.371	0.311	0.258	0.211
		20°				0.551	0.443	0.360	0.292	0.235
		30°				1.112	0.600	0.448	0.346	0.270
		40°						0.944	0.471	0.335
	20°	0°				0.488	0.430	0.377	0.329	0.284
		10°				0.583	0.502	0.433	0.372	0.318
		20°				0.740	0.612	0.512	0.430	0.360
		30°				1.553	0.846	0.650	0.520	0.421
		40°						1.414	0.721	0.532

8.4.3 被动土压力

当墙受外力作用推向填土，直至土体沿某一破坏面$\overline{BC}$破坏时，土楔 ABC 向上滑动，并处于被动极限平衡状态［图 8.20(a)］。此时土楔 ABC 在其自重 G 及反力 R 和 E 的作用下平衡［图 8.20(b)］，R 和 E 的方向都分别在 $\overline{BC}$ 和 $\overline{AB}$ 面法线的上方。按上述求主动土压力同样的原理可求得被动土压力的库仑公式为

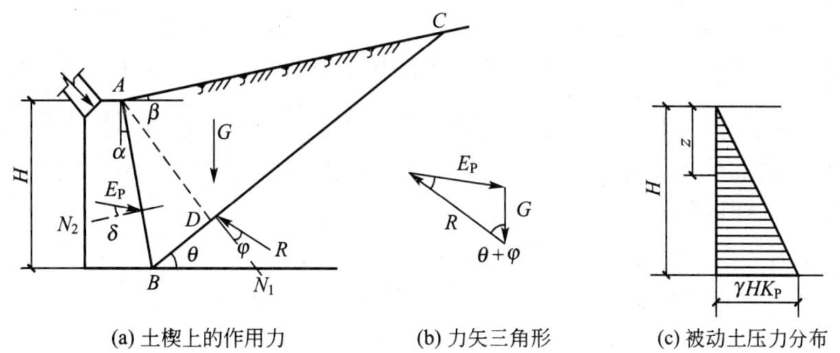

(a) 土楔上的作用力　　(b) 力矢三角形　　(c) 被动土压力分布

图 8.20　按库仑理论求被动土压力

$$E_p=\frac{1}{2}\gamma H^2\cdot\frac{\cos^2(\varphi+\alpha)}{\cos^2\alpha\cos^2(\alpha-\delta)\left[1-\sqrt{\frac{\sin(\varphi+\delta)\cdot\sin(\varphi+\beta)}{\cos(\alpha-\delta)\cdot\cos(\alpha-\beta)}}\right]^2} \tag{8-25}$$

$$E_p=(1/2)\gamma H^2K_p \tag{8-26}$$

式中　K_p——库仑被动土压力系数，是式(8-25)的后面部分；

　　δ——土对挡土墙背或桥台背的外摩擦角，查表 8-2 确定；

　　其余符号同前。

表 8-2　土对挡土墙墙背的外摩擦角

挡土墙情况	外摩擦角 δ	挡土墙情况	外摩擦角 δ
墙背光滑、排水不良	$(0-0.33)\varphi$	墙背很粗糙、排水良好	$(0.5-0.67)\varphi$
墙背粗糙、排水良好	$(0.33-0.5)\varphi$	墙背与填土间不可能滑动	$(0.67-1.0)\varphi$

如果墙背直立($\alpha=0$)、光滑($\delta=0$)，墙后填土水平($\beta=0$)，则式(8-25)变为

$$E_p=(1/2)\gamma H^2\tan^2(45°+\varphi/2) \tag{8-27}$$

可见，在上述条件下，库仑被动土压力公式也与郎肯被动土压力公式相同。

被动土压力强度 σ_p 可按下式计算，即

$$\delta_p=\frac{dE_p}{dz}=\frac{d}{dz}\left(\frac{1}{2}\gamma z^2K_p\right)=\gamma zK_p \tag{8-28}$$

被动土压力强度沿墙高也呈三角形分布，如图 8.20(c)所示，土压力的作用点在距离墙底 $H/3$ 处，方向与墙背法线的夹角为 δ。必须注意，在图 8.20(c)中所示的土压力分布图只表示其大小，而不代表其作用方向。

8.4.4　黏性填土时的土压力计算

库仑土压力理论假设墙后填土是理想的散体，也就是填土只有内摩擦角 φ 而没有黏聚力 c，因此，从理论上说只适用于无黏性土。但在实际工程中常不得不采用黏性填土，为

了考虑土的黏聚力 c 对土压力数值的影响，在应用库仑公式时，曾有将内摩擦角 φ 增大，采用所谓“等值内摩擦角 φ_D”来综合考虑黏聚力对土压力的效应，但误差较大。在这种情况下，可用以下方法确定黏性填土的主动土压力。

1. 图解法

如果挡土墙的位移很大，足以使黏性填土的抗剪强度全部发挥，在填土顶面 z_0 深度处将出现张拉裂缝，引用朗肯土压力理论的临界深度 $z_0=2c/\gamma\sqrt{K_a}$（K_a 为朗肯主动土压力系数）。

先假设一滑动面 $\overline{BD'}$，如图 8.21(a)所示，作用于滑动土楔 $A'BD'$ 上的力有：

(1) 土楔体的自重 G。

(2) 滑动面 $\overline{BD'}$ 的反力 R，与 $\overline{BD'}$ 面的法线成 φ 角。

(3) $\overline{BD'}$ 面上的总黏聚力 $C=c\cdot\overline{BD'}$，c 为填土的黏聚力。

(4) 墙背与接触面 $A'B$ 的总黏聚力 $c_a=C_a\cdot\overline{A'B}$，$c_a$ 为墙背与填土之间的黏聚力。

(5) 墙背对土的反力 E，与墙背法线方向成 δ 角。

在上述各力中，G、C、c_a 的大小和方向均已知，R 和 E 的方向已知，但大小未知，考虑到力系的平衡，由力矢多边形可以确定 E 的数值，如图 8.21(b)所示，假定若干滑动面按以上方法试算，其中最大值即为主动土压力 E_a。

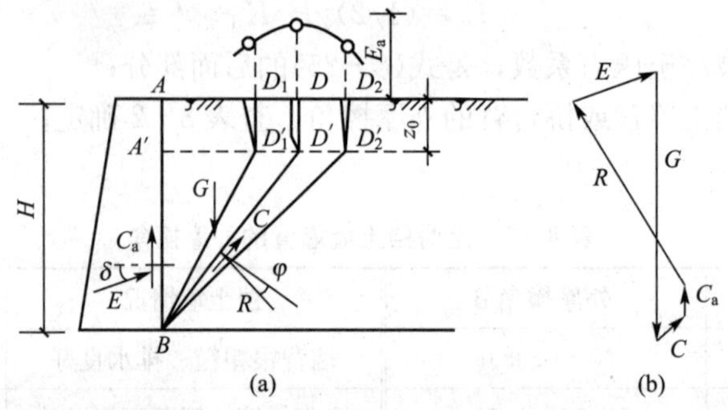

图 8.21 黏性填土的图解法

2. 规范推荐的公式

《建筑地基基础设计规范》(GB 50007—2011)推荐的主动土压力计算公式也适用于黏性土和粉土，它是采用与楔体试算法相似的平面滑裂面的假设，得出如下公式

$$E_a=\psi_c\gamma H^2K_a/2 \tag{8-29}$$

式中 E_a——主动土压力；

ψ_c——主动土压力增大系数，土坡高度小于 5m 时宜取 1.0，高度为 5～8m 时宜取 1.1，高度大于 8m 时宜取 1.2；

γ——填土重度(kN/m³)；

H——挡土墙高度(m)；

K_a——规范主动土压力系数，按式(8-30)～式(8-32)确定。

$$K_a=\frac{\sin(\alpha'+\beta)}{\sin^2\alpha'\sin^2(\alpha'+\beta-\varphi-\delta)}\{k_q[\sin(\alpha'+\beta)\sin(\alpha'-\delta)+\sin(\varphi+\delta)\sin(\varphi-\beta)]+2\eta\sin\alpha\cos\varphi\times\cos(\alpha'+\beta-\varphi-\delta)-$$

$$2[(k_q\sin(\alpha'+\beta)\sin(\varphi-\delta)+\eta\sin\alpha'\cos\varphi)$$
$$(k_q\sin(\alpha'-\delta)\sin(\varphi+\delta)+\eta\sin\alpha'\cos\varphi)]^{1/2}\} \tag{8-30}$$
$$K_q=1+2q\sin\alpha'\cos\beta/[\gamma H\sin(\alpha'+\beta)] \tag{8-31}$$
$$\eta=2c/\gamma H \tag{8-32}$$

式中　q——地表均布荷载(以单位水平投影面上的荷载强度计)；

φ、c——填土的内摩擦角和黏聚力；

α'、β、δ 如图 8.22 所示。

关于边坡挡墙上的土压力计算，目前国际上仍采用楔体试算法。大量的试算与实际观测结果的对比表明，对于高挡土墙来说，采用古典土压力理论计算的结果偏小，土压力强度的分布也有较大的偏差，如图 8.23 所示。通常高大挡土墙也不允许出现达到极限状态时的位移值，因此在主动土压力计算式中计入增大系数 ψ_c，见式(8-29)中。

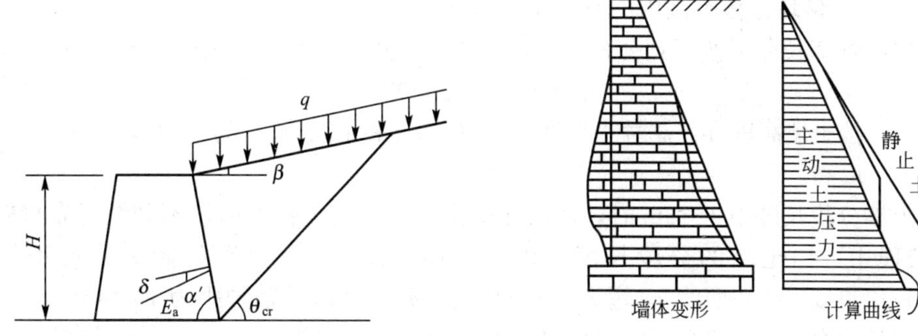

图 8.22　计算简图　　　图 8.23　墙体变形与土压力

8.4.5　有车辆荷载时的土压力

在桥台或路堤挡土墙设计时，应考虑车辆荷载引起的侧土压力，按照库仑土压力理论，先将桥台台背或挡土墙墙背填土的破坏棱体(滑动土楔)范围内的车辆荷载，用均布荷载 q 或换算为等代土层来代替［见《公路桥涵设计通用规范》(JTG D60—2004)］。当填土墙水平($\beta=0°$)时，等代均布土层厚度 h 的计算公式如下(图 8.24)。

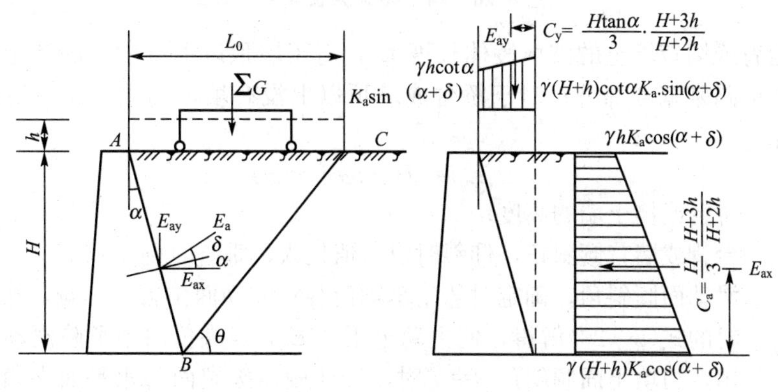

图 8.24　有车辆荷载时的土压力

$$h = q/\gamma = \sum G/BL_0\gamma \tag{8-33}$$

式中 γ——填土的重度(kN/m^3)；

$\sum G$——布置在 $b\times l_0$ 面积内的车轮的总重力(kN)，计算挡土墙的土压力时，车辆荷载应按(图 8.25)中的横向布置，车辆外侧车辆中线距路面边缘 0.5m，计算中涉及多车道加载时，车轮总重力应进行折减，详见《公路桥涵设计通用规范》(JTG D60—2004)；

B——桥台横向全宽或挡土墙的计算长度(m)；

L_0——台背或墙背填土的破坏棱体长度(m)，对于墙顶以上有填土的路堤式挡土墙，l_0 为破坏棱体范围内的路基宽度部分。

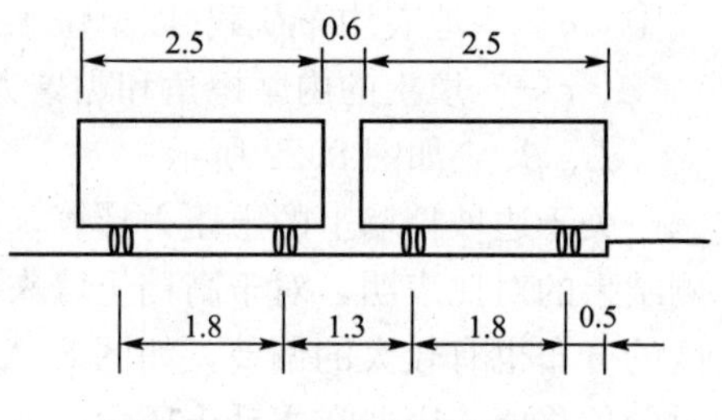

图 8.25 车辆荷载横向布置

挡土墙的计算长度可按下列公式计算，但不应超过挡土墙分段长度［图 8.26(b)］：

$$B = 13 + H\tan 30^\circ \tag{8-34}$$

式中 H——挡土墙高度(m)，对于墙顶以上有填土的挡土墙，为两倍墙顶填土厚度加墙高。

当挡土墙分段长度小于 13m 时，B 取分段长度，并在该长度内按不利情况布置轮重。在实际工程中，挡土墙的分段长度一般为 10～15m，《公路桥涵设计通用规范》(JTGD 60—2004)规范按照汽车-超 20 级的车辆荷载，其前后轴轴距为 12.8m≈13m。当挡土墙分段长度大于 13m 时，其计算长度取为扩散长度［图 8.26(a)］，如果扩散长度超过挡土墙分段长度，则取分段长度计算。

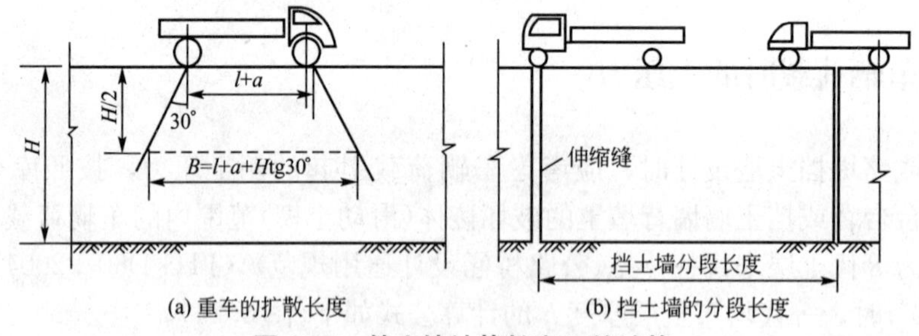

图 8.26 挡土墙计算长度 ***B*** 的计算

关于台背或墙背填土的破坏棱体长度 L_0，对于墙顶以上有填土的挡土墙，L_0 为破坏棱体范围内的路基宽度部分；对于桥台或墙顶以上没有填土的挡土墙，L_0 可用下式计算(图 8.24)：

$$L_0 = H(\tan\alpha + \cot\theta) \tag{8-35}$$

式中 H——桥台或挡土墙的高度；

α——台背或墙背倾斜角，仰斜时以负值代入，垂直时则 $\alpha = 0$；

θ——滑动面倾斜角，确定时忽略车辆荷载对滑动面位置的影响，按没有车辆荷载时的式(8-20)解得，使主动土压力 E 为极大值时最危险滑动面的破裂倾斜角，当填土面倾斜角 $\beta = 0^\circ$ 时，破坏棱体破裂面与水平面夹角 θ 的余切值可按下式计算：

$$\cot\theta=-\tan(\alpha+\delta+\varphi)+\sqrt{[\cot\varphi+\tan(\alpha+\delta+\varphi)][\tan(\alpha+\delta+\varphi)-\tan\alpha]} \quad (8-36)$$

式中 α、δ、φ——分别为墙背倾斜角(取值同上)、墙背与填土间的外摩擦角和填土内摩擦角。

以上求得等代均布土层厚度 h 后，有车辆时的主动土压力(当 $\beta=0°$)可按下式计算：

$$E_a=(1/2)\gamma H(H+2h)BK_a \quad (8-37)$$

式中各符号意义同式(8-22)、式(8-33)和式(8-34)。

主动土压力的着力点自计算土层底面起，$Z=\frac{H}{3}\cdot\frac{H+3h}{H+2h}$。

8.5 土压力计算的进一步讨论

8.5.1 朗肯理论与库仑理论的比较

朗肯理论与库仑理论分别根据不同的假设，以不同的分析方法计算土压力，只有在最简单的情况下($\alpha=0$，$\beta=0$，$\delta=0$)，用这两种古典理论计算结果才相同，否则将得出不同的结果。

朗肯土压力理论应用半空间中的应力状态和极限平衡理论的概念比较明确，公式简单，便于记忆，对于黏性土和无黏性土都可以用该公式直接计算，故在工程中得到广泛应用。但为了使墙后的应力状态符合半空间的应力状态，必须假设墙背直立的、光滑的，墙后填土面是水平的。由于该理论忽略了墙背与填土之间摩擦影响，使计算的主动土压力增大，而计算的被动土压力偏小。朗肯理论可推广用于非均质填土、有地下水的情况，也可用于填土面上有均布荷载(超载)的几种情况(其中也有墙背倾斜和墙后填土面倾斜)。

库仑土压力理论根据墙后滑动土楔的静力平衡条件导得计算公式，考虑了墙背与土之间的摩擦力，并可用于墙背倾斜，填土面倾斜的情况，但由于该理论假设填土是无黏性土，因此不能用库仑理论的原始公式直接计算黏性土的土压力。库仑理论假设墙后填土破坏时，破坏面是一平面，而实际上却是一曲面，试验证明，在计算主动土压力时，只有当墙背的斜度不大，墙背与填土间的摩擦角较小时，破坏面才接近于一平面，因此，计算结果与按曲线滑动面计算的有出入。在通常情况下，这种偏差在计算主动土压力时约为2%～10%，可以认为已满足实际工程所要求的精度；但在计算被动土压力时，由于破坏面接近于对数螺线，因此计算结果误差较大，有时可达2～3倍，甚至更大。库仑理论可以用数解法也可以用图解法。用图解法时，填土表面可以是任何形状，可以有任意分布的荷载(超载)，还可以推广用于黏性土、粉土填料及有地下水的情况。用数解法时，也可以推广用于黏性土、粉土填料及墙后有限填土(有较陡峻的稳定岩石坡面)的情况。

8.5.2 挡土结构物位移与土压力的关系

前面已指出，挡土结构物的位移与土压力大小及分布有密切关系。

从挡土结构物位移对土压力大小的影响来看，以刚性墙为例，静止土压力减小到主动土压力，或增大到被动土压力，需要刚性墙做水平移动或转动。布林奇-汉森(Brinch - Hansen)认为这种位移δ的数量级为：

对于主动土压力

$$\delta_a = 0.001h \tag{8-38}$$

对于被动土压力

$$\delta_p = 0.01h \tag{8-39}$$

式中 h——墙高。

砂土和黏土中产生主动和被动土压力所需的墙顶位移，见表8-3。

表8-3 产生主动和被动土压力所需的墙顶位移

土类	应力状态	运动形式	所需位移
砂土	主动	平行于墙体	$0.001h$
	主动	绕墙趾转动	$0.001h$
	被动	平行于墙体	$0.05h$
	被动	绕墙趾转动	$>0.1h$
黏土	主动	平行于墙体	$0.004h$
	主动	绕墙趾转动	$0.004h$
	被动	—	—

根据以上数据，对于一般挡土结构产生主动土压力所需的墙体位移比较容易出现，而产生被动土压力所需的位移较大，往往为设计所不允许。因此，在选择计算方法前，必须考虑变形方面的要求。

8.5.3 地下水渗流对土压力的影响

基坑施工时，围护墙内降水形成墙内外水头差，地下水会从坑外流向坑内，那么水土分算时一般可按如图8.27所示的水压力分布图，确定地下水位以下作用在支护结构上的不平衡水压力，图8.27(a)为三角形分布，适用于地下水有渗流的情况；若无渗流时，可按梯形分布考虑，如图8.27(b)所示。

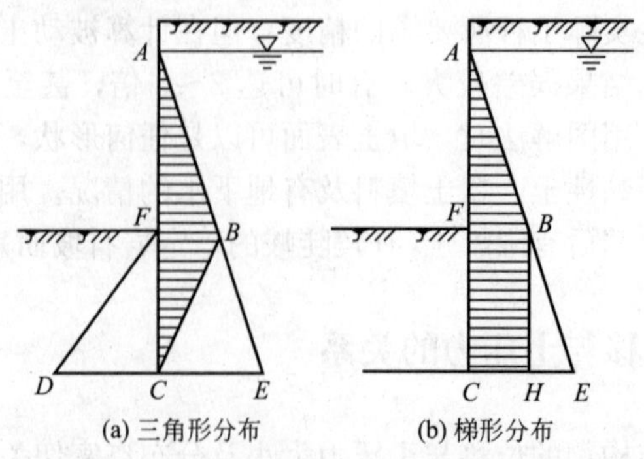

图8.27 作用在支护结构上的不平衡水压力分布

8.5.4 土体蠕变和松弛与土压力的关系

土压力的大小，还受到土的蠕变与松弛的影响，对软黏土而言，这种影响是非常显著的。

1. 蠕变对土压力的影响

前面已指出，土体需要满足一定位移量，才可以达到极限平衡状态。在静力计算中，位移量的大小，通常难以估算，故设计挡土结构时通常不考虑位移量的大小，对土压力的影响也未考虑时间对土压力的影响。但从流变的角度考虑，土压力是随时间变化的函数，直至最后达到某一定常数值为止。

当挡土结构物背后填土所受到剪应力大于或等于土本身的屈服强度时，则填土就开始蠕变。这时，如挡土结构物以同样的变形速率向外移动，则挡土结构物上的主动土压力为最小，因为这相当于填土的强度达到了充分发挥状态。同样，如挡土结构物以同样的速度向内移动，则挡土结构物的被动土压力为最大。

2. 松弛对土压力的影响

在挡土结构物背后填土后，如果结构物的位移保持不变，土的蠕变变形受到了限制，其强度得不到充分发挥。土体内的应力产生松弛，这时作用在挡土结构物上的主动土压力因而随时间而增加，逐渐达到静止土压力为止。在挡土结构物位移停止时，土的蠕变变形速率越小，则土的应力松弛作用也越小。反之，土的蠕变变形速率越大，则土的应力松弛作用也越大。

土的应力松弛程度与土的性质有关。硬黏土的应力松弛，一般要小于软黏土的应力松弛。戈尔什杰恩的试验表明，硬黏土在3天内，应力松弛约为起始值的55%，软黏土则应力松弛到零。

本章小结

土压力通常是指挡土墙后的填土因自重或外荷载作用对墙背产生的侧压力。根据墙的位移情况和墙后土体所处的应力状态，土压力可分为：静止土压力、主动土压力和被动土压力。静止土压力的计算方法由水平向自重应力计算公式推演而来，朗肯土压力计算公式由土的极限平衡条件推导得出，而库仑土压力公式则由滑动土楔的静力平衡条件推导获得。

朗肯理论和库仑理论是两种经典的土压力理论，后来发展的土压力理论和计算方法都是建立在此基础上。土压力理论是支挡结构和其他地下结构设计的理论基础，广泛应用于基坑工程、市政工程、道路工程与桥梁工程等工程实际中。

习 题

1. 简答题

(1) 静止土压力的墙背填土处于哪一种平衡状态？它与主动土压力、被动土压力状态有何不同?

(2) 挡土墙的位移及变形对土压力有何影响?

(3) 为什么挡土墙后要做好排水措施? 地下水对挡土墙的稳定性有何影响?

(4) 朗肯土压力理论和库仑土压力理论各自的假设条件是什么? 分别会带来什么样的误差?

(5) 试比较朗肯土压力理论和库仑土压力理论的优缺点和存在的问题。

(6) 试述你所知的一些挡土结构物的工程用途,它们有哪些特点?

2. 选择题

(1) 在影响挡土墙土压力的诸多因素中,(　　)是最主要的因素。

A. 挡土墙的高度　　B. 挡土墙的刚度

C. 挡土墙的位移方向及大小　　D. 墙后填土类型

(2) 设计地下室外墙时,土压力一般按(　　)计算。

A. 主动土压力　　B. 被动土压力　　C. 静止土压力　　D. 静水压力

(3) 下列指标或系数中,(　　)与库仑土压力系数无关。

A. γ　　B. α　　C. δ　　D. φ

(4) 在相同条件下,三种土压力之间的大小关系是(　　)。

A. $E_a<E_0<E_p$　　B. $E_a<E_p<E_0$

C. $E_0<E_a<E_p$　　D. $E_p<E_0<E_a$

(5) 按朗肯土压力理论计算挡土墙的主动土压力时,墙背是(　　)应力平面。

A. 大主应力作用面　　B. 小主应力作用面

C. 滑动面　　D. 与大主应力作用面呈 45°角

(6) 对墙背粗糙的挡土墙,按朗肯理论计算的主动土压力将(　　)。

A. 偏大　　B. 偏小　　C. 基本相同　　D. 无法确定

(7) 库仑土压力理论通常适用于(　　)。

A. 黏性土　　B. 无黏性土　　C. 粉质黏土　　D. 各类土

3. 计算题

(1) 某挡土墙高 5m,墙背直立、光滑、墙后填土面水平,填土重度 $\gamma=19\text{kN/m}^3$,$\varphi=30°$,$c=10\text{kPa}$,试确定:①主动土压力沿墙高的分布;②主动土压力的大小和作用点位置。

(2) 某挡土墙高 6m,墙背直立、光滑,墙后填土面水平,填土分两层,第一层为砂土,第二层为黏性土,各土层的物理力学性指标如图 8.28 所示,试求:主动土压力强度,并绘出土压力沿墙高分布图。

(3) 某挡土墙高 6m,墙背直立、光滑,墙后填土面水平,填土重度 $\gamma=18\text{kN/m}^3$,$\varphi=30°$,$c=0\text{kPa}$,试确定:①墙后无地下水时的主动土压力;②当地下水位离墙底 2m 时,作用在挡土墙上的总压力(包括水压力和土压力),地下水位以下填土的饱和重度为 $\gamma=19\text{kN/m}^3$。

(4) 某挡土墙高 5m,墙背直立、光滑,墙后填土面水平,作用有连续均布荷载 $q=20\text{kPa}$,土的物理力学性指标如图 8.29 所示,试求主动土压力。

(5) 某挡土墙高 4m,墙背倾斜角 $\alpha=20°$,填土面倾角 $\beta=10°$,填土重度 $\gamma=20\text{kN/m}^3$,$\varphi=30°$,$c=0$,填土与墙背的摩擦角 $\delta=15°$,如图 8.30 所示,试按库仑理论求:①主动土压力大小、作用点位置和方向;②主动土压力强度沿墙高的分布。

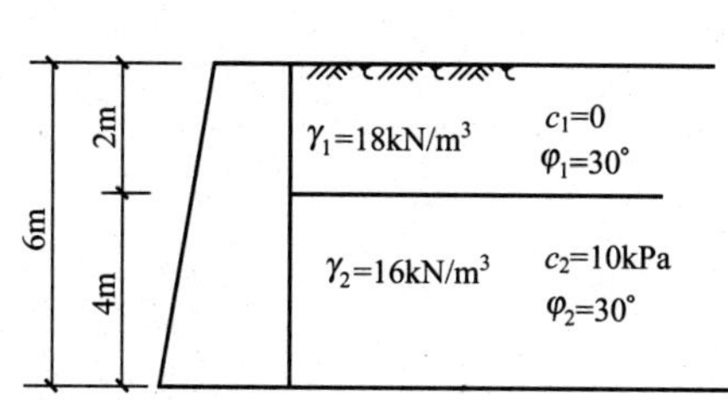

图 8.28 计算题(2)图

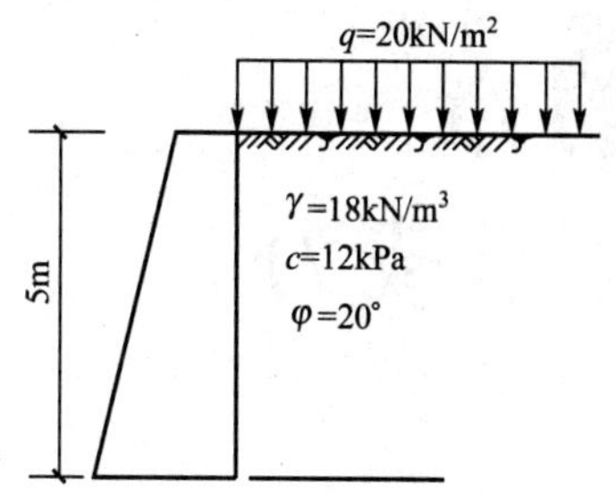

图 8.29 计算题(4)图

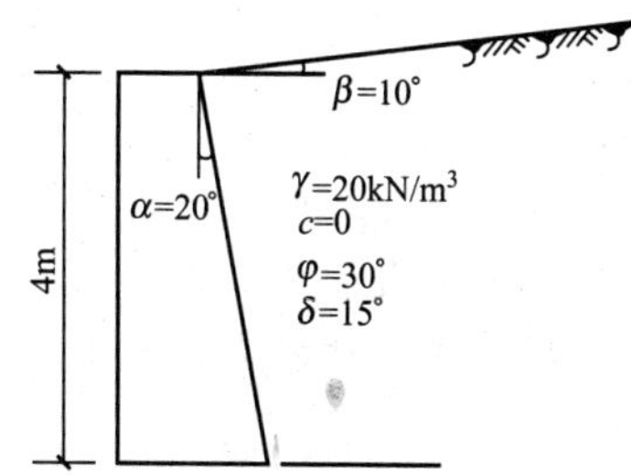

图 8.30 计算题(5)图

第9章 地基承载力

教学目标

本章主要讲述浅基础的地基破坏模式，地基临塑荷载、临界荷载和地基极限承载力。通过本章的学习，达到以下目标：

(1) 掌握浅基础的三种破坏模式；

(2) 掌握地基临塑荷载、临界荷载的定义和表达式；

(3) 掌握地基极限承载力的定义和常用计算方法；

(4) 了解地基容许承载力和地基承载力特征值的定义。

教学要求

知识要点	能力要求	相关知识
浅基础的地基破坏模式	掌握浅基础的三种破坏模式	(1) 整体剪切破坏 (2) 局部剪切破坏 (3) 冲切剪切破坏
地基临界荷载	(1) 熟悉地基塑性变形区边界方程 (2) 掌握地基的临塑荷载和临界荷载	(1) 塑性变形区边界方程 (2) 临塑荷载 (3) 临界荷载
地基极限承载力	(1) 熟悉普朗特尔和赖斯纳极限承载力 (2) 熟悉太沙基极限承载力 (3) 了解汉森和魏锡克极限承载力 (4) 了解地基容许承载力和地基承载力特征值	(1) 普朗特尔和赖斯纳极限承载力 (2) 太沙基极限承载力 (3) 汉森和魏锡克极限承载力 (4) 地基容许承载力 (5) 地基承载力特征值

整体剪切破坏、局部剪切破坏、冲切剪切破坏、临塑荷载、临界荷载、地基极限承载力。

地基承载力是指地基土单位面积上所能承受的荷载，通常把地基土稳定状态下单位面积上所能承受的最大荷载称为极限荷载或极限承载力。如果基地压力超过地基的极限承载力，地基就会失稳破坏。工程中地基承载力达到极限状态而发生破坏的实例虽然较少，但一旦发生这类破坏，后果将非常严重。由于地基土的复杂性，使得准确测定地基极限承载力变得非常困难。目前工程实际中使用的承载力值(如容

许承载力)有些已经包含了沉降控制的含义，带有较大的经验性，但地基承载力的理论计算公式主要还是从强度和稳定性方面来考虑的。

9.1 概 述

各种土木工程在整个使用年限内都要求地基稳定，要求地基不致因承载力不足、渗流破坏而失去稳定性，也不致因变形过大而影响正常使用。地基承载力(subgrade bearing capacity)是指地基承担荷载的能力。在荷载作用下，地基要产生变形。随着荷载的增大，地基变形逐渐增大，初始阶段地基土中应力处在弹性平衡状态，具有安全承载能力。当荷载增大到地基中开始出现某点或小区域内各点在其某一方向平面上的剪应力达到土的抗剪强度时，该点或小区域内各点就发生剪切破坏而处在极限平衡状态，土中应力将发生重分布。这种小范围的剪切破坏区，称为塑性区(plastic zone)。地基小范围的极限平衡状态大都可以恢复到弹性平衡状态，地基尚能趋于稳定，仍具有安全的承载能力。但此时地基变形稍大，必须验算变形的计算值不超过允许值。当荷载继续增大，地基出现较大范围的塑性区时，将显示地基承载力不足而失去稳定。此时地基达到极限承载能力。地基承载力是地基土抗剪强度的一种宏观表现，影响地基土抗剪强度的因素对地基承载力也产生类似影响。

地基承载力问题是土力学的一个重要研究课题，其目的是为了掌握地基的承载规律，充分发挥地基的承载能力，合理确定地基承载力，确保地基不致因荷载作用而发生剪切破坏，产生变形过大而影响建筑物或土工建筑物的正常使用。为此，地基基础设计一般都限制基底压力不超过基础深宽修正后的地基容(允)许承载力或地基承载力(设计值)。

确定地基承载力的方法一般有原位试验法、理论公式法、规范表格法、当地经验法4种。原位试验法(in-situ testing method)是一种通过现场直接试验确定承载力的方法，原位试验或原位测试包括(静)荷载实验、静力触探试验、标准贯入试验、旁压试验等，其中载荷试验法是最可靠的基本的原位测试法。理论公式法(theoretical equation method)是根据土的抗剪强度指标计算的理论公式确定承载力的方法。规范表格法(code table method)是根据室内试验指标、现场测试指标或野外鉴别指标，通过查规范所列表格得到承载力的方法。规范不同(包括不同部门、不同行业、不同地区的规范)，其承载力值不会完全相同，应用时需注意各自的使用条件。当地经验法(local empirical method)是一种基于地区的使用经验，进行类比判断确定承载力的方法，它是一种宏观辅助的方法。

本章先介绍浅基础的地基破坏模式，再介绍浅基础的地基承载力包括地基临界荷载和地基极限承载力(地基极限荷载)，最后介绍理论公式法和原位试验法确定地基容许承载力或地基承载力特征值。有关规范表格法和当地经验法确定地基承载力，详见《基础工程》教材。

9.2 浅基础的地基破坏模式

9.2.1 三种破坏模式

在荷载作用下地基承载力不足引起的破坏，一般都由地基土的剪切破坏引起。试验研究表明，浅基础的地基破坏模式(ground failure modes of shallow foundation)有 3 种：整体剪切破坏、局部剪切破坏和冲切剪切破坏，如图 9.1 所示。

整体剪切破坏(general shear failure)是一种在浅基础荷载作用下地基发生连续剪切滑动面的地基破坏模式，其概念最早由 L. 普朗特尔(Prandtl，1920)提出。它的破坏特征：地基在荷载作用下产生近似线弹性($p-s$ 曲线的首段呈线性)变形。当荷载达到一定数值时，在基础的边缘点下土体首先发生剪切破坏，随着荷载的继续增加，剪切破坏区(或称塑性变形区)也逐渐扩大，$p-s$ 曲线由线性开始弯曲。当剪切破坏区在地基中形成一片，成为连续的滑动面时，基础就会急剧下沉并向一侧倾斜、倾倒，基础两侧的地面向上隆起，地基发生整体剪切破坏，地基基础失去了继续承载的能力。描述这种破坏模式的典型的荷载-沉降曲线($p-s$ 曲线)具有明显的转折点，破坏前建筑物一般不会发生过大的沉降，它是一种典型的土体强度破坏，破坏有一定的突然性。如图 9.1(a)所示，整体剪切破坏一般在密砂和坚硬的黏土中最有可能发生。

局部剪切破坏(local shear failure)是一种在浅基础荷载作用下地基某一范围内发生剪切破坏区的地基破坏模式，其概念最早由 K. 太沙基(Terzaghi，1943)提出。其破坏特征：在荷载作用下，地基在基础边缘以下开始发生剪切破坏，随着荷载的继续增大，地基变形增大，剪切破坏区继续扩大，基础两侧土体有部分隆起，但剪切破坏区滑动面没有发展到地面，基础没有明显的倾斜和倒塌。基础由于产生过大的沉降而丧失继续承载能力。描述这种破坏模式的 $p-s$ 曲线，一般没有明显的转折点，其直线段范围较小，是一种以变形为主要特征的破坏模式，如图 9.1(b)所示。

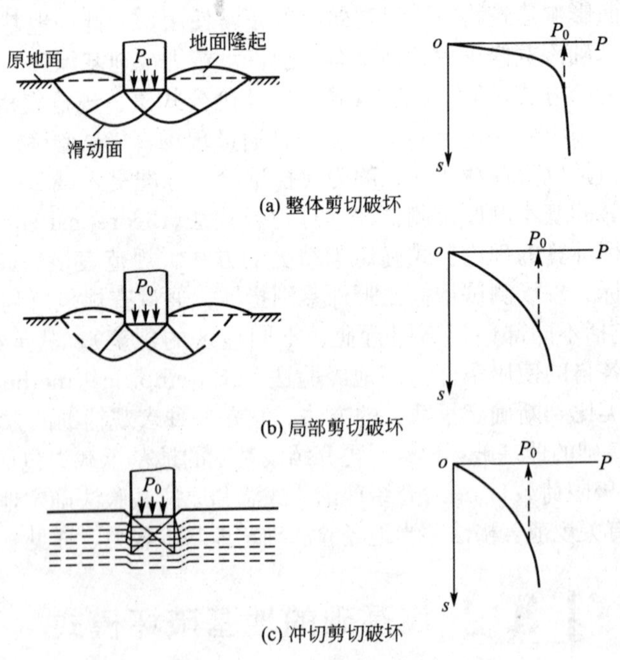

图 9.1 地基破坏模式

冲切剪切破坏(punching shear failure)是一种在浅基础荷载作用下地基土体发生垂直剪切破坏，使基础产生较大沉降的地基破坏模式，也称刺入剪切破坏。冲切剪切破坏的概念由 E. E 德贝尔和 A. S. 魏锡克(De Beer，Vesic，1959)提出，其破坏特征：在荷载作用下基础产生较大沉降，基础周围的部分土体也产生下陷，破坏时基础好像“刺入”地基土层中，不出现明显的破坏区和滑动面，基础没有明显的倾斜，其 $p-s$ 曲线没有转折点，是一种典型的以变形为特征的破坏模式，如图 9.1(c)所示。在压缩性较大的松砂、软土地基或基础埋深较大时相对容易发生冲切剪切破坏。

9.2.2 破坏模式的影响因素和判别

影响地基破坏模式的因素有：地基土的条件，如种类、密度、含水量、压缩性、抗剪强度等；基础条件，如形式、埋深、尺寸等，其中土的压缩性是影响破坏模式的主要因素。如果土的压缩性低，土体相对比较密实，一般容易发生整体剪切破坏。反之，如果土比较疏松，压缩性高，则会发生冲切剪切破坏。

地基压缩性对破坏模式的影响也会随着其他因素的变化而变化。建在密实土层中的基础，如果埋深大或受到瞬时冲击荷载，也会发生冲切剪切破坏；如果在密实砂层下卧有可压缩的软弱土层，也可能发生冲切剪切破坏。建在饱和正常固结黏土上的基础，若地基土在加载时不发生体积变化，将会发生整体剪切破坏；如果加荷很慢，使地基固结，发生体积变化，则有可能发生刺入破坏。对于具体工程可能发生何种破坏模式，需考虑各方面的因素后综合确定。

如图 9.2 所示为魏锡克在砂土上的模型基础试验结果，该图说明了地基破坏模式与基础相对埋深和砂土相对密度的关系。

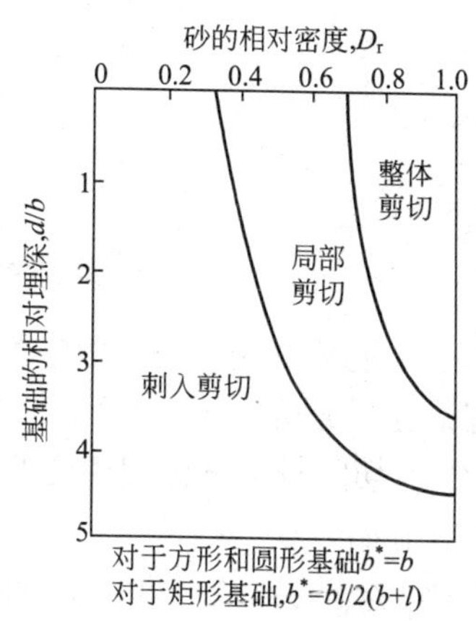

图 9.2 砂土中模型基础下的地基破坏模式

9.3 地基临界荷载

9.3.1 地基塑性变形区边界方程

1. 地基土中应力状态的 3 个阶段

现场载荷试验根据各级荷载及其相应的相对稳定沉降值，可得荷载与沉降的关系曲线，即 $p-s$ 曲线。还可得各级荷载作用下的沉降与时间的关系曲线，即 $s-t$ 曲线；在某一瞬间内载荷板沉降与该瞬时时间之比(ds/dt)，称为土的变形速度，它在荷载增大的过程中变化，可得土中应力状态的 3 个阶段：压缩阶段(compression stage)、剪切阶段(shear stage)和隆起阶段(heave stage)，如图 9.3 所示。

(1) 压缩阶段，又称直线变形阶段，对应 $p-s$ 曲线的 oa 段。这个阶段的外加荷载较小，地基土以压缩变形为主，压力与变形之间基本呈线性关系，地基中的应力尚处在弹性

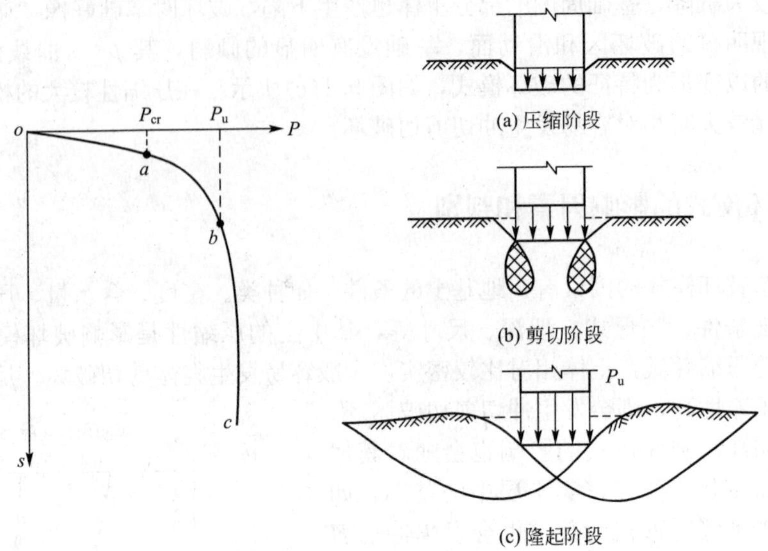

图 9.3　地基土中应力状态的三个阶段

平衡状态，地基中任一点的剪应力均小于该点的抗剪强度。该阶段的应力一般可近似采用弹性理论进行分析。

(2) 剪切阶段，又称塑性变形阶段，对应 $p-s$ 曲线的 ab 段。在这一阶段，从基础两侧底边缘开始，局部区域土中剪应力等于该处土的抗剪强度，土体处于塑性极限平衡状态，宏观上 $p-s$ 曲线呈非线性的变化。随着荷载的增大，基础下土的塑性变形区扩大，荷载-变形曲线的斜率增大。在这一阶段，虽然地基土的部分区域发生了塑性极限平衡，但塑性变形区并未在地基中连成一片，地基基础仍有一定的稳定性，地基的安全度则随着塑性变形区的扩大而降低。

(3) 隆起阶段，又称塑性流动阶段，对应 $p-s$ 曲线的 bc 段。该阶段基础以下两侧的地基塑性变形区贯通并连成一片，基础两侧土体隆起，很小的荷载增量都会引起基础较大的沉降，这个变形主要不是由土的压缩引起，而是由地基土的塑性流动引起，是一种随时间不稳定的变形，其结果是使基础向比较薄弱一侧倾倒，地基整体失去稳定性。

相应于地基土中应力状态的三个阶段，有两个界限荷载：前一个是相当于从压缩阶段过渡到剪切阶段的界限荷载，为比例界限荷载(proportional limit loading)，或称临塑荷载(critical edge loading)，一般记为 p_{cr}，它是 $p-s$ 曲线上 a 点所对应的荷载；后一个是相应于从剪切阶段过渡到隆起阶段的界限荷载，称为极限荷载(ultimate loading)，称为 p_u，它是 $p-s$ 曲线上 b 点所对应的荷载。由此取 p_{cr} 或 p_u/K(K 为安全系数)确定浅基础的地基容许承载力(见 9.5 节)。

2. 地基塑性变形区边界方程

假设在均质地基表面上，作用一竖向均布条形荷载 p，如图 9.4(a)所示；实际工程中基础一般都有埋深 d，如图 9.4(b)所示，则条形基础两侧荷载 $q=\gamma_m d$，γ_m 为基础埋置深度的范围内土层的加权平均重度，地下水位以下取浮重度。因此，均布条形荷载 p 应替换为 p_0($p_0=p-q$)。

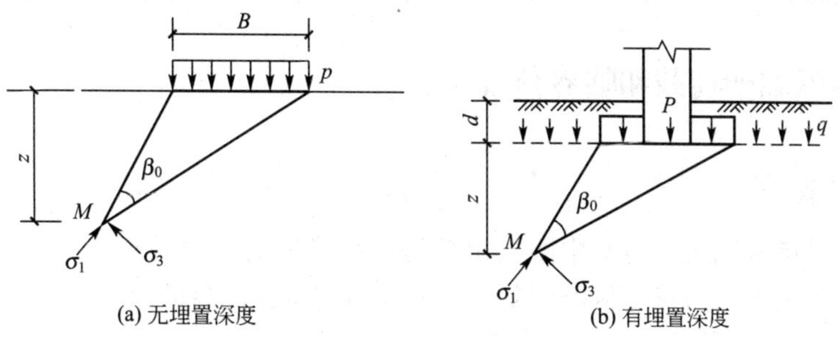

(a) 无埋置深度　　(b) 有埋置深度

图 9.4　均布条形荷载作用下地基中的主应力

根据弹性理论，它在地表下任一点 M 处产生的大、小主应力可按下式表达：

$$\sigma_1=\frac{p_0}{\pi}(\beta_0+\sin\beta_0) \tag{9-1a}$$

$$\sigma_3=\frac{p_0}{\pi}(\beta_0-\sin\beta_0) \tag{9-1b}$$

式中　p_0——均布条形荷载(kPa)；

β_0——任意点 M 到均布条形荷载两端点的夹角(rad)。

σ_1的作用方向与 β_0 角的平分线一致，作用在 M 点的应力，除了由基底平均附加压力 p_0引起的地基附加应力外，还有土自重应力为 $q+\gamma z$，γ 为持力层土的重度，地下水位以下取浮重度。

为了推导方便，假设地基土原有的自重应力场的静止侧压力系数 $K_0=1$，具有静水压力性质，则自重应力场没有改变 M 点附加应力场的大小及主应力的作用方向，因此，地基中任一点 M 的大、小主应力分别为

$$\sigma_1=\frac{p_0}{\pi}(\beta_0+\sin\beta_0)+q+\gamma z \tag{9-2a}$$

$$\sigma_3=\frac{p_0}{\pi}(\beta_0-\sin\beta_0)+q+\gamma z \tag{9-2b}$$

式中　p_0——基底平均附加压力，$p_0=p-\sigma_{ch}=p-\gamma_m h$($h$ 为从天然地面算起的基础埋深)；

q——基础两侧荷载，$q=\gamma_m d$(d 为从设计地面算起的基础埋深)；

γ——地基持力层土的重度，地下水位以下用浮重度；

其余符号意义如图 9.4 所示。

当 M 点应力达到极限平衡状态时，该点的大、小主应力应满足下式极限平衡条件[见 7.2 节式(7-5)]：

$$sin\varphi=(\sigma_1-\sigma_3)/(\sigma_1+\sigma_3+2c\cot\varphi) \tag{9-3}$$

将式(9-2)代入式 9-3 得

$$z=\frac{p_0}{\gamma\pi}(\frac{\sin\beta_0}{\sin\varphi}-\beta_0)-\frac{1}{\gamma}(c\cot\varphi+q) \tag{9-4}$$

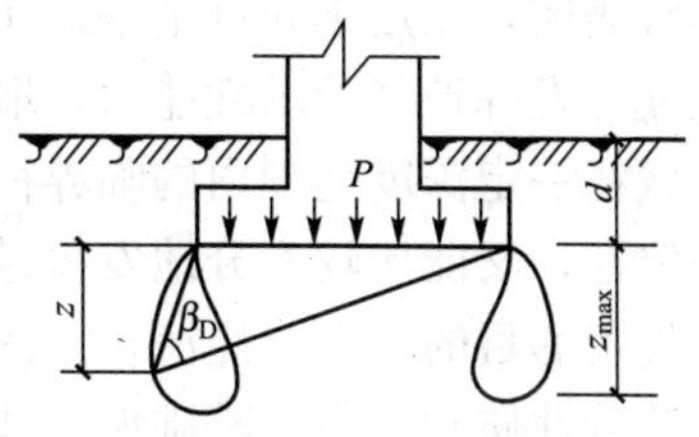

图 9.5　条形基础底面边缘的塑性区

式(9-4)即为满足极限平衡条件的地基塑性变形区边界方程，给出了边界上任意一点的坐标 z 与 β_0角的关系，如图 9.5 所示。如果荷载 p_0、基础两

侧超载 q 及土的 γ、c、φ 为已知，则根据此式可绘出塑性变形区的边界线。

9.3.2　地基的临塑荷载和临界荷载

1. 临塑荷载

临塑荷载是指基础边缘地基中刚要出现塑性变形区时基底单位面积上所承担的荷载，它是相当于地基土中应力状态从压缩阶段过渡到剪切阶段的界限荷载，根据塑性变形区边界方程［式(9-4)］，即可导得地基临塑荷载(critical edge load of subsoil)。

随着基础荷载的增大，在基础两侧以下土中塑性区对称地扩大。在一定荷载作用下，塑性区的最大深度 z_{max}(图 9.5)可从式(9-4)按数学上求极值的方法，由 $dz/d\beta_0$ 的条件求得

$$\frac{dz}{d\beta_0}=\frac{p_0}{\pi\gamma}\left(\frac{\cos\beta_0}{\sin\varphi}-1\right)=0$$

则有

$$\beta_0=\frac{\pi}{2}-\varphi$$

将它代入式(9-4)得出 z_{max} 的表达式为

$$z_{max}=\frac{p_0}{\gamma\pi}(\cot\varphi+\varphi-\frac{\pi}{2})-\frac{1}{\gamma}(c\cot\varphi+q) \tag{9-5}$$

当荷载 p_0 增大时，塑性区就发展扩大，塑性区的最大深度也增大。根据定义，临塑荷载为地基刚要出现塑性区时的荷载，即 $z_{max}=0$ 时的荷载，则令式(9-5)右侧为零，可得临塑荷载 p_{cr} 的公式如下

$$p_{cr}=\frac{\pi(c\cot\varphi+q)}{\cot\varphi+\varphi-\pi/2}+q \tag{9-6a}$$

或

$$p_{cr}=cN_c+qN_q \tag{9-6b}$$

式中　N_c、N_q——承载力系数，均为 φ 的函数。

$$N_c=\pi\cot\varphi/(\cot\varphi+\varphi-\pi/2)$$
$$N_q=(\cot\varphi+\varphi+\pi/2)/(\cot\varphi+\varphi-\pi/2)$$

从式(9-6a)、式(9-6b)可看出，临塑荷载 p_{cr} 由两部分组成，第一部分为地基土黏聚力 c 的作用，第二部分为基础两侧超载 q 或基础埋深 d 的影响，这两部分都是内摩擦角 φ 的函数，p_{cr} 随 φ、c、q 的增大而增大。

2. 临界荷载

临界荷载(critical loading)是指允许地基产生一定范围塑性变形区所对应的荷载。工程实践表明，采用不允许地基产生塑性区的临塑荷载 p_{cr} 作为地基容许承载力的话，往往不能充分发挥地基的承载能力，取值偏于保守。对于中等强度以上地基土，将控制地基中塑性区在一定深度范围内的临界荷载作为地基容许承载力，使地基既有足够的安全度，保证稳定性，又能比较充分地发挥地基的承载能力，从而达到优化设计、减少基础工程量、节约投资的目的，符合经济合理的原则。允许塑性区开展深度的范围大小与建筑物的重要性、荷载性质和大小、基础形式和特性、地基土的物理力学性质等有关。

根据工程实践经验，在中心荷载作用下，控制塑性区最大开展深度 $z_{max}=b/4$，在偏心

荷载下控制 $z_{max}=b/3$，对一般建筑物是允许的。$p_{1/4}$、$p_{1/3}$ 分别是允许地基产生 $z_{max}=b/4$ 和 $b/3$ 范围塑性区所对应的两个临界荷载。此时，地基变形会有所增加，必须验算地基的变形值不超过允许值。

根据定义，分别将 $z_{max}=b/4$ 和 $z_{max}=b/3$ 代入式(9-5)得

$$p_{1/4}=\frac{\pi(c\cot\varphi+q+\gamma b/4)}{\cot\varphi+\varphi-\pi/2}+q \tag{9-7a}$$

或

$$p_{1/4}=cN_c+qN_q+\gamma bN_{1/4} \tag{9-7b}$$

和

$$p_{1/3}=\frac{\pi(c\cot\varphi+q+\gamma b/3)}{\cot\varphi+\varphi-\pi/2}+q \tag{9-8a}$$

或

$$p_{1/3}=cN_c+qN_q+\gamma bN_{1/3} \tag{9-8b}$$

式中，$N_{1/4}$、$N_{1/3}$ 为承载力系数，均为 φ 的函数：

$$N_{1/4}=\pi[4(\cot\varphi+\varphi-\pi/2)],$$
$$N_{1/3}=\pi[3(\cot\varphi+\varphi-\pi/2)]$$

从式(9-7b)、式(9-8b)可以看出，两个临界荷载由三个部分组成：第一、二部分分别反映了地基土黏聚力和基础埋深对承载力的影响，这两部分组成了临塑荷载；第三部分表现为基础宽度和地基土重度的影响，实际上是受塑性区开展深度的影响。这三部分都随内摩擦角 φ 的增大而增大，其值可从公式计算得到。分析临界荷载的组成，其值随 c、φ、q、γ、b 的增大而增大。

必须指出，临塑荷载和临界荷载公式都是在条形荷载情况下(平面应变问题)导得的，对于矩形或圆形基础(空间问题)，用此公式计算，其结果偏于安全。至于临界荷载 $p_{1/4}$ 和 $p_{1/3}$ 的推导，近似仍用弹性力学解答，其引起的误差，随塑性区扩大而扩大。

【例题 9.1】 某条形基础置于一均质地基上，宽 3m，埋深 1m，地基土天然重度 $18.0kN/m^3$，天然含水量 38%，土粒相对密度 2.73，抗剪强度指标 $c=15kPa$，$\varphi=12°$，试问该基础的临塑荷载 p_{cr}、临界荷载 $p_{1/4}$、$p_{1/3}$ 各为多少？若地下水位上升至基础地面，假定土的抗剪强度指标不变，其 p_{cr}、$p_{1/4}$、$p_{1/3}$ 有何变化？

【解】 根据 $\varphi=12°$，算得 $N_c=4.42$，$N_q=1.94$，$N_{1/4}=0.23$，$N_{1/3}=0.31$；计算 $q=\gamma_m d=18.0\times1.0=18.0(kPa)$。按式(9-6b)、式(9-7b)、式(9-8b)分别求算如下：

$$p_{cr}=cN_c+qN_q=15\times4.42+18.0\times1.94=101(kPa)$$

$$p_{1/4}=cN_c+qN_q+\gamma bN_{1/4}$$
$$=15\times4.42+18.0\times1.94+18.0\times3.0\times0.23=114(kPa)$$

$$p_{1/3}=cN_c+qN_q+\gamma bN_{1/3}$$
$$=15\times4.42+18.0\times1.94+18.0\times3.0\times0.31=118(kPa)$$

地下水位上升到基础底面，此时 γ 需取浮重度 γ' 为

$$\gamma'=\frac{(d_s-1)\gamma}{d_s(1+\omega)}=\frac{(2.73-1)\times18.0}{2.73\times(1+0.38)}=8.27(kN/m^3)$$

$$p_{cr}=15\times4.42+18.0\times1.94=101(kPa)$$

$$p_{1/4}=15\times4.42+18.0\times1.94+8.27\times3.0\times0.23=107(kPa)$$

$$p_{1/3}=15\times4.42+18.0\times1.94+8.27\times3.0\times0.31=109(kPa)$$

比较可知，当地下水位上升到基底时，地基的临塑荷载没有变化，地基的临界荷载值降低了，其减小量达 6.1%～7.6%。不难看出，如果地下水位上升到基底以上时，临塑荷

载还将降低。由此可知，对工程而言，做好排水工作，防止地表水渗入地基，保持水环境，对保证地基稳定、有足够的承载能力具有重要意义。

9.4 地基极限承载力

地基极限承载力(ultimate subsoil bearing capacity)是指地基剪切破坏发展到即将失稳时所能承受的极限荷载，也称地基极限荷载。它相当于地基土中应力状态从剪切阶段过渡到隆起阶段时的界限荷载。在土力学的发展中，地基极限承载力的理论公式很多，大多是按整体剪切破坏模式推导的，而用于局部剪切或冲击剪切破坏情况时则一般根据经验加以修正。

极限承载力的求解方法有两大类：一类是按照极限平衡理论求解，假定地基土是刚塑性体，当应力小于土体屈服应力时，土体不产生变形，如同刚体一样；当达到屈服应力时，塑性变形将不断增加，直至土样发生破坏。如图 9.6(a)所示的结构钢的塑性应变值$\overline{12}$可达弹性应变的 10～15 倍，可以理想化为弹塑性体，即在屈服点之前服从胡克定律，在屈服点之后其应变为一常数。当弹性应变较塑性应变小很多可以忽略时，可以简化为理想塑性体，即刚塑性体［图 9.6(b)］。这类方法是通过在土中任取一微分体，以一点的静力平衡条件满足极限平衡条件建立微分方程，计算地基土中各点达到极限平衡时的应力及滑动面方向，由此求解基底的极限荷载。此解法由于存在着数学上的困难，仅能对某些边界条件比较简单的情况得出解析解。另一类是按照假定滑动面求解，通过基础模型试验，研究地基整体剪切破坏模式的滑动面形状，并简化为假定滑动面，根据滑动土体的静力平衡条件求解极限承载力。

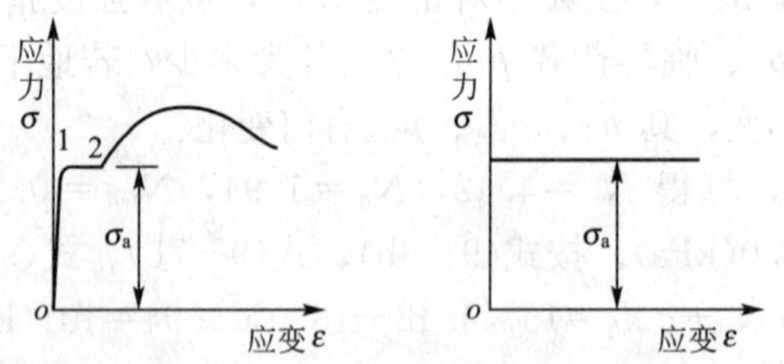

(a) 结构钢的典型应力应变图形 (b) 理想塑性体的应力-应变关系

图 9.6 塑性变形的应力应变图形

本节介绍按极限平衡理论求导的普朗特尔和赖斯纳极限承载力，按假定滑动面求导的太沙基等极限承载力公式及其比较。

9.4.1 普朗特尔和赖斯纳极限承载力

L. 普朗特尔(Prandtl，1920)根据极限平衡理论对刚性模子压入半无限刚塑性体的问题进行了研究。普朗特尔假定条形基础具有足够大的刚度，等同于条形刚性模子，且底面光滑，地基材料具有刚塑性性质，且地基土重度为零，基础置于地基表面。当作用在基础上的荷载足够大时，基础陷入地基中，地基产生如图 9.7 所示的整体剪切破坏。

如图 9.7 所示塑性极限平衡区分为五个部分，一个是位于基础底面下的中心楔体，又称主动朗肯区，该区的大主应力 σ_1 的作用方向为竖直方向，小主应力 σ_3 作用方向为水平方向，根据极限平衡理论小主应力作用方向与破坏面成 $(45°+\varphi/2)$ 角，此即该中心区两侧面与水平面的夹角。与中心区相邻的是两个辐射向剪切区，又称普朗特尔区，由一组对数螺旋线和一组辐射向直线组成，该区形似以对数螺旋线 $r_0\exp(\theta\tan\varphi)$ 为弧形边界的扇形，其中心角为直角。与普朗特尔区另一侧相邻的是被动朗肯区，该区大主应力作用方向为水平方向，小主应力 σ_3 作用方向为竖直方向，破裂面与水平面的夹角为 $(45°-\varphi/2)$。

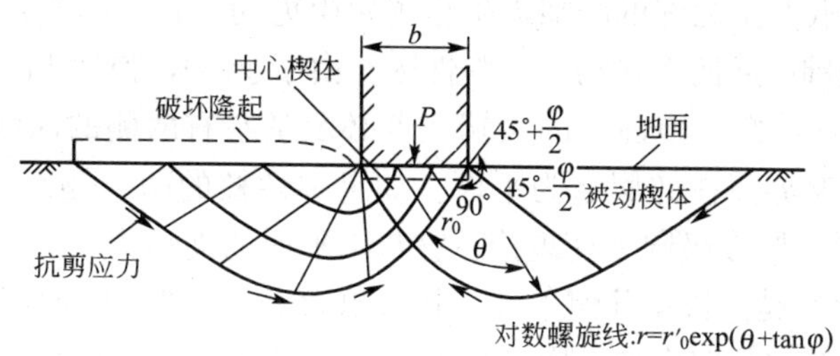

图 9.7　普朗特尔地基整体剪切破坏模式

普朗特尔导出在图 9.7 所示情况下作用在基底的极限荷载，即极限承载力为

$$p_u=cN_c \tag{9-9}$$

式中　N_c——承载力系数，$N_c=\cot\varphi[\exp(\pi\tan\varphi)\tan^2(45°+\varphi/2)-1]$，或从表 9-1 查得；

c、φ——土的抗剪强度指标。

H. 赖斯纳(Ressiner，1924)在普朗特尔理论解的基础上考虑了基础埋深的影响，如图 9.8 所示，即把基底以上土仅仅视同作用在基底水平面上的柔性超载 $q(=\gamma_m d)$，导出了地基极限承载力计算公式如下：

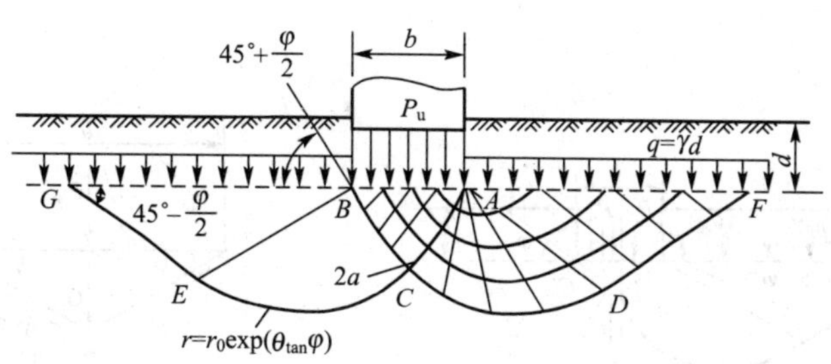

图 9.8　基础有埋置深度时的赖斯纳解

$$p_u=cN_c+qN_q \tag{9-10}$$

式中　N_c、N_q——承载力系数，其中 $N_q=\exp(\pi\tan\varphi)\tan^2(45°+\varphi/2)$，或查表 9-1 得；其余符号与式(9-9)相同。

虽然赖斯纳的修正比普朗特尔理论公式有了进步，但由于没有考虑地基土的自重，没有考虑基础埋深范围内侧面土的抗剪强度等的影响，其结果与实际工程仍有较大差距，为此，许多学者，如 K. 太沙基(Terza-ghi，1943)、G. G. 迈耶霍夫(Meyerhoff，1951)、J. B. 汉森(Hansen，1961)、A. S. 魏锡克(Vesic，1963)等先后进行了研究并取得了进展，都是根据假定滑动面法导出的极限荷载公式。

9.4.2 太沙基极限承载力

K. 太沙基(Terzaghi)对普朗特尔理论进行了修正，他考虑：①地基土有自重，即$\gamma \neq 0$；②基底粗糙；③不考虑基底以上填土的抗剪强度，把它仅看成作用在基底水平面上的超载；④在极限荷载作用下基础发生整体剪切破坏；⑤假定地基中滑动面的形状如图9.9(a)所示。由于基底与土之间的摩擦力阻止了发生剪切位移，因此，基底以下的Ⅰ区就像弹性核一样随着基础一起向下移动，为弹性区。由于$\gamma \neq 0$，弹性Ⅰ区与过渡区(Ⅱ区)的交界面(ab和a_1b)为一曲面，弹性核的尖端b点必定是左右两侧的曲线滑动面的相切点，为了便于推导公式，交界面在此假定为平面。如果弹性核的两个侧面ab和a_1b也是滑动面，如图9.9(d)所示，则按极限平衡理论，它与水平面的夹角为$(45°+\varphi/2)$(参见图9.7、图9.8)；而基底完全粗糙，根据几何条件，其夹角为φ，如图9.9(b)所示；基底的摩擦力不足以完全限制弹性核的侧向变形，则它与水平面的夹角ψ介于φ与$(45°+\varphi/2)$之间。Ⅱ区的滑动面假定由对数螺旋线和直线组成。除弹性核外，在滑动区域范围Ⅱ、Ⅲ区内的所有土体均处于塑性极限平衡状态，取弹性核为脱离体，并取竖直方向力的平衡，考虑单位长基础，具体如下：

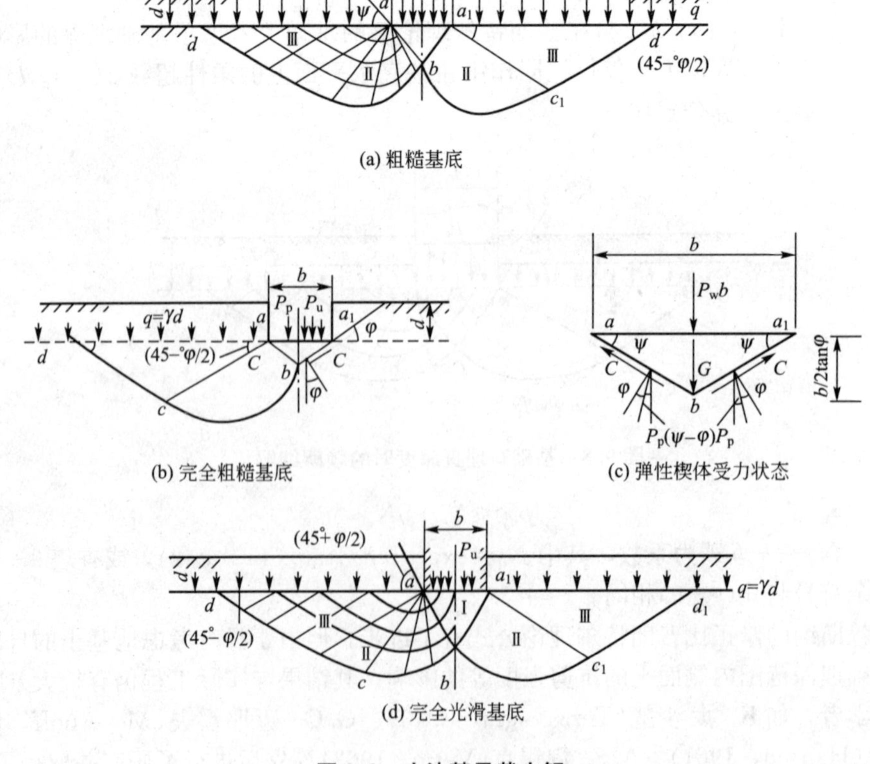

图9.9 太沙基承载力解

$$p_u b = 2P_p\cos(\psi - \varphi) + cb\tan\psi - G \tag{9-11a}$$

或

$$p_u = (2P_p/b)\cos(\psi - \varphi) + (c - \gamma b/4)\tan\psi \tag{9-11b}$$

式中 b——基础宽度；

γ——地基土重度；

ψ——弹性楔体与水平面的夹角，$\varphi < \psi < 45° + \varphi/2$；

c——地基土的黏聚力；

φ——地基土的内摩擦角；

P_p——作用于弹性核边界面 ab(或 a_1b)的被动土压力合力，即 $P_p = P_{pc} + P_{pq} + P_{p\gamma}$，三项分别是 c、q、γ 项的被动土压力系数 K_{pc}、K_{pq}、$K_{p\gamma}$ 的函数。太沙基建议采用下式简化确定(图 9.9)：

$$P_p = \frac{b}{2\cos^2\varphi}\left(cK_{pc} + qK_{pq} + \frac{1}{4}\gamma b\tan\varphi K_{p\gamma}\right) \tag{9-12}$$

将式(9-12)带入式(9-11)，可得

$$p_u = cN_c + qN_q + (1/2)\gamma b N_\gamma \tag{9-13}$$

式中 N_c、N_q、N_γ——粗糙基底的承载力系数，是 φ、ψ 的函数。

式(9-13)即为基底不完全粗糙情况下太沙基承载力理论公式。其中弹性核两侧对称边界面与水平面的夹角 ψ 为未定值。

太沙基给出了基底完全粗糙情况的解答。此时，弹性核两侧面与水平面的夹角 $\psi = \varphi$，承载力系数确定如下：

$$N_c = (N_q - 1)\cot\varphi \tag{9-14}$$

$$N_q = \exp[(3\pi/2 - \varphi)\tan\varphi]/2\cos^2(45° + \varphi/2) \tag{9-15}$$

$$N_\gamma = [(K_{p\gamma}/2\cos^2\varphi) - 1]\tan\varphi/2 \tag{9-16}$$

从式(9-16)可知，承载力系数为土的内摩擦角 φ 的函数，表示土重影响的承载力系数 N_γ 包含相应被动土压力系数 $K_{p\gamma}$，需由试算确定。

对完全粗糙情况，太沙基给出了承载力系数曲线图(图 9.10)，由内摩擦角 φ 直接从图中可查出 N_c、N_q、N_γ 值。式(9-13)为在假定条形基础下地基发生整体剪切破坏时得到的，对于实际工程中存在的方形、圆形和矩形基础，或地基发生局部剪切破坏情况，太沙基给出了相应的经验公式。

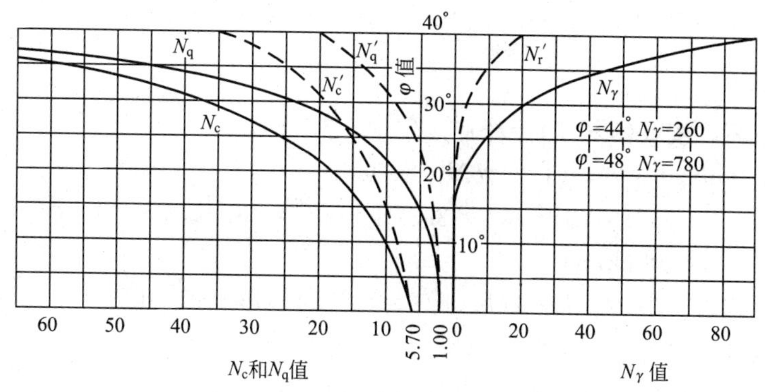

图 9.10 太沙基公式承载力系数

对于地基发生局部剪切破坏的情况，太沙基建议对土的抗剪强度指标进行折减，即取 $c^*=2c/3$，$\tan\varphi^*=(2\tan\varphi)/3$ 或 $\varphi^*=\arctan[(2\tan\varphi)/3]$。根据调整后的 φ^*，由图 9.10 查得 N_c、N_q、N_γ，按式(9-13)计算局部剪切破坏极限承载力。或者，根据 φ 由图 9.10 查得 N_c'、N_q'、N_γ'，再按下式计算极限承载力

$$p_u=(2/3)cN_c'+qN_q'+(1/2)\gamma bN_\gamma' \tag{9-17}$$

对于圆形或方形基础，太沙基建议按下列半经验公式计算地基极限承载力。

对方形基础(宽度为 b)

整体剪切破坏

$$p_u=1.2cN_c+qN_q+0.4\gamma bN_\gamma \tag{9-18}$$

局部剪切破坏

$$p_u=0.8cN_c'+qN_q'+0.4\gamma bN_\gamma' \tag{9-19}$$

对圆形基础(半径为 b)

整体剪切破坏

$$p_u=1.2cN_c+qN_q+0.6\gamma bN_\gamma \tag{9-20}$$

局部剪切破坏

$$p_u=0.8cN_c'+qN_q'+0.6\gamma bN_\gamma' \tag{9-21}$$

对宽度 b、长度 l 的矩形基础，可按 b/l 值在条形基础($b/l=0$)和方形基础($b/l=1$)的计算极限承载力之间用插值法求得。

根据太沙基理论求得的是地基极限承载力，在此一般取它的(1/3～1/2)作为地基容许承载力，它的取值大小与结构类型、建筑物重要性、荷载的性质等有关，即对太沙基理论的安全系数一般取 $K=2\sim3$。

【例题 9.2】 同例题 9.1，要求如下：

(1) 按太沙基理论求地基整体剪切破坏和局部剪切破坏时的极限承载力，取安全系数 K 为 2，求相应的地基容许承载力。

(2) 直径或边长为 3m 的圆形、方形基础，其他条件不变，地基产生了整体剪切破坏和局部剪切破坏，试按太沙基理论求地基极限承载力。

(3) 要求(1)、(2)中，若地下水位上升到基础底面，试问承载力各为多少？

【解】 根据题意 $c=15\text{kPa}$，$\varphi=12°$，$\gamma=18\text{kN/m}^3$，$b=3\text{m}$，$d=1\text{m}$，$q=18\text{kPa}$

查得 $N_c=10.90$，$N_q=3.32$，$N_\gamma=1.66$

当 $c^*=(2/3)c=10\text{kPa}$，$\varphi^*=(2/3)\varphi=8°$时，$N_c=8.50$，$N_q=2.20$，$N_\gamma=0.86$

1. 对条形基础

整体剪切破坏，按式(9-13)计算

$$\begin{aligned}p_u&=cN_c+qN_q+(1/2)\gamma bN_\gamma\\&=15.0\times10.90+18.0\times3.32+(1/2)\times18.0\times3.0\times1.66\\&=268.08(\text{kPa})\end{aligned}$$

地基容许承载力 $[\sigma]=p_u/K=268.08/2=134.04(\text{kPa})\approx134\text{kPa}$

局部剪切破坏用 c^*、φ^* 仍代入式(9-13)计算

$$\begin{aligned}p_u&=c^*N_c+qN_q+(1/2)\gamma bN_\gamma\\&=10\times8.50+18.0\times2.20+(1/2)\times18.0\times3.0\times0.86\end{aligned}$$

$=147.82(\text{kPa})$

地基容许承载力$[\sigma]=p_u/K=147.82/2=73.91(\text{kPa})\approx 74\text{kPa}$

2. 边长为3m的方形基础

整体剪切破坏，按式(9-18)计算

$$p_u=1.2cN_c+qN_q+0.4\gamma bN_\gamma$$
$$=1.2\times 15.0\times 10.90+18.0\times 3.32+0.4\times 18.0\times 3.0\times 1.66$$
$$=291.82(\text{kPa})$$

地基容许承载力$[\sigma]=p_u/K=291.82/2=145.91(\text{kPa})\approx 146\text{kPa}$

局部剪切破坏，按式(9-19)计算

$$p_u=0.8cN_c'+qN_q'+0.4\gamma bN_\gamma'$$
$$=0.8\times 15.0\times 8.50+18.0\times 2.20+0.4\times 18.0\times 3.0\times 0.86$$
$$=160.18(\text{kPa})$$

地基容许承载力$[\sigma]=p_u/K=160.18/2=80.09(\text{kPa})\approx 80\text{kPa}$

3. 半径为1.5m的圆形基础

整体剪切破坏，按式(9-20)计算

$$p_u=1.2cN_c+qN_q+0.6\gamma bN_\gamma$$
$$=1.2\times 15.0\times 10.90+18.0\times 3.32+0.6\times 18.0\times 1.5\times 1.66$$
$$=282.85(\text{kPa})$$

地基容许承载力$[\sigma]=p_u/K=282.85/2=141.42(\text{kPa})\approx 141\text{kPa}$

局部剪切破坏，按式(9-21)计算

$$p_u=0.8cN_c'+qN_q'+0.6\gamma bN_\gamma'$$
$$=0.8\times 15.0\times 8.50+18.0\times 2.20+0.6\times 18.0\times 1.5\times 0.86$$
$$=155.53(\text{kPa})$$

地基容许承载力$[\sigma]=p_u/K=155.53/2=77.77(\text{kPa})\approx 78\text{kPa}$

4. 地下水位上升到基础底面

各公式中的γ应由γ'代替，从例题9.1知，$\gamma'=8.27\text{kN/m}^3$，则有

条形基础整体剪切破坏，按式(9-13)计算

$$p_u=cN_c+qN_q+(1/2)\gamma bN_\gamma$$
$$=15.0\times 10.90+18.0\times 3.32+(1/2)\times 8.27\times 3.0\times 1.66$$
$$=243.85(\text{kPa})$$

地基容许承载力$[\sigma]=p_u/K=243.85/2=121.93(\text{kPa})\approx 122\text{kPa}$

条形基础局部剪切破坏，用c^*、φ^*按式(9-13)计算

$$p_u=cN_c+qN_q+(1/2)\gamma bN_\gamma$$
$$=10\times 8.50+18.0\times 2.20+(1/2)\times 8.27\times 3.0\times 0.86$$
$$=135.27(\text{kPa})$$

地基容许承载力$[\sigma]=p_u/K=135.27/2=67.63(\text{kPa})\approx 68\text{kPa}$

方形基础整体剪切破坏，按式(9-18)计算

$$p_u=1.2cN_c+qN_q+0.4\gamma bN_\gamma$$

$=1.2\times15.0\times10.90+18.0\times3.32+0.4\times8.27\times3.0\times1.66$

$=272.43(\text{kPa})$

地基容许承载力 $[\sigma]=p_u/K=272.43/2=136.22(\text{kPa})\approx136\text{kPa}$

方形基础局部剪切破坏，按式(9-19)计算

$p_u=0.8cN_c'+qN_q'+0.4\gamma bN_\gamma'$

$=0.8\times15.0\times8.50+18.0\times2.20+0.4\times8.27\times3.0\times0.86$

$=150.13(\text{kPa})$

地基容许承载力 $[\sigma]=p_u/K=150.13/2=75.07(\text{kPa})\approx75\text{kPa}$

圆形基础整体剪切破坏，按式(9-20)计算

$p_u=1.2cN_c+qN_q+0.6\gamma bN_\gamma$

$=1.2\times15.0\times10.90+18.0\times3.32+0.6\times8.27\times1.5\times1.66$

$=268.32(\text{kPa})$

地基容许承载力 $[\sigma]=p_u/K=268.32/2=134.16(\text{kPa})\approx134\text{kPa}$

圆形基础局部剪切破坏，按式(9-21)计算

$p_u=0.8cN_c'+qN_q'+0.6\gamma bN_\gamma'$

$=0.8\times15.0\times8.50+18.0\times2.20+0.6\times8.27\times1.5\times0.86$

$=148.00(\text{kPa})$

地基容许承载力 $[\sigma]=p_u/K=148.00/2=74(\text{kPa})$

9.4.3 汉森和魏锡克极限承载力

在实际工程中，理想中心荷载作用的情况不是很多，在许多时候荷载是偏心的甚至是倾斜的，这时情况相对复杂一些，基础可能会整体剪切破坏，也可能水平滑动破坏。其理想破坏模式如图 9.11 所示。与中心荷载下不同的是，有水平荷载作用时地基的整体剪切破坏沿水平荷载作用方向一侧发生滑动，弹性区的边界面也不对称，滑动方向一侧为平面，另一侧为圆弧，其圆心即为基础转动中心［图 9.11(a)］。随着荷载偏心距的增大，滑动面明显缩小［图 9.11(b)］。

J. B. 汉森(Hansen)和 A. S. 魏锡克(Vesic)在太沙基理论基础上假定基底光滑，考虑基础形状、荷载倾斜与偏心、基础埋深、地面倾斜、基础倾斜等的影响，对承载力计算公式提出了修正公式如下：

$$p_u=cN_cS_ci_cd_cg_cb_c+qN_qS_qi_qd_qg_qb_q+(1/2)\gamma b\cdot N_\gamma S_\gamma i_\gamma d_\gamma g_\gamma b_\gamma \qquad (9-22)$$

式中 N_c、N_q、N_γ——承载力系数；

S_c、S_q、S_γ——基础形状修正系数，见表 9-2；

i_c、i_q、i_γ——荷载倾斜修正系数，见表 9-3；

d_c、d_q、d_γ——基础埋深修正系数，见表 9-4；

g_c、g_q、g_γ——地面倾斜修正系数，见表 9-5；

b_c、b_q、b_γ——基底倾斜修正系数，见表 9-6。

汉森和魏锡克承载力系数 N_c、N_q、$N_{\gamma(H)}$、$N_{\gamma(V)}$，见表 9-1。

式(9-22)是一个普遍表达式，各修正系数可相应查表 9-2～表 9-6。

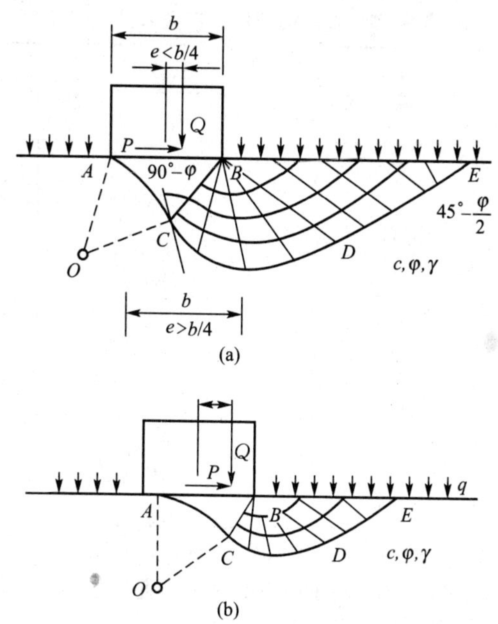

图 9.11 偏心和倾斜荷载下的理论滑动图式

表 9-1 系数 N_c、N_q、N_γ

φ°	N_c	N_q	$N_{\gamma(H)}$	$N_{\gamma(V)}$	φ°	N_c	N_q	$N_{\gamma(H)}$	$N_{\gamma(V)}$
0	5.14	1.00	0	0	24	19.33	9.61	6.90	9.44
2	5.69	1.20	0.01	0.15	26	22.25	11.83	9.53	12.54
4	6.17	1.43	0.05	0.34	28	25.80	14.71	13.13	16.72
6	6.82	1.72	0.14	0.57	30	30.15	18.40	18.09	22.40
8	7.52	2.06	0.27	0.86	32	35.50	23.18	24.95	30.22
10	8.35	2.47	0.47	1.22	34	42.18	29.45	34.54	41.06
12	9.29	2.97	0.76	1.69	36	50.61	37.77	48.08	56.31
14	10.37	3.58	1.16	2.29	38	61.36	48.92	67.43	78.03
16	11.62	4.33	1.72	3.06	40	75.36	64.23	95.51	109.41
18	13.09	5.25	2.49	4.07	42	93.69	85.36	136.72	155.55
20	14.83	6.40	3.54	5.39	44	118.41	115.35	198.77	224.64
22	16.89	7.82	4.96	7.13	46	133.86	134.86	240.95	271.76

注：$N_{\gamma(H)}$、$N_{\gamma(V)}$ 分别为 Hansen 和 Vesic 承载力系数 N_γ。

表 9-2 基础形状修正系数 S_c、S_q、S_γ

公式来源	系数		
	S_c	S_q	S_γ
汉森	$1+0.2i_c(b/l)$	$1+i_q(b/l)\sin\varphi$	$1+0.4i_\gamma$，$b/l\geqslant0.6$
魏锡克	$1+(b/l)(N_q/N_c)$	$1+(b/l)\tan\varphi$	$1-0.4(b/l)$

注：① b、l 分别为基础的宽度和长度。

② i 为荷载倾斜系数，见表 9-3。

表 9-3　荷载倾斜修正系数 i_c、i_q、i_γ

公式来源	系数		
	i_c	i_q	i_γ
汉森	$\varphi=0°$：$0.5+0.5\sqrt{1-\frac{H}{cA}}$ $\varphi>0°$：$i_q-\frac{1-i_q}{N_c\tan\varphi}$	$\left(1-\frac{0.5H}{Q+cA\tan\varphi}\right)^5>0$	水平基底： $\left(1-\frac{0.7H}{Q+cA\cot\varphi}\right)^5>0$ 倾斜基底： $\left[1-\frac{(0.7-\eta/450°)H}{Q+cA\cot\varphi}\right]^5>0$
魏锡克	$\varphi=0°$：$1-\frac{mH}{cAN_c}$ $\varphi>0°$：$i_q-\frac{1-i_q}{N_c\tan\varphi}$	$\left(1-\frac{H}{Q+cA\cot\varphi}\right)^m$	$\left(1-\frac{H}{Q+cA\cot\varphi}\right)^{m+1}$

注：① 基底面积 $A=bl$，当荷载偏心时，则用有效面积 $A_e=b_el_e$。

② H 和 Q 分别为倾斜荷载在基底上的水平分力和垂直分力。

③ η 为基础底面与水平面的倾斜角。

④ 当荷载在短边倾斜时，$m=2+(b/l)/[1+(b/l)]$；在长边倾斜时，$m=2+(l/b)/[1+(l/b)]$；对于条形基础，$m=2$。

⑤ 当进行荷载倾斜修正时，必须满足 $H\leqslant c_aA+Q\tan\delta$ 的条件，c_a 为基底与土之间的黏着力，可取用土的不排水剪切强度 c_u，δ 为基底与土之间的摩擦角。

表 9-4　深度修正系数 d_c、d_q、d_γ

公式来源	系数		
	d_c	d_q	d_γ
汉森	$1+0.4(d/b)$	$1+2\tan\varphi(1-\sin\varphi)^2(d/b)$	1.0
魏锡克	$\varphi=0°$，$d\leqslant b$：$1+0.4(d/b)$ $\varphi=0°$，$d>b$：$1+0.4\arctan(d/b)$ $\varphi>0°$：$d_q-\frac{1-d_q}{N_c\tan\varphi}$	$d\leqslant b$：$1+2\tan\varphi(1-\sin\varphi)^2(d/b)$ $d>b$：$1+2\tan\varphi(1-\sin\varphi)\arctan(d/b)$	1.0

表 9-5　地面倾斜修正系数 g_c、g_q、g_γ

公式来源	系数	
	g_c	$g_q=g_\gamma$
汉森	$1-\beta/147°$	$(1-0.5\tan\beta)^5$
魏锡克	$\varphi=0°$，$1-2\beta/(2+\pi)$ $\varphi>0°$：$g_q-(1-g_q)/N_c\tan\varphi$	$(1-\tan\beta)^2$

注：① β 为倾斜地面与水平面之间的夹角。

② 魏锡克公式规定，当基础放在 $\varphi=0°$ 的倾斜地面上时，承载力公式中的 N_γ 项应为负值，其值为 $N_\gamma=-2\sin\beta$，并且应满足 $\beta<45°$ 和 $\beta<\varphi$ 的条件。

表 9-6　基底倾斜修正系数 b_c、b_q、b_γ

公式来源	系数		
	b_c	b_q	b_γ
汉森	$1-\eta/147°$	$e^{-2\eta\tan\varphi}$	$e^{-2.7\eta\tan\varphi}$
魏锡克	$\varphi=0°$：$1-2\eta/5.14$ $\varphi>0°$：$b_q-(1-b_q)/N_c\tan\varphi$	$(1-\eta\tan\varphi)^2$	$(1-\eta\tan\varphi)^2$

注：η为倾斜基底与水平面之间的夹角，应满足$\eta<45°$的条件。

汉森公式和魏锡克公式适用安全系数见表 9-7 和表 9-8。

表 9-7　汉森公式安全系数表

土或荷载条件	K
无黏性土	2.0
黏性土	3.0
瞬时荷载(如风、地震和相当的活荷载)	2.0
静荷载或者长期活荷载	2 或 3(视土样而定)

表 9-8　魏锡克公式安全系数表

种类	典型建筑物	所属的特征	土的查勘	
			完全、彻底的	有限的
A	铁路桥、仓库、高炉、水工建筑、土工建筑	最大设计荷载极可能经常出现，破坏的结果是灾难性的	3.0	4.0
B	公路桥、轻工业和公共建筑	最大设计荷载可能偶然出现，破坏的结果是最严重的	2.5	3.5
C	房屋和办公室建筑	最大设计荷载不可能出现	2.0	3.0

注：① 对于临时性建筑物，可以将表中数值降低至 75%，但不得使安全系数低于 2.0 来使用。
② 对于非常高的建筑物，例如烟囱和塔，或者随时可能发展成为承载力破坏危险的建筑物，表中数值将增加 20%～50%。
③ 如果基础设计是由沉降控制，必须采用高的安全系数。

9.4.4　极限承载力公式的比较

太沙基极限承载力不考虑基底以上填土的抗剪强度，把它仅看成作用在基底平面上的超载，由此将引起误差。G. G. 迈耶霍夫(Meyerhoff，1951)为此开展研究，提出了考虑地基土塑性平衡区随着基础埋置深度的不同而扩展到最大可能的到达程度，并计及基础两侧土体抗剪强度对承载力影响的地基承载力计算方法。如图 9.12 所示为条形基础滑动面形状；如图 9.13 所示为条形浅基础承载力确定方法示意图。

鉴于数学推导上的困难，迈耶霍夫在提出方法时仍然引入了一些假定，尽管如此，其极限承载力的计算仍然相当复杂，在此对过程不作详细介绍。

各种承载力理论都是在一定的假设前提下推导出的，它们之间的结果不尽一致，各公

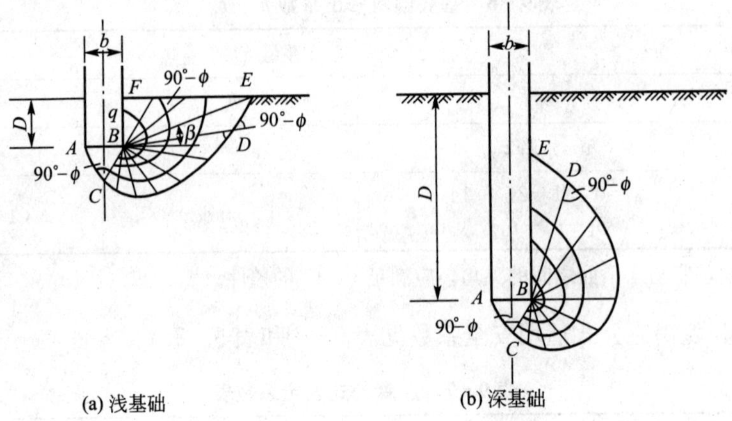

(a) 浅基础 (b) 深基础

图 9.12 迈耶霍夫条形基础滑动面形状

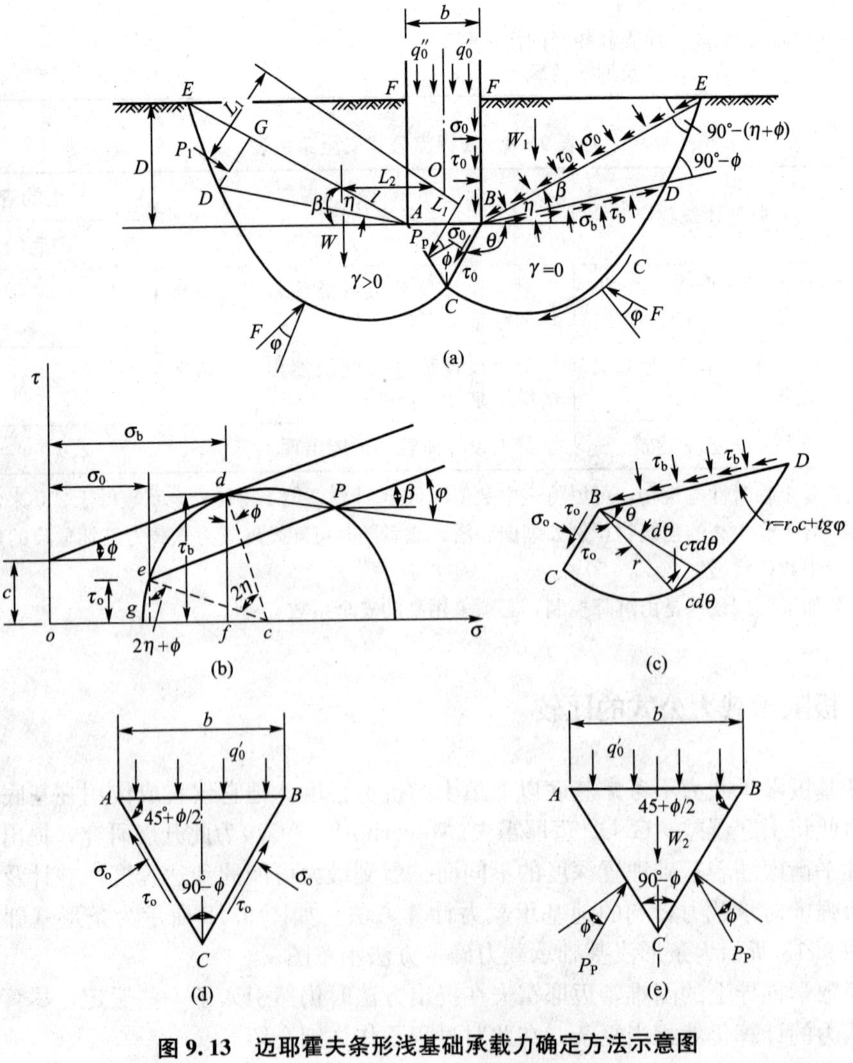

(a)

(b)

(c)

(d)

(e)

图 9.13 迈耶霍夫条形浅基础承载力确定方法示意图

式承载力系数和特定条件下极限承载力比较见表 9-9 和表 9-10。从表可知，迈耶霍夫考虑到基础两侧超载土抗剪强度的影响其值最大；太沙基考虑基底摩擦，其值相对较大；魏锡克和汉森假定基底光滑，其值相对较小，计算结果偏安全。

表 9-9 承载力系数比较表

N 值		φ					
		0°	10°	20°	30°	40°	45°
N_c	迈耶霍夫公式	—	10.00	18.0	39.0	100.00	185.00
	太沙基公式	5.70	9.10	17.30	36.40	91.20	169.00
	魏锡克公式	5.14	8.35	14.83	30.14	75.32	133.87
	汉森公式	5.14	8.35	14.83	30.14	75.32	133.87
N_q	迈耶霍夫公式	—	3.00	8.00	27.00	85.00	190.00
	太沙基公式	1.00	2.60	7.30	22.00	77.50	170.00
	魏锡克公式	1.00	2.47	6.40	18.40	64.20	134.87
	汉森公式	1.00	2.47	6.40	18.40	64.20	134.87
N_γ	迈耶霍夫公式	—	0.75	5.50	25.50	135.00	330.00
	太沙基公式	0	1.20	4.70	21.00	130.00	330.00
	魏锡克公式	0	1.22	5.39	22.40	109.41	271.76
	汉森公式	0	0.47	3.54	18.08	95.45	241.00

注：表中太沙基公式指基底完全粗糙的情况。

表 9-10 极限承载力 q_u 比较表

计算公式	d/b				
	0	0.25	0.50	0.75	1.00
迈耶霍夫公式	712.0	908.0	1126.5	1360.0	1612.0
太沙基	673.0	868.0	1063.0	1258.0	1453.0
魏锡克	616.0	811.0	1029.0	1273.0	1541.0
汉森	532.0	731.0	844.0	1185.0	1389.0

注：① 表中计算值所用资料：$\gamma=19.5\text{kN/m}^3$，$c=20\text{kPa}$，$\varphi=22°$，$b=4\text{m}$。
② 极限承载力单位为 kPa。
③ 表中公式的情况同表 9-9。

9.5 地基容许承载力和地基承载力特征值

所有建筑物和土工建筑物的地基基础设计时，均应满足地基承载力和变形的要求，对经常受水平荷载作用的高层建筑、高耸结构、高路堤和挡土墙及建造在斜坡上或边坡附近的建筑物，尚应验算地基稳定性。通常地基计算时，首先应限制基底压力小于等于基础深宽修正后的地基容许承载力(allowable subsoil bearing capacity)或地基承载力特征值(characteristic value of subgrade bearing capacity)，以便确定基础或路基的埋置深度和底面尺寸，然后验算地基变形，必要时验算地基稳定性。

地基容许承载力是指地基稳定有足够安全度的承载力，它相当于地基极限承载力除以一个安全系数 K，此即定值法确定的地基承载力；同时必须验算地基变形不超过允许变形值。因此，地基容许承载力也可定义为在保证地基稳定的条件下，建筑物基础或土工建筑物路基的沉降量不超过允许值的地基承载能力。地基承载力特征值是指地基稳定有保证可靠度的承载能力，它作为随机变量是以概率理论为基础的，以分项系数表达的实用极限状态设计法确定的地基承载力；同时也要验算地基变形不超过允许变形值。按《建筑地基基础设计规范》(GB 50007—2011)，地基承载力特征值定义为由载荷试验测定的地基土的压力-变形曲线线性变形段内规定的变形所对应的压力值，其最大值为比例界限值。

地基临塑荷载 p_{cr}、临界荷载 $p_{1/4}$、$p_{1/3}$ 和地基极限荷载 p_u 的理论公式，都属于地基承载力的表达方式，均为基底接触面的地基抗力(foundation soils resistance)。地基承载力是土的黏聚力 c、内摩擦角 φ、重度 γ、基础埋深 d 和宽度 b 的函数。其中土的抗剪强度指标 c、φ 值可根据现场条件采用不同仪器和方法测定，试验数据剔除异常值后，承载力定值法应取平均值或最小平均值(其中一个最大值舍去后的平均值)；承载力概率极限状态法应取特征值。

按照承载力定值法计算时，基底压力 p 不得超过修正后的地基容许承载力$[\sigma]$；按照承载力概率极限状态法计算时，基底荷载效应 p_k 不得超过修正后的地基承载力特征值 f_a。所谓修正后的地基容许承载力和承载力特征值均指所确定的承载力包含了基础埋深和宽度两个因素。如理论公式法直接得出修正后的地基容许承载力$[\sigma]$或修正后的地基承载力特征值 f_a；而原位试验法和规范表格法确定的地基承载力均未包含基础埋深和宽度两个因素，先求得地基容许承载力基本值$[\sigma_0]$，再经过深宽修正，得出修正后的地基容许承载力$[\sigma]$；或先求得地基承载力特征值 f_{ak}，再经过深宽修正，得出修正后的地基承载力特征值 f_a。

理论公式法确定地基容许承载力，将选取$[\sigma]=p_{cr}$、$p_{1/4}$、$p_{1/3}$ 或(p_u/K)，当地基塑性区发展速度较慢时(如 $p_u/p_{cr}>3$)，宜取$[\sigma]\geqslant p_{1/4}$ 或 $p_{1/3}$；相反，地基塑性区发展速度较快时(如 $p_u/p_{cr}<2$)，则应取$[\sigma]\leqslant p_u/2$ 或 $p_u/3$。理论公式法确定地基承载力特征值，在《建筑地基基础设计规范》(GB 50007—2002)中采用地基临界荷载 $p_{1/4}$ 的修正公式如下：

$$f_a=c_kM_c+qM_d+\gamma bM_b$$

式中 f_a——由土的抗剪强度指标确定的修正后的地基承载力特征值；

γ——地基土的重度，地下水位以下取浮重度；

b——基底宽度，大于 6m 时，按 6m 考虑，对于砂土小于 3m 按 3m 考虑；

q——基础两侧超载 $q=\gamma_m d$(γ_m 为基础埋深 d 范围内土层的加权平均重度，地下水位以下取浮重度)；

M_b、M_d、M_c——承载力系数，按土的内摩擦角标准值由表 9-11 查取，表中 M_c、M_d 值与 $p_{1/4}$ 公式中相应的 N_c、N_q 值完全相等，而 M_b 值与相应的 $N_{1/4}$ 值不同，根据在卵石层上现场荷载试验所得实测值 M_b 对理论值 $N_{1/4}$ 作了部分修正；

c_k——基底下一倍基宽的深度内土的黏聚力标准值。

表 9-11 承载力系数 M_c、M_d、M_b

土的内摩擦角标准值 φ_k(°)	M_c	M_d	M_b
0	3.14	1.00	0
2	3.32	1.12	0.03
4	3.51	1.25	0.06
6	3.71	1.39	0.10
8	3.93	1.55	0.14
10	4.17	1.73	0.18
12	4.42	1.94	0.23
14	4.69	2.17	0.29
16	5.00	2.43	0.36
18	5.31	2.72	0.43
20	5.66	3.06	0.51
22	6.04	3.44	0.61
24	6.45	3.87	0.80
26	6.90	4.37	1.10
28	7.40	4.93	1.40
30	7.95	5.59	1.90
32	8.55	6.35	2.60
34	9.22	7.21	3.40
36	9.97	8.25	4.20
38	10.80	9.44	5.00
40	11.73	10.84	5.80

浅层平板载荷试验确定地基容许承载力，通常$[\sigma]$取 $p-s$ 曲线上的比例界限荷载值或极限荷载值的一半。浅层平板载荷试验确定地基承载力特征值，《建筑地基基础设计规范》(GB 50007—2002)规定如下。

(1) 当 $p-s$ 曲线上有明显的比例界限时，取该比例界限所对应的荷载值。

(2) 当满足浅层平板裁荷试验三条终止加荷条件之一时，其对应的前一级荷载定为极限荷载，当该值小于对应比例界限的荷载值的 2 倍时，取极限荷载值的一半。

(3) 不能按上两点要求确定时，当压板面积为 0.25～0.50mm^2 时，可取 s/b=0.010～0.015 所对应的荷载，但其值不应大于最大加载量的一半。

(4) 同一土层参加统计的试验点不应少于三点，各试验实测值的极差不得超过其平均值的 30%，取此平均值作为土层的地基承载力特征值 f_{ak}。再经过深宽修正，得出修正后的地基承载力特征值 f_a。

深层平板载荷试验结果确定地基承载力特征值 f_{ak}，同浅层平板载荷试验。仅做宽度修正，得出修正后的地基承载力特征值 f_a。

旁压试验确定地基承载力特征值，可参见《高层建筑岩土工程勘察规程》(JGJ 72—2004)。

本章小结

地基承载力是指地基承担荷载的能力。地基承载力问题是土力学中的一个重要的研究课题，其目的是为了掌握地基的承载规律，充分发挥地基的承载能力，合理确定地基承载力，确保地基不致因荷载作用而发生剪切破坏，产生变形过大而影响建筑物或土工建筑物的正常使用。

鉴于地基承载力确定是地基基础设计中最基本的内容，本章先介绍浅基础的三种地基破坏模式，再从地基塑性变形区边界方程引出临塑荷载和临界荷载的定义和表达式，接着介绍确定地基极限承载力常见的几种理论方法，包括普朗特尔和赖斯纳极限承载力、太沙基极限承载力和汉森极限承载力，最后简要介绍理论公式法和原位试验法确定地基容许承载力或地基承载力特征值。

习　　题

1. 简答题

(1) 地基破坏模式有几种？发生整体剪切破坏时 $p-s$ 曲线的特征如何？

(2) 何谓地基塑性变形区(简称地基塑性区)？如何按地基塑性区开展深度确定 p_{cr}、$p_{1/4}$？

(3) 何谓地基极限承载力(或称地基极限荷载)？比较各种 p_u 公式的异同点。

(4) 若某建筑物地基承载力不足，通常可以采用哪些措施？

2. 选择题

(1) 设基础底面宽度为 b，则临塑荷载 p_{cr} 是指基底下塑性变形区的深度 $z_{max}=$(　　)时的基底压力。

A. $b/3$　　B. $>b/3$　　C. $b/4$　　D. 0，但塑性区即将出现

(2) 浅基础的地基极限承载力是指(　　)。

A. 地基中将要出现但尚未出现塑性区时的荷载

B. 地基中的塑性区发展到一定范围时的荷载

C. 使地基土体达到整体剪切破坏时的荷载

D. 使地基中局部土体处于极限平衡状态时的荷载

(3) 对于(　　)，较易发生整体剪切破坏。

A. 高压缩性土　　B. 中压缩性土

C. 低压缩性土　　D. 软土

(4) 地基临界荷载(　　)。

A. 与基础埋深无关　　B. 与基础宽度无关

C. 与地下水位无关　　　　　　D. 与地基土排水条件有关

(5) 在 $\varphi=0$ 的黏土地基上，有两个埋深相同、宽度不同的条形基础，问(　　)基础的极限荷载大。

A. 宽度大的极限荷载大　　　　B. 宽度小的极限荷载大

C. 两个基础的极限荷载一样大　D. 无法确定

3. 计算题

(1) 某一条形基础，宽 1.5m，埋深 1.0m。地基土层分布：第一层素填土，厚 0.8m，密度 1.80g/cm^3，含水量 35%；第二层黏性土，厚 6m，密度 1.82g/cm^3，含水量 38%，土粒相对密度 2.72，土的黏聚力 10kPa，内摩擦角 13°。求该基础的临塑荷载 p_{cr}，临界荷载 $p_{1/3}$ 和 $p_{1/4}$？若地下水位上升到基础底面，假定土的抗剪强度指标不变，其 p_{cr}，$p_{1/3}$，$p_{1/4}$ 相应为多少？据此可得到何种规律？

(2) 计算题(1)中，当基础为长边 6m、短边 3m 的矩形时，按太沙基理论计算相应整体剪切破坏、局部剪切破坏及地下水位上升到基础底面时的极限承载力和承载力特征值。列表表示例题 9.4 及上述计算结果，分析表示的结果及其规律。

(3) 某条形基础宽 1.5m，埋深 1.2m，地基为黏性土，密度 1.84g/cm^3，饱和密度 1.88g/cm^3，土的黏聚力 8kPa，内摩擦角 15°，试按太沙基理论计算：

① 整体破坏时地基极限承载力为多少？取安全度为 2.5m，地基容许承载力为多少？

② 分别加大基础埋深至 1.6m、2.0m，承载力有何变化？

③ 若分别加大基础宽度至 1.8m、2.1m，承载力有何变化？

④ 若地基土内摩擦角为 20°，黏聚力为 12kPa，承载力有何变化？

⑤ 根据以上的计算比较，可得出哪些规律？

(4) 试从式(9-15)推导，当内摩擦角为 0°时，地基极限承载力为 $p_u=(2+\pi)c_u$。

(5) 一方形基础受垂直中心荷载作用，基础宽度 3m，埋深 2.5m，土的重度 18.5kN/m^3，$c=30$kPa，$\varphi=0$，试按魏锡克承载力公式计算地基的极限承载力。若取安全度为 2.5，求出相应的地基容许承载力。

第10章 土坡稳定分析

教学目标

本章主要讲述基坑工程的特点、设计原则、设计依据、支护结构类型和设计内容。通过本章的学习，达到以下目标：

(1) 掌握无黏性土坡的稳定性计算；

(2) 掌握黏性土坡稳定性计算的整体圆弧滑动法、瑞典条分法、毕肖普条分法，了解简布条分法；

(3) 理解特殊条件下条分法的计算；

(4) 了解影响土坡稳定性的因素和预防措施。

教学要求

知识要点	能力要求	相关知识
无黏性土坡	(1) 掌握无黏性土坡的稳定性计算	(1) 土坡的稳定安全系数 (2) 自然休止角
黏性土坡	(1) 掌握整体圆弧滑动法 (2) 掌握瑞典条分法 (3) 掌握毕肖普条分法 (4) 了解简布条分法 (5) 理解特殊条件下条分法的计算	(1) 确定最危险滑动面的圆心 (2) 泰勒分析法 (3) 各种条分法的假定 (4) 特殊条件下条分法计算
土坡稳定性相关问题	(1) 熟悉强度指标和稳定安全系数的选择 (2) 掌握有效应力法计算土坡稳定 (3) 熟悉不同条分法的区别 (4) 了解影响土坡稳定性的因素和预防措施	(1) 规范中对稳定安全系数的规定 (2) 孔隙水压力 (3) 防止土坡失稳的措施

基本概念

土坡、自然休止角、稳定安全系数、最危险滑动面、条分法。

引例

2010年6月28日发生的贵州关岭县乌镇大寨村地质灾害是一起罕见的特大滑坡碎屑流复合型灾害。呈现高速远程滑动特征，下滑的山体前行约500m后，与岗乌镇大寨村永窝村民组的一个小山坡发生剧烈撞击，偏转90°后转化为高速碎屑流呈直角形高速下滑，并铲动了大寨村民组一带的表层堆积体，最终形成了这起罕见的特大滑坡——碎屑流灾害。

灾害的发生主要有以下四个方面的原因。

(1) 当地地质结构比较特殊，山顶是比较坚硬的灰岩、白云岩，灰岩和白云岩虽然比较坚硬，但透水性好，容易形成溶洞，地势比较平缓的地层是易形成富水带的泥岩和砂岩，这种“上硬下软”的地质结构，不仅容易形成滑坡，也容易形成崩塌等地质灾害。

(2) 这次灾害发生前，当地经受了罕见的强降雨，仅27日和28日两天，降雨量就达310mm，其中27日晚8时至28日11时，降雨量就达到237mm，超过此前当地的所有气象记录。

(3) 当地地形特殊，发生滑坡的山体为上陡下缓的“靴状地形”，加上高差大，相对高差达400～500m，因此滑坡体下滑后冲力巨大，不仅形成碎屑流，而且滑动距离长达1.5km。

(4) 2009年贵州遭遇历史上罕见的夏秋冬春四季连旱，强降雨更容易快速渗入山体下部的泥岩和砂岩中。

这次特大滑坡形成的堆积体下部厚度约10～20m，上部厚度在50m左右，总量在150×10^4～$200m^3$左右，且内部稳定性仍然很差，在强降雨影响下，仍可能诱发泥石流灾害。由于滑坡从海拔1200多m处剪出，贵州光照水电站库区水位海拔740m，滑坡剪出口高出库区水位线460多m，因此不是水电站水库库区常见的“跨线”滑坡，即滑坡的“头”在水库上方，“脚”在水库内的滑坡。

10.1 概　　述

土坡是指具有倾斜坡面的土体。土坡根据形成原因可分为天然土坡(由于地质作用自然形成的土坡，如山坡、江河岸坡等)和人工土坡(经人工挖、填的土工建筑物边坡，如基坑、渠道、土坝、路堤等)，如图10.1所示。根据组成土坡的材料可分为无黏性土坡、黏性土坡和岩坡三种。根据土坡的断面形状可分为简单土坡和复杂土坡，简单土坡是指土质均匀、坡度不变、顶面和底面水平的土坡。

(a) 天然土坡

(b) 人工土坡

图10.1　土坡

由于土坡表面倾斜，土体在自重作用下，存在自上而下的滑动趋势。一旦由于设计、施工和管理不当，或者不可预估的外来因素(地震、暴雨、水流冲刷等)的影响，将可能诱发土坡中的部分土体下滑而丧失稳定性。土坡上的部分岩体或土体在自然或人为因素的影响下，沿某一强度薄弱面发生剪切破坏向坡下运动的现象称为滑坡或边坡破坏，该薄弱面称为滑动面，如图10.2和图10.3所示。

土坡滑动失稳的根本原因在于土体内部某个滑动面上的剪应力达到了它的抗剪强度，

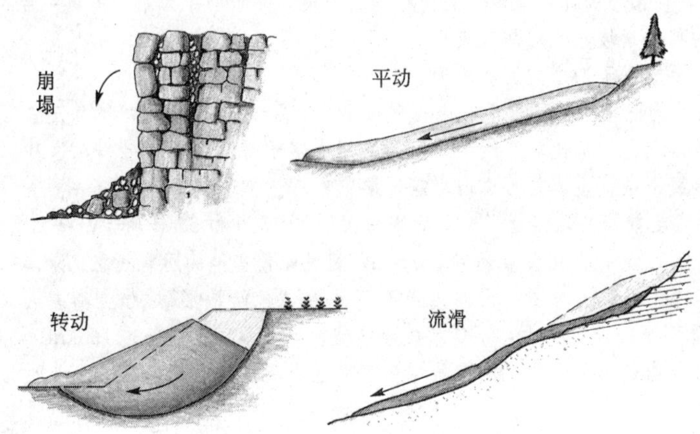

图 10.2　滑坡形式示意图

(a) 转动　　(b) 崩岸

图 10.3　实际发生的滑坡形式

使稳定平衡遭到破坏。土坡失稳的原因主要有以下两种。

(1) 外界荷载作用或土坡环境变化等导致土体内部剪应力加大。如路堑或基坑的开挖，堤坝施工中上部填土荷重的增加，降雨导致土体饱和重度增加，土体内部水的渗透力，坡顶荷载过量或由于地震、打桩等引起的动力荷载等，破坏了土体原有的应力平衡状态。

(2) 由于外界各种因素影响导致土体抗剪强度降低。例如孔隙水应力的升高，气候变化产生的干裂、冻融，黏土夹层因雨水入侵而软化以及黏性土蠕变导致的土体强度降低等。

土坡稳定性是高速公路、铁路、机场、高层建筑深基坑开挖及露天矿井和土坝等土木工程建设中十分重要的问题，在工程实践中，分析土坡稳定的目的是要检验所设计的土坡断面是否安全合理。边坡过陡可能发生坍塌，过缓则会使土方量增加。土坡的稳定安全度用稳定安全系数 K 表示，它是指土的抗剪强度与土坡中可能滑动面上产生的剪应力之间的比值，即 $K=\frac{\tau_f}{\tau}$。

土坡稳定分析是一个比较复杂的问题，有待研究的不确定因素较多，如滑动面形式的确定、土坡抗剪强度参数的合理选取、土的非均质性及土坡内有水渗流时的影响等。因此，必须掌握土坡稳定分析各种方法的基本原理。

10.2 无黏性土坡的稳定性

在分析由砂、卵石、砾石等组成的无黏性土的土坡稳定时，根据实际观测，同时为了计算简便，一般假定滑动面为平面。沿土坡长度方向取单位长度土坡，作为平面应变问题分析。

如图 10.4 所示为均质无黏性土简单土坡。设坡体及其地基为同一种土，并且完全干燥或完全浸水，即不存在渗流作用。坡高 H，坡角为 β，土重度 γ，土的抗剪强度 $\tau_f=\sigma\tan\varphi$。假定滑动面是通过坡脚 A 的平面 AC，AC 的倾角为 α，则可计算滑动土体 ABC 沿 AC 面上滑动的稳定安全系数值。

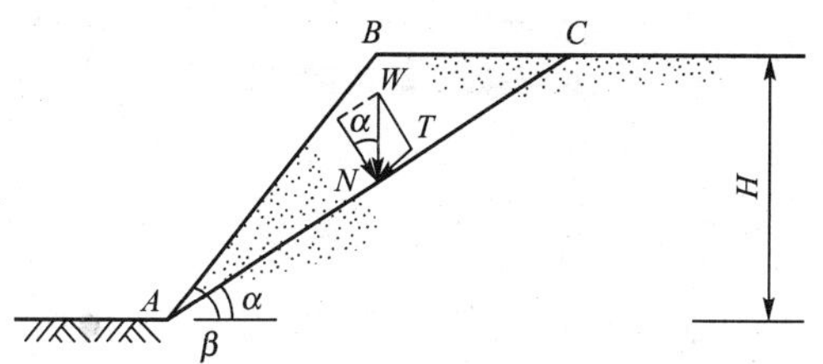

图 10.4 均质无黏性土的土坡稳定性计算

已知滑动土体 ABC 的重力为 $W=\gamma S_{\Delta ABC}$，W 在滑动面 ABC 上的法向分力 $N=W\cos\alpha$，正应力 $\sigma=\dfrac{N}{AC}=\dfrac{W\cos\alpha}{AC}$；$W$ 在滑动面 ABC 上的切向分力 $T=W\sin\alpha$，剪应力 $\tau=\dfrac{T}{AC}=\dfrac{W\sin\alpha}{AC}$，则土坡的稳定安全系数为：

$$K=\frac{\tau_f}{\tau}=\frac{\sigma\tan\varphi}{\tau}=\frac{\dfrac{W\cos\alpha}{AC}\cdot\tan\varphi}{\dfrac{W\sin\alpha}{AC}}=\frac{\tan\varphi}{\tan\alpha} \tag{10-1}$$

由式(10－1)可见，$\alpha=\beta$ 时，滑动稳定安全系数最小，即土坡面上的一层土是最容易滑动的。因此无黏性土坡的稳定安全系数常用式(10－2)计算。

$$K=\frac{\tan\varphi}{\tan\beta} \tag{10-2}$$

对于均质无黏性土坡，由于无黏性土土粒间缺少黏聚力，因此，只要位于坡面上的土单元体能保持稳定，则整个土坡就是稳定的。

当对于均质无黏性土坡，理论上土坡的稳定性与坡高无关，只要坡角小于土的内摩擦角($\beta<\varphi$)，稳定安全系数 $K>1$，土体就是稳定的。当坡角与土的内摩擦角相等($\beta=\varphi$)时，稳定安全系数 $K=1$，此时抗滑力等于滑动力，土坡处于极限平衡状态，相应的坡角就等于无黏性土的内摩擦角，称为自然休止角。在实际工程中，为了保证土坡具有足够的安全储备，可取 $K\geqslant1.3\sim1.5$。

10.3 黏性土坡的稳定性

由于颗粒间存在黏结力，黏性土土坡危险滑动面会深入土体内部，发生滑动时是整块土体向下滑动，黏性土坡由于剪切而破坏的滑动面多为曲面，进行稳定性分析时常常假设滑动面为圆弧滑动面。圆弧滑动面的形式一般有以下 3 种。

(1) 圆弧滑动面通过坡脚 B 点［图 10.5(a)］，称为坡脚圆。

(2) 圆弧滑动面通过坡面上 E 点［图 10.5(b)］，称为坡面圆。

(3) 圆弧滑动面通过坡脚以外的 A 点［图 10.5(c)］，称为中点圆。

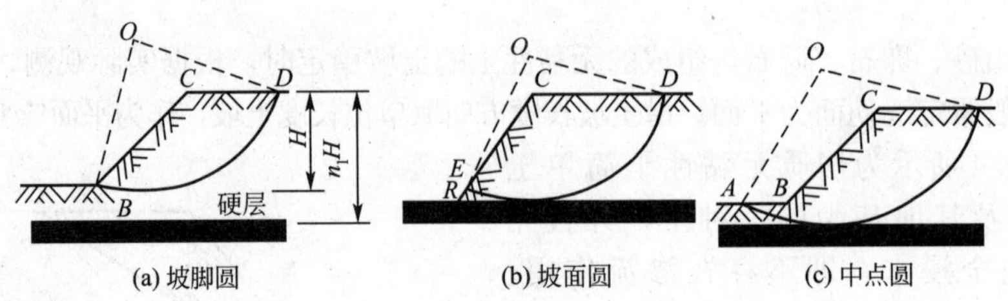

图 10.5　均质黏性土土坡的三种圆弧滑动面

上述 3 种圆弧滑动面的产生，与土坡的坡角大小、土体强度指标及土中硬层的位置等因素有关。

采用圆弧滑动面进行土坡稳定分析，首先由瑞典的彼得森(K. E. Petterson，1919)提出，此后费伦纽斯(Felllenius，1927)和泰勒(Taylor，1948)做了研究和改进。他们提出的分析方法可以分为两种：①土坡圆弧滑动体的整体稳定分析法，主要适用于均质简单土坡；②土坡稳定分析的条分法，主要适用于外形复杂的土坡、非均质土坡和部分浸于水中的土坡。

10.3.1　圆弧滑动体的整体稳定分析法

1. 基本原理

土坡稳定分析采用圆弧滑动面的方法习惯上也称为瑞典圆弧滑动法。对于均质简单黏性土坡，计算时一般假定土坡失稳破坏时的滑动面为圆柱面，在土坡断面上投影即为圆弧。将滑动面以上土体视为刚体，并以其为脱离体，分析在极限平衡条件下的整体受力情况，以整个滑动面上的平均抗剪强度与平均剪应力之比来定义土坡的稳定安全系数，若以滑动面上的最大抗滑力矩与滑动力矩之比来定义，其结果完全一致。

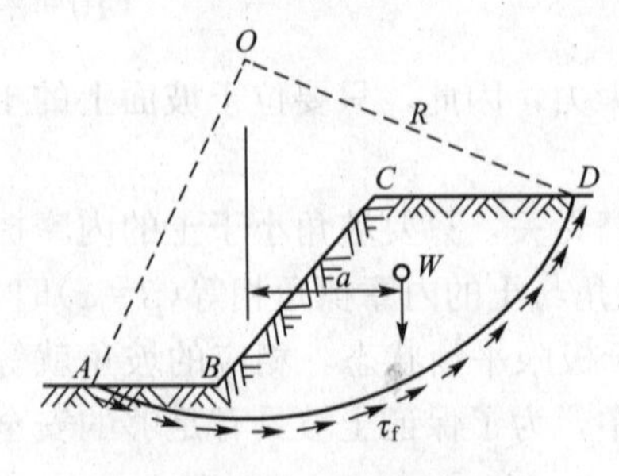

图 10.6　土坡的整体稳定分析

黏性土坡如图 10.6 所示，AD 为假定的滑动面，圆心为 O，半径为 R。在土坡长度方向截取单位长土坡，按平面问题分析。当土体 $ABCDA$ 保持稳定时必满足力矩平衡条件，故稳定安全系数为

$$K=\frac{\text{抗滑力矩}}{\text{滑动力矩}}=\frac{M_r}{M_s}=\frac{\tau_f \widehat{L} R}{Wa} \tag{10-3}$$

式中　W——滑动体 $ABCDA$ 的重力(kN)；

$\widehat{L}$——AD 滑弧弧长(m)；

a——土体重力 W 对滑弧圆心 O 的水平距离(m)；

τ_f——土的抗剪强度(kPa)，$\tau_f=\sigma\tan\varphi+c$。

一般情况下，土体中法向应力 σ 沿滑动面并非常数，因此土的抗剪强度也随滑动面的位置不同而变化。因此直接按式(10－3)计算土坡的稳定安全系数有一定的误差。

2. 确定最危险滑动面圆心的经验方法

由于计算上述安全系数时，滑动面为任意假定，并不是最危险滑动面，因此，所求结果并非最小安全系数。通常在计算时需假定一系列的滑动面，进行多次试算，安全系数最小的滑动面，才是真正的最危险滑动面。为了减少计算工作量，W. 费伦纽斯(Fellenius, 1927)通过大量计算分析，提出了确定最危险滑动面圆心的经验方法，一直沿用至今。该法主要内容如下。

(1) 当土的内摩擦角 $\varphi=0$ 时，其最危险滑动面常通过坡脚。其圆心为 D 点，如图 10.7 所示。D 点是由坡脚 B 及坡顶 C 分别作 BD 及 CD 线的交点，图中 β_1、β_2 的值可根据坡角 β 由表 10－1 查出。

表 10－1 不同边坡 β_1、β_2 的数据表

坡比(竖直：水平)	坡脚 β	β_1	β_2
1∶0.58	60°	29°	40°
1∶1	45°	28°	37°
1∶1.5	33.79°	26°	35°
1∶2	26.57°	25°	35°
1∶3	18.43°	25°	35°
1∶4	14.04°	25°	37°
1∶5	11.32°	25°	37°

(2) 当土的内摩擦角 $\varphi>0$ 时，最危险滑动面也通过坡脚，其圆心位置可能在图 10.7 中 ED 的延长线上。φ 值越大，圆心越向外移。计算时自 D 点向外取圆心 O_1、O_2…，分别作滑弧，并求出相应的抗滑安全系数 K_1、K_2…，然后绘 K 值曲线可得到最小值 K_{min}，其相应的圆心 O_m 即为最危险滑动面的圆心。

当土坡非均质，或坡面形状及荷载情况比较复杂时，土坡的最危险滑动面圆心并不一定在 ED 的延长线上，而可能在其左右附近，此时可通过圆心 O_m 点作 DE 线的垂直线 FG，并在 FG 上再取若干点作为圆心 O'_1、O'_2…，求得相应的安全系数 K'_1、K'_2…，绘 K' 值曲线，相应于 K'_{min} 值的圆心 O'_m，即为最危险滑动面的圆心。

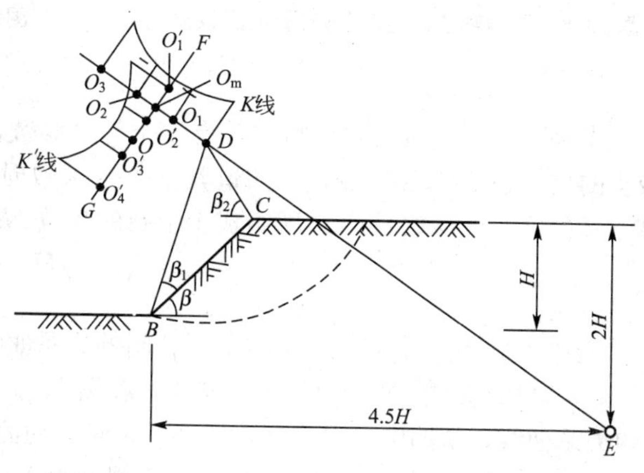

图 10.7 确定最危险滑动面圆心的位置

3. 泰勒分析法

如上所述，根据费伦纽斯提出的方法，虽然可以把最危险圆弧滑动面

的圆心位置缩小到一定范围，但仍需经过大量试算。泰勒提出了确定均质简单土坡稳定安全系数的图表计算法。

泰勒认为圆弧滑动面的3种形式，同土的内摩擦角φ、坡角β及土中硬层的埋藏深度等因素有关。泰勒经过大量计算分析后提出：

(1) 当$\varphi>3°$或当$\varphi=0°$且$\beta>53°$时，滑动面为坡脚圆，其最危险滑动面圆心位置，可根据φ及β值，如图10.8所示中的曲线查得θ及α值作图求得。

(2) 当$\varphi=0°$且$\beta<53°$时，滑动面可能是中点圆，也有可能是坡脚圆或坡面圆，它取决于硬层的埋藏深度。当土体高度为H，硬层的埋藏深度为$n_d H$［图10.9(a)］。若滑动面为中点圆，在最危险滑动面圆心位置，也在坡面中点M的铅直线上，且与硬层相切［图10.9(a)］，滑动面与土面的交点为A，A点距坡脚B的距离为$n_x H$，n_x值可根据n_d及β值由图10.9(b)查得。若硬层埋藏较浅，则滑动面可能是坡脚圆或坡面圆，其圆心位置需通过试算确定。

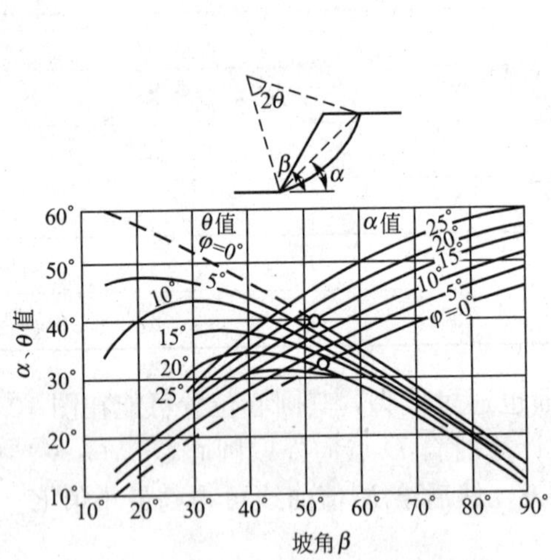

图10.8　按泰勒法确定最危险滑动面圆心位置（当$\varphi>3°$或当$\varphi=0°$且$\beta>53°$时）

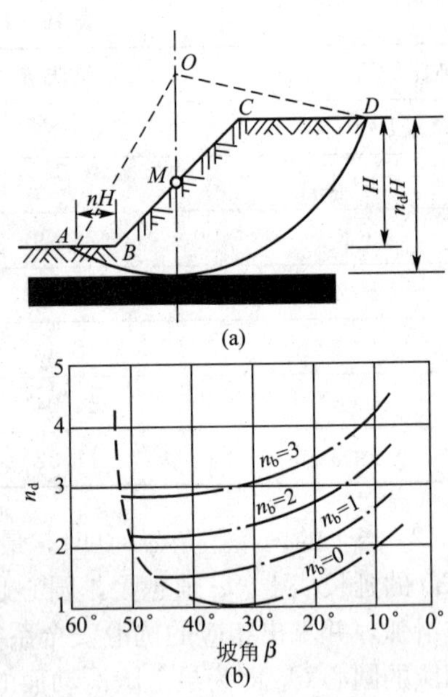

图10.9　按泰勒法确定最危险滑动面圆心位置（当$\varphi=0°$且$\beta<53°$时）

泰勒提出的土坡稳定分析中共有5个计算参数，即土的重度γ、土坡高度H、坡角β及土的抗剪强度指标c、φ，若知道其中4个参数时就可以求出第5个参数。为了简化计算，泰勒把3个参数c、γ、H组成1个新的参数N_s，称为稳定因数，即

$$N_s=\frac{\gamma H}{c} \tag{10-4}$$

通道大量计算可以得到N_s与φ及β间的关系曲线(图10.10)。在图10.10(a)中，给出了$\varphi=0°$时稳定因数N_s与β的关系曲线；在图10.10(b)中，给出了$\varphi>0°$时稳定因数N_s与β的关系曲线，从图中可以看到，当$\beta<53°$时滑动面形式与硬层埋藏深度$n_d H$值有关。

泰勒分析简单土坡的稳定性时，假定滑动面上土的摩阻力首先得到充分发挥，然后才由土的黏聚力补充。因此，在求得满足土坡稳定时滑动面上所需要的黏聚力c_1后，与土的

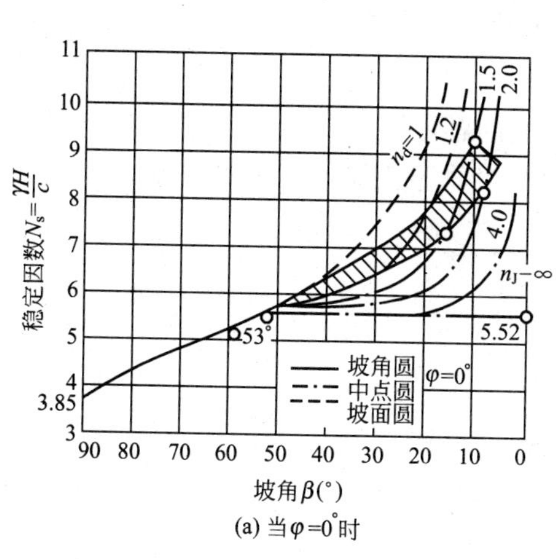

(a) 当$\varphi=0°$时

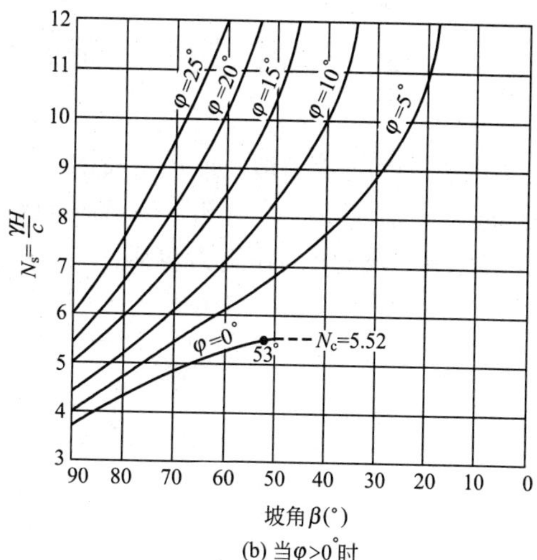

(b) 当$\varphi>0°$时

图 10.10 泰勒的稳定因数与坡角的关系

实际黏聚力 c 进行比较，即可求得土坡的稳定安全系数。

对于黏性土边坡，当土性特殊(如为膨胀土等)或下卧硬层时，可能出现类似无黏性土边坡的楔体破坏类型，此时可按无黏性土边坡破坏模式进行分析。

【例题 10.1】 如图 10.11 所示为一均质黏性土简单土坡，已知土坡高度 $H=8\text{m}$，坡角 $\beta=45°$，土的性质为：$\gamma=19.4\text{kN/m}^3$，$\varphi=10°$，$c=25\text{kPa}$。试用泰勒的稳定因数曲线计算土坡的稳定安全系数。

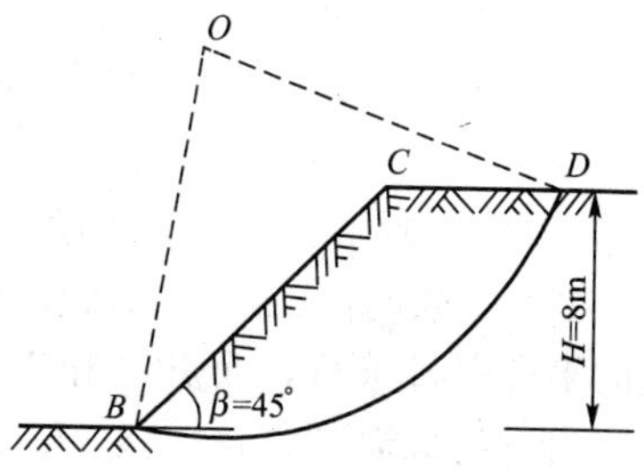

图 10.11 例题 10.1 图

【解】 当 $\varphi=10°$，$\beta=45°$，由图 10.10(b)查得 $N_s=9.2$。由式(10-4)可求得此时滑动面上所需要的黏聚力 c_1 为

$$c_1=\frac{\gamma H}{N_s}=\frac{19.4\times8}{9.2}=16.9(\text{kPa})$$

土坡的稳定安全系数 K 为

$$K=\frac{c}{c_1}=\frac{25}{16.9}=1.48$$

10.3.2 条分法土坡稳定分析

从前面分析知道，由于圆弧滑动面上各点的法向应力不同，因此土的抗剪强度各点也不相同，这样就不能直接应用式(10-3)计算土坡稳定安全系数。而泰勒分析均质简单土坡稳定的计算图表法，对于非均质的土坡或比较复杂的土坡(如土坡形状比较复杂、土坡上有荷载作用、土坡中有水渗流时等)均不适用。

条分法将滑动土体分成若干垂直土条，把土条视为刚体，分析每一土条上的作用力，分别计算各土条上的力对滑弧中心的滑动力矩和抗滑力矩，然后按式(10-3)，求出土坡稳定安全系数，可用于圆弧或非圆弧滑动面情况。

10.4 条分法土坡稳定分析

如图 10.12 所示土坡，取单位长度土坡按平面问题计算。设可能滑动面是一圆弧 AD，圆心为 O，半径为 R。将滑动土体 $ABCDA$ 分成 n 个垂直土条，土条的宽度一般可取 $b=0.1R$，任一土条 i 上的作用力包括：

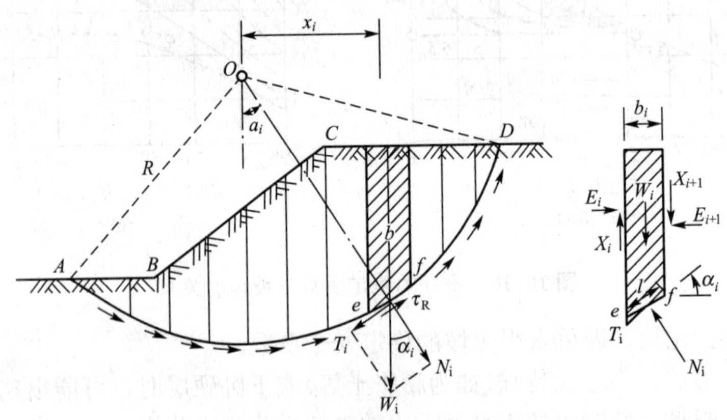

图 10.12　条分法计算土坡稳定

(1) 土条的重力 W_i，其大小、作用点位置及方向均为已知。

(2) 滑动面 ef 上的法向力 N_i 及切向反力 T_i，假定 N_i、T_i 作用在滑动面 ef 的中点，N_i 作用线通过圆心 O，T_i 作用线平行于滑动面 ef，它们的大小均未知。

(3) 土条两侧的法向力 E_i、E_{i+1} 及竖向剪切力 X_i、X_{i+1}，其中 E_i 和 X_i 可由前一个土条的平衡条件求得，而 E_{i+1} 和 X_{i+1} 的大小未知，E_{i+1} 的作用点位置也未知。

由此可以看到，在土条 i 的作用力中有 5 个未知数，但只能建立 3 个平衡方程，故为静不定问题。为了求得 N_i、T_i 值，必须对土条两侧作用力的大小和位置作适当的假定。在实际工程中，根据对土条上力的假定和处理方法的不同，条分法可分为瑞典(费伦纽斯)条分法、毕肖普条分法、杨布条分法等多种分析方法。

10.4.1　瑞典条分法

1. 计算原理

瑞典条分法是不考虑土条两侧面上的作用力，即假设 E_i 和 X_i 合力等于 E_{i+1} 和 X_{i+1}，同时它们的作用线也重合，因此土条两侧的作用力相互抵消。这时，土条 i 上仅有作用力 W_i、N_i、T_i，根据平衡条件可得：$N_i=W_i\cos\alpha_i$，$T_i=W_i\sin\alpha_i$。

滑动面 ef 上土的抗剪强度为

$$\tau_{fi}=\sigma_i\tan\varphi_i+c_i=\frac{1}{l_i}(N_i\tan\varphi_i+c_il_i)=\frac{1}{l_i}(W_i\cos\alpha_i\tan\varphi_i+c_il_i)$$

式中　α_i——土条 i 滑动面的法线(即半径)与竖直线的夹角；

l_i——土条 i 滑动面 ef 的弧长；

c_i、φ_i——滑动面上的黏聚力及内摩擦角。

土条 i 上的作用力对圆心 O 产生的滑动力矩 M_{si} 及抗滑力矩 M_{ri}，分别为

$$M_{si}=T_iR=W_i\sin\alpha_iR$$

$$M_{ri}=\tau_{fi}l_iR=(W_i\cos\alpha_i\tan\varphi_i+c_il_i)R$$

滑动土体 $ABCDA$ 上的作用力对圆心 O 产生的滑动力矩 M_s 及抗滑力矩 M_r，分别为

$$M_s=\sum_{i=1}^{n}M_{si},\quad M_r=\sum_{i=1}^{n}M_{ri}$$

滑动面为 AD 时，整个土坡的稳定安全系数为

$$K=\frac{M_r}{M_s}=\frac{R\sum_{i=1}^{n}(W_i\cos\alpha_i\tan\varphi_i+c_il_i)}{R\sum_{i=1}^{n}W_i\sin\alpha_i}\tag{10-5}$$

对于均质土坡，$c_i=c$、$\varphi_i=\varphi$ 则得

$$K=\frac{M_r}{M_s}=\frac{\tan\varphi\sum_{i=1}^{n}W_i\cos\alpha_i+c\hat{L}}{\sum_{i=1}^{n}W_i\sin\alpha_i}\tag{10-6}$$

式中 $\hat{L}$——滑动面 AD 的弧长；

n——土条分条数。

2. 计算步骤

(1) 按一定比例尺画出土坡，如图 10.12 所示。

(2) 确定最危险滑动面的圆心 O。可以利用前述费伦纽斯或泰勒的经验方法。以点 O 为圆心，以 R 为半径，画圆弧 AD。

(3) 将滑动面以上土体分成宽度相等的 n 个垂直土条并编号，土条的宽度取 $b=0.1R$，土条编号以滑弧圆心的垂线开始为 0，逆滑动方向的土条依次为 0、1、2、3…，顺滑动方向的土条依次为−1、−2、−3…。

(4) 计算稳定安全系数 K。

【例题 10.2】 某土坡如图 10.13 所示。已知土坡高度 $H=6$m，坡角 $\beta=55°$，土的重度 $\gamma=18.6\text{kN/m}^3$，土的内摩擦角 $\varphi=12°$，黏聚力 $c=16.7$kPa。试用条分法验算土坡的稳定安全系数。

【解】 (1) 按比例绘出土坡的剖面图（图 10.13）。按泰勒的经验方法确定最危险滑动面圆心位置。当 $\varphi=12°$，$\beta=55°$时，知土坡的滑动面是坡脚圆，其最危险滑动面圆心的位置，可从图 10.8 中的曲线得到，查得 $\alpha=40°$、$\theta=34°$，由此作图求得圆心 O。

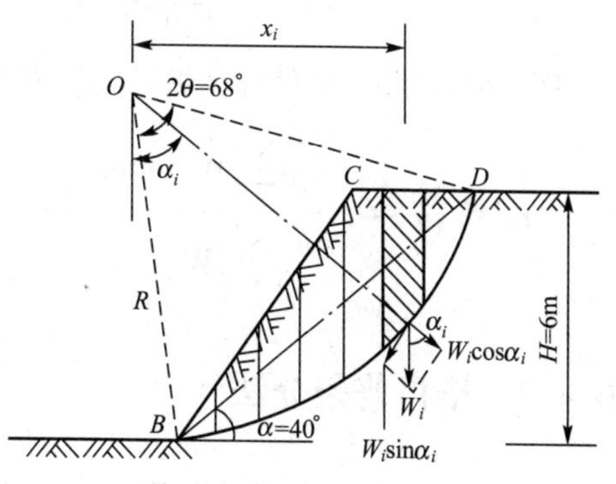

图 10.13 例题 10.2 图

(2) 将滑动土体 $BCDB$ 划分成竖直土条。滑动圆弧 BD 的水平投影长度为 $H\cot\alpha=6\times\cot40^\circ=7.15(\text{m})$，把滑动土体划分成 7 个土条，从坡脚 B 开始编号，把 1～6 条的宽度 6 均取为 1m，而余下的第 7 条的宽度则为 1.15m。

(3) 计算各土条滑动面中点与圆心的连线同竖直线的夹角 α_i 值。可按下式计算

$$R=\frac{BD}{2\sin\theta}=\frac{H}{2\sin\theta\sin\alpha}=\frac{6}{2\times\sin34^\circ\times\sin40^\circ}=8.35(\text{m})$$

$$\sin\alpha_i=\frac{x_i}{R}$$

式中 x_i——土条 i 的滑动面中点与圆心 O 的水平距离，从图中量取；

R——圆弧滑动面 BD 的半径；

α，θ——求圆心位置时的参数，其意义见图 10.8。

将求得的各土条值列于表 10－2 中。

(4) 从图中量取各土条的中心高度 h_i，计算各土条的重力 $W_i=\gamma b_i h_i$ 及 $W_i\sin\alpha_i$、$W_i\cos\alpha_i$ 值，将结果列于表 10－2。

表 10－2　土坡稳定计算结果

土条编号	土条宽度 b_i(m)	土条中心高 h_i(m)	土条重力 W_i(kN)	α_i (°)	$W_i\sin\alpha_i$ (kN)	$W_i\cos\alpha_i$ (kN)
1	1	0.60	11.16	9.5	1.84	11.0
2	1	1.80	33.48	16.5	9.51	32.1
3	1	2.85	53.01	23.8	21.39	48.5
4	1	3.75	69.75	31.8	36.56	59.41
5	1	4.10	76.26	40.1	49.12	58.33
6	1	3.05	56.73	49.8	43.33	36.62
7	1.15	1.50	27.90	63.0	24.86	12.67
合计					186.60	258.63

(5) 计算滑动面圆弧长度 $\hat{L}$：

$$\hat{L}=\frac{\pi}{180}2\theta R=\frac{2\times3.14\times34\times8.35}{180}=9.91(\text{m})$$

(6) 按式(10－6)计算土坡的稳定安全系数 K：

$$K=\frac{M_r}{M_s}=\frac{\tan\varphi\sum_{i=1}^{n}W_i\cos\alpha_i+c\hat{L}}{\sum_{i=1}^{n}W_i\sin\alpha_i}=\frac{258.63\times\tan12^\circ+16.7\times9.91}{186.6}=1.18$$

10.4.2　毕肖普条分法

用条分法分析土坡稳定问题时，任一土条的受力情况是一个静不定问题。为了解决这一问题，费伦纽斯的简单条分法假定不考虑土条间的作用力，一般来说，这样得到的稳定

安全系数是偏小的。在工程实践中，为了改进条分法的计算精度，许多人都认为应该考虑土条间的作用力，以求得比较合理的结果。目前已有许多解决问题的办法，其中以毕肖普(Bishop，1955)提出的简化方法为比较合理实用。

1. 计算原理

如图10.12所示土坡，任一土条 i 上的受力条件是一个静不定问题，土条 i 上的作用力中有5个未知量，但只能建立3个方程，故属二次静不定问题。毕肖普在求解时补充了两个假设条件：①忽略土条间的竖向剪切力 X_i、X_{i+1} 作用；②对滑动面上的切向力 T_i 的大小做了规定。

根据土条 i 的竖向平衡条件可得

$$W_i-X_i+X_{i+1}-T_i\sin\alpha_i-N_i\cos\alpha_i=0$$

即

$$N_i\cos\alpha_i=W_i+(X_{i+1}-X_i)-T_i\sin\alpha_i \tag{10-7}$$

若土坡的稳定安全系数为 K，则土条 i 滑动面上的 $\tau_i=\tau_{fi}/K$，即

$$T_i=\frac{\tau_{fi}l_i}{K}=\frac{1}{K}(N_i\tan\varphi_i+c_il_i) \tag{10-8}$$

将式(10-8)代入式(10-7)，整理后得：

$$N_i=\frac{W_i+(X_{i+1}-X_i)-\dfrac{c_il_i}{K}\sin\alpha_i}{\cos\alpha_i+\dfrac{1}{K}\tan\varphi_i\sin\varphi_i} \tag{10-9}$$

由式(10-5)知土坡的稳定安全系数 K 为

$$K=\frac{M_r}{M_s}=\frac{\sum\limits_{i=1}^{n}N_i\tan\varphi_i+c_il_i}{\sum\limits_{i=1}^{n}W_i\sin\alpha_i} \tag{10-10}$$

将式(10-9)代入式(10-10)得

$$K=\frac{M_r}{M_s}=\frac{\sum\limits_{i=1}^{n}\dfrac{[W_i+(X_{i+1}-X_i)]\tan\varphi_i+c_il_i\cos\alpha_i}{\cos\alpha_i+\dfrac{1}{K}\tan\varphi_i\sin\alpha_i}}{\sum\limits_{i=1}^{n}W_i\sin\alpha_i} \tag{10-11}$$

由于式(10-11)中 X_i、X_{i+1} 是未知的，故求解尚有困难。毕肖普假定土条间竖向剪切力 X_i、X_{i+1} 均略去不计，即 $X_{i+1}-X_i=0$，则式(10-11)可简化为

$$K=\frac{M_r}{M_s}=\frac{\sum\limits_{i=1}^{n}\dfrac{W_i\tan\varphi_i+c_il_i\cos\alpha_i}{\cos\alpha_i+\dfrac{1}{K}\tan\varphi_i\sin\alpha_i}}{\sum\limits_{i=1}^{n}W_i\sin\alpha_i} \tag{10-12}$$

令 $m_{\alpha i}=\cos\alpha_i+\dfrac{1}{K}\tan\varphi_i\sin\alpha_i$，则式(10-12)简化为

$$K=\frac{M_r}{M_s}=\frac{\sum\limits_{i=1}^{n}\dfrac{1}{m_{\alpha i}}(W_i\tan\varphi_i+c_il_i\cos\alpha_i)}{\sum\limits_{i=1}^{n}W_i\sin\alpha_i} \tag{10-13}$$

式(10－13)就是简化毕肖普法计算土坡稳定安全系数的公式。

2. 计算步骤

(1) 按一定比例尺画出土坡，如图 10.12 所示。

(2) 确定最危险滑动面的圆心 O。可以利用前述费伦纽斯或泰勒的经验方法，以点 O 为圆心，以 R 为半径，画圆弧 AD。

(3) 将滑动面以上土体分成宽度相等的 n 个垂直土条并编号，土条的宽度取 $b=0.1R$，土条编号以滑弧圆心的垂线开始为 0，逆滑动方向的土条依次为 0、1、2、3…，顺滑动方向的土条依次为－1、－2、－3…。

(4) 用式(10－13)计算稳定安全系数 K。由于式中 $m_{\alpha i}$ 也包含 K 值，因此式(10－13)须用迭代法求解。即先假定一个 K 值，求得 $m_{\alpha i}$ 值，代入式(10－13)中求出 K 值。若此值与假定值不符，则用此 K 值重新计算 $m_{\alpha i}$ 求得新的 K 值，如此反复迭代，直至假定的 K 值与求得的 K 值相近程度满足精度为止。一般可先假定 $K=1$，通常迭代 2～4 次即可满足工程精度要求，且迭代总是收敛的。为了方便计算，可将 $m_{\alpha i}$ 值制成曲线(图 10.14)，可按 α_i 及 $\frac{1}{K}\tan\varphi_i$ 值直接查得 $m_{\alpha i}$ 值。

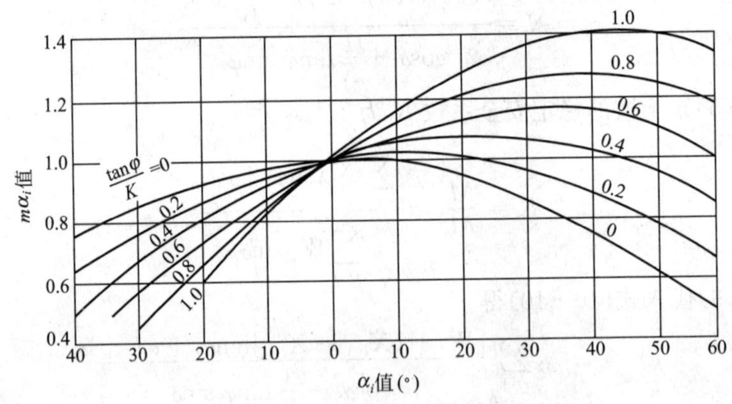

图 10.14　$m_{\alpha i}$ 值曲线

【例题 10.3】 用简化毕肖普条分法计算例题 10－2 土坡的稳定安全系数。

【解】 土坡的最危险滑动面圆心 O 的位置及土条划分情况均与例题 10.2 相同。按式(10－13)计算各土条的有关各项列于表 10－3 中。

第一次试算假定稳定安全系数 $K=1.20$，计算结果列于表 10－3，可按式(10－13)求得稳定安全系数

$$K=\frac{M_{\mathrm{r}}}{M_{\mathrm{s}}}=\frac{\sum_{i=1}^{n}\frac{1}{m_{\alpha i}}(W_i\tan\varphi_i+c_il_i\cos\alpha_i)}{\sum_{i=1}^{n}W_i\sin\alpha_i}=\frac{221.55}{186.6}=1.187$$

第一次试算假定稳定安全系数 $K=1.19$，计算结果列于表 10－3，可按式(10－13)求得稳定安全系数

$$K=\frac{M_r}{M_s}=\frac{\sum_{i=1}^{n}\frac{1}{m_{\alpha i}}(W_i\tan\varphi_i+c_il_i\cos\alpha_i)}{\sum_{i=1}^{n}W_i\sin\alpha_i}=\frac{221.33}{186.6}=1.186$$

$$\frac{1}{m_{\alpha i}}(W_i\tan\varphi_i+c_il_i\cos\alpha_i)$$

计算结果与假定接近，故得土坡稳定安全系数 $K=1.19$。

表 10-3 土坡稳定计算表

土条编号	α_i (°)	l_i (m)	W_i (kN)	$W_i\sin\alpha_i$ (kN)	$W_i\tan\alpha_i$ (kN)	$c_il_i\cos\alpha_i$ (kN)	$m_{\alpha i}$		$\frac{1}{m_{\alpha i}}(W_i\tan\varphi_i+c_il_i\cos\alpha_i)$	
							K=1.20	K=1.19	K=1.20	K=1.19
1	9.5	1.01	11.16	1.84	2.37	16.64	1.016	1.016	18.71	17.81
2	16.5	1.05	33.48	9.51	7.12	16.81	1.009	1.010	23.72	23.69
3	23.8	1.09	53.01	21.39	11.27	16.66	0.986	0.987	28.33	18.30
4	31.8	1.18	69.75	36.56	14.83	16.73	0.945	0.945	33.45	33.45
5	40.1	1.31	76.26	49.12	16.21	16.73	0.879	0.880	37.47	37.43
6	49.8	1.56	56.73	43.33	12.06	16.82	0.781	0.782	36.98	36.93
7	63.0	2.68	27.90	24.86	5.93	20.32	0.612	0.613	42.89	42.82
合计				186.60					221.55	221.33

10.4.3 简布非圆弧普遍条分法

在非均质土层中，如果土坡下面有软弱层，则滑动面很大部分将通过软弱土层，形成曲折的复合滑动面，如图 10.15(a)所示；如果土坡位于倾斜的岩层面上，则滑动面往往沿层面产生，滑动面形状呈非圆弧形状，如图 10.15(b)所示。在实际工程中常常会遇到非圆弧滑动面的土坡稳定分析，此时瑞典条分法和毕肖普条分法就不再适用。下面介绍简布(Janbu，1972)提出的非圆弧普遍条分法。

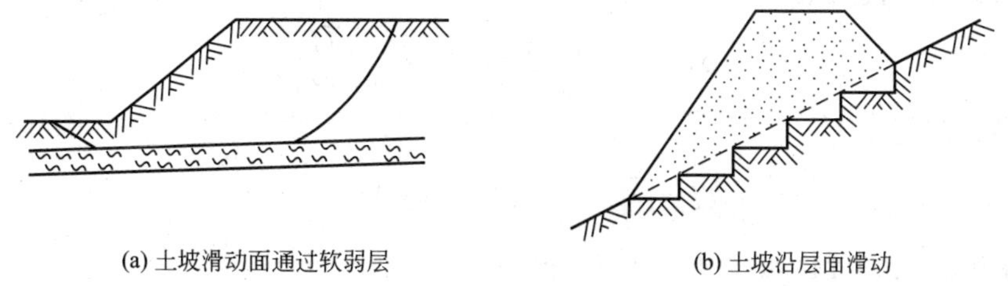

(a) 土坡滑动面通过软弱层　　(b) 土坡沿层面滑动

图 10.15 非均质土中的滑动面

1. 计算原理

如图 10.16(a)所示土坡，滑动面为 $ABCD$，划分土条后，任一土条 i 上的作用力如

图 10.16(b)所示。如前面所述，其受力情况也是二次静不定问题，简布求解时做了如下假定。

(1) 滑动面上切向力 T_i的大小，$T_i=\frac{\tau_{fi}l_i}{K}=\frac{1}{K}(N_i\tan\varphi_i+c_il_i)$。

(2) 土条两侧法向力 E_i的作用点位置为已知，且一般假定作用于土条底面以上 1/3 高度处。这些作用点的连线称为推力线。分析表明，条间力作用点的位置对土坡稳定安全系数影响不大。

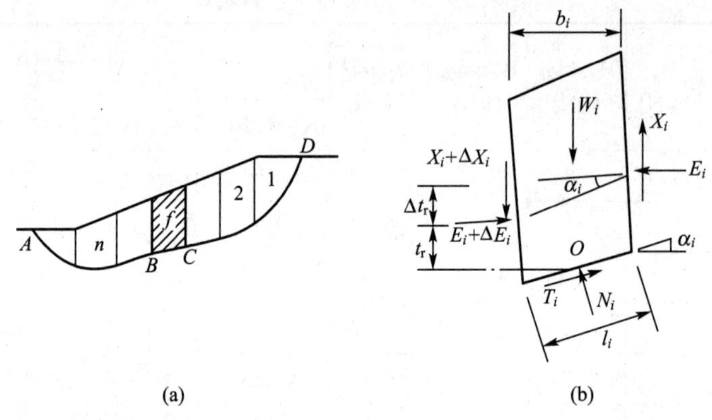

图 10.16 杨布非圆弧普遍条分法

1) 求稳定安全系数 K

根据图 10.16(b)所示任一土条 i 在竖直方向及水平方向的静力平衡条件，求得土条的水平法向力增量 ΔE_i的表达式，然后根据 $\sum\Delta E_i=0$ 的条件导得稳定安全系数 K 的表达式。

取竖直方向力的平衡，得

$$W_i+(X_i+\Delta X_i)-X_i-T_i\sin\alpha_i-N_i\cos\alpha_i=0$$

$$N_i=\frac{W_i+\Delta X_i}{\cos\alpha_i}-T_i\tan\alpha_i \tag{10-14}$$

取水平方向力的平衡，有

$$(E_i+\Delta E_i)-E_i+T_i\cos\alpha_i-N_i\sin\alpha_i=0$$

$$\Delta E_i=N_i\sin\alpha_i-T_i\cos\alpha_i \tag{10-15}$$

将式(10-14)代入式(10-15)得

$$\Delta E_i=(W_i+\Delta X_i)\tan\alpha_i-\frac{T_i}{\cos\alpha_i} \tag{10-16}$$

根据简布假定

$$T_i=\frac{\tau_{fi}l_i}{K}=\frac{1}{K}(N_i\tan\varphi_i+c_il_i) \tag{10-17}$$

联立求解式(10-14)和式(10-17)，得

$$T_i=\frac{1}{K}\left[(W_i+\Delta X_i)\tan\varphi_i+c_ib_i\right]\frac{1}{m_{\alpha i}\cos\alpha_i} \tag{10-18}$$

式中 $m_{\alpha i}$——参数，$m_{\alpha i}=\cos\alpha_i+\frac{1}{K}\tan\varphi_i\sin\alpha_i$，已制成曲线如图 10.14 所示；

b_i——土条 i 的宽度，$b_i=l_i\cos\alpha_i$。

将式(10-18)代入式(10-16)得

$$\Delta E_i=(W_i+\Delta X_i)\tan\alpha_i-\frac{1}{K}\left[(W_i+\Delta X_i)\tan\varphi_i+c_il_i\right]\frac{1}{m_{\alpha i}\cos\alpha_i} \tag{10-19}$$

令

$$A_i=\left[(W_i+\Delta X_i)\tan\varphi_i+c_il_i\right]\frac{1}{m_{\alpha i}\cos\alpha_i} \tag{10-20}$$

$$B_i=(W_i+\Delta X_i)\tan\alpha_i \tag{10-21}$$

则式(10-19)简化为

$$\Delta E_i=B_i-\frac{A_i}{K} \tag{10-22}$$

对整个土坡而言，ΔE_i均为内力，若滑动土体上无水平外力作用时，则 $\sum\Delta E_i=0$，故

$$\sum\Delta E_i=\sum B_i-\frac{1}{K}\sum A_i=0 \tag{10-23}$$

由此求得土坡稳定安全系数 K 的表达式为

$$K=\frac{\sum A_i}{\sum B_i} \tag{10-24}$$

2) 求 ΔX_i值

土条上各作用力对滑动面中点取矩，按力矩平衡条件得

$$X_ib_i-\frac{1}{2}\Delta X_ib_i+E_i\Delta t_i-\Delta E_it_i=0$$

如果土条宽度 b_i很小，则高阶微量 ΔX_ib_i可略去，上式可写成

$$X_i=\Delta E_i\frac{t_i}{b_i}-E_i\tan\alpha_i \tag{10-25}$$

式中　α_i——E_i与$E_i+\Delta E_i$作用点连线(也称推力线)与水平面的夹角。

E_i值是土条 i 一侧各土条的 ΔE_i之和，即 $E_i=E_1+\sum\limits_{i=1}^{i-1}\Delta E_i$，其中 E_1是第一个土条边界上的水平法向力。如图 10.16 所示的土坡，E_1值为土坡 D 点处边界上的水平法向力，由图知 $E_1=0$。

$$\Delta X_i=X_{i+1}-X_i \tag{10-26}$$

因此，若已知 ΔE_i及 E_i值，可按式(10-25)及式(10-26)求得 ΔX_i值。

2. 计算步骤

用式(10-24)计算土坡稳定安全系数时，可知该式是安全系数 K 的隐函数，因为 $m_{\alpha i}$是 K 的函数，而且式(10-22)中的 ΔE_i也是 K 的函数。因此，在求解安全系数 K 时需用迭代法计算。其计算步骤如下。

(1) 第一次迭代时，先假定 $\Delta X_i=0$(即毕肖普的公式)，先假定 $K=1$ 值，求得 $m_{\alpha i}$值，按式(10-20)和式(10-21)计算 A_i、B_i值，代入式(10-24)中求出 K_0 值。若此值与假定值不符，则参考 K_0 值假定一个新的 K_0 值重新计算 $m_{\alpha i}$及 A_i，求得新的 K_1 值，如此反复迭代，直至假定的 K 值与求得的 K 值相近，其误差小于 5%时，即可停止试算。

(2) 第二次迭代计算时应考虑 ΔX_i的影响。这时先用 K_1 值代入式(10-21)计算 ΔE_i及 E_i值(这时 A_i、B_i值仍为第一次迭代时的结果)，并按式(10-25)及式(10-26)求得 ΔX_i

值。然后假定一个试算安全系数 K 计算 $m_{\alpha i}$，考虑 ΔX_i 的影响求得 A_i、B_i 值，并求得安全系数 K_2 值。同样，当 K_2 与假定的 K 值相近，其误差小于 5%时，即可停止试算。

(3) 第三次迭代计算同第二次迭代，用 K_2 值计算 ΔE_i、E_i 及 ΔX_i 值，然后用试算法计算 $m_{\alpha i}$、A_i、B_i，及安全系数 K_3 值。

当多次迭代求得的安全系数 K_1、K_2、K_3…，趋向接近时，一般当其误差≤0.005 时，即可停止计算。

上述计算是在滑动面已经确定的情况下进行的，因此，整个土坡稳定分析过程，需假定几个可能的滑动面分别按上述步骤进行计算，相应于最小安全系数的滑动面才是最危险的滑动面。由此可见，土坡稳定分析的计算工作量是很大的，一般均借助于电算进行。

简布条分法可以满足所有静力平衡条件，但推力线的假定必须符合条间力的合理性要求(既满足土条间不满足拉力和剪切破坏)。简布条分法也可用于圆弧滑动面的情况目前在国内外应用较广，但也需注意，在某些情况下，其计算结果有可能不收敛。

10.4.4 特殊条件下的条分法

1. 成层土坡

土坡由不同土层组成时，仍可用条分法分析其稳定性，但使用时须注意几个问题。

(1) 在划分土条时，应使土条的弧面落在同一土层内。

(2) 应分层计算土条的重力，然后叠加起来。

(3) 土的黏聚力和内摩擦角应按圆弧所通过的土层，而采取不同的强度指标。

2. 坡顶开裂时的土坡稳定性

由于土的收缩及张力作用，在黏性土坡的坡顶附近可能出现裂缝，如图 10.17 所示，雨水或地表水渗入裂缝后将产生静水压力 P_w(kN/m)，该静水压力促使土坡滑动，其对最危险滑动面圆心 O 的力臂为 z，因此，在按前述各种方法进行土坡稳定性分析时，应考虑 P_w 引起的滑动力矩，同时土坡滑动面的弧长也将相应地缩短，即抗滑力矩有所减小。

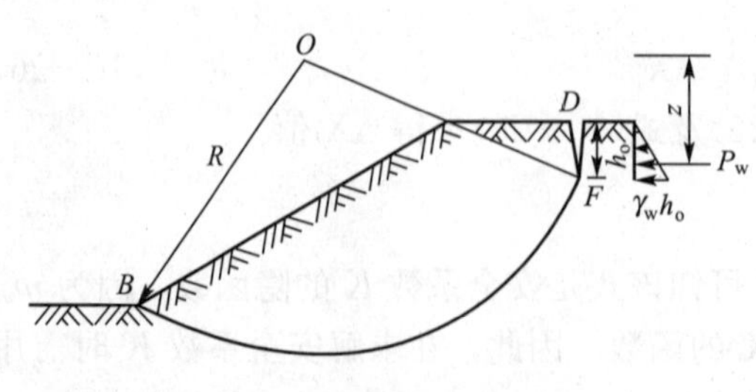

图 10.17 坡顶开裂时稳定计算

坡顶裂缝开展深度 h_0，可近似地按挡土墙后为黏性填土时，在墙顶产生的拉力区高度公式计算，即 $h_0 = 2c/\sqrt{K_a}$，其中 K_a 为朗肯主动土压力系数。裂缝中因积水产生的静水压力为 $P_w = \dfrac{\gamma_w h_0^2}{2}$。

坡顶出现裂缝对土坡的稳定是不利的，在工程中应避免出现这种情况。对于暴露时间较长、雨水较多的基坑边坡，应在土坡滑动范围外设置水沟拦截水流；在土坡滑动范围内的坡面上采用水泥砂浆或塑料布铺面防水。如果坡顶出现裂缝，应立即采用水泥砂浆嵌缝，以防止水流入土坡内对土坡造成损害。

3. 均质土坡部分浸水

当土坡部分浸水时，应考虑水对土的浮力作用，因此，在计算土条的重力时，凡在水位以下的部分，应采用浮重度。同时，假定水位上下的强度指标相同。

4. 渗流作用

当河道水位缓慢上涨而急剧下降时，沿河路堤土坡内水位高于坡外水位，路堤内的水将向外渗流，产生渗流力(动水力)，渗流力的作用方向与渗流的流向相同，指向坡面，如图 10.18 所示，对路堤的稳定是不利的。因此，渗流对土坡的稳定起着不利的影响，必须予以足够的重视。

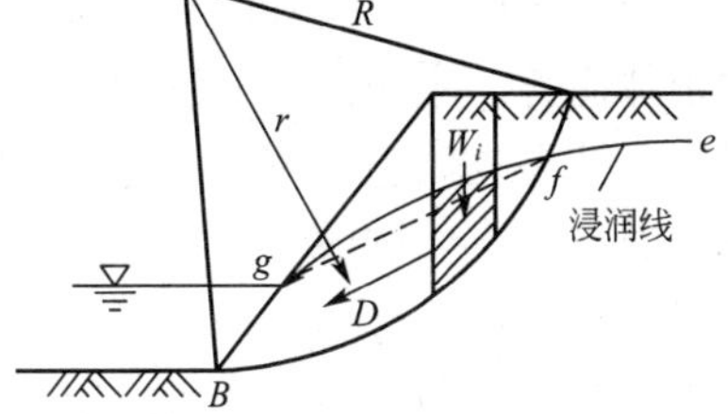

图 10.18 水渗流时的土坡稳定计算

考虑渗流对土坡的稳定的影响时，一般应从以下两方面着手。

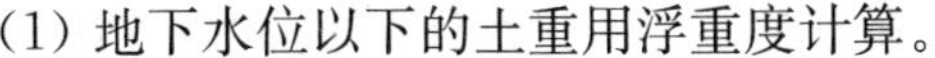

(1) 地下水位以下的土重用浮重度计算。

(2) 由于渗流力对滑动圆心产生了滑动力矩，总的滑动力矩增加。渗流力产生的滑动力矩等于滑动面以上、地下水位线以下所包围水体的重力对滑动圆心产生的矩。

当有渗流作用时，在计算抗滑力矩时，地下水位线以上采用天然重度，地下水位以下采用浮重度；在计算滑动力矩时，地下水位线以上采用天然重度，地下水位以下采用饱和重度。

如图 10.18 所示，由于水位骤降，路堤内水向外渗流。若已知浸润线(渗流水位线)为 efg，滑动土体在浸润线以下部分($fgBf$)的面积为 A，则作用在该部分土体上的渗流力(动水力)合力为 D：

$$D=JA=\gamma_w iA \tag{10-27}$$

式中 J——作用在单位体积土体上的渗流力(kN/m^3)；

i——浸润线以下部分面积 A 范围内水头梯度平均值，可近似地假定 i 等于浸润线两端 fg 连线的坡度。

渗流力合力 D 的作用点在面积($fgBf$)的形心，其作用方向假定与 f 连线 g 平行，渗流力合力 D 对滑动面圆心 O 的力臂为 r，由此可得考虑渗流力后，瑞典条分法分析土坡稳定安全系数的计算式(10-5)可以写为：

$$K=\frac{M_r}{M_s}=\frac{R\sum_{i=1}^{n}(W_i\cos\alpha_i\tan\varphi_i+c_il_i)}{R\sum_{i=1}^{n}W_i\sin\alpha_i+r\cdot D} \tag{10-28}$$

5. 地震作用

在地震设计烈度为 7～9 度的地区建造土坡时，应考虑地震的影响，但一般只计算地震惯性力而不计算地震动水压力。目前土坡抗震稳定分析中常用的是拟静力法。其实质是在常规的土坡稳定分析中增加一项地震惯性力，并当做静力计算。按圆弧条分法计算时，各土条的重心处多作用一地震惯性力，其方向和地震作用力方向相反。

10.5 土坡稳定性问题的讨论

10.5.1 土体抗剪强度指标及稳定安全系数的选择

土体抗剪强度指标的恰当选取是影响土坡稳定分析成果可靠性的主要因素。对于给定的土体而言，不同试验方法测定的土体抗剪强度变化幅度远超过不同计算方法之间的差别，尤其是软黏土。因此，进行土坡的稳定性分析时，不仅要有合理的计算方法，而且要选取恰当的土体抗剪强度指标及土坡稳定安全系数值。在测定土的抗剪强度时，原则上应使试验的模拟条件尽量符合现场土体的实际受力和排水条件，保证试验指标具有一定的代表性。对于控制土坡稳定的各个时期，可分别按表 10-4 选取不同的试验方法和测定结果。

表 10-4 稳定计算时抗剪强度指标的选用

<table>
<tr><th>控制稳定情况</th><th>强度计算方法</th><th colspan="2">土类</th><th>仪器</th><th>试验方法</th><th>采用的强度指标</th><th>试样初始状态</th></tr>
<tr><td rowspan="6">正常施工</td><td rowspan="6">有效应力法</td><td colspan="2" rowspan="2">无黏性土</td><td>直剪</td><td>慢剪</td><td rowspan="5">c'、φ'</td><td rowspan="8">填土用填筑含水率和填筑密度，地基用原状土</td></tr>
<tr><td>三轴</td><td>排水剪</td></tr>
<tr><td rowspan="4">粉土黏性土</td><td rowspan="2">饱和度小于等于80%</td><td>直剪</td><td>慢剪</td></tr>
<tr><td>三轴</td><td>不排水剪测孔隙水压力</td></tr>
<tr><td rowspan="2">饱和度大于80%</td><td>直剪</td><td>慢剪</td></tr>
<tr><td>三轴</td><td>固结不排水剪测孔隙水压力</td><td>c_{cu}、φ_{cu}</td></tr>
<tr><td rowspan="2">快速施工</td><td rowspan="2">总应力法</td><td rowspan="2">粉土、黏性土</td><td>渗透系数小于 10^{-7} cm/s</td><td>直剪</td><td>慢剪</td><td rowspan="2">c_u、φ_u</td></tr>
<tr><td>任何渗透系数</td><td>三轴</td><td>不排水剪</td></tr>
<tr><td rowspan="4">长期稳定渗流</td><td rowspan="4">有效应力法</td><td colspan="2" rowspan="2">无黏性土</td><td>直剪</td><td>慢剪</td><td rowspan="3">c'、φ'</td><td rowspan="4">填土用填筑含水率和填筑密度，地基用原状土，但要预先饱和</td></tr>
<tr><td>三轴</td><td>排水剪</td></tr>
<tr><td colspan="2" rowspan="2">粉土、黏性土</td><td>直剪</td><td>慢剪</td></tr>
<tr><td>三轴</td><td>固结不排水剪测孔隙水压力</td><td>c_{cu}、φ_{cu}</td></tr>
</table>

目前对于土坡稳定允许安全系数的取值，各部门尚无统一标准，考虑的角度也不尽相同，在工程中应根据计算方法、强度指标的测定方法综合选取，并应结合当地已有实际经

验加以确定。表10-5为《公路软土地基路堤设计与施工技术规范》(JTJ 017—1996)中给出的抗滑稳定安全系数和稳定性分析方法及土的强度指标配合应用的规定。《公路路基设计规范》(JTJ D30—2004)规定，滑坡稳定性验算时，高速公路、一级公路安全系数应采用1.20～1.30；二级及二级以下公路安全系数应采用1.15～1.20；考虑地震、多年暴雨的附加作用影响时，安全系数可适当折减0.05～0.10。《建筑边坡工程技术规范》(GB 50330—2002)中给出了采用不同滑动面计算方法时的稳定安全系数值，见表10-6。《岩土工程勘察规范》(GB 50021—2001)中则对工程安全等级划分和边坡稳定安全系数作出了规定，见表10-7。

表10-5 公路土体边坡稳定安全系数容许值(JTJ 017—1996)

分析方法	抗剪强度指标	稳定安全系数允许值	备注
总应力法	快剪	1.10	应用时根据不同的分析方法采用相应的验算公式
	十字板剪	1.20	
有效固结应力法	快剪和固结快剪	1.20	
	十字板剪	1.30	
准毕肖普法	有效剪	1.40	

注：当需要考虑地震作用时，稳定安全系数应减少0.1。

表10-6 边坡稳定安全系数(GB 50330—2002)

计算方法	边坡等级		
	一级	二级	三级
平面滑动面法	1.35	1.30	1.25
折现滑动面法			
圆弧滑动面法	1.30	1.25	1.20

表10-7 边坡稳定安全系数(GB 50021—2001)

新设计边坡、重要工程	一般工程	次要工程	验算已有边坡
1.30～1.50	1.15～1.30	1.05～1.15	1.10～1.25

10.5.2 按有效应力法分析土坡稳定

前面所介绍的土坡稳定安全系数计算公式都是属于总应力法，采用的抗剪强度指标也是总应力指标。若土坡采用饱和黏土填筑，因填土或施加的荷载速度较快，土中孔隙水来不及排除，将产生孔隙水压力，使土的有效应力减小，增加土坡滑动的危险。这时，土坡稳定分析应该考虑孔隙水压力的影响，采用有效应力方法计算。其稳定安全系数计算公式，可将前述总应力方法公式修正后得到。

瑞典条分法的式(10-5)可改写为

$$K=\frac{M_r}{M_s}=\frac{R\sum_{i=1}^{n}[(W_i\cos\alpha_i-u_il_i)\tan\varphi'_{ii}+c'_il_i]}{R\sum_{i=1}^{n}W_i\sin\alpha_i} \tag{10-29}$$

毕肖普条分法的式(10－13)可改写为

$$K=\frac{M_r}{M_s}=\frac{\sum_{i=1}^{n}\frac{1}{m_{ai}}[(W_i-u_il_i)\tan\varphi'_i+c'_il_i\cos\alpha_i]}{\sum_{i=1}^{n}W_i\sin\alpha_i} \tag{10-30}$$

式中 c'_i、φ'_i——土条 i 的有效黏聚力和有效内摩擦角；

u_i——土条 i 滑动面上的平均孔隙水压力。

从边坡有效应力分析的稳定安全系数计算式(10－29)、式(10－30)中可以看出，孔隙水压力是影响边坡滑动面上土的抗剪强度的重要因素。在总应力保持不变的情况下，孔隙水压力增大，土的抗剪强度就会减小，边坡的稳定安全系数也会相应地下降；反之，孔隙水压力变小，边坡的稳定安全系数则会相应地增大。

10.5.3 各种方法的比较

整体圆弧滑动法安全系数用抗滑力矩与滑动力矩的比值定义，具体计算时仍存在诸多困难，1927 年 Fellennius 在此基础上提出瑞典条分法，也称简单条分法，将圆弧滑动土体竖直条分后，忽略土条之间的作用力进行计算求得整体圆弧滑动安全系数。此方法计算简单，但由于其忽略了土条之间作用力，计算的安全系数偏小。

瑞典条分法因忽略了土条两侧作用力，不能满足所有的平衡条件，故计算的稳定安全系数比其他严格的方法可能偏低 10%～20%，这种误差随着滑弧圆心角和孔隙水应力的增大而增大，严重时可导致计算的安全系数偏低 50%。

毕肖普条分法考虑了土条两侧的作用力，计算结果比较合理。分析时先后利用每一土条竖直方向的平衡及整个滑动土体对圆心的力矩平衡条件，避开了 E_i 及其作用点的位置，并假设所有的 $X_{i+1}-X_i=0$，使分析过程得到了简化，但同样不能满足所有的平衡条件，还不是一个严格的方法，由此产生的误差约为 2%～7%。相比较而言，该方法的计算精确较高。

简布条分法也称非圆弧滑动法，滑动面为任意曲线。将土坡竖直条分后，也用抗滑剪切力与土条的下滑力的比值定义安全系数，假定滑动面上的切向力等于滑动面上土所发挥的抗剪强度，且土条两侧法向力的作用点位于土条底面以上 1/3 高度处。简布条分法也可应用于圆弧滑动面。

10.5.4 影响土坡稳定的因素和防治土坡失稳的措施

1. 影响土坡稳定的因素

(1) 土坡坡度。一般坡度越缓土坡越稳定。

(2) 土坡高度。黏性土坡，当其他条件相同时，坡高越小，土坡越稳定。

(3) 土的性质。土的性质越好，土坡越稳定。如土的抗剪强度指标大的土坡比小的更安全；如钙质或石膏质胶结的土、湿陷性黄土等，遇水后强度降低很多，容易发生滑坡

(4) 工程地质条件。不良地质条件下，易产生滑坡。

(5) 气象条件。若天气晴朗，土坡处于干燥状态，土的强度高，土坡稳定性好；若在雨季，尤其是连降大暴雨，雨水的大量入侵，会使土的强度降低，可能导致滑坡。

(6) 地下水渗流。当土坡中存在与滑动方向一致的渗流力时，对土坡稳定不利。

(7) 地震。发生地震时，产生的附加地震荷载会降低土坡的稳定性，同时，地震荷载还可能使土中孔隙水压力升高，降低土的抗剪强度。

(8) 人为因素。由于人类不合理的开挖，当开挖坡脚、基坑、沟渠、道路土坡时将弃土堆在坡顶附近；在斜坡上建房或堆放重物时，都可能引起土坡失稳。

2. 防治土坡失稳的措施

在工程实践中，尽管对土坡进行了稳定分析，但常常由于施工不当或其他不可预估因素的影响而造成土坡的失稳。因此，一方面要加强工程地质和水文地质的勘察，查明建筑场地的不良地质现象，对土坡的稳定性进行认真分析；另一方面对可能在造成滑坡的潜在因素积极采取防治措施。

1) 合理设计

土坡设计应保护和整治土坡环境，土坡水系应因势利导，设置排水措施。对于稳定的土坡，应采取保护及营造植被的防护措施。建筑物的布局应依山就势，防治大挖大填。由于场地平整而出现的新土坡，应及时进行支挡或构造防护。土坡工程在设计前，应进行详细的工程地质勘察，并应对土坡的稳定性作出准确的评价；对周围环境的危害性作出预测；指出岩石土坡的主要结构面位置；提供土坡设计所需的各项参数。土坡的支挡结构应进行排水设计，支挡结构后面的填土，应选择透水性强的填料。

2) 合理开挖

在土坡整体稳定的条件下，土坡开挖应符合下列规定。

(1) 土坡的坡度允许值，应根据当地经验，参照同类土层的稳定坡度确定。当土质良好、无不良地质现象、地下水不丰富时，见表10-8。

表10-8 土坡坡度允许值

土的类别	密实度或状态	坡度允许值(坡高比)	
		坡高在5m以内	坡高为5～10m
碎石土	密实	1∶0.35～1∶0.50	1∶0.50～1∶0.75
	中密	1∶0.50～1∶0.75	1∶0.75～1∶1.00
	稍密	1∶0.75～1∶1.00	1∶1.00～1∶1.25
黏性土	坚硬	1∶0.75～1∶1.00	1∶1.00～1∶1.25
	硬塑	1∶1.00～1∶1.25	1∶1.25～1∶1.50

注：① 表中碎石土的充填物为坚硬或硬塑状态的黏性土。

② 对于砂土或充填物为砂土的碎石土，其土坡坡度允许值均按自然休止角确定。

(2) 土坡开挖时，应采取排水措施，土坡的坡顶应设置截水沟。在任何情况下不允许

在坡脚及坡面上积水。

(3) 土坡开挖时，应由上往下开挖，依次进行。弃土应分散处理，不得将弃土堆置在坡顶及坡面上。当必须在坡顶或坡面上设置弃土转运站时，应进行坡体稳定性验算，严格控制堆置的土方量。

(4) 土坡开挖后，应立即对土坡进行防护处理。

3) 产生滑坡时应采取的措施

(1) 排水。对地面水，应设置排水沟进行拦截和疏导，防止地面水侵入滑坡地段，必要时还可采取防渗措施；当地下水的影响较大时，应根据条件，做好地下排水工程，降低地下水或采取防渗保护措施。

(2) 卸载。可视情况在坡顶或坡面进行卸载。当卸载在坡面进行时，必须保证卸载区上方即两侧岩土体的稳定条件，而且应在主动区卸载，决不允许在被动区或坡脚附近卸载。

(3) 当没有条件进行上述工程措施或采取了上述措施后，仍不能使安全系数达到允许值时，就需要使用结构性工程措施对土坡进行加固。

本章小结

土坡稳定性是公路、铁路、高层建筑深基坑开挖及土坝等土木工程建设中十分重要的问题。引起土坡滑动的根本原因，是由于滑动面上的剪应力过大或土的抗剪强度不足所致，土坡的稳定安全系数是指土的抗剪强度与土坡中可能滑动面上的剪应力之间的比值。

本章通过直线滑动稳定性的计算分析了无黏性土土坡稳定性，对于圆弧滑动面的黏性土土坡稳定性介绍了整体圆弧滑动法及经典的瑞典条分法、毕肖普条分法；对于非圆弧滑动面的黏性土土坡稳定性介绍了简布条分法。对于均质无黏性土坡，滑动面假定为平面，理论上土坡的稳定性与坡高无关，仅取决于坡角。黏性土坡滑动面假定为圆弧面时，整体圆弧滑动法假定滑动面以上土体为刚性体，当圆弧面上的抗滑力矩大于滑动力矩时，土坡稳定；条分法将滑动土体分成若干竖直土条，求各土条对滑动圆心的抗滑力矩和滑动力矩，再取其总和，计算安全系数；瑞典条分法不考虑土条两侧面间作用力；毕肖普条分法假定土条间切向力相等。简布条分法假定滑动面为任意曲线，滑动面上切向力大小已知，土条两侧法向力作用点已知。

习题

1. 简答题

(1) 土坡失稳破坏的原因有哪几种?

(2) 土坡稳定安全系数的意义是什么？有哪几种表达形式?

(3) 什么是坡脚圆、中点圆及坡面圆？其产生的条件与土质、土坡形状及土层构造有什么关系?

(4) 无黏性土土坡的稳定性只要坡角不超过其内摩擦角，坡高 H 可不受限制，而黏性土土坡的稳定还同坡高有关，试分析其原因。

(5) 如何用泰勒的稳定因素图表确定土坡的稳定安全系数?

(6) 对费伦纽斯条分法、毕肖普条分法及简布条分法的异同进行比较。

(7) 用总应力法及有效应力法分析土坡稳定时有何不同之处? 各适用于何种情况?

2. 选择题

(1) 无黏性土坡的稳定与否，取决于(　　)。

A. 坡角　　B. 坡高　　C. A和B　　D. 坡面长度

(2) 一均质无黏性土坡，其内摩擦角 $\varphi=32°$，设计要求稳定安全系数 $K>1.25$，则坡角设计应取(　　)较为合理。

A. 20°　　B. 25°　　C. 30°　　D. 35°

(3) 在地基稳定分析中，如果采用 $\varphi=0$ 圆弧法，土的抗剪强度指标采用(　　)方法确定。

A. 三轴固结不排水试验　　B. 直剪试验慢剪

C. 直剪试验快剪　　D. 三轴不固结不排水试验

(4) 黏性土坡滑动面的形状一般为(　　)。

A. 斜面　　B. 近似圆弧面　　C. 水平面　　D. 垂直平面

(5) 地下水位的降低，将使土坡的稳定安全系数(　　)。

A. 不变　　B. 减小　　C. 增大　　D. 不一定

(6) 土中孔隙水压力的存在将使土坡的稳定安全系数(　　)。

A. 不变　　B. 减小　　C. 增大　　D. 不一定

(7) 在雨季，山体容易出现滑坡的主要原因是(　　)。

A. 土的重度增大　　B. 土的抗剪强度降低　　C. 土的类型发生改变

(8) 当土坡中存在与滑动方向一致的渗流时，土坡的稳定安全系数将(　　)。

A. 增大　　B. 减小　　C. 不变

(9) 发生强烈地震时，土坡的稳定安全系数将降低，其主要原因包括(　　)。

A. 土的强度降低　　B. 土中产生超孔隙水压力

C. 地震产生惯性力　　D. 以上都是

(10) 土坡中最危险的滑动面，就是指(　　)。

A. 滑动力最大的面　　B. 稳定性系数最小的面

C. 抗滑力最小的面　　D. 滑动路径最短的面

(11) 当土坡处于稳定状态时，其稳定性系数值应(　　)。

A. 大于1　　B. 小于1　　C. 等于1　　D. 等于0

(12) 瑞典条分法是忽略条块间力的相互影响的一种简化方法，其不满足(　　)。

A. 滑动面的极限平衡条件　　B. 滑动土体整体的力矩平衡条件

C. 土条之间的静力平衡　　D. 中小工程的计算误差要求

(13) 费伦纽斯的条分法(瑞典条分法)分析土坡的稳定性时，土条两侧条间力之间的关系假定为(　　)。

A. 大小相等、方向相同、作用线重合

B. 大小相等、方向相反、作用线重合

C. 大小不等、方向相同、作用线重合

D. 大小相等、方向相同、作用线距土条底 1/3 土条高度

3. 计算题

(1) 已知某路基填筑高度 $H=10.0\text{m}$，填土的重度 $\gamma=18.0\text{kN/m}^3$，内摩擦角 $\varphi=2°$，黏聚力 $c=7\text{kPa}$。求此路基的稳定坡角 β。

(2) 已知一均匀土坡，坡角 $\beta=30°$，土的重度 $\gamma=16.0\text{kN/m}^3$，内摩擦角 $\varphi=20°$，黏聚力 $c=5\text{kPa}$。计算此黏性土坡的安全高度 H。

(3) 某简单黏土土坡高 8m，边坡坡度为 1∶2，土的重度 $\gamma=17.2\text{kN/m}^3$，粘聚力 $c=5\text{kPa}$，内摩擦角 $\varphi=19°$，先按费伦纽斯近似法确定最危险滑动面圆心位置，再用条分法计算土坡的稳定安全系数 K。

第11章 土在动荷载作用下的特性

教学目标

主要讲述土的动力变形特性，土的压实性及其工程的评定标准，土的振动液化及其判别与防治。

通过本章的学习，达到以下目标：

(1) 熟悉土的动力变形特性；

(2) 掌握土的击实度计算，了解影响击实的因素；

(3) 熟悉土振动液化的影响因素；

(4) 掌握地基液化的判别与防治。

教学要求

知识要点	能力要求	相关知识
土的动力变形特性	(1) 了解作用于土体的动荷载 (2) 掌握土的动力特征参数 (3) 掌握土的动强度 (4) 熟悉土的动力特征参数的试验测定	(1) 土的动剪切模量 (2) 土的阻尼比 (3) 土的动强度参数
土的压实性	(1) 熟悉土的击实试验和击实曲线 (2) 掌握击实度计算 (3) 了解击实机理和影响因素	(1) 土的击实特性 (2) 击实度 (3) 击实影响因素
土的振动液化	(1) 了解土的振动液化机理 (2) 熟悉土振动液化的影响因素 (3) 掌握地基液化的判别与防治	(1) 振动液化机理 (2) 振动液化影响因素 (3) 地基液化的判别与防治

基本概念

动弹性模量、阻尼比、击实度、振动液化。

引例

2008年5月12日14时28分04秒，四川汶川、北川发生里氏8.0级地震，地震造成69227人遇难，374643人受伤，17923人失踪。此次地震为新中国成立以来国内破坏性最强、波及范围最广、总伤亡人数最多的一次地震，被称为“汶川大地震”。汶川地震诱发的地质灾害、次生灾害比唐山地震大得多。汶川地震主要发生在山区，引发了破坏性比较大的崩塌、滚石及滑坡等。为表达全国各族人民对四川汶川大地震遇难同胞的深切哀悼，国务院决定，2008年5月19日至21日为全国哀悼日。自2009年起，每年

5月12日为全国防灾减灾日。

日本新潟是一个地震多发的地区，其中比较严重的地震包括：1933年新潟地区发生的6.1级地震，1964年发生的里氏7.5级新潟地震，2004年发生的里氏6.8级地震，2007年7月发生的里氏6.8级地震。新潟市新建的高层楼房考虑了抗震问题，在这次地震中楼房的整体性都比较好，没有因地震而坍塌。但是有些楼房却由于砂土液化出现了地基失效问题。有些楼房由于这种情况在地震中像火柴盒一样整体地倾斜，有的虽然没有完全倾倒，但已转过20°～30°的角度，不能居住。

11.1 土的动力变形特性

11.1.1 作用于土体的动荷载和土中波

在土木工程建设中，土体经常会遇到天然振源的地震、波浪、风或人工振源的车辆、爆炸、打桩、强夯、动力机器基础等引起的动荷载作用。在这些动荷载作用下，土的强度和变形特性都将受到影响。动荷载可能造成土体的破坏，必须加以充分重视；动荷载也可被利用改善不良土体的性质，如地基处理中的爆炸法、强夯法等。

在不同的动荷载作用之下，土的强度和变形各不相同，其共同特点：一是荷载施加的瞬时性；二是荷载施加的反复性。一般将加荷时间超过10s者都看作静力问题，在10s以内时应看作为动力问题。反复荷载作用的周期都很短，一般是百分之几秒到十分之几秒，如爆炸荷载只有几毫秒，反复荷载的加荷次数，从几次、几十次到几千几万次。根据动荷载的加荷次数可以分为：①一次快速施加的瞬时荷载，加荷时间非常短，由于受到阻尼作用，振幅在不长时间内衰减为零，称为冲击荷载，如图11.1(a)所示，例如爆炸和爆破作业等；②加荷几次至几十次甚至千百次的动荷载，荷载随时间的变化没有规律可循，称为不规则荷载，如图11.1(b)所示，例如地震、打桩及低频机器和冲击机器引起的振动等；③加荷载几万次以上的动荷载，以同一振幅和周期反复循环作用的荷载，称为周期荷载，如图11.1(c)所示，例如车辆行驶对路基的作用、往复运动和旋转运动的机器基础对地基

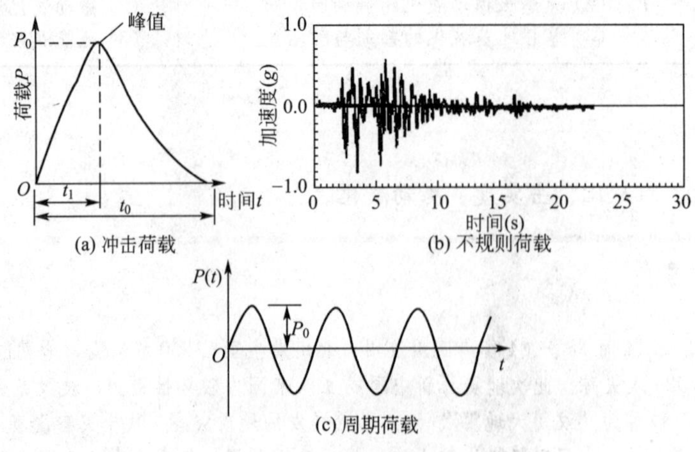

(a) 冲击荷载　(b) 不规则荷载　(c) 周期荷载

图11.1　动荷载的类型

的作用等。

位于土体表面、内部或者基岩的振源所引起的土单元体的动应力、动应变，将以波动的方式在土体中传播。土中波的形式有以拉压应变为主的纵波、以剪应变为主的横波和主要发生在土体自由界面附近的表面波(瑞利波)。作用于地表面的竖向动荷载主要以表面波的形式扩散能量。水平土层中传播的地震波，主要是剪切波。

11.1.2　土的动力特征参数

土的动力特征参数包括：动弹性模量或动剪切模量、阻尼比或衰减系数、动强度或液化周期剪应力及振动孔隙水压力增长规律等。其中动剪切模量和阻尼比是表征土的动力特征的两个主要参数。

1. 土的动剪切模量 G_d

土的动剪切模量 G_d 是指产生单位动剪应变时所需要的动剪应力，即动剪应力 τ_d 与动剪应变 γ_d 之比值，按下式计算

$$G_d = \tau_d / \gamma_d \tag{11-1}$$

土的动弹性模量 E_d 是指产生单位动应变时所需要的动应力，即动应力 σ_d 与动应变 ε_d 的比值，按下式计算

$$E_d = \sigma_d / \varepsilon_d \tag{11-2}$$

动弹性模量 E_d 和动剪切模量 G_d 直接的关系可按下式计算

$$G_d = \frac{E_d}{2(1+\mu)} \tag{11-3}$$

式中　μ——土的泊松比。

2. 土的阻尼比 λ

土体作为一个振动体系，其质点在运动过程中由于黏滞摩擦作用而有一定的能量损失，这种现象称为阻尼，也称黏滞阻尼。在自由振动中，阻尼表现为质点的振幅随振次而逐渐衰减。在强迫振动中，则表现为应变滞后于应力而形成滞回圈。

土的阻尼比 λ 是指阻尼系数与临界阻尼系数的比值，是衡量吸收振动能量的尺度。由物理学可知，非弹性体对振动波的传播有阻尼作用，这种阻尼力作用与振动的速度成正比关系，比例系数即为阻尼系数；使非弹性体产生振动过渡到不产生振动时的阻尼系数，称为临界阻尼系数。

地基或土工建筑物振动时，阻尼有两类：一类是逸散阻尼；另一类是材料阻尼。前者是土体积中积蓄的振动能量以表面波或体波(包含剪切波和压缩波)向四周和下方扩散而产生的，后者是土粒间摩擦与孔隙中水和气体的黏滞性产生的。

11.1.3　土的动强度

土在动荷载下的抗剪强度问题即动强度问题。由于存在速度效应、循环效应及动静应力状态的组合问题，土的动强度试验远比静强度试验复杂。循环荷载作用下土的强度有可能高于静强度，也有可能低于静强度，与土的类别、所处的应力状态及加荷速度、循环次

数等有关。

国内外的试验表明，对于一般的黏性土，在地震或其他动荷载作用下，破坏时的综合应力与静强度比较，并无太大变化。但是对于软弱的黏性土，如淤泥和淤泥质土等，则动强度有明显降低，所以在路桥工程遇到此类地基土时，必须考虑地震作用下土强度降低的问题。

土的动强度可通过动抗剪强度指标 c_d、φ_d得到反映。土的动抗剪强度指标是指土在动荷载作用下发生屈服破坏或产生足够大的应变时所具有的黏聚力和内摩擦角。如图 11.2 所示为动抗剪强度指标确定方法，但应注意，图中的破坏状态应力圆是在初始状态(偏压固结)应力圆基础上加动应力 σ_d得到的，ε_f为破坏标准，N_f为达到破坏标准时的动荷载作用次数，这说明动抗剪强度指标 c_d、φ_d不是唯一的，会随着各方面条件的变化而变化。

进行挡土墙动土压力、地基动承载力和边坡动态稳定性等特定问题分析时，常常用土样达到某一破坏标准 ε_f时，所需振次 N_f与动应力比$\frac{\sigma_d}{\sigma_{3c}}$的关系曲线$\left(N_f\sim\frac{\sigma_d}{\sigma_{3c}}\right)$，来表示土体的动强度，如图 11.3 所示。在这种动强度曲线图中，仍需要标明破坏标准 ε_f和土样的固结应力比 $K_c=\frac{\sigma_{1c}}{\sigma_{3c}}$。

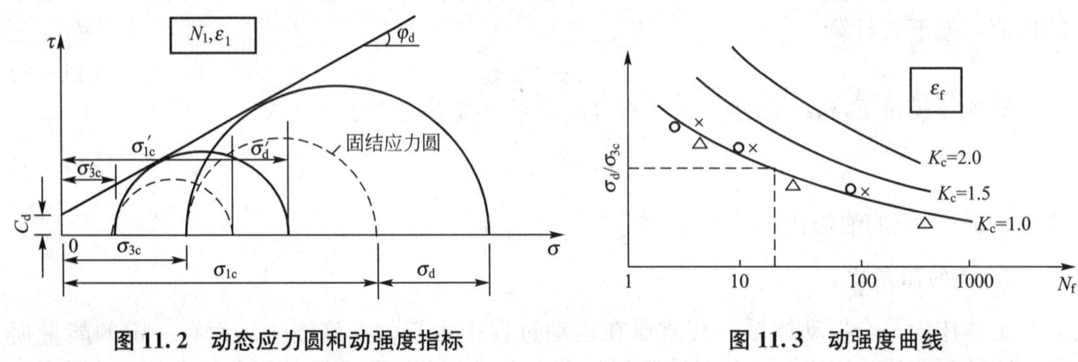

图 11.2　动态应力圆和动强度指标　　**图 11.3　动强度曲线**

11.1.4　土动力特征参数的室内测定方法

在周期性的循环荷载作用下，土的变形特性已不能用静力条件的概念和指标来表征，而需要了解动态的应力-应变关系。同一种土，它的动力变形性状将会随应变幅值的不同而发生质的变化。

日本石原研二的研究指出，只有当应变幅值在 $10^{-6}\sim10^{-4}$及以下范围内时，土的变形特性可认为是属于弹性性质，此时土的应力-应变关系及相应参数可在现场或室内进行测定。一般由火车、汽车的行驶及机器基础等所产生的振动反应都属于弹性范围。当应变幅值在 $10^{-4}\sim10^{-2}$范围内时，土表现为弹塑性性质，可用非线性的弹性应力-应变关系来加以描述。打桩、地震等产生的土体振动反应属于此范围。当应变幅值超过 10^{-2}时土的动力变形特性可用仅仅反复几个周期的循环荷载试验来确定。

土动力测试和其他土工试验一样，尽管原位测试可以得到代表实际土层性质的测试资料，但限于原位试验的条件和较大的试验费用，通常在原位中只做小应变试验，而在实验室内则可以做从小应变到大应变的试验。

1. 振动三轴试验

振动三轴试验是室内土动力性质试验的重要仪器，由于振动三轴试验(周期加荷三轴试验)相对比较简单，故一般用它来确定土的动剪切模量 G_d、阻尼比 λ 及动强度。

周期加荷三轴试验仪器如图 11.4 所示(由于加荷方式有用电磁激振器激振，气压或液压激振，故周期加荷三轴仪的形式也有多种)。试验时，对圆柱形土样施加轴向周期压力，直接测量土样的应力和应变值，从而绘出应力-应变曲线。

2. 动单剪试验

为使土样应力状态的模拟更符合地震波在土层中的传递过程，动单剪试验也常常被用于测定土的动力性质。土样被置于水平剪切刚度很小而竖向抗压刚度很大的容器内，进行 K_0 条件下的固结，然后施加水平向的动剪应力，同时测定动剪应变和孔隙水压力。

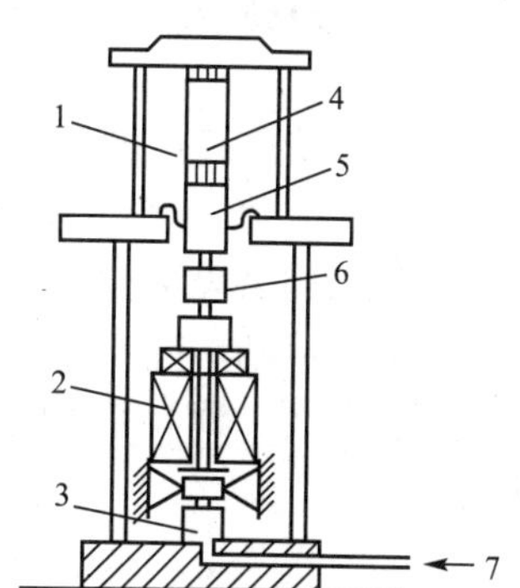

图 11.4 振动三轴仪主机示意图

1—压力室；2—激振器；3—气垫；4—土样；5—土样活塞；6—压力传感器；7—压缩空气

3. 共振柱试验

在振动三轴试验和动单剪试验中，土样的动应变幅值一般不可能小于 10^{-4} 量级，共振柱试验则可以在动应变幅值位于 $10^{-6} \sim 10^{-3}$ 量级条件下测定土的动力变形参数。共振柱试验是根据共振原理在一个圆柱形试样上进行振动，通过改变振动频率使其产生共振，来测求试样的动弹性模量 E_d、动剪切模量 G_d 及阻尼比 λ 等参数。

共振柱试验是一种无损试验技术，土样在相对不破损的情况下，接受来自一端的激振，因此，它的优越性表现在试验的可逆性和可重复性上，从而可求得十分稳定而准确的结果。

4. 现场波速试验

现场波速试验是利用波速确定地基土的物理力学性质或工程指标的现场测试方法。波速测试适用于测定各类岩土体的压缩波、剪切波或瑞利波的波速，测试目的是根据弹性波在岩土体内的传播速度，间接测定岩土体在小应变($10^{-4} \sim 10^{-6}$)条件下的动弹性模量等参数。

波速测试本身也是一种检测方法，可用来评价地基土的类别和检验地基加固效果。

各种室内外试验测定方法见表 11-1 和表 11-2。

表 11-1 动剪切模量和阻尼比的室内外试验方法

试验方法	动剪切模量	阻尼比	试验方法	动剪切模量	阻尼比
超声波脉冲	√		振动单剪	√	√
共振柱	√	√	振动扭剪	√	√
振动三轴剪		√			

表 11-2　动剪切模量和阻尼比的原位试验方法

试验方法	动剪切模量	阻尼比	试验方法	动剪切模量	阻尼比
折射法	√		钻孔波速法	√	
反射法	√		动力旁压试验		√
表面波法法	√		试验方法	√	

11.1.5　土动力特征参数的室内测定结果

静三轴仪中确定弹性模量所做的加卸荷试验曲线如图 11.5 所示，反映的是最简单的反复荷载下土的应力-应变关系。静三轴加卸荷试验以静代动，只要应变幅值对应，所确定的模量就可以用来表示土在动力条件下的变形特性。

在动三轴仪或动单剪仪上对土样进行等幅值循环荷载试验，动态应力-应变关系曲线为一斜置闭合曲线，称为滞回圈，如图 11.6 所示。滞回圈顶点与坐标原点连线的斜率就是动剪切模量 G_d。

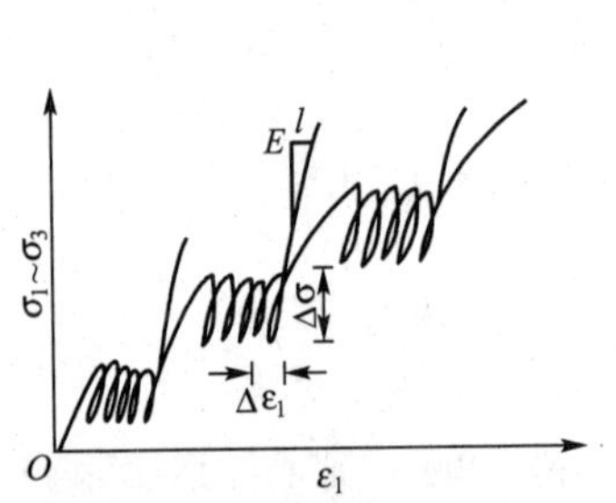

图 11.5　静三轴试验所确定的土的弹性模量

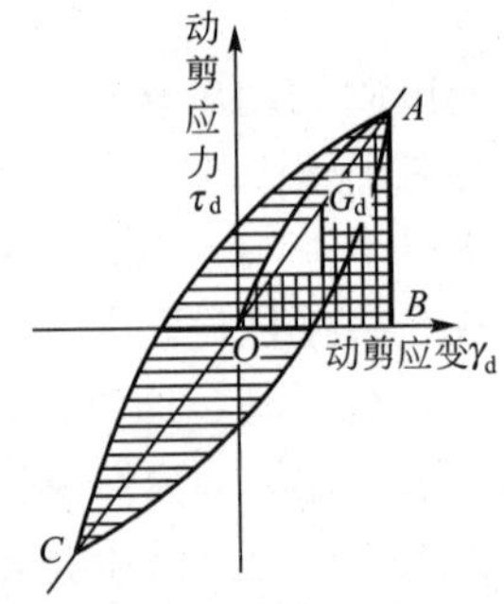

图 11.6　动力试验得到的应力-应变曲线

滞回圈所表现的循环加荷过程中应变对应力的滞后现象和卸荷曲线与加荷曲线的分离，反映了土体对动荷载的阻尼作用。这种阻尼主要是由土粒间相对滑动的内摩擦效应所引起，故属于内阻尼。作为衡量土体吸收振动能量的能力尺度，土的阻尼比由滞回圈的形状所决定，如图 11.5 所示。

$$\lambda=\frac{A_0}{4\pi A_T} \tag{11-4}$$

式中　A_0——整个滞回圈包围的面积，表示在加荷卸荷一个周期中土体的能量损失；

A_T——滞回圈顶点至原点的连线与横坐标所形成的直角三角形 AOB 的面积，表示在加荷卸荷一个周期中土体所获得的最大弹性能。

动力试验表明，土的动应力-应变关系具有强烈的非线性性质，滞回圈位置和形状随动应变幅值的大小而变化。一般而言，当动应变幅值小于 10^{-5} 量级时，参数 G_d(E_d)和 λ 可视作常量，即作为线性变形体看待。随着动应变幅值的增大，土的模量逐步减小，阻尼比逐步增大。因此，为土体动力分析选用变形参数时，应考虑土的这种非线性特点，对应于动应变幅值的不同量级，需要采用不同的测试方法来确定，选用不同的模量和阻尼比。

11.2 土的压实性

土的压实性是指土体在不规则荷载作用下其密度增加的性状。土的压实性指标通常在室内采用击实试验测定。

在土木工程建设中广泛应用填土工程，施工时需要采用夯击、振动或碾压等动荷载方法压实填料，以提高土的密实度和均匀性。例如公共路堤、土坝、飞机场跑道及建筑场地的填土等，都是以土作为建筑材料并按照一定要求堆填而成的。土体由于经过开挖、搬运及堆筑，原有结构遭到破坏，含水量发生变化，堆填时必然造成土体中留下很多孔隙，如不经分层压实，则会导致其均匀性差、抗剪强度低、压缩性大、水稳定性不良，往往难以满足工程的需要。为满足稳定性和变形方面的工程要求，必须按一定标准压实。

土的压实是指采用人工或机械的手段对土体施加机械能量，在动荷载作用下，使土颗粒克服粒间阻力而重新排列，土中孔隙减小、密度增加，使土体在短时间内得到新的结构强度，包括增强粗粒土之间的摩擦和咬合，以及增加土粒间的分子引力。

土的压实在地基处理中也有着广泛的应用。例如松软的地基土，由于其抗剪强度低、压缩性大，如果直接在其上修建建筑物，则不能满足地基承载力、变形的实际要求，需进行加固处理。可直接选用表面夯击、振动或碾压等方法，使浅层地基土得以密实；也可选用换填垫层法处理，通过分层压实改善地基土的不良性质。

实践表明，土的压实性受到含水量、土类及级配、压实功能等多种因素的影响，十分复杂，它是土工建筑物的重要研究课题之一。

11.2.1 击实试验与压实度

1. 击实试验和击实曲线

击实试验是模拟施工现场压实条件，采用锤击方法使土体密度增大、强度提高、沉降变小的一种试验方法，是研究土压实性能的室内试验方法。土在一定的击实效应下，如果含水率不同，所测得的密度也不同，土的压实程度可通过测量干密度的变化来反映。击实试验的目的就是测定土样在一定击实次数下或某种压实功能下的含水率与干密度之间的关系，从而确定土的最大干密度和最优含水率，为施工控制填土密度提高设计依据。

击实试验分轻型和重型两种。轻型击实试验适用于粒径小于5mm的黏性土，而重型击实试验采用大击实筒，当击实层数为5层时适用于粒径不大于20mm的土，当采用三层击实时，最大粒径不大于40mm，且粒径大于35mm的颗粒含量不超过全重的5%。击实试验所用的主要设备是击实仪，包括击实筒、击锤及导筒等。如图11.7所示为轻型和重型两种击实仪，击实仪的规格，见表11-3。

试验时，将含水量w为一定值的扰动土样分层(共3～5层)装入击实筒中，每铺一层后均用击锤按规定的落数和击数(25击)锤击土样，最后被压实的土样充满击实筒。由击实筒的体积和筒内被压实土的总质量计算出湿密度ρ，同时按烘干法测定土的含水量w，则可算出干密度ρ_d：

$$\rho_d = \frac{\rho}{1+w} \tag{11-5}$$

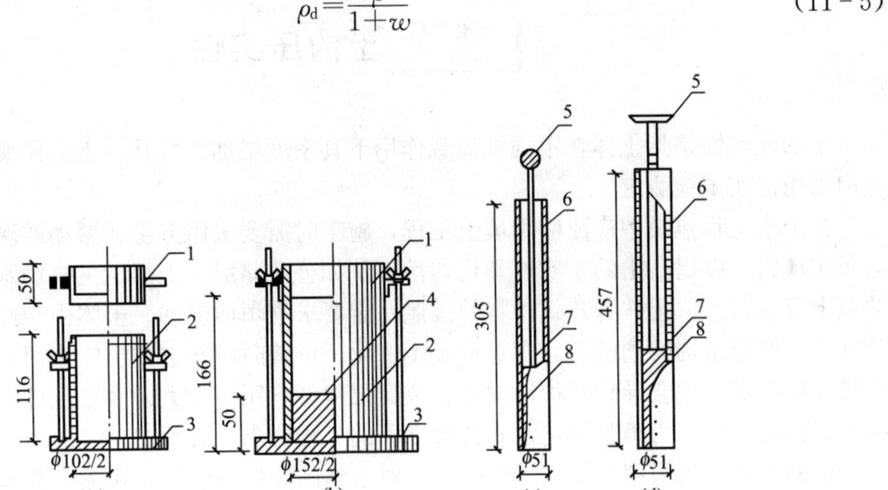

图 11.7　两种击实仪示意图

1—套筒；2—击实筒；3—底板；4—垫块

表 11-3　击实仪的规格

试验方法	锤底直径(mm)	锤质量(kg)	落高(mm)	击实筒			护筒高度(mm)
				内径(mm)	筒高(mm)	容积(cm^3)	
轻型	51	2.5	305	102	116	947.4	50
重型	51	2.5	457	152	116	2103.9	50

由一组几个不同含水量(通常为 5 个)的同一种土样分别按上述方法进行击实试验，可得到成对的含水率和干密度，绘制成击实曲线，如图 11.8 所示，它表明一定击实功作用下土的含水率与干密度的关系。

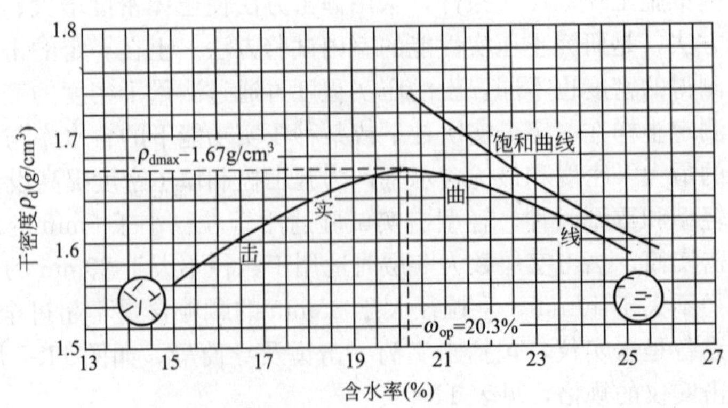

图 11.8　击实曲线

2. 土的压实特性

(1) 对于某一土样，在一定的击实功能作用下，只有当土的含水量为某一适宜值时，土样才能达到最密实，因此在击实曲线上必然会出现一峰值，峰点所对应的纵坐标值为最大干密度 ρ_{dmax}，对应的横坐标值为最优(佳)含水量 w_{op}。

(2) 土在击实(压实)过程中，通过土粒的相对位移，很容易将土中的气体挤出，而要挤出土中水分来达到压实的效果，对于黏性土，不是短时间的加载所能办到的。因此，人工压实不是通过挤出土中水分而是通过挤出土中气体来达到压实的目的的。同时，当土的含水量接近或大于最优含水量时，土孔隙中的气体越好的土，气体含水量也还有3%～5%(以总体积计)留在土中，也即击实土不可能被压实到完全饱和状态，击实曲线必然位于饱和曲线的左侧而不可能与饱和曲线相切或相交(图11.13)。

(3) 当含水量低于最优含水量时，干密度受含水量变化的影响较大，即含水量变化对干密度的影响在偏干时比偏湿时更加明显。因此，击实曲线的左段(低于最优含水量)的坡度比右段要陡。

3. 土的压实度

土的压实度定义为现场土质材料压实后的干密度 ρ_d 与室内试验标准最大干密度 ρ_{dmax} 之比值，或称压实系数，可由下式表示：

$$\lambda_c = \rho_d / \rho_{dmax} \tag{11-6}$$

式中 λ_c——土的压实度，以百分率表示。

在工程中，填土的质量标准常以压实度来控制。压实度越接近于1，表明对压实质量的要求越高。根据工程性质及填土的受力状况，所要求的压实度是不一样的。必须指出，现场填土的压实，无论是在压实能量、压实方法还是在土的变形条件方面，与室内击实试验都存在着一定差异。因此，室内击实试验用来模拟工地压实仅是一种半经验的方法。

在工地上对压实度的检验，一般可用环刀法、灌沙(或水)法、湿度密度仪法或核子密度仪法等来测定土的干密度和含水量，具体选用哪种方法，可根据工地的实际情况决定。

现行《公路路基设计规范》(JTG D30 — 2004)中路基的压实度要求：应分层铺设，均匀压实，压实度应符合表11-4和表11-5的规定。

表11-4 路床土最小强度和压实度要求(JTG D30 — 2004)

填挖类型	路面底面以下深度(m)	填料最小强度(CBR)(%)			压实度(%)		
		高速公路、一级公路	二级公路	三级公路、四级公路	高速公路、一级公路	二级公路	三级公路、四级公路
填方路基	0～0.3	8	6	5	≥96	≥95	≥94
	0.3～0.8	5	4	3	≥96	≥95	≥94
零填及挖方路基	0～0.3	8	6	5	≥96	≥95	≥94
	0.3～0.8	5	4	3	≥96	≥95	—

注：① 表列压实度系数按《公路土工试验规程》(JTG E40—2007)重型击实试验法求得的最大干密度的压实度。

② 当三、四级公路铺筑沥青混凝土和水泥路面时，其压实度应按二级公路的规定值。

表 11-5　路堤压实度要求(JTG D3—2004)

填挖类型	路面底面以下深度	压实度(%)		
		高速公路、一级公路	二级公路	三级公路、四级公路
上路堤	0.80～1.50	≥94	≥94	≥93
下路堤	1.50 以下	≥93	≥92	≥90

注：① 表列压实密度系按《公路土工试验规程》(JTG E40—2007)中重型击实试验法求得的最大干密度的压实度。

② 当三、四级公路铺筑沥青混凝土和水泥混凝土时，应采用二级公路的规定值。

③ 路堤采用特殊填料或处于特殊气候地区时，压实度标准可根据试验路的状况在保证路基强度要求的前提下适当降低。

现行《建筑地基基础设计规范》(GB 50007—2011)中压实填土的质量以压实系数控制，并应根据结构类型和压实填土所在部位按表 11-6 的数值确定。

表 11-6　压实填土的质量控制(GB 50007—2011)

结构类型	填土部位	压实系数 λ_c	控制含水量(%)
砌体承重结构和框架结构	在地基主要受力层范围内	≥0.97	$w_{op}\pm2$
	在地基主要受力层以下	≥0.95	
排架结构	在地基主要受力层范围内	≥0.96	
	在地基主要受力层以下	≥0.94	

注：① 压实系数 λ_c 为压实填土的控制干密度 ρ_d 与最大干密度 ρ_{dmax} 的比值；w_{op} 为最优含水量。

② 地坪垫层以下及基础底面标高以上的压实填土，压实系数不应小于 0.94。

4. 压实(填)土的压缩性和强度

1) 压缩性

公路路堤、土坝等土工建筑物都不可避免会浸水润湿，这样，对路堤、土坝等压实土的水稳定性的研究预控制就显得十分重要。

压实土的压缩性取决于它的密度和加荷时的含水率。压实土在某一荷载作用下，土样在压缩稳定后再浸水饱和，则在同一荷载下土样会出现明显的附加压缩，在同一干密度 ρ_d 条件下，偏湿的压实土样附加压缩的增加比较大，因此有必要研究压实土遇水饱和时会不会产生附加压缩的最小含水量。

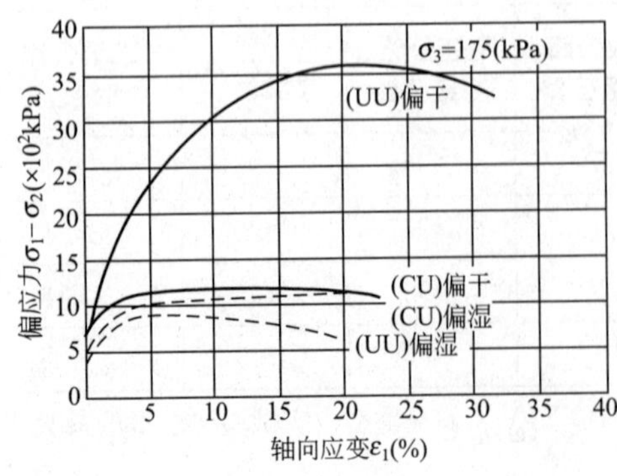

图 11.9　不同含水量压实土的三轴试验

如图 11.9 所示，除含水量外，对同样条件下的击实土试样进行三轴不排水试验和固结不排水试验，所施加的侧压力同为 σ_3，偏干击实土试样的强度较大，且不呈现明显的脆性破坏特征；如图 11.10 所示曲线表示，当压实土的含水量低于最优含水量时(即偏干状态)，虽然干重度(密度)较小，强度却比最大干重度(密度)时的强度要大得多。此时的击实虽未使土达到最密实状态，但它克服了土粒间引力等的联结，形成了新的结构，能量转化为土强度的提高。

2）强度

压实土的强度也主要取决于受剪时的密度和含水率。一般情况下，只要满足某些给定的条件，压实土的强度还是比较高的。但如上面所述，压实土遇水饱和会发生附加压缩，同时，其强度也有潜在下降的一面，即浸水软化时强度降低，这就是所谓的水稳定性问题。由试验可知，制备含水量低于最优含水量的土样，水稳定性很差，而唯独在最优含水量时，其浸水强度最大，水稳定性最好。图 11.10 中强度曲线峰值与压实曲线峰值位置是一致的。这也是为什么填土在压实过程中非常重视最优含水量的原因。

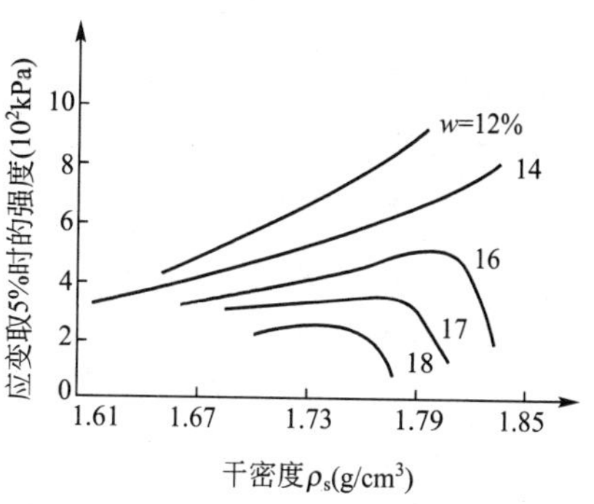

图 11.10 压实土的强度与干重度、含水量的关系

11.2.2 土的压实机理及其影响因素

1. 压实机理

土的压实特性与土的组成与结构、土粒的表面现象、毛细管压力、孔隙水和孔隙气压力等均有关系，所以因素是复杂的。一般认为，在黏性土中含水量较低时，由于土粒表面的结合水膜较薄，土粒间距较小，粒间引力占优势，在一定的击实功能作用下，虽然孔隙中气体易排出，密度增大，但由于较薄的强结合水膜润滑作用不明显，且外部功能不足以克服粒间引力，土粒的相对位移不显著，因此压实效果较差；随着土中含水量增加，结合水膜增厚，土粒间距也逐渐增加，这时粒间斥力增加而引力相对减小，压实功能比较容易克服粒间引力，再加上水膜的润滑作用，压实效果渐佳；在最佳含水率附近，土中所含的水量最有利于土粒受击时发生相对移动，能达到最大干密度；当含水量继续增加时，孔隙中出现自由水，击实时孔隙中过多的水分和气体不易立即排出，从而使孔隙压力升高更为显著，抵消了部分击实功能，此外排不出去的气体，以封闭气泡的形式存在于土体内部，击实时气泡暂时减小，击实仅能导致土粒更高程度的定向排列，而土体几乎不发生体积变化，所以压实效果反而下降。试验证明，黏性土的最优含水量与其塑限含水量十分接近，大致为 $w_{op}=w_p+2(\%)$。

对于无黏性土，含水量压实性的影响虽然不像黏性土那样敏感，但仍然是有影响的。如图 11.11 所示是无黏性土的击实试验结果。其击实曲线与黏性土击实曲线有很大差异。含水量接近于零时，它有较高的干密度；当含水量在某一较小的范围时，由于假黏聚力的存在，击实过程中一部分击实能量消耗在克服这种假黏聚力上，所以出现了最低的干密度；随着含水量的不断增加，假黏聚力逐渐消失，就又有较高的干密度。所以无黏性土的压实性虽然也与含水量有关，但没有峰值点反

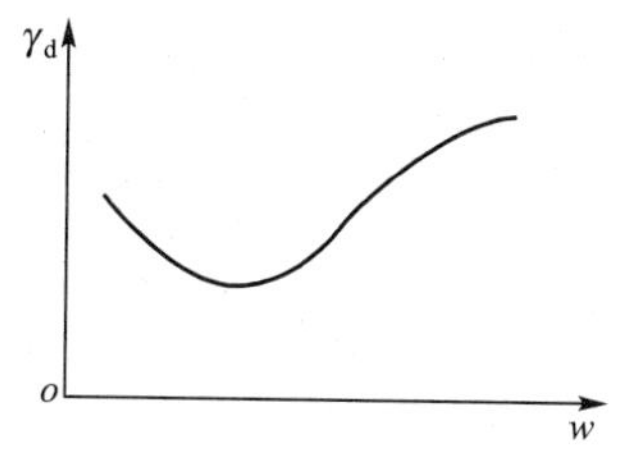

图 11.11 无黏性土的击实曲线

映在击实曲线上，也就不存在最优含水量问题，最优含水量的概念一般不适用于无黏性土。一般在完全干燥或者充分饱水的情况下，无黏性土容易压实到较大的干密度。粗砂在含水量4%～5%，中砂在含水量为7%左右时，压实后干密度最大。无黏性土的压实标准，常以相对密实度 D_r 控制，一般不进行室内击实试验。

2. 土压实的影响因素

土压实的影响因素很多，包括土的含水量、土类及级配、击实功能、毛细管压力及孔隙压力等，其中前3种影响因素是最主要的。

1）含水量的影响

对较干(含水量较小)的土进行夯实或碾压，不能使土充分压实；对较湿(含水量较小)的土进行夯实或碾压，在排水不畅的情况下，非但不能使土充分压实，甚至会导致土体结构被破坏，出现软弹现象，俗称“橡皮土”；只有当含水量达到最优含水量时，土才能得到充分压实，达到最大干密度。

2）土类及级配的影响

在相同击实功能条件下，不同的土类及级配其压实性是不一样的。如图11.12(a)所示为5种不同土料的级配曲线；图11.12(b)是其在同一标准的击实试验中所得到的5条击实曲线。图中可见，含粗粒越多的土样其最大干密度越大，而最优含水量越小，即随着粗粒土增多，曲线形态不变但朝左上方移动。

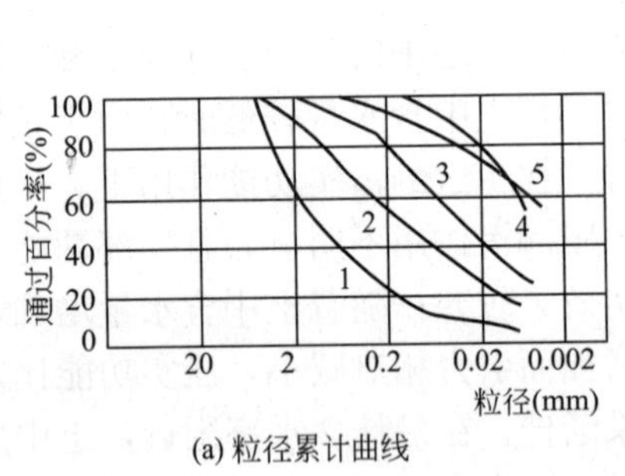

(a) 粒径累计曲线

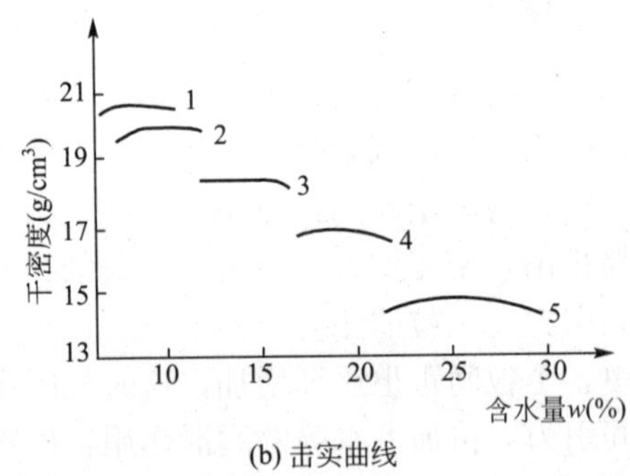

(b) 击实曲线

图11.12　5种土的不同击实曲线

在同一土类中，土的级配对它的压实性影响也很大。级配不良的土(土粒较均匀)，压实后其干密度要低于级配良好的土(土粒不均匀)，这是因为级配不良的土体内，较粗土粒形成的空隙很少有较细土粒去填充，而级配良好的土则相反，其有足够的较细土粒填充，因而可获得较高的干密度。

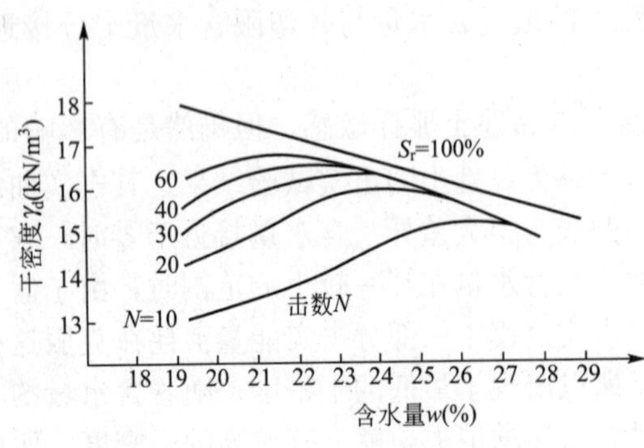

图11.13　不同击数下的击实曲线

3）击实功能的影响

对于同一土料，加大击实功能，能克服较大的粒间阻力，会使土的最大干密度增加，而最优含水量减小，如图11.13所示。同时，当含水量较低时击数的影响较为显著。当含水量较高时，含水量与干密度的关系曲线趋近于饱和曲线，也就是说，当土偏干时，增加击实功能对提高干密度的影响较大，土偏湿时则收效不大。

11.3 土的振动液化

11.3.1 土的振动液化现象及其工程危害

土特别是饱和松散砂土、粉土，在一定强度的振动荷载作用下，颗粒之间发生相互错动而重新排列，其结构趋于密实，因透水性较弱而导致孔隙水压力逐渐增加，有效应力下降，当孔隙水压力增加至总应力时，有效应力为零，土粒处于悬浮状态，表现出类似于水的性质而完全丧失强度和刚度，这种现象称为土的振动液化。

地震、波浪及车辆荷载、打桩、爆炸、机器振动等引起的振动力，均可能引起土的振动液化，其中又以地震引起的大面积甚至深层的土体液化危害性最大。砂土液化时其性质类似于液体，抗剪强度完全丧失，使作用于其上的建筑物产生大量的沉降、倾斜和水平位移，可引起建筑物开裂、破坏甚至倒塌。在国内外的大地震中，砂土液化现象相当普遍，是造成地震灾害的重要原因。因此，近年来土体液化引起国内外工程界的普遍重视，成为抗震设计的重要内容之一。

土体液化造成的灾害宏观表现在如下几种。

(1) 喷砂冒水。液化土层中出现相当高的孔隙水压力，会导致低洼的地方或土层缝隙处喷出砂水混合物。喷出的砂粒可能破坏农田，淤塞渠道。喷砂冒水的范围往往很大，持续时间可达几小时甚至几天，水头可高达 2～3m。1976 年唐山大地震时，液化区喷水高度达 8m，厂房沉降量达 1m，很多房屋、桥梁和道路路面结构出现破坏，如图 11.14 所示。

(2) 振陷。液化时喷砂冒水带走了大量土颗粒，地基产生不均匀沉陷，使建筑物倾斜、开裂甚至倒塌。如 1964 年日本新潟地震时，有的建筑物本身并未损坏，却因地基液化而发生整体倾斜，如图 11.15 所示。

图 11.14 喷水冒砂口

图 11.15 砂土液化

(3) 滑坡。在岸坡或坝坡中的饱和粉砂层，由于液化而丧失抗剪强度，使土坡失去稳定，沿着液化层滑动，形成大面积滑坡。

(4) 上浮。贮罐、管道等空腔埋置结构可能在周围土体液化时上浮，对于生命线工程来说，这种上浮常常引起严重的后果。

11.3.2 土的振动液化机理及其试验分析

饱和的、较松散的、无黏性的或少黏性的土在往复剪应力作用下，颗粒排列将趋于密实(剪缩)，而细粉砂和粉土的透水性较小，孔隙水来不及排出，从而导致孔隙水压力增加，有效应力减小。当周期性荷载作用下积聚起来的孔隙水压力等于总应力时，有效应力就减小为零。根据饱和土有效应力原理和无黏性土抗剪强度公式，$\tau_f=\sigma'\tan\varphi'=(\sigma-u)\tan\varphi'$，当有效应力为零即抗剪强度为零时，没有黏聚力的饱和松散砂土就丧失了承载能力，这就是饱和砂土振动液化的基本原理。

土的振动液化可由室内试验研究分析，但室内试验必须模拟现场土体实际的受力状态。如图 11.16(a)所示表示现场微单元土体在地震前的应力状态，此时，单元土体的竖向有效应力和水平向有效应力分别为 σ'_v和 $\sigma'_h=K_0\sigma'_v$，其中 K_0为土的静止侧压力系数；如图 11.16(b)所示表示地震作用时，单元土体的应力状态，此时，单元体上受到大小和方向都在不断变化的剪应力 τ_d还有往复作用。此时，任何室内研究液化问题的试验，都必须模拟这样一种状态。

室内研究液化问题的试验方法很多。如周期加荷载三轴(动三轴)试验、周期加荷载单剪(动单剪)试验等，其中周期加荷载三轴试验是最普遍使用的试验。地震时，实际发生的剪应力大小是不规则的，但经过分析认为可以转换为等效的均匀周期荷载。饱和砂样的室内周期加荷三轴试验，其方法是先给土样施加周围力 σ_3完成固结，然后仅在轴向作用大小为 σ_d的往复荷载，并不允许排水。在往复加荷过程中，可以测出轴向应变和超孔隙水压力。

如图 11.17 所示为饱和粉砂样用周期加载三轴压缩试验进行的液化试验结果。砂样的初始孔隙比为 0.87，初始周围压力和初始孔隙水压力分别为 98.1kPa 和 196.2kPa，在周围固结压力 $\sigma_3=98.1$kPa 作用下，往复动应力 σ_d(38.2kPa)以 2 周/秒的频率作用在土样上。从图中的周期偏(动)应力 σ_d、动应变 ε_d和动孔隙水压力 u_d分别与循环次数 n 的关系曲线可以看出，每次应力循环后都残留一定的孔隙水压力，随着动应力循环次数的增加，孔隙水压力累计而逐渐上升，有效应力逐渐减小，至孔隙水压力等于总应力而有效应力等于零时，应变突然增加到很大，土体强度刚度骤然下降至零，土样发生液化。

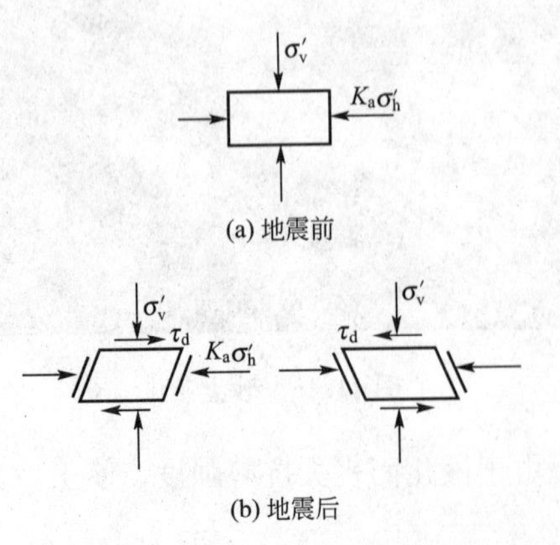

图 11.16 地震时土单元体受力状态

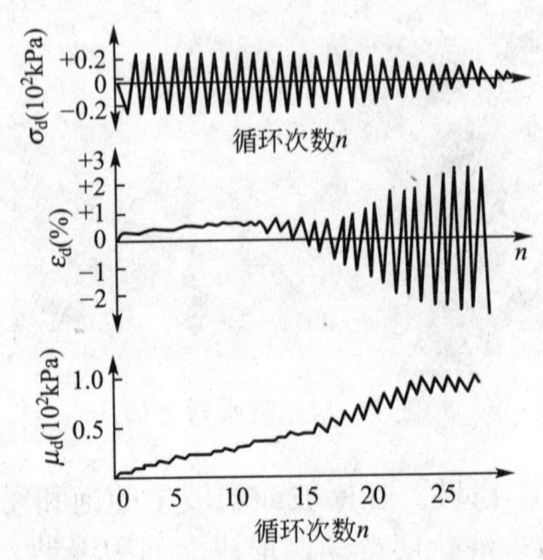

图 11.17 饱和粉砂液化动三轴试验结果

11.3.3 土振动液化的影响因素

试验研究与分析发现，并不是所有的饱和土、低塑性黏性土、粉土等在地震时都发生液化现象，因此，必须充分了解影响土液化的因素，才能做出正确的判断。影响砂土液化的主要因素为：有土类、土的初始密实度、土的初始固结压力、往复应力强度(地震烈度)与次数(地震持续时间)等。

1. 土类

土类是影响液化的一个重要因素。黏性土具有黏聚力，即使超孔隙水压力等于总应力，有效应力为零，抗剪强度也不会完全消失，因此一般难以发生液化；砾石等粗粒土因为透水性大，在振动荷载作用下超孔隙水压力能迅速消散，不会造成孔隙水压力累计到总应力而使有效应力为零，也难以发生液化；只有没有黏聚力或黏聚力很小且处于地下水位以下的砂土和粉土，由于其渗透系数不大，不足以在第二次振动荷载作用之前把孔隙水压力全部消散，才有可能积累孔隙水压力并使强度完全丧失而发生液化。所以，一般情况下塑性指数高的黏土不易液化，低塑性和无塑性的土易于液化。在振动作用下发生液化的饱和土，一般平均粒径小于 2mm，黏粒含量低于 10%～15%，塑性指数低于 7。

2. 土的初始密实度

土的初始密实度越大，在振动力作用下，土越不容易产生液化。松砂在振动中体积易于缩小，孔隙水压力上升快，故松砂比较容易液化。1964 年新潟地震表明，相对密实度 $D_r=0.50$ 的地方普遍发生液化，而相对密实度 $D_r>0.70$ 的地方则没有发生液化。我国“海城地震砂土液化考察报告”中也提出了类似的结论。

根据砂土液化的机理可知，往复剪切时，孔隙水压力增长的原因在于松砂的剪缩性，而随着砂土密度的增大，其剪缩性减弱，当砂土开始具有剪胀性时，剪切时土体内部便产生负的孔隙水压力，土体阻抗反而增加，因而不可能发生液化。

3. 土的初始固结压力

在地震作用下，土中孔隙水压力等于固结压力(总应力)是初始液化的必要条件，如果周围压力(固结压力)越大，在其他条件相同的情况下，越不容易发生液化。试验表明，对于同样条件的土样，发生液化所需的动应力将随固结压力的增加而成比例地增加。地震前地基土的固结压力可以用土层有效的覆盖压力乘以土的侧压力系数来表示，因此，地震时土层埋藏越深，越不容易液化。埋藏深度大于 20m 时，松砂也很少发生液化。

4. 地震强度与地震持续时间

室内试验表明，对于同一类和相近密度的土而言，在给定的固结压力下，往复应力(动应力)较小时，则越需要较多的振动次数才可产生液化；而往复应力(动应力)较大时，则很少的振动次数就可产生液化。现场的震害调查也证明这一点。如 1964 年日本新潟地震时，记录到地面最大加速度为 1.6m/s^2，其余 22 次地震的地面加速度变化在 1.3m/s^2 以下，但都没有发生液化。1964 年美国阿拉斯加地震时，安克雷奇滑坡是在地震开始后 90s 才发生，这表明要持续足够的应力周期后，才会发生液化和土体失去稳定性。根据已有的资料，就荷载条件而言，液化现象通常出现在7度以上的地震场地，同时，使土体发生液化的振动持续时间一般都在15s以上，即引起液化的振动次数$N_{eq}=5\sim30$，对应于地震震级$M=5.5\sim8$，意味着，低于5.5级的地震，引起土层液化的可能性不大。

11.3.3 地基液化判别与防治

1. *液化的初步判别*

在场址的初步勘察阶段和进行地基失效区划时，常利用已有经验，采取对比的方法，把一大批明显不会发生液化的地段勾画出来，以减轻勘察任务、节省勘察时间与费用。这种利用各种界限勾画不液化地带的方法，被称之为液化的初步判别。我国根据对邢台、海城、唐山等地地震液化现场资料的研究，发现液化与土层的地质年代、地貌单元、黏粒含量、地下水位深度和上覆非液化土层厚度有密切关系。

1)《建筑抗震设计规范》(GB 50011—2010)规定

饱和砂土和饱和粉土(不含黄土)的液化判别和地基处理，6度时，一般情况下可不进行判别和处理，但对液化沉陷敏感的乙类建筑可按7度的要求进行判别和处理，7～9度时，乙类建筑可按本地区抗震设防烈度的要求进行判别和处理。

地面下存在饱和砂土和饱和粉土时(不含黄土、粉质黏土)，除6度外，应进行液化判别；存在液化土层的地基，应根据建筑的抗震设防类别、地基的液化等级，结合具体情况采取相应的措施。

对于饱和砂土或粉土(不含黄土)，当符合下列条件之一时，可初步判别为不液化或可不考虑液化影响。

(1) 地质年代为第四季晚更新世(Q3)及其以前时，7、8度时可判为不液化土。

(2) 粉土的黏粒(粒径小于0.005mm的颗粒)含量百分率，7、8度和9度分别不小于10、13和16时，可判为不液化土(注：用于液化判别的黏粒含量系采用六偏磷酸钠作为分散剂测定，采用其他方法时应按有关规定换算)。

浅埋天然地基的建筑，当上覆非液化土层厚度和地下水位深度符合下列条件之一时，可不考虑液化影响，即

$$d_u > d_0 + d_b - 2 \tag{11-7}$$

$$d_w > d_0 + d_b - 3 \tag{11-8}$$

$$d_u + d_w > 1.5d_0 + 2d_b - 4.5 \tag{11-9}$$

式中 d_w——地下水位深度(m)，宜按设计基准期内平均最高水位采用，也可按近期内年最高水位采用；

d_u——上覆盖非液化土层厚度(m)，计算时易将淤泥和淤泥质土层扣除；

d_b——基础埋深深度(m)，不超过2m时采用2m；

d_0——液化土特征深度(m)，可按表11-7采用。

当饱和砂土、粉土的初步判别未得到满足，即不能判为不液化土时，需要进行第二步的液化判别 。

2)《公路工程抗震设计规范》(JTJ 004—1989)规定

当在地面以下20m范围内有饱和砂土或饱和亚砂土(即粉土)层时，可根据下列情况

初步判定其是否有可能液化。

表 11-7 液化土特征深度 单位：m

饱和土类别	7 度	8 度	9 度
粉土	6	7	8
砂土	7	8	9

注：当区域的地下水位处于变动状态时，应按不利的情况考虑。

(1) 地质年代为第四纪晚更新世(Q3)及以前时，可判为不液化。

(2) 基本烈度为 7、8、9 度地区，亚砂土的黏粒(粒径<0.005mm 的颗粒)含量百分率(按质量计)分别不小于 10、13、16 时，可判为不液化。

(3) 基础埋置深度不超过 2m 的天然地基，可根据上覆非液化土层厚度或地下水位深度，判定土层是否考虑液化影响。

经初步判定有可能液化的土层，可通过标准贯入试验(有成熟经验时也可采用其他方法)，进一步判定土层是否液化。

2. *液化判别方法*

1)《建筑抗震设计规范》方法

《建筑抗震设计规范》(GB 50011—2010)规定：当饱和砂土、粉土的初步判别认为需进一步进行液化判别时，应采用标准贯入试验判别法判别地面下 20m 范围内土的液化；但对本规范规定可不进行天然地基及基础的抗震承载力验算的各类建筑，可只判别地面下 15 m 范围内土的液化。当饱和土标准贯入锤击数(未经杆长修正)小于或等于液化判别标准贯入锤击数临界值时，应判为液化土。当有成熟经验时，尚可采用其他判别方法。

在地面下 20m 深度范围内，液化判别标准贯入锤击数临界值可按下式计算：

$$N_{cr}=N_0\beta\left[\ln(0.6d_s+1.5)-0.1d_w\right]\sqrt{3/\rho_c} \tag{11-10}$$

式中 N_{cr}——液化判别标准贯入锤击数临界值；

N_0——液化判别标准贯入锤击数基准值，应按表 11-8 采用；

d_s——标准贯入点深度(m)；

d_w——地下水位深度(m)；

ρ_c——黏粒含量百分率，当小于 3 或为砂土时，应采用 3；

β——调整系数，设计地震第一组取 0.80，第二组取 0.95，第三组取 1.05。

表 11-8 液化判别标准贯入锤击数基准值 N_0

设计基本地震加速度(g)	0.10	0.15	0.20	0.30	0.40
液化判别标准贯入锤击数基准值	7	10	12	16	19

2)《公路工程抗震设计规范》方法

《公路工程抗震设计规范》(JTJ 004—1989)规定：当按式(11-11)计算的土层实测的修正标准贯入锤击数 N_1 小于按式(11-12)计算的修正液化临界标准贯入锤击数 N_c 时，则判为液化，否则为不液化。

$$N_1=C_nN \tag{11-11}$$

$$N_c = [11.8\times(1+13.06\frac{\sigma_0}{\sigma_e}K_hC_V)^{1/2}-8.09]\xi \quad (11-12)$$

式中 C_n——标注贯入锤击数的修正系数，应按表 11-9 采用；

N——实测的标注贯入锤击数；

K_h——水平地震系数，应按表 11-10 采用；

σ_0——标准贯入点处的总上覆压力(kPa)，$\sigma_0=\gamma_u d_w+\gamma_d(d_s-d_w)$；

σ_e——标准贯入点处土的有效覆盖压力(kPa)，$\sigma_e=\gamma_u d_w+(\gamma_d-10)(d_s-d_w)$；

γ_u——地下水位以上土的重度，砂土为 18.0kN/m³，粉土为 18.5kN/m³；

γ_d——地下水位以下土的重度，砂土为 20.0kN/m³，粉土为 20.5kN/m³；

d_s——标准贯入点深度(m)；

d_w——地下水位深度(m)；

C_V——地震剪应力随深度的折减系数，应按表 11-11 采用；

ξ——黏性含量修正系数，$\xi=1-0.17(P_c)^{1/2}$；

P_c——黏性含量百分率(%)。

表 11-9 标准贯入锤击数的修正系数 C_n(JTJ 004—89)

σ_0(kPa)	0	20	40	60	80	100	120	140	160	180
C_n	2	1.70	1.46	1.59	1.16	1.05	0.97	0.89	0.83	0.78
σ_0(kPa)	200	220	240	260	280	300	350	400	450	500
C_n	0.72	0.69	0.65	0.60	0.58	0.55	0.49	0.44	0.42	0.40

表 11-10 水平地震系数 K_h(JTJ 004—89)

基本烈度(度)	7	8	9
水平地震系数 K_h	0.1	0.2	0.4

表 11-11 地震剪应力随深度的折减系数 C_V(JTJ 004—89)

d_s(m)	1	2	3	4	5	6	7	8	9	10
C_V	0.994	0.991	0.986	0.976	0.965	0.958	0.945	0.935	0.920	0.902
d_s(m)	11	12	13	14	15	16	17	18	19	20
C_V	0.884	0.866	0.844	0.822	0.794	0.741	0.691	0.647	0.631	0.612

3. 液化土层的液化等级划分

《建筑抗震设计规范》(GB 50011—2010)规定：对存在液化砂土层、粉土层的地基，应探明各液化土层的深度和厚度，按下式计算每个钻孔的液化指数，并按表 11-12 综合划分地基的液化等级：

$$I_{lE}=\sum_{i=1}^{n}[1-\frac{N_i}{N_{cri}}]d_iW_i \quad (11-13)$$

式中 I_{lE}——液化指数。

n——在判别深度范围内每一个钻孔标准贯入试验点的总数。

N_i、N_{cri}——分别为 i 点标准贯入锤击数的实测值和临界值，当实测值大于临界值时应取临界值的数值；当只需要判别 15m 范围以内的液化时，15m 以下的实测值可按临界值采用。

d_i——i 点所代表的土层厚度(m)，可采用与该标准贯入试验点相邻的上、下两标准贯入试验点深度差的一半，但上界不高于地下水位的深度，下界不深于液化深度。

W_i——i 土层单位土层厚度的层位影响权函数值（m^{-1}）。当该层中点深度不大于 5m 时应采用 10，等于 20m 时应采用零值，5～20m 时应按线性内插法取值。

表 11－12 液化等级与液化指数的对应关系

液化等级	轻微	中等	严重
液化指数 I_{lE}	$0<I_{lE}\leqslant 6$	$6<I_{lE}\leqslant 18$	$I_{lE}>18$

4. 地基液化防治措施

不宜将未经处理的液化土层作为天然地基持力层，对于可能产生液化的地基，必须采取相应的工程措施加以防治。

当液化砂土层、粉土层较平坦且均匀时，宜按表 11－13 选用地基抗液化措施；尚可计入上部结构重力荷载对液化危害的影响，根据液化震陷量的估计适当调整抗液化措施。

表 11－13 液化等级与液化指数的对应关系

建筑抗震设防类别	地基的液化等级		
	轻微	中等	严重
乙类	部分消除液化沉陷，或对基础和上部结构处理	全部消除液化沉陷，部分消除液化沉陷且对基础和上部结构处理	全部消除液化沉陷
丙类	基础和上部结构处理，也可不采取措施	基础和上部结构处理，或更高要求的措施	全部消除液化沉陷，部分消除液化沉陷且对基础和上部结构处理
丁类	可不采取措施	可不采取措施	基础和上部结构处理，或其他经济的措施

全部消除液化沉陷的措施，应符合下列要求。

(1) 当采用桩基时，桩端伸入液化深度以下稳定土层中的长度（不包括桩尖部分），应按计算确定，且对碎石土，砾、粗、中砂，坚硬黏性土和密实粉土尚不应小于 0.8m，对其他非岩石土尚不宜小于 1.5m。

(2) 采用深基础时，基础底面应埋入液化深度以下的稳定土层中，其深度不应小于 0.5m。

(3) 采用加密法(如振冲、振动加密、挤密碎石桩、强夯等)加固时，应处理至液化深度下界；振冲或挤密碎石桩加固后，桩间土的标准贯入锤击数不宜小于规范规定的液化判别标准贯入锤击数临界值。

(4) 用非液化土替换全部液化土层，或增加上覆非液化土层的厚度。

(5) 采用加密法或换土法处理时，在基础边缘以外的处理宽度，应超过基础底面下处理深度的 1/2 且不小于基础宽度的 1/5。

部分消除液化沉陷的措施，应符合下列要求。

(1) 处理深度应使处理后的地基液化指数减少，其值不宜大于 5；大面积筏基、箱基的中心区域，处理后的液化指数不宜大于 4；对独立基础和条形基础，尚不应小于基础底面下液化土特征深度和基础宽度的较大值。

(2) 振冲或挤密碎石桩加固后，桩间土的标准贯入锤击数不宜小于规范规定的液化判别标准贯入锤击数临界值。

(3) 基础边缘以外的处理宽度，应超过基础底面下处理深度的 1/2 且不小于基础宽度的 1/5。

(4) 采取减小液化震陷的其他方法，如增加上覆非液化土层的厚度和改善周边的排水条件等。

减轻上部影响的基础和上部结构处理，可综合采用下列各项措施。

(1) 选择合适的基础埋置深度。

(2) 调整基底面积，减少基础偏心。

(3) 加强基础的整体性和刚度，如采用箱形基础、筏形基础或钢筋混凝土交叉条形基础，加设基础圈梁等。

(4) 减轻荷载，增强上部结构的整体刚度和均匀对称性，合理设置沉降缝，避免采用对不均匀沉降敏感的结构形式等。

(5) 管道穿过建筑处应预留足够尺寸或采用柔性接头等。

本章小结

土的压实性，受到含水量、土类及级配、压实功能等多种因素的影响，十分复杂，它是土工建筑物的重要研究课题之一，土的压实在地基处理中也有着广泛的应用。土体的振动液化会引起地表喷水冒砂、振陷、滑坡、上浮(贮罐、管道等空腔埋置结构)及地基失稳等，最终导致建筑物或构筑物的破坏。

对于一般工程项目，砂土或粉土的液化类别及危害程度估计可分为初判和细判两个步骤。初判以地质年代、黏粒含量、地下水位及上覆非液化土层厚度等作为判断条件，当初判结果不能排除液化可能性时，应采用标准贯入试验对土层的液化可能性进行细判。理论分析和试验结果均已证明液化的主要危害来自基础外侧。

习　题

1. 简答题

(1) 试分析土料，含水量及击实功能对土压实性的影响。

(2) 黏性土和粉土与无黏性土的压实标准区别何在？

(3) 试述土的振动液化机理及其影响因素。

(4) 为什么黏性土和砾石土一般难以发生液化?

(5) 土的液化初步判别有何意义?如何判别?土的液化判别方法有哪些?

2. 选择题

(1) 含粗粒越多的土样最大干密度(　　),最佳含水量(　　)。

A. 越大,越大　B. 越大,越小　C. 越小,越大　D. 越小,越小

(2) 对于同一土样,加大击实功能,则土干密度(　　),最佳含水量(　　)。

A. 增加,增加　B. 减少,减少　C. 增加,减少　D. 减少,增加

(3) 土的动抗剪强度指标应采用(　　)。

A. c_d、φ_d　B. c'、φ'　C. c_{cu}、φ_{cu}　D. c_{uu}、φ_{uu}

(4) 下列土中,易发生液化现象的是(　　)。

A. 黏性土　B. 粗粒土　C. 粉土　D. 饱和砂土

(5) 低于(　　)级的地震引起土层液化的可能性不大。

A. 8　B. 7　C. 6　D. 5

3. 计算题

(1) 某黏性土土样的击实试验结果列于表11-14,试绘制出土样的击实曲线,确定其最优含水量与最大干密度。

表11-14 某黏性土土样的击实试验结果

w(%)	14.4	16.6	18.6	20.0	22.2
ρ(g/cm³)	1.71	1.88	1.98	1.95	1.88

(2) 某土料场为黏性土,天然含水量 $w=21\%$,土粒比重 $G_s=2.70$,室内标准击实试验得到的最大干密度 $\rho_{dmax}=1.85\text{g/cm}^3$,设计要求压实度 $\lambda_c=0.95$,并要求压实饱和度 $S_r\leqslant0.90$。试问碾压时土料控制多大的含水量。

参考文献

[1] 东南大学，浙江大学，湖南大学，等．土力学［M］．3版．北京：中国建筑工业出版社，2010.
[2] 高大钊．土力学与基础工程［M］．北京：中国建筑工业出版社，1999.
[3] 赵明华．土力学与基础工程［M］．3版．武汉：武汉理工大学出版社，2009.
[4] 陈希哲．土力学与地基基础［M］．3版．北京：清华大学出版社，2004.
[5] 钱家欢．土力学［M］．2版．南京：河海大学出版社，1995.
[6] 李广信．高等土力学［M］．北京：清华大学出版社，2004.
[7] 张孟喜．土力学原理［M］．武汉：华中科技大学出版社，2006.
[8] 袁聚云，等．土质学与土力学［M］．4版．北京：人民交通出版社，2009.
[9] 龚晓南．土力学［M］．北京：中国建筑工业出版社，2002.
[10]［日］松岡元．土力学［M］．罗汀，姚仰平，编译．北京：中国水利水电出版社，2001.
[11] 中华人民共和国国家标准．建筑地基基础设计规范(GB 50007—2011)［S］．北京：中国建筑工业出版社，2011.
[12] 中华人民共和国国家标准．建筑抗震设计规范(GB 50011—2010)［S］．北京：中国建筑工业出版社，2010.
[13] 中华人民共和国行业标准．建筑基坑支护技术规程(JGJ 120—2012)［S］．北京：中国建筑工业出版社，2012.
[14] 中华人民共和国国家标准．土工试验方法标准(GB/T 50123—1999)［S］．北京：中国计划出版社，2000.
[15] 中华人民共和国行业标准．建筑地基处理技术规范(JGJ 79—2012)［S］．北京：中国建筑工业出版社，2012.
[16] 中华人民共和国行业标准．公路桥涵地基与基础设计规范(JTG 63—2007)［S］．北京：人民交通出版社，2007.
[17] 中华人民共和国国家标准．岩土工程勘察规范(GB 50021—2001)［S］．北京：中国建筑工业出版社，2009.
[18] 中华人民共和国行业标准．公路路基设计规范(JTG D30—2004)［S］．北京：人民交通出版社，2004.
[19] 中华人民共和国国家标准．土的分类标准(GB/T 50145—2007)［S］．北京：中国计划出版社，2007.
[20] 中华人民共和国行业标准．公路土工试验规程(JTJ E40—2007)［S］．北京：人民交通出版社，2007.

北京大学出版社本科土木建筑系列教材(已出版)

专业技术相关基础						
序号	书　　名	书　号	作　者	定价	出版时间	配套资源
1	土木工程概论	978-7-301-20651-5	邓友生	34.00	2012	ppt/pdf
2	土木工程制图	978-7-301-15645-2	张会平	34.00	2009	ppt/pdf
3	土木工程制图习题集	978-7-301-15587-5	张会平	22.00	2009	ppt/pdf
4	土建工程制图	978-7-301-18114-0	张黎骅	29.00	2010	ppt/pdf
5	土建工程制图习题集	978-7-301-18031-0	张黎骅	26.00	2010	ppt/pdf
6	土木工程测量（第 2 版）	978-7-301-19723-3	陈久强　刘文生	40.00	2011	ppt/pdf
7	房地产测量	978-7-301-22538-7	魏德宏	28.00	2013	ppt/pdf
8	土木工程材料（新规范）	978-7-301-16792-2	赵志曼	39.00	2012	ppt/pdf
9	土木工程材料	978-7-301-15653-7	王春阳　裴　锐	40.00	2009	ppt/pdf
10	土木工程材料（第 2 版）（新规范）	978-7-301-17471-5	柯国军	45.00	2012	ppt/pdf
11	土木工程专业英语	978-7-301-16074-9	霍俊芳　姜丽云	35.00	2010	ppt/pdf
12	房屋建筑学（第 2 版）（新规范）	978-7-301-19807-0	聂洪达　郄恩田	48.00	2011	ppt/pdf
13	房屋建筑学(上：民用建筑)	978-7-301-14882-2	钱　坤　王若竹	32.00	2009	ppt/pdf
14	房屋建筑学(下：工业建筑)	978-7-301-15646-9	钱　坤　吴　歌	26.00	2009	ppt/pdf
15	工程地质	978-7-301-15387-1	倪宏革　时向东	25.00	2009	ppt/pdf
16	工程地质（第 2 版）（新规范）	978-7-301-19881-0	何培玲　张　婷	26.00	2012	ppt/pdf
17	土木工程结构试验（新规范）	978-7-301-20631-7	叶成杰	39.00	2012	ppt/pdf
18	建设工程监理概论(第 2 版)	978-7-301-15576-9	巩天真　张泽平	30.00	2009	ppt/pdf
19	建筑设备（第 2 版）	978-7-301-17847-8	刘源全　刘卫斌	46.00	2011	ppt/pdf
20	土木工程试验	978-7-301-22063-4	王吉民	34.00	2013	ppt/pdf

力学原理与方法						
序号	书　　名	书　号	作　者	定价	出版时间	配套资源
1	理论力学（第 2 版）	978-7-301-19845-2	张俊彦　黄宁宁	40.00	2011	ppt/pdf
2	材料力学	978-7-301-10485-9	金康宁　谢群丹	27.00	2007	ppt/pdf
3	材料力学	978-7-301-19114-9	章宝华	36.00	2011	ppt/pdf
4	结构力学	978-7-301-20284-5	边亚东	42.00	2012	ppt/pdf
5	结构力学简明教程	978-7-301-10520-7	张系斌	20.00	2007	ppt/pdf
6	结构力学实用教程	978-7-301-17488-3	常伏德	47.00	2012	ppt/pdf
7	流体力学	978-7-301-10477-4	刘建军　章宝华	20.00	2006	ppt/pdf
8	弹性力学	978-7-301-10473-6	薛　强	22.00	2008	ppt/pdf
9	工程力学	978-7-301-10902-1	罗迎社　喻小明	30.00	2006	ppt/pdf
10	工程力学	978-7-301-19530-7	王明斌	37.00	2011	ppt/pdf
11	工程力学	978-7-301-19810-0	杨云芳	42.00	2011	ppt/pdf
12	建筑力学	978-7-301-17563-7	邹建奇	34.00	2010	ppt/pdf
13	力学与结构	978-7-301-10519-1	徐吉恩　唐小弟	42.00	2006	ppt/pdf
14	土力学	978-7-301-10448-4	肖仁成　俞　晓	18.00	2006	ppt/pdf
15	土力学(江苏省精品教材)	978-7-301-17355-8	高向阳	32.00	2010	ppt/pdf
16	土力学	978-7-301-19333-4	曹卫平	34.00	2011	ppt/pdf
17	土力学	978-7-301-22743-5	贾彩虹	38.00	2013	ppt/pdf
18	土力学（中英双语）	978-7-301-19673-1	郎煜华	38.00	2011	ppt/pdf
19	土力学教程	978-7-301-18991-7	孟祥波	30.00	2011	ppt/pdf
20	土力学学习指导与考题精解	978-7-301-17364-0	高向阳	26.00	2010	ppt/pdf
21	岩石力学	978-7-301-17593-4	高　玮	35.00	2010	ppt/pdf
22	土质学与土力学	978-7-301-22265-2	刘红军	36.00	2013	ppt/pdf

结构基本原理与方法						
序号	书　　名	书　号	作　者	定价	出版时间	配套资源
1	混凝土结构设计原理	978-7-301-10449-9	许成祥　何培玲	28.00	2006	ppt/pdf
2	混凝土结构设计原理(江苏省精品教材)	978-7-301-16735-9	邵永健	40.00	2010	ppt/pdf
3	混凝土结构设计原理（新规范）	978-7-301-19706-6	熊丹安	32.00	2011	ppt/pdf
4	混凝土结构设计（新规范）	978-7-301-16710-6	熊丹安	37.00	2012	ppt/pdf
5	混凝土结构设计	978-7-301-10518-5	彭　刚　蔡江勇	28.00	2006	ppt/pdf

序号	书　　名	书　号	作　者	定价	出版时间	配套资源
6	钢结构设计原理	978-7-301-10755-2	石建军　姜　袁	32.00	2006	ppt/pdf
7	钢结构设计原理	978-7-301-21142-7	胡习兵	30.00	2012	ppt/pdf
8	钢结构设计（新规范）		胡习兵		2012	ppt/pdf
9	砌体结构（第2版）（新规范）	978-7-301-19113-2	何培玲	26.00	2012	ppt/pdf
10	基础工程	978-7-301-11300-5	王协群　章宝华	32.00	2007	ppt/pdf
11	基础工程（新规范）	978-7-301-21656-9	曹　云	43.00	2012	ppt/pdf
12	地基处理	978-7-301-21485-5	刘起霞	45.00	2012	ppt/pdf
13	结构抗震设计	978-7-301-10476-7	马成松　苏　原	25.00	2006	ppt/pdf
14	结构抗震设计（新规范）	978-7-301-15818-0	祝英杰	30.00	2010	ppt/pdf
15	建筑结构抗震分析与设计（新规范）	978-7-301-21657-6	裴星洙	35.00	2012	ppt/pdf
16	高层建筑结构设计	978-7-301-20332-3	张仲先　王海波	23.00	2006	ppt/pdf
17	荷载与结构设计方法（第2版）（新规范）	978-7-301-20332-3	许成祥　何培玲	30.00	2012	ppt/pdf
18	工程结构检测	978-7-301-11547-3	周　详　刘益虹	20.00	2006	ppt/pdf
19	建筑结构优化及应用	978-7-301-17957-4	朱杰江	30.00	2010	ppt/pdf
20	土木工程课程设计指南	978-7-301-12019-4	许　明　孟茁超	25.00	2007	ppt/pdf
21	有限单元法（第2版）	978-7-301-20591-4	丁　科	30.00	2012	ppt/pdf
22	工程事故分析与工程安全（第2版）（新规范）	978-7-301-21590-6	谢征勋　罗　章	38.00	2012	ppt/pdf

施工原理与方法

序号	书　　名	书　号	作　者	定价	出版时间	配套资源
1	土木工程施工	978-7-301-11344-8	邓寿昌　李晓目	42.00	2006	ppt/pdf
2	土木工程施工	978-7-301-17890-4	石海均　马　哲	40.00	2010	ppt/pdf
3	土木工程施工与管理	978-7-301-21693-4	李华锋　徐　芸	65.00	2012	ppt/pdf
4	工程施工组织	978-7-301-17582-8	周国恩	28.00	2010	ppt/pdf
5	建筑工程施工组织与管理（第2版）	978-7-301-19902-2	余群舟	31.00	2012	ppt/pdf
6	高层建筑施工	978-7-301-10434-7	张厚先　陈德方	32.00	2006	ppt/pdf
7	高层与大跨建筑结构施工	978-7-301-18105-8	王绍君	45.00	2010	ppt/pdf
8	建筑工程安全管理与技术	978-7-301-21687-3	高向阳	40.00	2013	ppt/pdf

计算机应用技术

序号	书　　名	书　号	作　者	定价	出版时间	配套资源
1	土木工程计算机绘图	978-7-301-10763-8	袁　果　张渝生	28.00	2010	ppt/pdf
2	土木建筑CAD实用教程	978-7-301-19884-1	王文达	30.00	2011	ppt/pdf
3	建筑结构CAD教程	978-7-301-15268-3	崔钦淑	36.00	2009	ppt/pdf
4	工程设计软件应用（新规范）	978-7-301-19849-0	孙香红	39.00	2011	ppt/pdf

道路桥梁与地下工程

序号	书　　名	书　号	作　者	定价	出版时间	配套资源
1	桥梁工程（第2版）	978-7-301-21122-9	周先雁　王解军	37.00	2012	ppt/pdf
2	大跨桥梁	978-7-301-21261-5	王解军　周先雁	30.00	2012	ppt/pdf
3	工程爆破	978-7-301-21302-5	段宝福	42.00	2012	ppt/pdf
4	交通工程学	978-7-301-17637-5	李　杰　王　富	39.00	2010	ppt/pdf
5	道路勘测设计	978-7-301-17493-7	刘文生	43.00	2012	ppt/pdf
6	交通工程基础	978-7-301-22449-6	王　富	24.00	2013	ppt/pdf

工程项目与经济管理

序号	书　　名	书　号	作　者	定价	出版时间	配套资源
1	建设法规（第2版）	978-7-301-20282-1	肖　铭　潘安平	32.00	2012	ppt/pdf
2	工程经济学	978-7-301-15577-6	张厚钧	36.00	2009	ppt/pdf
3	工程经济学	978-7-301-20283-8	都沁军	42.00	2012	ppt/pdf
4	工程经济学（第2版）	978-7-301-19893-3	冯为民　付晓灵	42.00	2012	ppt/pdf
5	工程项目管理	978-7-301-20900-4	邓铁军	48.00	2012	ppt/pdf
6	工程项目管理（第2版）	978-7-301-20075-9	仲景冰　王红兵	45.00	2011	ppt/pdf
7	土木工程项目管理	978-7-301-19220-7	郑文新	41.00	2011	ppt/pdf
8	土木工程概预算与投标报价(第2版)	978-7-301-20947-9	刘　薇　叶　良	37.00	2012	ppt/pdf
9	土木工程计量与计价	978-7-301-16733-5	王翠琴　李春燕	35.00	2010	ppt/pdf
10	工程量清单的编制与投标报价	978-7-301-10433-0	刘富勤　陈德方	25.00	2006	ppt/pdf

序号	书　名	书号	作　者	定价	出版时间	配套资源
11	室内装饰工程预算	978-7-301-13579-2	陈祖建	30.00	2008	ppt/pdf
12	工程招投标与合同管理	978-7-301-17547-7	吴　芳　冯　宁	39.00	2010	ppt/pdf
13	建设工程招投标与合同管理实务	978-7-301-15267-6	崔东红　肖　萌	38.00	2009	ppt/pdf
14	工程造价管理	978-7-301-10277-0	车春鹂　杜春艳	24.00	2006	ppt/pdf
15	工程造价管理	978-7-301-17979-6	周国恩	42.00	2010	ppt/pdf
16	建筑工程造价	978-7-301-19847-6	郑文新	39.00	2011	ppt/pdf
17	工程财务管理	978-7-301-15616-2	张学英	38.00	2009	ppt/pdf
18	工程合同管理	978-7-301-10743-0	方　俊　胡向真	23.00	2006	ppt/pdf
19	工程招标投标管理（第2版）	978-7-301-19879-7	刘昌明	30.00	2012	ppt/pdf
20	建设项目评估	978-7-301-13880-9	王　华	35.00	2008	ppt/pdf
21	建设项目评估	978-7-301-21310-0	黄明知　尚华艳	38.00	2012	ppt/pdf
22	工程项目投资控制	978-7-301-21391-9	曲　娜　陈顺良	32.00	2012	ppt/pdf
23	工程管理概论	978-7-301-19805-6	郑文新	26.00	2011	ppt/pdf
24	工程管理专业英语	978-7-301-14957-7	王竹芳	24.00	2009	ppt/pdf
25	城市轨道交通工程建设风险与保险	978-7-301-19860-5	吴宏建　刘宽亮	75.00	2012	ppt/pdf
26	建筑工程施工组织与概预算	978-7-301-16640-6	钟吉湘	52.00	2013	ppt/pdf
房地产开发与经营						
序号	书　名	书号	作　者	定价	出版时间	配套资源
1	房地产开发	978-7-301-17890-4	石海均　王　宏	34.00	2010	ppt/pdf
2	房地产开发与管理	978-7-301-17330-5	刘　薇	38.00	2010	ppt/pdf
3	房地产策划	978-7-301-17805-8	王直民	42.00	2010	ppt/pdf
4	房地产估价	978-7-301-20632-4	沈良峰	45.00	2012	ppt/pdf
5	房地产估价理论与实务	978-7-301-21123-6	李龙	36.00	2012	ppt/pdf
建筑学与城市规划						
序号	书　名	书号	作　者	定价	出版时间	配套资源
1	建筑概论	978-7-301-17572-9	钱　坤	28.00	2010	ppt/pdf
2	钢笔画景观教程	978-7-301-16052-7	阮正仪	32.00	2011	ppt/pdf
3	色彩景观基础教程	978-7-301-19660-1	阮正仪	42.00	2011	ppt/pdf
4	建筑表现技法	978-7-301-17464-7	冯　柯	42.00	2010	ppt/pdf
5	景观设计	978-7-301-19891-9	陈玲玲	49.00	2011	ppt/pdf
6	室内设计原理	978-7-301-17934-5	冯　柯	28.00	2010	ppt/pdf
7	中国传统建筑构造	978-7-301-17617-7	李合群	35.00	2010	ppt/pdf
8	城市详细规划原理与设计方法	978-7-301-19733-2	姜　云	37.00	2011	ppt/pdf
给排水科学与工程						
序号	书　名	书号	作　者	定价	出版时间	配套资源
1	水分析化学	978-7-301-21507-4	宋吉娜	42.00	2012	ppt/pdf

相关教学资源如ppt/pdf、电子教材、习题答案等可以登录www.pup6.com下载或在线阅读。

扑六知识网(www.pup6.com)有海量的相关教学资源和电子教材供阅读及下载(包括北京大学出版社第六事业部的相关资源)，同时欢迎您将教学课件、视频、教案、素材、习题、试卷、辅导材料、课改成果、设计作品、论文等教学资源上传到pup6.com，与全国高校师生分享您的教学成就与经验，并可自由设定价格，知识也能创造财富。具体情况请登录网站查询。

如您需要免费纸质样书用于教学，欢迎登陆第六事业部门户网(www.pup6.com)填表申请，并欢迎在线登记选题以到北京大学出版社来出版您的大作，也可下载相关表格填写后发到我们的邮箱，我们将及时与您取得联系并做好全方位的服务。

扑六知识网将打造成全国最大的教育资源共享平台，欢迎您的加入——让知识有价值，让教学无界限，让学习更轻松。